모든 것은 하나다

모든 것은 하나다

플라톤에서 양자역학까지
일원론의 철학과 과학

하인리히 페스 지음
김영태 옮김

THE ONE
HEINRICH PÄS

HOW AN ANCIENT IDEA HOLDS
THE FUTURE OF PHYSICS

바다출판사

THE ONE:
HOW AN ANCIENT IDEA HOLDS THE FUTURE OF PHYSICS

Copyright © 2024 by Heinrich Päs .
Korean translation copyright © 2025 BADA Publishing Co., Ltd.
This Korean edition was published by arrangement with Brockman, Inc.

이 책의 한국어판 저작권은 Brockman, Inc.와 직접 계약한 (주)바다출판사에 있습니다.
저작권법에 의하여 한국 내에서 보호를 받는 저작물이므로 무단 전재와 복제를 금합니다.

나에게 하나뿐인 당신
사라에게

모든 것에서 하나가, 하나에서 모든 것이.
헤라클레이토스

과학혁명이 되풀이하는 패턴을 따라가며
우리가 현재 위기 국면의 시작을 목격하고 있다는 징후가 여럿 있다.…
지금은 과학 연구의 가장 복잡하고 강렬한 순간으로,
진정한 패러다임의 변화를 위해
혁명적이고 편견 없는 아이디어들이 필요한 시기이다.
잔 주디체, 유럽입자물리연구소(CERN) 이론물리학부장

다시 한 번 물리학에 날개를 달아주기 위해.
프리드리히 빌헬름 요제프 셸링

서론

별을 바라보며

 2009년 10월 중순의 아주 이른 아침, 지구에서 가장 건조한 지역 중 하나인 칠레 아타카마 사막 한가운데 있는 산페드로의 한적하고 깜깜한 골목에서 나 홀로 차를 기다리고 있었다. 머리 위로 수많은 별이 반짝이고 있었는데 너무 매혹적이어서 투어 가이드의 트럭을 놓치지 않으려고 애써야 했다. 그 트럭은 나를 태우고 떠오르는 태양의 첫 햇살을 받으며 한적한 소금 평원을 노니는 플라밍고 떼를 보러 알티플라노로 갈 예정이었다. 이전이나 이후에도 나는 그보다 더 황홀한 하늘을 본 적이 없다. 하지만 다른, 비슷한 마법의 순간들을 경험했다. 발트해를 지나는 동안 돛단배의 갑판에서 별똥별을 세던 때, 하와이 와이키키 해변에서 보름달 아래 서핑을 즐기던 때, 밤에 스키 산장을 나와 오스트리아 알프스산맥을 반쯤 올라가다가 은하수 원반의 밝은 띠를 보고 걸음을 멈추던 때가 그런 순간이었다. 그런 순간에 나는 아주 작고 보잘것없는 존재라고 느꼈다. 한편 이상하지만 동시에 우주가 편안하게 느껴졌다.

 그러나 우주가 편안하게 느껴진다는 것은 무슨 의미일까? 우리가 '우주'에 대해 이야기할 때 실제로 의미하는 바는 무엇일까? 우주라는 단어의 어원은 라틴어 우니베르숨*universum*이다. 그 뜻은 "모든 것이 합해져 하나가 된다"라는 것이다. 하지만 우리가 우주에 대해 이야기할 때, 우리는 보통 외계 공간, 우리를 둘러싼 우주 환경, 별, 행성, 은하, 무수히 많은 물체들로 채워진 드넓은 영역을 지칭한다. 분명한 것은 우리가 '우주'라고 부르는 것과 그 용어가 실제로 의미하는 것 사이에 공통점이 거의 없다는 것이다.

밤하늘에서 여러분이 확인할 수 있는 거의 모든 천체는 우리 은하인 은하수에 속해 있다. 은하수는 1000억 개 이상의 별들을 가지고 있다. 그리고 은하수 자체는 대략 1조 개의 은하 가운데 하나에 지나지 않는다. 은하의 수만큼 인상적인 것이 이들 눈에 보이는 은하가 전체 우주의 아주 작은 부분에 지나지 않는다는 것이다. 여러분이 볼 수 있는 모든 별에 비해 10배 이상의 질량을 가진, 성간 공간을 채우고 있는 가스 구름과 같은 빛을 내지 않는 물질이 존재한다. 여기에 더해, 모든 일반 물질에 비해 5배의 질량을 가진 '암흑물질'이 존재한다. 암흑물질은 우주 공간에 떠돌고 있는 특이하고 알려져 있지 않은 입자들로 구성되어 있다고 예상된다. 그리고 마지막으로 3배 이상의 질량을 가진 '암흑에너지'가 존재한다. 암흑에너지는 시공간을 점점 더 빨리 팽창시키는 연료 역할을 하는 수수께끼 같은 존재이다.

우리 '우주'에 대해서는 여기까지 이야기하자.

그러나 현대 우주론에 의하면 심지어 우리 우주도 전부가 아니다. 하나 이상의 우주가 있을지 모른다. 현재 우주론학자들은 '우주 급팽창 cosmic inflation'이라고 불리는, 아주 초기에 가속 팽창 시대가 있었다고 말한다. 급팽창 기간은 우리가 빅뱅과 동일시하는 뜨거운 플라스마에서 끝난다. 그러나 급팽창 이전에 무슨 일이 일어났는지 누구도 알지 못한다. 절대적인 시작점이 존재했을까? 아니면 급팽창이 영원히 지속되었을까? 또 우리 우주 외부, '다중우주'의 다른 지역에서는 여전히 급팽창이 일어나고 있을까? 이 경우 영원히 급팽창하는 공간에서 무수히 많은 다른 '아기 우주'가 갑자기 튀어나올 수 있다. 실제로 그런 일이 일어날 가능성이 상당히 크다.

그러나 이것도 '모든 것'을 설명하기에는 부족하다. 이 정도로는 어림도 없다! 평행우주, 암흑에너지, 암흑물질 그리고 각각 수천억 개의 별을 가진 수조 개의 은하들 너머에, 무한한 가능성을 가진 영역이 존재할 수 있다. 이 영역에서는 원리적으로 존재할 수 있는 모든 것이 실제로 **존재**한다. 거기서 여러분은 여러분 자신과 나의 고양이, 여러분의 개, 알티플라노의 플라밍고들, 모든 사람, 모든 별과 은하 그리고 앞에서 언급한 모든 것들의 셀 수 없이 많은 복사본을 발견하게 될 것이다. 이런 평행 실재들은 휴 에버렛의 악명 높은 양자역학의 '다세계' 해석에 등장하는 다른 가지들이다. 실제로 이들은 다중우주의 다른—틀림없이 더 근본적인—계층을 구성한다. 이제 점점 더 많은 물리학자가 이것이 양자역학에 내재하는 예측이라는 사실을 받아들이고 있다. '다세계' 없이는 양자역학의 기능적 개념을 유지하기가 갈수록 어려워진다.

그리고 이것도 이야기의 끝이 아니다. 이들 평행세계에 추가해서 양자세계는 이런 실재들의 무수히 많은 임의의 '중첩'을 가지고 있다. 반은 죽어 있고 반은 살아 있는 고양이들, 미국에서 의자에 앉아 책을 읽거나 유럽에서 차를 빌려 운전하고 있지만 어느 것이 진짜인지 결정할 수 없게 두 활동과 장소가 서로 뒤섞인 여러분이 이런 중첩된 실재들이다. 양자 영역은 존재할 수 있는 모든 것과 이들 예비 실재들의 모든 가능한 조합을 망라한다.

별 아래 서서 나는 많은 사람들이 공유해온 감정을 느꼈다. 즉

나는 왠지 모르게 나 자신을 초월하는 광대함과 하나가 된 듯했다. 독일의 위대한 박물학자이자 발견자인 알렉산더 폰 훔볼트가 우주에 대해 말했듯이¹, '천체'로부터 '지구상의 생물'까지 그리고 '성운의 별'부터 '화강암 바위 위의 이끼'까지 모든 것을 '하나'라고 개념화하는 것보다 더 과감하고 용감하며 완전히 압도하는 생각이 있을까?

이 모든 것이 연결되어 있다고 믿는 것은 이상해 보인다. 그것은 신비주의자나 미친 사람들에 의해 날조된 동화처럼 들린다. 우주 전체가 '하나'라는 신념과 우주가 많은 것들로 이루어져 있다는 경험은 초기부터 인간에게 지속적인 갈등을 일으켜왔다. "모든 것에서 하나가 그리고 하나에서 모든 것이." 2500년 전 그리스 철학자 헤라클레이토스는 가장 극단적인 방식으로 모든 것을 품은 우주라는 생각을 표현했다.² 우주에 한 물체 즉 우주 자체만이 존재한다는 개념은 철학자들에게 '일원론monism'으로 알려져 있다. 이 이름은 '유일한'이라는 의미를 가진 고대 그리스어 '모노스monos'에서 나왔다. 일원론은 플라톤의 《대화》, 보티첼리의 그림 〈비너스의 탄생〉, 모차르트의 오페라 〈마술피리〉, 또 괴테에서 콜리지와 워즈워스까지 낭만주의 시 대부분에 영감을 주었다. 일원론은 제임스 쿡의 배와 함께 세계 일주를 하였고, 미합중국의 몇몇 건립자들에게 영향을 미쳐 독립선언문에 "자연의 신" 문구를 넣게 하였다. '하나'는 사고의 세계, 예술과 인문학에 지대한 영향을 미쳤으나 과학적 개념으로서의 중요성은 흔히 간과되었다. 하지만 액면 그대로 받아들인다면, "모든 것이 하나"라는 가설은 신이나 영 또는 주관적인 정신 상태에 대한 진술이 아니다. 그것은 자연 즉 입자들, 행성들, 저기 떠 있는 별들에 대한 진술이다.

이론물리학자로서 지난 25년간 나는 작은 입자들이 어떻게 세계를 구성하는지 알아내려는 연구를 했다. 입자들에 대해 처음 들은 순간부터 그것들은 나를 흥분시켰다. 그 자체로도 흥미롭지만, 이 입자들이 내 마음을 진정으로 사로잡은 것은 그것들이 실재의 기초를 밝혀내는 도구로 사용될 수 있다는 점이었다. "모든 것은 무엇으로 이루어져 있을까?"는 고등학생 시절 나를 사로잡기 시작한 질문이었다. 이 문제에 매료되어 나는 물리학을 선택하였고 박사학위를 받은 후 마침내 교수가 되었다. 수학, 이해할 수 없는 언어, 열등감과 씨름할 때도 입자들 때문에 나는 연구를 계속할 수 있었다. 그리고 그 후 내가 수십 년에 걸쳐 학술지에 80편 이상의 논문을 발표했을 때도, 나의《사이언티픽 어메리칸》커버스토리가 스티븐 호킹의 글 다음에 인쇄되었을 때도, 그리고 내 연구가《뉴 사이언티스트》잡지의 표제 기사로 세 번이나 실렸을 때도 내 연구의 원동력은 입자들이었다. 물론 이 일은 나 혼자 한 것이 아니다. 나는 세계적인 공동연구에 참여한 대단하지 않은 기여자에 지나지 않는다. 지구에서 가장 뛰어난 사람들을 포함하여 전 세계적으로 수만 명의 연구자들이 입자들이 우리 주위에서 보이는 것들을 어떻게 근본적으로 구성하는지 알아내려고 쉬지 않고 연구를 한다.

이제 나는 우리가 잘못된 길로 가고 있다고 믿는다.

오해하지는 말라. 과학의 가장 중요한 임무는 실험, 관측, 사건의 결과를 예측하고 설명하는 것이다. 그리고 입자물리학은 타의 추종을 불허하는 정확성으로 이런 일을 해낸다. 커피 머그잔에 들어갈 수 있을 정도의 일련의 방정식들로 출발하여, 입자물리학자들은 실험 결과를 런던과 베를린 사이의 거리를 1밀리미터 이내로 측정하는 것과 같은 정확도로 예측한다. 그러나 입자물리학은 여전히 다른 과학 분야들보다는 더 정확하지만, 그것이 모든 것을 이야기해주지는 않는다. 왜냐면 여러분이 전체 이야기에 주의를 기울인다면, 입자들이 세계를 구성하는 게 아니라는 것을 알 수 있기 때문이다. 실제로는 그 반대이다.

원자를 발견한 이래 물리학자들은 환원주의reductionism 철학을 고수했다. 환원주의에 의하면, 우리 주위의 모든 것을 동일한 작은 구성요소들로 이루어진 조각들로 분해함으로써 자연을 통합적으로 이해할 수 있다. 이 일반적인 이야기에 따르면, 걸상과 탁자와 책 같은 일상의 물건들은 원자로 구성되어 있고, 원자는 원자핵과 전자로 구성되어 있으며, 원자핵은 양성자와 중성자를 가지고 있으며, 양성자와 중성자는 쿼크로 구성되어 있다. 쿼크나 전자와 같은 소립자elementary particle들은 우주의 기본적인 구성 블록이라고 이해할 수 있다. 지난 50년간 이런 견해를 생각해내고 구체화하기 위해 수십만 페이지가 이상한 기호들로 가득한 정교한 방정식들로 채워졌다. 이 아이디어들을 검증하기 위해 수십억 달러를 투자하여 수마일 길이의 관을 가진 거대한 입자가속기가 제작되었다. 이 장치는 광속에 가깝게 가속한 아원자 물질을 서로 충돌시켜 격렬한 충격을 준 후 더 작은 또는 아직 발견되지 않은 조각을 찾으려 한다. NASA와 유럽 우주국의 도움으로 공학적 경이인 우주선들이 우주의 최초 사건들을 도청하기 위해 우주로 발사되었다. 이들의 목적은 우주가 뜨거운 입자들의 수프에 지나지 않았을 때 세계가 어떻게 보였을지 알아내려는 것이다.

환원주의 철학은 엄청난 성공을 거두었지만, 맹점이 존재한다. 원자, 양성자와 중성자, 전자와 쿼크는 양자역학으로 묘사된다. 그리고 양자역학에 의하면, 일반적으로 일부 본질적인 정보를 잃지 않으면서 물체를 분해하는 것은 불가능하다. 입자물리학자들은 우주에 대한 기초적인 묘사, 즉 정보가 하나도 버려지지 않는 우주에 대한 묘사를 찾기 위해 노력하고 있다. 그러나 양자역학을 진지하게 생각한다면, 가장 기초적인 수준에서, 이것이 의미하는 바는 자연이 구성요소들로 구성될 수 없다는 것이다. 우주에 관한 가장 기초적인 묘사는 우주 자체로부터 출발해야 한다.

다른 직업 물리학자들처럼 나도 매일 양자역학을 연구하고 있다. 우리는 양자역학을 이용해 실험 결과와 관측 그리고 우리의 흥미를 끄는 문제들, 가령 거대한 입자가속기 안에서 입자들의 충돌, 초기 우주의 원시 플라스마에서 일어나는 산란 과정, 또는 고체 실험에서 전기장과 자기장의 작용 같은 것들을 계산하고 예측한다. 그러나 특정한 관찰과 실험을 설명하기 위해서는 늘 양자역학을 사용하면서도, 우주 전체를 묘사하는 데는 보통 양자역학을 사용하지 않는다.

이것은 너무나 놀라운 결과를 낳는다. 내가 이 책에서 주장하고 있듯이, 양자역학을 한번 전체 우주에 적용하게 되면 3000년 전에 등장했던 아이디어가 드러나게 된다. 그 아이디어란 우리가 경험하는 모든 것의 바탕에는 모든 것을 포괄하고 있는 오직 하나의 것만이 존재한다는 것이다. 그리고 우리 주위에서 볼 수 있는 다른 모든 것들은 일종의 환상이라는 것이다.

인정하건대, "모든 것은 하나"라는 주장은 독창적인 과학적 개념처럼 들리지 않는다. 처음 들으면, 황당한 주장처럼 들린다. 창밖을 보라. 대개 한 대 이상의 자동차가 길가에 있을 것이다. 연애를 하려면 (적어도!) 두 사람이 필요하다. 천주교 미사를 올리려면 '둘 또는 셋'의 신자가 필요하고 축구 경기를 하려면 22명의 선수가 필요하다. 아주 오래전 천문학자들은 지구가 우주에 있는 유일한 행성이 아니라는 것을 우리에게 알려주었고, 오늘날의 현대 우주론은 사실상 무수히 많은 별이 있다는 것을 알고 있다.

그러나 양자역학이 모든 것을 변화시켰다. 양자계에서는 물체들이 너무나 완전히 합쳐져서 더 이상 그 구성요소들의 특성에 관해 이야기하는 것이 불가능하다. 이 현상을 '얽힘entanglement'이라 하는데, 알베르트 아인슈타인과 그의 공동연구자들이 80여 년 전에 이 현상을 지적하였으나 이제야 제대로 인정받고 있다. 전체 우주에 얽힘을 적용하면 여러분은 "모든 것에서 하나가"라는 헤라클레이토스의 교리에 이르게 된다.

"잠깐만"이라며 여러분이 항의할 수도 있다. "양자역학은 원자, 소립자, 또는 분자와 같은 작은 것들에만 적용할 수 있다. 양자역학을 우주에 적용하는 것은 말이 되지 않는다." 이러한 확신이 틀렸다는 증거들이 점점 더 늘어나고 있다는 것을 알면 놀랄 것이다. 1996년과 2016년 사이에만 6번의 노벨상이 일명 거시 양자 현상에 수여되었다. 양자역학은 보편적으로 적용되는 것으로 보이며, 이제 막 그 결과들을 탐구하기 시작했다.

여러분은 그런 논의가 무의미하다고 손을 들어 항의할지도 모른다. 물리학은 이런 형이상학적 숙고 없이도 잘 작동하는 것처럼 보인다. 그런데 사실은 그렇지 않다. 현재 물리학은 우리가 애초에 '기초적[근본적]fundamental'이라고 여겼던 것을 다시 생각해야 하는 위기를 맞고 있다. 현재 가장 뛰어난 입자물리학자들과 우주론학자들도 극히 믿기 힘든 우연한 실험적 발견들을 지금까지 설명하지 못하고 있다. 동시에 만물 이론theory of everything에 관한 탐구는 물리학에게서 물질, 공간, 시간과 같은 기본 개념들을 빼앗고 있다. 이것들이 사라지면 무엇이 남을까?

양자우주론은 실재의 기초 계층이 입자나 '끈'이라고 알려진 작고 진동하는 1차원의 물체가 아니라 우주 자체—우주를 구성하고 있는 것들의 합이 아니라 모든 것을 포괄하는 단일체로 이해된—로 이루어져 있다고 이야기한다. 내가 주장하듯이, "모든 것이 하나"라는 개념은 과학의 영혼, 즉 독특하고 이해할 수 있는 기초적인 실재가 존재한다는 확신을 구원할 가능성을 가지고 있다. 이 주장이 설득력을 얻게 되면, 만물 이론에 대한 우리의 탐구를 뒤흔들어 놓을 것이다. 입자물리학이나 (현재 양자중력이론의 가장 인기 있는 후보인) 끈 이론 위가 아닌 양자우주론 위에 만물 이론이 세워질 것이다. 이런 개념은 더 나아가 결국 모든 것이 '하나'라면 우리는 어떻게 세계가 많은 것들로 이루어졌다고 경험하는지를 이해할 필요가 있다는 것을 의미한다. 이것은 현대물리학의 모든 분야에 필수적인 '결깨짐decoherence'으로 알려진 과정에 의해 보장이 된다. 결깨짐은 우리의 일상적인 경험을 과도한 양자 기이함quantum weirdness으로부터 보호하는 역할을 한다. 그리고 결깨짐은 헤라클레이토스의 나머지 교리인 "하나에서 모든 것이"를 실감하게 해준다.

결과적으로, 우리는 그러한 개념이 철학의 가장 심오한 질문들—"물질이란 무엇인가?" "공간이란 무엇인가?" "시간이란 무엇인가?" "우주는 어떻게 생겨났을까?"—그리고 심지어는 종교인들이 '신'이라고 부르는 존재(수세기 동안 모든 것을 포괄하는 단일체라는 개념은 신과 동일시되었다)에 대한 우리의 관점을 어떻게 변화시키는지를 밝혀내야 한다. 또한 일원론이 양자역학에서 직접 도출되는 것이라면, 우리는 일원론이 왜 인기가 없는지를 설명해야 한다. 왜 우리에게 그렇게 이상하게 들릴까? 우리의 직관적이고 경멸적인 반사 작용은 어디서 오는 것일까? 이런 편견을 진짜로 이해하려면 일원론의 역사 속으로 들어가야 한다.

이 책은 물리학의 심각한 위기와 이 위기를 해결할 수 있는 반쯤 잊혀진 개념 둘 다와 관계된 이야기이다. 이 이야기는 "모든 것은 하나"라는 아이디어를, 물질, 공간, 시간, 정신은 모두 우주에 대한 우리의 거친coarse-grain 관점에 의해 만들어진 인위적 산물들이라는 아이디어를 탐구한다. 그 과정에서 어떻게 그 개념이 고대에서 현대물리학에 이르기까지 진화했고 역사적 과정을 형성했는지를 이야기할 것이다. 일원론은 보티첼리, 모차르트, 괴테의 예술에 영감을 주었을 뿐 아니라 뉴턴, 패러데이, 아인슈타인의 과학에도 영향을 미쳤다. 오늘날에도 일원론은 공간과 시간에 관한 가장 진보한 이론들의 기초가 되는 암묵적인 가정이 되고 있다. 이것은 사랑과 헌신, 공포와 폭력—그리고 최첨단 과학으로 가득한 이야기이다. 크게 보자면 이것은 어떻게 인류가 지금의 우리가 되었는지에 관한 이야기이다.

차례

서론. 별을 바라보며 7
1. 숨은 하나 19
2. 모든 것이 하나 59
3. 하나가 모두 91
4. 하나를 위한 투쟁 141
5. 하나에서 과학과 아름다움으로 197
6. 구원의 하나 253
7. 공간과 시간을 초월한 하나 289
8. 의식을 가진 하나 329
결론. 미지의 하나 359

감사의 말 383 | 옮긴이의 말 386
더 읽어보기 389 | 용어 해설 394 | 주 399
인용 문헌 목록 415 | 찾아보기 430

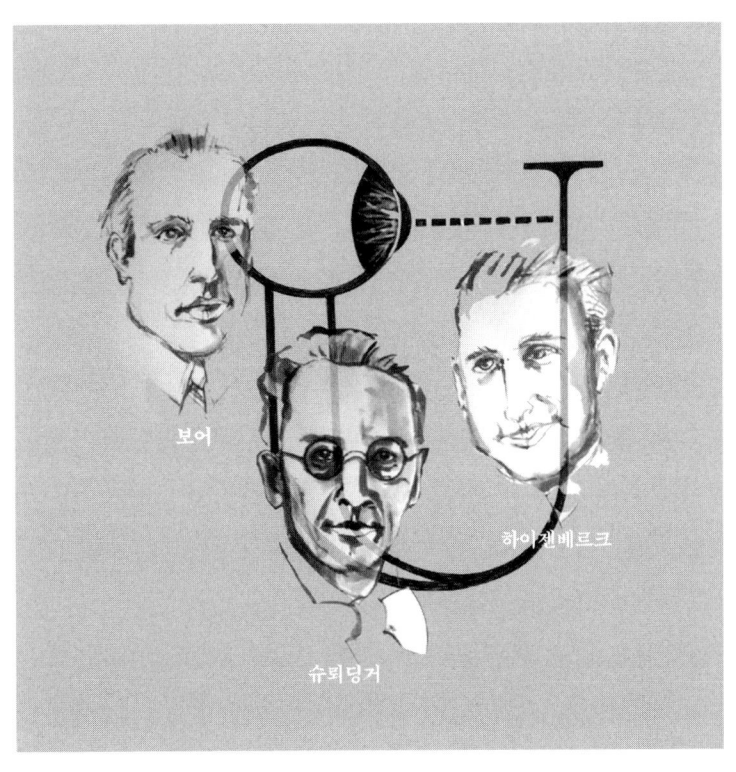

1　　숨은 하나

양자역학은 핵폭발, 스마트폰, 입자 충돌의 배후에 있는 과학이다. 그러나 양자역학은 그 이상이다. 양자역학을 자연에 관한 이론이라고 진지하게 받아들인다면, 양자역학은 우리가 일상에서 경험하는 것 너머의 숨은 실재를 그려주고, 무엇이 실재하는지에 대한 우리의 개념을 완전히 바꿔놓을 힘을 그 안에 가지고 있다. 그리고 여기에 우리의 여행이 시작되는 논쟁이 들어 있다. 그것은 "우리가 직접 경험할 수 없는 숨은 어떤 것이 존재한다는 것을 우리가 어떻게 알 수 있는가?"라는 질문이다. 이 질문에 대한 의구심은 결국 우주의 가장 미세한 조각들의 개별적 성질 및 행동과 가장 관련돼 있는 과학에게 "모든 것은 하나"라는 개념을 되돌려주는 논쟁을 촉발시켰다.

휠러의 U

"이 사람의 말은 미친 소리처럼 들려. 너희 세대 사람들은 모르지만 그의 말은 항상 미친 소리처럼 들렸어." 1971년 캘리포니아 공과대학교 근처 아르메니아 레스토랑에서 점심을 먹으면서 리처드 파인만이 킵 손에게 말했다. 두 사람 옆에 앉은, 이들의 박사학위 지도교수인 존 휠러를 가리키면서 파인만은 하던 말을 계속했다. "하지만 내가 그의 제자였을 때, 그의 미친 아이디어들 가운데 하나를 골라 양파 껍질을 벗기듯이 그 이상함의 껍질을 하나씩 벗겨내면, 그 아이디어의 중심에서 종종 강력한 핵심적인 진리를 발견하게 된다는 것을 알았지."[1]

존 아치볼드 휠러는 20세기 가장 영향력 있는 물리학자 중 한 명이다. 매너, 생활 방식, 정치적 견해와 외모에서 휠러는 조금 보수적인 사람이었다. 그러나 물리학에 대한 아이디어들에서 그는 야성적인 면을 보여주었다. 이 성향을 보여주는 것으로 일생 동안 빠져 있던 폭발을 들 수 있다. 이 때문에 휠러는 어렸을 때 부모님의 야채 정원에서 다이너마이트 뇌관을 가지고 놀다가 손가락 하나를 잃을 뻔했다. 현대물리학의 '원로'인 닐스 보어와 같이 일하면서 휠러는 나중에 우라늄-235와 플루토늄-239의 원자핵이 핵분열 후보가 될 수 있음을 보였고 어떻게 핵분열을 일으킬 수 있는지 알아내었다.[2] 이 연구 논문은 1939년 아돌프 히틀러가 폴란드를 침공한 날에 발표되었고, 6년 뒤 제2차 세계대전을 끝내기 위해 히로시마와 나가사키에 투하한 핵폭탄 폭발의 원료가 된 것이 바로 이 두 개의 동위원소였다.

1949년 소비에트 연방이 처음으로 자신의 핵폭탄을 시험했을 때, 휠러와 그의 제자들은 에드워드 텔러와 스탠 울람에게 합류하여 수소폭탄의 개발과 실현에 중요한 역할을 했다. 수소폭탄은 핵

• 휠러는 1911년생, 파인만은 1918년생, 손은 1940년생임을 감안하라. (이 책의 모든 각주는 옮긴이의 것이다. 저자의 주는 원서처럼 미주로 처리하였다.)

융합을 이용하여 더욱 엄청난 폭발력을 가진 폭탄이다. 휠러가 사랑했던 동생 조가 이탈리아 포 계곡에서 연합군으로 독일군과 싸우다가 1944년 10월 작전 중 사망하게 되었다. 당시 핵폭탄을 개발 중이던 휠러는 조의 사망 수주 뒤 단 두 단어가 적힌 조의 우편엽서를 받았다. "서둘러Hurry Up!" 이후 휠러는 그의 비망록에 적은 것처럼 "[그의] 재주를 조국에 봉사하는 데 사용해야 할 의무"가 있다고 느꼈다.[3] 하지만 "미국을 강대국으로 유지해야 한다"라는 바람만큼이나 그의 마음은 더 깊은 탐구심에 사로잡혔다.[4] "아주 이른 학생 시절부터 나는 기초에 관한 질문에 가장 흥미를 느꼈다. 물리 세계를 주관하는 기본 법칙들은 무엇일까? 가장 깊은 수준에서 세상은 어떻게 결합되어 있을까? … 통합 테마는 무엇일까? 짧게 말해, 무엇이 우리가 사는 세상을 움직이게 하나?"[5] 휠러는 심오한 질문들을 하는 것을 즐겼다. "양자는 어떻게 생기는 것일까?" "우주는 어떻게 생기는 것일까?" "존재는 어떻게 생기는 것일까?"[6] "시간은 어떻게 생기는 것일까?"[7]

거의 50명에 이르는 휠러의 박사학위 제자들 가운데는 물리학계의 슈퍼스타들이 포함되어 있다. 리처드 파인만, 킵 손, 휴 에버렛이 그들이다. 파인만과 휠러의 토론은 전기역학의 양자 버전—현대 입자물리학의 모든 하위 분야에 대한 롤모델을 제공하였고 파인만은 이 업적으로 1965년 노벨상을 수상했다—을 위한 길을 닦았다. 손 및 다른 제자들과 함께 휠러는 알베르트 아인슈타인의 일반상대성이론을 다시 존경할 만한 과학적 주제로 만들었으며, 2017년 노벨상을 받게 한 최근 손의 중력파 발견으로 절정에 이르렀다. 또한 휠러는 양자역학의 기초에 대해 지속적인 관심을 가짐으로써, 급성장하는 분야인 양자정보—계산에 혁명을 가져오기 위한 구글, IBM, 마이크로소프트, 인텔과 NASA의 최근 노력의 배후에 있는 이론—의 '할아버지'가 되었다.[8] 양자역학은 소우주를 주관하는 이상한 물리학으로, 이에 대해 에버렛은 많은 평행 실재들 즉 '세계들'의 존재를 암시하는 매력적인 동시에 논란의 여지가 있는 해석을 제안하였다. 끝으로, 무엇보다도 휠러는 우주의 파동함수에 대한 양자방정식이자 스티븐 호킹의 우주론 연구 대부분의 출발점인 휠러-디윗 방정식의 이름으로 기려지고 있다.

이런 업적들 외에도, 휠러는 새로운 개념의 캐치프레이즈와 이름을 생각해내는 것으로도 유명했다. 그는 연소가 끝난 별들의 영원한 시체에 붙인 이름 '블랙홀'과 우주에서 멀리 떨어져 있는 지역들 사이에 있는 가상의 손잡이 모양의 지름길에 붙인 이름 '웜홀'을 유행시켰다. 휠러는 공간과 시간 자체가 양자 특성을 보이는 아주 작은 거리 및 극단적인 고에너지 영역에 대해 '플랑크 수준 Planck scale'이라는 용어를, 그리고 이 영역에서 공간과 시간이 가질 것으로 여겨지는 거품 특성에 대해 '양자 거품 quantum foam'이라는 이름을 사용했다. 그리고 휠러는 캐치프레이즈를 사랑했던 것만큼, 복잡한 개념을 간단한 스케치와 도표로 나타내는 것을 좋아했다.[9] 휠러의 가장 수수께끼 같은 유산은 우주의 역사를 묘사한 작은 스케치이다.

"여기 글자 U가 있다. 우주가 작았던 태초에 U는 이 가는 줄기로부터 시작한다. 이 글자의 반대편으로 가면서 이 줄기가 점점 더 굵어지다가 특정 지점에 큰 원에 의해 이 줄기가 끝난다. 그리고 거기에 한 눈이 있어 우주의 처음 날들을 되돌아본다." 의식을 가진 관찰자들이 창발할 때까지의 우주 진화를 그린 이 그림을 설명하면서 휠러는 이렇게 말했다.[10] 실제로, "우리 자신은 우주 초기의

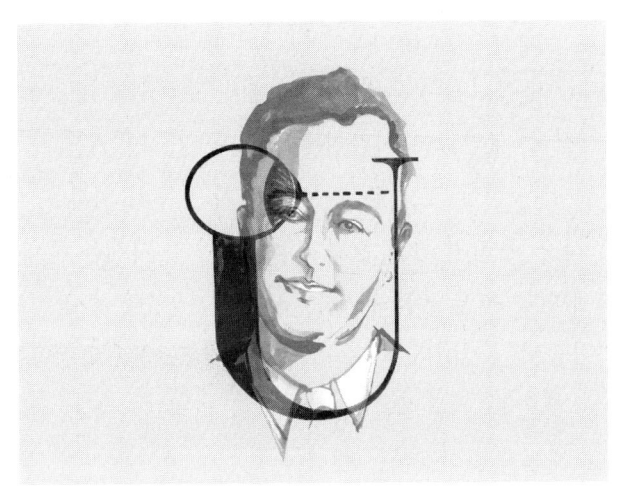

존 아치볼드 휠러와 그의 'U'

복사˙를 지금 받을 수 있고 정말 받고 있다"라고 휠러는 강조한 후, "능동적 관찰이 우리가 실재라고 생각하는 것과 어떤 관련이 있는 한… 우주에 의해 존재하게 된 이 관찰자가 관찰 행위에 의해 우주 자체를 존재하도록 하는 일에 한몫을 담당했다고 우리는 말할 수 있다"¹¹라는 대담한 추측을 이야기했다.

20세기의 가장 저명한 물리학자 가운데 한 사람이 우주의 존재에 책임이 있는 것이 바로 우리라고 진지하게 주장했을까? 세상을 관찰함으로써 우리 자신이 공간과 시간과 물질을 창조했다? 그리고 이 영향이 모든 것의 시작으로 시간을 역행하여 우주가 존재하도록 했다?

우리가 창문 밖을 바라볼 때마다 빅뱅을 시작하기 위해 우리도 모르게 시간의 시작으로 거슬러 올라간다는 우리를 불안케 하는

- 복사(radiation)는 전자기파 형태로 에너지를 방출하는 현상을 말한다.

1. 숨은 하나

가능성을 버린다고 가정하면, 우리가 어떻게 파인만의 조언에 따라 이 미친 아이디어의 껍질을 벗겨내어 '휠러의 U'를 이해할 수 있을까? 결국, 끊임없이 시간여행을 하지 않으면, 우리가 우주를 창조하는 것은 말할 것도 없고 분명 초기 우주의 역사를 바꿀 수 없다. 우리가 "우리의 관찰 행위에 의해" "우주 자체를 존재하도록 하는 일에 한몫"을 담당할 수 있는 유일한 가능성은 급진적인 재해석을 받아들이는 것이다. 즉 우리가 우주로 그리고 우주의 역사로 경험하는 것은 더 기초적인 숨은 실재를 바라보는 특정한 관점일 뿐이라는 해석을 받아들이는 것이다.

이 점을 분명하게 하기 위하여 코카콜라 캔과 같은 원통형 물체를 생각해보자. 우리가 그것을 위에서 바라보느냐 또는 옆에서 바라보느냐에 따라 동일한 캔이 원 또는 직사각형으로 보일 수 있다. 이런 특정한 의미에서 우리는 캔 자체에 대해 실제로 아무 일도 하지 않고 단지 특별한 관점을 채택함으로써 원 또는 직사각형을 '생

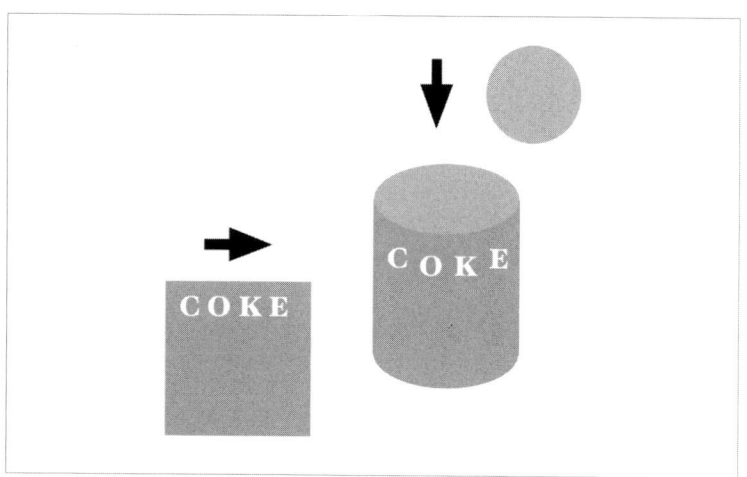

관점에 따라 코카콜라 캔이 원 또는 직사각형으로 보일 수 있다.

성'하는 일에 관여하게 된다.

우주의 역사를 오래된 할리우드 영화와 비교함으로써 우리는 좀 더 잘 이해할 수 있다. 1938년 캐서린 헵번과 케리 그랜트가 출연한 미국의 스크루볼 코미디 영화인 〈베이비 길들이기Bringing Up Baby〉를 보면, 우리는 한 고생물학자가 거대한 공룡의 골격을 조립하려고 노력하는데, 천방지축이지만 아름다운 수잔을 만나면서 계획이 곤경에 처하는 재미있는 줄거리를 경험한다. 수잔은 길들인 표범을 가지고 있고, 수잔의 숙모의 개가 마지막 남은 뼈를 훔쳐 어딘가에 묻는다. 그러나 극장에서 우리가 경험하는 이 이야기는 실제로 필름 롤에 담겨 있지 않다. 그보다 전통적인 영사기가 필름 속 정보를 한 컷씩 보여주는데 너무 빨리 바뀌기 때문에 보는 사람들은 줄거리가 쭉 펼쳐진다는 인상을 받는다. 또다시, 이야기는 영사 테이프에 실제로 있지 않다. 투영된 필름을 바라보는 사람의 관점에 의해 만들어진다. 이야기는 그것을 바라보는 우리에 의해 만들어진다. 한편 원래의 정보 원천은 흔들림 없이 영사기에 장착된 상태로 유지된다. 동일한 방식으로, 우주의 역사를 기초적인 '양자 실재'를 바라보는 우리의 관점에 의해 생성된 우리의 경험이라고 이해할 수도 있다.[12]

이런 '우주 역사의 할리우드 영화 줄거리 해석'은 양자역학의 작동 방식을 놀라운 정도로 정확하게 보여주며, 양자역학이 우리에게 던지는 가장 중요한 질문을 강조해준다. 바로 '실재란 무엇인가?'이다. 실재는 영사기 속 전구와 필름 롤에 저장된 장면들의 모음일까, 아니면 우리가 스크린에서 보는 이야기일까?

오늘날에도 두 진영의 물리학자와 철학자들이 있다. 두 진영은 정확히 이 질문을 놓고 격렬한 논쟁을 벌이고 있다. 닐스 보어, 베

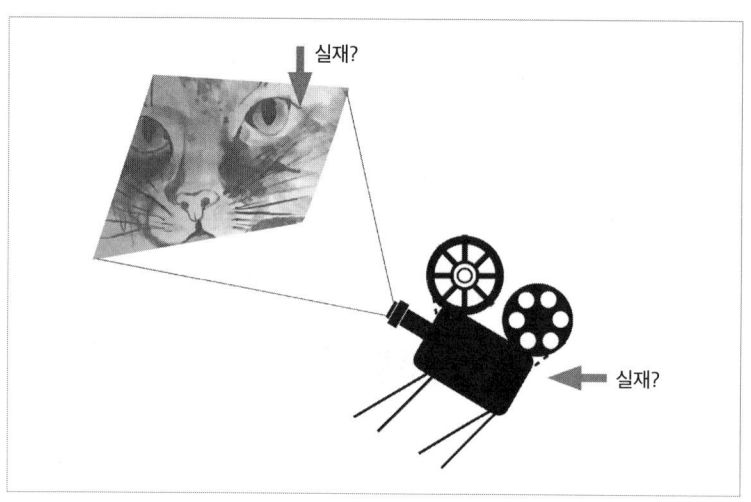

무엇이 실재일까? 영사기에 장착한 필름 롤 또는 스크린에 펼쳐지는 표범 이야기?

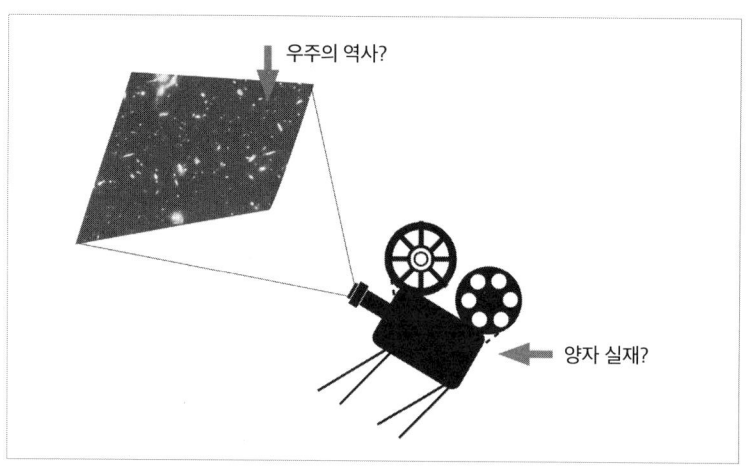

우주 역사의 할리우드 영화 줄거리 해석: 우주의 진화는 더 기초적인 양자 실재의 투영에 지나지 않을까? (저작권: 이 스크린에 보이는 것은 허블 울트라 딥 필드(Hubble Ultra Deep Field)[HUDF]이다. 원래 사진은 NASA, 유럽 우주국, 우주망원경과학연구소(STSI)의 S. 벡위스(Beckwith) 그리고 HUDF 팀의 소유이며, 저자가 크기와 비율을 조정했다.)

르너 하이젠베르크와 압도적 다수의 물리학자들이 지지하는 양자역학의 정통 '코펜하겐' 해석은 영화 줄거리가 실재를 구성한다고 주장한다. 에르빈 슈뢰딩거(적어도 어느 기간 동안은), 휠러의 제자 휴 에버렛과 독일 물리학자 H. 디터 체를 포함한 소수의 따돌림받은 이들만이 수십 년 동안 '영사기 진영'에 속해 있었다. 그러나 이 변절자들의 견해가 점점 더 인기를 얻고 있다. 이것은 물리학자들이 실재가 얼마나 이상한가라는 문제와 싸우던 1920년대에 시작된 논란의 일부이다.

짙은 안개 속에서 등반하기

양자역학은 빛과 물질이 입자로 구성된 것인지 또는 파동으로 구성된 것인지에 관한 오래된 논쟁을 거치면서 성장했다. 20세기의 첫 사분기 동안 여러 가지 획기적인 실험을 통해 두 가지 모두 사실임이 밝혀졌다. 한편으로 물질 표면에 비춘 빛에 의해 생긴 전자의 성질과 가열한 물체가 방출하는 전자기 복사의 스펙트럼은 그동안 파동이라고 생각했던 빛이 나눌 수 없는 에너지 덩어리 즉 '양자quantum'로 구성되었다고 가정해야만 설명할 수 있었다. 반면에, 실험을 통해 전자—그동안 입자로 알려졌던—역시 파동성을 가지고 있음이 밝혀졌다. 입자와는 달리 파동은 위치를 정확히 정의할 수 없다. 파동은 퍼져 있다. 즉 '비국소적nonlocal'이다. 예를 들어, 전자를 파동으로 묘사한다면, 측정하기 전까지 입자가 동시에 여러 다른 장소에 존재해야 한다. 측정하는 순간 전자는 일반적으로 이전에 정확히 예측할 수 없었던 정의된 위치로 붕괴하는 것처럼 보인다. 더 나쁜 것은 이런 곤혹스러운 행동이 지속적인 문제의 한 측면에 지나지 않는다는 것이다. 입자와 파동 중 무엇이 더 근본적인 것인지에 대한 합의가 없었다는 것이 문제였다. 입자는 파동의 2차적인 성질이 아닐까, 또는 입자가 특정한 상황에서 행동하는 방식을 파동이라 하는 것이 아닐까? 또는 입자와 파동 모두 더 심오한 실재의 불완전한 투영에 지나지 않는 것은 아닐까?

이런 논의의 주인공들은 누구였으며, 그들이 제기한 질문이 오늘날까지도 물리학자들을 사로잡고 있는 이유는 무엇일까? 무엇보다도, 양자역학에 대한 우리의 이해를 가능하게 한 것은 1925년에서 1935년까지 10년 동안 이루어진 네 사람의 독창성과 연구, 게다가 그들의 약점, 상호작용, 개인적인 관계 덕분이었다.

1879년생으로 1925년에 46살이던 알베르트 아인슈타인이 이 네 사람 중 가장 유명하였다.[13] 독불장군식의 연구 스타일로 유명한 아인슈타인은 고독한 천재의 전형이었다. 스위스 특허국의 사무원으로 일하면서 동료들과 떨어져 홀로 연구하던 아인슈타인은 특수상대성이론뿐만 아니라 빛이 '양자'로 구성되어 있을지 모른다는 가설―적어도 문제 해결에 도움이 될 추측으로―을 포함한 여러 획기적인 연구 결과를 발표했다. 이 양자 아이디어로 1921년 노벨상을 수상하였지만, 아인슈타인은 빛의 이중성이 아주 불편했다. 한동안 아인슈타인은 상대성이론이 중력을 포함하도록 일반화하는 데 집중하기 위해 양자물리학에 관한 연구를 완전히 포기하다시피 하였다. 1914년 아인슈타인은 사랑하던 스위스를 떠나 권위 있는 세 가지 직책을 제안한 조국 독일로 돌아갔다. 거기서 아인슈타인은 새로 설립된 카이저 빌헬름 물리학 연구소의 소장이 되었고, 아울러 베를린대학교의 연구교수와 프로이센 과학협회의 회원으로도 임명되었다. 여전히 아인슈타인은 대부분의 시간을 홀로 연구하면서 지냈다.

닐스 보어의 과학에 대한 접근법은 완전히 반대였다. 1885년 코펜하겐에서 태어난 39살의 덴마크인인 보어는 그의 동생 하랄이 뛰는 축구팀의 최고 골키퍼를 맡은 팀 플레이어였다. 하랄은 1908년 올림픽 최초의 축구 토너먼트에서 덴마크 국가대표로 뛰어 은메달을 받았다. 닐스 보어는 코펜하겐에 위치한 이론물리학연구소에서 일하거나 방문한 많은 젊은 과학자들과 사귀는 것을 좋아했으며, 이 연구소는 곧 야심 찬 양자물리학자들의 메카로 발전하였다. 전 세계에서 가장 뛰어난 젊은 인재들을 주위에 모았던 보어는 훗날 그의 스타일을 받아들인 존 휠러뿐만 아니라 전 세계에서 교수직과 연구직을 맡게 될 수많은 최고 수준의 과학자들에게 멘토이자 아버지 같은 존재가 되었다. 아인슈타인이 일반상대성이론에 집중하는 동안, 보어는 불완전하지만 유용한 원자 모형을 개발했는데, 그것은 한 가지 주목할 만한 예외를 제외하고는 미니어처 행성계와 비슷했다. 보어의 원자에서는 제한된 숫자의 궤도만이 허용되었는데, 그것은 나중에 프랑스 물리학자 루이 드 브로이에 의해 정상파로 설명되었다. 전자가 궤도 사이의 공간에는 머물 수 없고, 한 허용 궤도에서 다른 허용 궤도로 점프를 하는, 물리학자들이 '양자 도약quantum jumping'이라고 부르는 과정을 가정하여, 보어의 모형으로 최초로 수소가 빛을 흡수하고 방출하는 특성 진동수를 계산할 수 있었다. 또한 보어는 이 모형으로 1922년 노벨상을 수상하였다.

   1887년 빈에서 태어나 37살이 된 에르빈 슈뢰딩거는 뒤늦게 재능을 보였으며, 틀에 얽매이지 않고 인생을 즐겨 와인, 연극, 시, 미술부터 그리스와 아시아 철학에 이르기까지 폭넓은 관심을 가진 사람이었다. 제1차 세계대전 기간 중 오스트리아군의 포병 장교로 근무하도록 징집되면서 슈뢰딩거의 경력에 단절이 생겼다. 일상의 단조로움에 지루함을 느끼고 지휘관들의 무능함에 좌절감을 느낀 슈뢰딩거는 정신을 차리기 위해 물리학 책에 몰두했다. 슈뢰딩거는 1920년 결혼한 부인 아니가 있었음에도 개방적인 연애를 즐겼으며, 슈뢰딩거나 부인 모두 외도를 했다. 슈뢰딩거는 성적인 만남을 기록한 일기까지 썼다. 하지만 아니에게 그는 '카나리아'와는 절대 바꾸지 않을 '경주마'였다.[14•] 전쟁이 끝난 후 슈뢰딩거는 예나, 슈투트가르트, 브로츠와프 대학교들에서 잠시 일하다가, 1921년 마침내 전에 아인슈타인이 맡고 있던 취리히대학교의 교수직에 임명되었다. 그러나 곧 병에 걸렸다. 결핵이 의심된다는 진단을 받고 슈뢰딩거는 아로자에 있는 스위스 알프스 리조트에서 9개월 동안 머물며 휴식과 치료를 받아야 했다. 따라서 1925년 슈뢰딩거는 열등감에 시달렸고, 자신이 물리학에 지속적인 족적을 남길 수 있을지 확신하지 못했다.

보어의 제자 중 틀림없이 가장 창의적인 인물이었을 베르너 하이젠베르크는 네 사람 중 가장 젊었다. 1901년 태어나 1925년 23살이 된 하이젠베르크는 이미 물리학 천재라는 명성을 얻고 있었다. 소년일 때부터 그는 수학 퍼즐과 수학 게임을 푸는 훈련을 받았고 큰 야망을 품고 있었다. 여가 시간에는 독일 보이스카우트의 일종인 패스파인더 그룹의 친구들과 바이에른 산맥에서 캠핑과 하이킹을 즐겼다. 따라서 1925년 봄 이제 괴팅겐대학교에서 박사후연구원으로 일하던 하이젠베르크는 다루기 힘든 원자핵 주위의 전자 궤도를 구하는 문제와 씨름을 하고 있으면서, 이 상황을 지난가

• 아니는 슈뢰딩거의 한 동료에게, 경주마보다 카나리아와 사는 편이 훨씬 쉽겠지만 자신은 경주마를 택하겠노라고 말한 적이 있다.

을 친구들과 알프스 등반에 도전했다가 짙은 안개 속에서 길을 잃었던 것과 비교했다. "얼마 후 우리는 바위와 소나무로 이루어진 완전히 혼란스러운 미로에 들어섰다. … 도저히 길을 찾을 수 없는 곳이었다."[15]

몇 달 후인 1925년 5월 건초열에 시달리던 하이젠베르크가 병가를 내어 헬골란트의 작은 섬―북해의 독일 해안에서 약 40마일 떨어진 덤불과 초원이 없는 붉은 바위―으로 여행을 떠났다. 헬골란트에서―실증주의 철학에서 영감을 받아―그는 원자 내부에서 무슨 일이 일어나는지 알아내기 위해 새로운 시도를 했다.

실증주의의 신조는 과학 이론은 오직 실험에서 관찰할 수 있는 것에만 근거해야 한다는 것이다. 과학자들은 분명해 보이는 현상의 뒤편에 있는 관측할 수 없는 실재에 대한 이론을 만들기보다 그들에게 보이는 것, 그들이 측정하고 조작할 수 있는 것을 고수하고자 한다. 달리 말하자면, 과학자들은 스크린에 나타난 실재에 집중하고, 그것을 만들어내는 영사기와 필름 롤에 대한 생각은 자제하려 한다. 따라서 하이젠베르크는 제멋대로인 전자 궤도를 완전히 폐기했다. 이런 식으로 바라보니, 직면한 문제가 그가 소년이었을 때 아버지가 내준 수학 퍼즐을 어렴풋이 연상시키는 것 같았다. 어린 시절 하이젠베르크는 이런 게임에서 형을 능가할 정도로 뛰어난 실력을 발휘했다. 그리고 실제로 하이젠베르크는 이제 그 누구도 이전에 발견하지 못한 해법을 발견할 수 있었다. 창의적 행위를 통해 하이젠베르크는 추상적인 이론을 개발하여, 밤을 새워가며, 원자의 간단한 버전, 즉 진동하는 용수철의 에너지 준위를 계산할 수 있었다. 나중에 아인슈타인은 이것을 "진정한 마법에 의한 계산"이라고 평가했다.[16] 몇 달 지나지 않은 1926년 초, 하이젠베르크의 친구 볼프강 파울리가 하이젠베르크의 이론을 사용해 수소 원자의 에너지 준위를 계산하였다. 하이젠베르크와 파울리는 열정적이었다. 하이젠베르크는 자신의 흥분 상태를 묘사하면서 "원자 현상의 표면을 통과해 나는 이상할 정도로 아름다운 내부를 보는 중이었다. … 자연은 내 앞에 너무나도 관대하게 펼쳐져 있었다"라고 썼다.[17] 파울리는 "새로운 희망, 삶의 새로운 즐거움"을 찾았다고 기뻐했다.[18]

하이젠베르크가 괴팅겐으로 돌아왔을 때, 지도교수인 막스 보른은 곧바로 하이젠베르크의 이상한 대수학이 친숙해 보이는 것을 알게 되었다. 그것은 행렬의 곱셈 법칙을 만족하고 있었다. 행렬은, 예를 들면, 회전을 묘사하는 데 사용할 수 있는 수학적 도구이다. 어떤 순서를 따르더라도 늘 같은 결과(2×3=3×2=6과 같이)를 주는 숫자의 곱셈과는 달리, 행렬의 곱셈에서는 순서가 중요하다. 예를 들어, 여러분 앞에 있는 책을 먼저 왼쪽으로 회전시킨 후 다시 여러

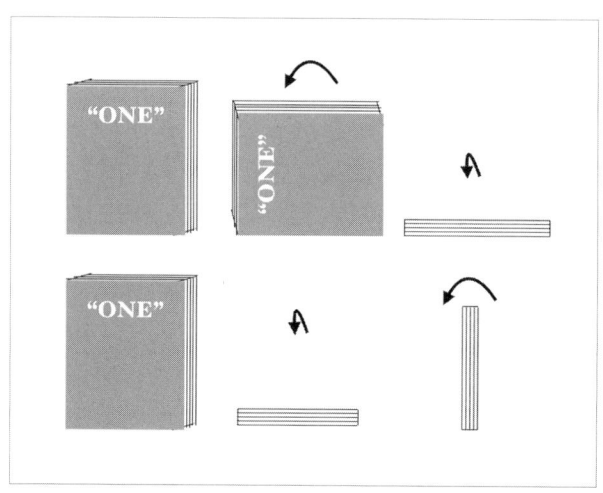

행렬과 회전에서는 순서가 중요하다.

분 쪽으로 회전시키면, 동일한 행동을 반대 순서로 했을 때와 다른 결과를 얻게 된다. 하이젠베르크의 이론에서 행렬의 곱셈은 양자가 특정 성질을 가질 확률이 어떻게 진화할지, 또 그 확률을 어떻게 관측할지를 묘사한다. 그러나 1925년 당시 행렬은 물리학자 대부분에게 친숙한 도구가 아니었다. "저는 행렬이 무엇인지도 모릅니다"라고 하이젠베르크는 이 시기에 고백해야만 했다.[19] 이에 보른은 하이젠베르크의 이론을 일관된 이론적 틀로 발전시키기 위해, 보른 자신과 마찬가지로 수학에 대한 탄탄한 배경지식을 갖춘 22세의 제자 파스쿠알 요르단에게 이 프로젝트에 참여해 달라고 요청했다. 하이젠베르크와 함께, 몇 달 동안 그들은 현재 '행렬역학matrix mechanics'이라고 알려진 최초의 양자역학 이론을 만들어냈다.

신동 대 경주마, 입자 대 파동

의심할 여지 없이, 하이젠베르크의 놀라운 깨달음은 물리학에서 가장 위대한 발견의 순간 중 하나로 기록되었다. 그러나 또한 그것은 원자 내부에서 일어난 일을 직관적으로 이해할 수 없다는 견해를 갖게 했다. 이런 견해는 에르빈 슈뢰딩거가 1925년 12월 전자를 파동으로 묘사하는 방정식을 발견함으로써 분명해졌다.

배경을 설명하자면, 슈뢰딩거의 결혼 생활은 곤경에 처해 있었다. 그의 부인 아니가 그의 가장 친한 친구인 수학자 헤르만 바일과 바람을 피우고 있었고, 반면 바일의 부인은 물리학자 파울 셰러와 사랑에 빠져 있었다. 이것은 '경주마' 슈뢰딩거에게도 견디기 힘든 일이었다. 그래서 슈뢰딩거는 옛 여자 친구를 만나기로 결심하고 아로자에서 크리스마스를 보내기 위해 취리히를 떠났다. 여행을 떠나기 수주 전, 슈뢰딩거는 전자를 파동으로 이해할 수 있다는 드 브로이의 가설을 알게 되었다. 드 브로이의 그림에서 빠져 있는 것은 이런 파동의 에너지와 시간적 진화를 묘사할 방정식이었다. 아로자에서의 2주 동안 슈뢰딩거는 바일이 상상했던 "늦은 성적인 폭발"을 경험했음이 분명하다.[20] 실제로, 슈뢰딩거가 1월 초 취리히로 돌아왔을 때, 그는 양자 파동에 대한 방정식의 초안을 가지고 다니며, "내가 이 방정식만 풀 수 있다면… 해법은 매우 아름다울 것"이라고 확신했다.[21] 바일의 도움을 받아 1월 말 슈뢰딩거는 이 방정식을 풀었을 뿐만 아니라 수소 스펙트럼을 결정할 수 있었고, 출판을 위해 결과를 제출하였다.

이제 시장에는 두 개의 경쟁 이론이 존재하게 되었다. 확률 규칙이 적용되고 양자 도약을 통해 한 장소에서 다른 장소로 이동하는 입자로 자연을 묘사하는 이론, 반면에 "결정론을 따르는" 연속 파동으로 자연을 묘사하는 또 다른 이론이 그것이다. 어느 한순간 슈뢰딩거의 파동의 상태가 알려지면, 이 파동이 미래에 어떻게 진화할지 쉽게 결정할 수 있다. 하이젠베르크의 행렬역학과는 달리, 슈뢰딩거의 파동역학wave mechanics은 우아하고 직관적이었으며, 이를 숙달하기 위해 물리학자들에게 친숙하지 않은 수학적 도구들이 필요하지도 않았다. 슈뢰딩거는 입자들이, 바다에서 가끔 발생하는 엄청난 파도처럼, 에너지 덩어리를 만드는 다수의 중첩된 파동에 불과하다는 것이 곧 판명될 것이라고 결론을 내렸다.

하이젠베르크는 납득할 수 없었다. 하이젠베르크는 "슈뢰딩거 이론의 물리적인 부분에 대해 생각하면 할수록 내 거부감이 점점 더 커졌다"라고 파울리에게 적어 보냈다. "슈뢰딩거가 자신의 이론의 시각화 가능성에 관해 적은 내용은 옳지 않을 것이다. 다시 말해 헛소리이다."[22] 슈뢰딩거가 자신의 접근법이 하이젠베르크의 접근법과 동일한 결과를 얻었음을 보여주었을 때조차, 분쟁이 격화되었다. 실제로, 슈뢰딩거의 파동에 문제가 있다는 것이 밝혀졌다. 이 파동을 보통 공간에서 진동하는 장$_{field}$으로 해석하였을 때, 파동이 너무 빨리 퍼져서 실험에서 관측한 입자와 같은 행동을 설명할 수가 없었다. 막스 보른은 이 파동의 진폭이 해당 위치에서 입자를 발견할 확률을 제공한다고 해석할 수 있음을 보여주었으며,[23] 나중에 보른은 슈뢰딩거의 양자 파동을 실제 대상이 아닌 단순한 도구, 즉 보른이 묘사하였듯이 "순수히 수학적인 어떤 것"으로 여겼다.[24] 양자물리학의 법칙이 구체적인 인과율 대신 확률만을 산출할 수 있다고 규정함으로써, 보른은 아이작 뉴턴 이래 옛 '고전' 물리학의 핵심인 '인과율$_{causality}$'과 '결정론$_{determinism}$'을 희생하였다. 즉 물리학 세계에서는 어떤 일도 원인이 없이 일어날 수 없다는 것과 어느 한순간 물리계의 정확한 상태를 알면 미래의 행동을 결정할 수 있다는 것 말이다. 보어와 하이젠베르크는 보른의 주장에 동의하였다. 그들은 슈뢰딩거의 이론이 많은 계산을 단순화했다는 점은 높이 평가했지만, 동시에 슈뢰딩거의 파동이 원자 내부의 실재와 관련이 있을 가능성에 대해서는 마찬가지로 일축했다. "보어는 평소 사람을 사귀는 데 가장 사려 깊고 친절한 사람이었지만, 이제 보어는 거의 무자비한 광신자처럼 보였고, 최소한의 양보나 인정을 할 준비가 되지 않은 사람으로 보였다"라고 훗날 하이젠베르크는 회고했다.[25]

이 시점에 알베르트 아인슈타인은 점점 더 불안해졌다. 1926년 봄 하이젠베르크가 강연을 하기 위해 베를린에 갔다. 강연 후 아인슈타인이 이 청년을 그의 아파트에 초대하였다. 아파트에 도착하자마자, 아인슈타인이 하이젠베르크의 접근법에 도전하기 시작했다. 아인슈타인은 하이젠베르크가 세계를 두 개의 분리된 영역, 우리의 일상적인 고전적 세계(이 세계에서는 대상을 위치와 성질로 정의할 수 있으며 인과율을 따르는 물리법칙들에 의해 미래가 결정된다)와 일상의 언어로는 묘사할 수 없는 양자 세계로 나누었다고 말했다. 아인슈타인이 비판하길, 더 나쁜 일은 하이젠베르크의 이론이 원자 내부의 전자 궤도라는 개념을 완전히 포기했기 때문에 양자 영역의 실제 본질을 밝히는 데 실패했다는 것이다. 또 측정 결과에 대한 관찰자의 지식만을 요약하고 있다고도 했다. "자네는 살얼음판 위를 걷고 있어"라고 아인슈타인은 하이젠베르크에게 경고했다.[26] 아인슈타인이 느끼기에 양자역학은 불완전함에 틀림없었다. 이런 현상들의 배후에는 숨은 실재가 존재해야 했다. 하이젠베르크는 자신이 그토록 존경했던 이 사람을 납득시키지 못해서 이 만남이 실망스러웠다. 그럼에도 불구하고, 아인슈타인의 일부 주장에 신경이 쓰였다.

아인슈타인과의 만남 직후, 하이젠베르크는 힘든 선택에 직면하게 되었다. 코펜하겐의 닐스 보어 곁에서 또 다른 박사후연구원이 되기로 계획했는데, 이 뛰어난 청년에게 라이프치히에서 교수직을 제안한 것이었다. 약 3년 전 하이젠베르크는 현미경이나 망원경의 분해능, 또 배터리의 기능에 관한 간단한 질문에 대답하지 못해 박사학위 시험에서 거의 떨어질 뻔했다. 1911년 노벨상 수상자이자 실험물리학과장이었던 빌헬름 빈은 이전부터 이 젊은 이론가의 실험 과목에서의 저조한 성적에 불만을 품고 있었으며, 하이젠베르크의 지도교수였던 아르놀트 조머펠트의 설득에 마지못해 그를 합격시키긴 했지만, 그 성적은 보통에도 미치지 못했다. 하이젠베르크는 겁에 질려, 다음 날 아침 막스 보른 앞에 나타나기 위해 괴팅겐으로 가는 밤 열차를 타고 문자 그대로 뮌헨에서 도망을 쳤다. 당황한 표정이 역력했고, 곧 있을 박사후연구원 자리를 그가 맡을 수 있을지 확신할 수 없었다. 기아, 가난, 주택 부족이 여전히 흔하던 전후 독일 시절에, 젊은 나이의 과학자에게 엄청난 명예인 라이프치히에서의 교수직 제의를 하이젠베르크는 이제 막 거절하려고 했다. 자신도 비잔틴 연구를 하는 교수였던 하이젠베르크의 아버지는 라이프치히 교수직을 수락할 것을 재촉했으나, 반면 아인슈타인과 다른 고참 물리학자들은 그에게 보어와 함께 일하라는 조언을 했다. 하이젠베르크는 큰 도박을 하기로 결심하고 코펜하겐으로 갔다. "언제든 다른 초빙을 받을 겁니다. 그렇지 않다면 제가 자격이 없는 거겠죠"라고 하이젠베르크는 부모를 안심시켰다.[27]

거의 100년에 걸쳐 물리학의 기초 연구의 축복이자 저주가 된 양자역학의 코펜하겐 해석을 개발할 무대가 준비되었다.

이것은 달이 한 일이 아니다

1927년 2월이 되자 하이젠베르크의 낙관주의가 약해져 갔다. 6개월 전 덴마크의 수도에 도착한 직후, 하이젠베르크와 보어는 양자역학을 이해하기 위한 싸움을 시작했다. 하이젠베르크는 확률을 계산해내는 수학적 이론에 완전히 만족했지만, 보어는 물리학을 일상 언어로 설명할 수 있어야 한다고 주장했다. 보어가 나중에 자세히 묘사한 것처럼, "우리는 '실험'이라는 단어를 우리가 한 일을 다른 사람들에게 이야기할 수 있는 상황에만 사용한다. … 그러므로… 관측 결과는 명쾌한 언어로 표현되어야 한다." 그리고 보어는 "모든 증거는 고전적인 용어로 표현되어야 한다"라는 결론을 내렸다.[28] 하이젠베르크가 반발했다. "우리가 고전 이론의 영역을 초월하게 되면, 우리 단어들이 적합하지 않다는 것을 깨달아야 한다."[29]

두 사람은 다른 점에서도 의견이 엇갈렸다. 하이젠베르크는 전적으로 입자라는 아이디어에 집착하였고, 반면 보어는 또한 슈뢰딩거의 파동도 포함시키는 것을 원했다. 하이젠베르크는 지난여름 슈뢰딩거와 이 문제를 놓고 토론하려 했지만, 또다시 빌헬름 빈의 꾸지람만 들었다. 슈뢰딩거가 미처 대답을 하기 전에 이 노인네가 실망한 하이젠베르크에게 "이제 우리는 양자 도약이라는 말도 안 되는 이야기를 끝내야 한다는 것을 자네가 알았으면 하네"라고 말했다.[30] 이제 보어는 슈뢰딩거를 코펜하겐으로 초청하여 두 사람의 일치하지 않는 해석에 대해 얼굴을 맞대고 이야기하기로 결심했다. 슈뢰딩거가 9월에 방문을 하고 병이 들자, 보어의 부인이 그를 간호했다. 그러는 동안 보어는 슈뢰딩거의 침대 가에 앉아, 슈뢰딩거에게 마음을 가라앉히고 그의 이론이 틀렸음을 인정하라고 재촉했다. 그것은 도움이 되지 못했다. 합의에 이르지 못한 채 슈뢰딩거가 떠났다. 다음 몇 달 동안 하이젠베르크와 보어는 매일 토론을 계속했으며, 종종 밤늦게까지 긴장된 분위기 속에서 진행되었다. 많은 시간이 흘러 두 사람 모두 거의 절망적인 상태에 빠지게 되면, 하이젠베르크는 근처 펠레드 공원을 거닐며 "자연이 보이는 것만큼 터무니없을 수 있을까?"라고 스스로에게 묻고 또 물으면서 마음을 자유롭게 하려고 노력했다.[31]

마침내, 보어는 휴식이 필요하다고 결심하고 노르웨이로 4주간의 스키 여행을 떠났다. 집에 남은 하이젠베르크는 계속해서 전자 경로의 문제를 고민하다가 또다시 "극복할 수 없는 장애물"에 부딪히게 되었다. 하이젠베르크는 나중에 "나는 우리가 그동안 잘못된 질문을 하고 있었던 것은 아닌지 의문이 들기 시작했다"라고 회고했다.[32] 갑자기 하이젠베르크는 자신의 최초의 양자역학 접근법에 반대해 아인슈타인이 제기했던 주장 가운데 하나를 떠올렸다. "관측 가능한 크기에만 기초하여 이론을 세우려 하는 시도는 아주 잘못된 것이다. 실제로는 정반대의 일이 일어난다. 이론이 우리가 관측할 수 있는 것을 결정한다."[33] 아인슈타인의 주장은 철학자들에게 "뒤앙-콰인 논제Duhem-Quine thesis"로 알려져 있다. 이 논제는 관측으로부터 실험 결과를 추출하기 위해서는, 측정하는 동안 무슨 일이 일어나는지와 측정 도구와 우리의 지각이 어떻게 작동하는지를 이해해야 한다는 것이다. 하이젠베르크는 "자네는 관측이 매우 복잡한 과정이라는 것을 이해해야 해. … 이론, 다시 말해 자연법칙에 대한 지식만이 우리의 감각적 인상으로부터 근본적인 현상을 추론할 수 있게 해준다네"라는 아인슈타인의 주장을 기억하고 있었다.[34] 이론이 우리가 관측할 수 있는 것을 결정한다면, 하이젠베르크가 생각하길, 우리가 관측할 수 없는 것 역시 이론이 결정하는 것은 아닐까?

자정이 한참 지난 후, 하이젠베르크는 어두운 펠레드 공원으로 다시 산책을 나갔고, 거기서 그의 유명한 불확정성 원리로 진화할 아이디어를 깨닫게 되었다. 입자의 경로를 안다는 것은 입자의 위치와 방향, 다른 순간에서의 속도 모두를 안다는 것을 의미한다. 그러나 실험자가 안개상자 속 전자를 관측할 때는 전자의 경로 자체를 관측하는 것이 아니라 일련의 국소적 상호작용을 관측하게 된다. 입자의 위치를 알려주는 물방울들은 전자 자체보다 아주 크며, 이것은 위치와 운동량(즉 속도 곱하기 질량) 모두를 정확하게 안다는 것을 꼭 의미하지는 않는다.

이 아이디어를 그의 행렬역학으로 확인하던 하이젠베르크는 위치와 운동량 모두를 동시에 정확하게 결정하는 것을 실제로 행렬역학이 허락하지 않는다는 것을 발견하였다. 하이젠베르크 버전의 양자역학에서는 위치나 운동량과 같은 관측 가능한 물리량들을 행렬들로 표현한다. 하지만 두 행렬의 곱은 이들을 곱하는 순서에 의존한다. 이런 이상한 곱셈 법칙은 처음에 어떤 양을 측정했는가가 차이를 만든다는 것을 의미한다. 입자의 위치를 결정한 다음의 그 운동량은 역순으로 측정했을 때와는 다른 결과를 보이게 된다. 이제 하이젠베르크는 10월에 받은 편지에서 볼프강 파울리가 그에게 묘사한 것을 표현할 수 있게 되었다. "누구는 p-눈[즉 운동량]으로 세상을 볼 수 있고, 누구는 q-눈[즉 위치]으로 세상을 볼 수 있다. 그러나 누군가 두 눈을 뜨고 본다면, 길을 잃게 된다."35 결과적으로, 입자의 정확한 위치와 정확한 운동량 또는 속도를 동시에 측정할 수는 없다. 항상 불확실성이 남는다. 위치를 모르거나 아니면 운동량을 모르게 된다. 또는 두 물리량 모두 제한된 정확도로만 알 수 있다.

하이젠베르크는 자신이 입증을 했다고 느꼈다. 입자의 위치와 속도를 동시에 정확하게 알 수 없다면, 원자 내 전자의 경로를 이야기하는 것이 무의미할 것이다. 전자가 어디 있는지 알 수 없거나 아니면 전자가 움직이는 방향을 알 수가 없을 것이다. 하이젠베르크는 이런 깨달음을 통해 인과율이 붕괴되는 원인을 발견했다고 생각했다. "인과법칙에서 잘못된 것은, '우리가 현재 …을 알면, 미래를 예측할 수 있다'라는 것이 결론이 아니라 가정이라는 사실이다"라고 그는 썼다. "심지어 원리적으로도 우리는 현재의 모든 세부사항을 알 수 없다. … 양자역학은 인과율의 최종적인 실패를 입증한다."[36]

보어가 스키 여행을 마치고 코펜하겐으로 돌아왔을 때, 그는 깜짝 놀랐다. 보어는 즉시 하이젠베르크의 주장에서 실수를 발견하고 논문을 다시 쓰라고 말했다. 그 순간 하이젠베르크는 말 그대로 울음을 터트렸다.[37] 보어는 하이젠베르크의 불확정성이, 양자 파동이라는 생각을 무효로 만드는 것이 아니라, 사실은 파동이 가진 전형적인 성질이라는 것을 깨달았다. 긴 평면파는 잘 정의된 운동량을 가지고 있지만, 이 파동이 좁은 구멍을 가진 장벽을 만나게 되면 구멍 뒤쪽에 원형파를 만들면서 가능한 모든 방향으로 퍼져나간다. 파동의 위치를 결정하기 위해 이 파동의 폭을 좁게 줄인 결과 운동량이 발산하는 것이다. 이와 같이 보어는 입자-파동 이중성particle-wave duality을 양자역학의 핵심 요소로 파악하고, '상보성complementarity'이라는 자신만의 해석을 찾아냈다.

상보성은 곧바로 양자역학의 코펜하겐 해석의 중심 요소가 되었다. 그러나 상보성은 정확히 어떤 것일까? 모스크바 방문 때 보어는 자신의 아이디어의 요점을 초청자의 사무실 칠판에 적었다. "[입자나 파동과 같은] 반대되는 것들이 서로 모순되지 않고 상호보완하는 것이다."[38] 보어에 의하면, 물질을 입자 또는 파동으로 이해하는 두 견해는 각자 정당성을 가지며, 서로 모순되는 것처럼 보임에도 각기 중요한 정보를 드러내 보인다. 보어가 설명한 것처럼, "다른 실험 조건들에서 얻어진 증거는 단일한 그림 안에서는 이해할 수 없다. … 현상의 총합만이 물체에 대한 가능한 정보를 샅샅

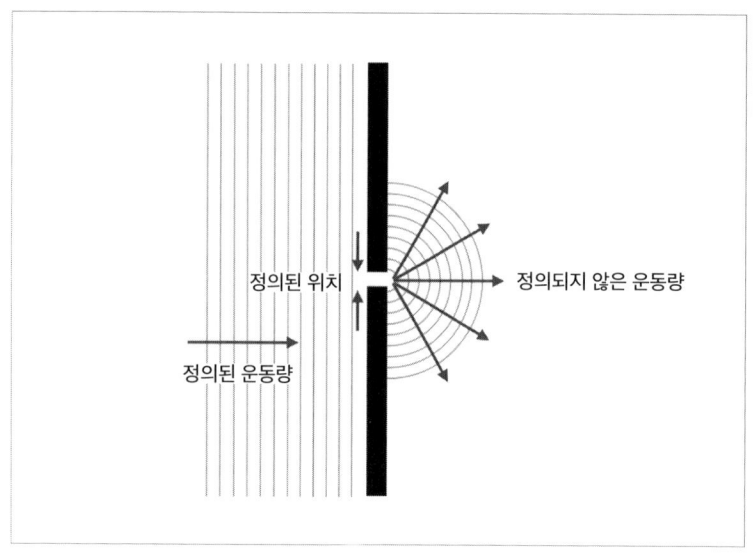

하이젠베르크의 불확정성 원리 설명 그림: 잘 정의된 운동량을 가진 평면파가 좁은 구멍을 가진 장벽에 부딪힌 후 모든 방향으로 퍼져 나간다.

이 규명한다." 그리고 "상보적 현상에 관한 연구는 상호 배타적인 실험 장치들을 요구한다."[39]

그러나 하이젠베르크는 논문을 수정하는 것을 완고하게 거절했다. 그는 직업상의 미래가 이제 슈뢰딩거의 파동방정식에 대한 반박에 달려 있다고 믿게 되었고, 다른 일자리 제안을 받으려면 빠른 출판이 필요하다고 확신했다. "나는 행렬에 찬성하고 파동에 반대하는 싸움, 보어와의 언쟁을 하게 되었다." 하이젠베르크는 파울리에게 이렇게 적어 보냈다.[40] 이 시점에서 하이젠베르크와 보어 사이의 논쟁이 개인적인 갈등으로 확대되었다. 마침내 하이젠베르크가 항복하고, 그의 불확정성 원리 논문에 "보어의 최근 연구가… 이 논문에서 시도한… 분석을 심화하고 선명하게 하도록 이끌었다"라고 인정하는 후기를 추가하였다.[41]

하이젠베르크와 보어 사이의 이런 고통스런 절충안이 훗날 '코펜하겐 해석'으로 알려진 것의 중심 요소가 되었으며, 이 해석은 과학자들의 생각과 적어도 이후 50년 동안 미래 세대의 물리학자들이 배우게 될 교과서적 설명을 지배하였다. 코펜하겐 해석은 물리학자들에게 원자, 핵, 고체 물리학에서 직면했던 양자역학적 문제들에 접근하는 작업틀을 제공하게 되었지만, 가격표가 붙어서 왔다. 코펜하겐 철학에서 측정하는 행위는 결정적인 역할을 담당했다. 하이젠베르크에 의하면, "관측된 모든 것은 무한한 가능성 가운데서 선택된 한 가지이다." 그리고 최종적으로 관측된 것만을 '실재'라고 생각했다.[42] 관측이라는 행위가 만들어낸 실재라는 이 개념이 훗날 우리가 우주를 창조했다는 휠러의 추측을 불러일으켰다.

실재에 대한 할리우드 영화 줄거리 해석으로 되돌아가서, 상보적 현상을 서로 다른 영화들이 겹쳐 있는 한 개의 필름 롤로 설명할 수 있다. 광원의 색깔 또는 영사기 각도에 따라, 〈베이비 길들이기〉 대신 1985년 SF 블록버스터 영화인 〈백 투 더 퓨처〉가 스크린에 상영되어, 어느 필름 롤이 영사기에 걸릴지 모르고 들어온 관객들을 당황하게 할 수 있다.

그러나 그 개념은 흥미롭지만, 상보성의 실제 작동 방식은 여전히 다소 모호하다. 보어 자신도 때에 따라 적어도 상보성의 두 가지 다른 버전을 머리에 품었다. 한 버전은, 입자 대 잘 정의된 운동량을 가진 평면파와 같이, 서로 다른 투영들 또는 화면 위 실재들의 관계를 묘사하는 것이었다. 또 다른 버전은 화면 위 실재들과 뒤에 숨어 있는 영사기 실재의 관계를 특징으로 하는데, 후자는 슈뢰딩거의 파동방정식으로 묘사된다.[43]

이 시점에서 물리학자들은 이런 상보적 관측이 되는 게 무엇인지 스스로에게 물었어야 했다. 이런 상충하는 경험의 기저에 어떤 종류의 근본적인 실재가 있을까? 실제로, 과학의 역사에서 물리학자들이 더 폭넓게 응용될 수 있는 조금 더 근본적인 이론을 발견할 때마다, 그들은 성공적이었지만 제한적으로 유효했던 낡은 이론을 실재에 대한 참신한 개념을 가진 새로운 이론의 극한적 사례로 이해하는 방법을 찾아내었다. 유명한 사례가 뉴턴 물리학인데, 아인슈타인의 특수상대성이론의 낮은 에너지 극한을 취해 얻을 수 있다. 그러나 양자역학의 경우 이런 일이 일어나지 않았다. 고전물리학과는 달리, 양자역학은 원자와 아원자 현상을 묘사할 수 있었다. 그럼에도 불구하고, 코펜하겐 물리학자들은 고전물리학을 조금 더 근본적인 양자 또는 영사기 실재의 극한적 사례로 이해하지 않았다. 그보다 그들은 양자역학을 화면 위에서 경험되는 고전적인 물체에 대한 지식을 얻을 수 있는 도구로 보았다. 새로운 양자 패러다임의 주인공들은 양자 측정 이면에 숨은 새로운 실재를 탐구하기 위해 과감히 뛰어들지 않았다. 그들은 양자 혁명을 미완성으로 남겨두었다. 대신 코펜하겐 해석은 절충안에서 교리로 발전했다.

당연히 아인슈타인은 행복하지 않았다. "보어-하이젠베르크의 진정 효과를 가진 철학―혹은 종교?―이 아주 섬세하게 고안된 것이라, 당분간 광신자들에게 쉽게 깨어날 수 없는 부드러운 베개를 제공할 것이다"라고 아인슈타인은 판단했다.[44] 그는 "달은 우리가 볼 때만 존재하는 것일까? … 나는 여전히 사물의 발생 확률이 아닌, 사물 그 자체를 나타내는… 실재의 모형이 가능하다는 것을 믿는다"라고 주장했다.[45] H. 디터 체가 나중에 조금 더 비판적인 평가를 내렸다. "이것은 많은 문제를 피하기 위한 독창적이면서 실용적인 전략이었지만, 이때부터 미시 물리학에서는 자연에 대한 고유한 설명을 찾는 것이 더 이상 허용되지 않았다. … 소수의 물리학자들만이 '이 황제가 벌거벗었다'라고 감히 이의를 제기하였다."[46]

세상이 갈라지다

하이젠베르크와 아인슈타인이 다음에 만난 것은 1년 반 뒤 브뤼셀에서 열린 솔베이 회의 때였다. 이 회의는 아마 역사상 가장 유명한 과학 모임이었고, 그 참가자 명단은 심지어 오늘날도 물리학 '명사' 목록이라고 불릴 정도이다. 알베르트 아인슈타인, 닐스 보어, 마리 퀴리, 막스 보른, 윌리엄 브래그, 레옹 브릴루앙, 아서 콤프턴, 루이 드 브로이, 폴 디랙, 베르너 하이젠베르크, 볼프강 파울리, 막스 플랑크, 에르빈 슈뢰딩거와 기타 등등. 1927년 10월 "전자와 광자"(광자는 전자기파의 특정 양자이다) 그리고 "새로운 양자역학"에 대해 논의하기 위해 이들이 모였다. 브뤼셀에서 미시세계에 대한 보어와 아인슈타인의 견해가 충돌하면서 오늘날까지도 계속되고 있는 논쟁을 낳았다. 이후 보어는 아인슈타인을 여러 차례 반박해야 했는데, 대체로 가설적 사고 Gedanken 실험의 형태로 표현한 주장들을 연이어 반박해야 했다. 그러나 보어가 사례마다 성공을 하면서, 그는 더욱더 터무니없는 양자역학의 해석을 개발해 나갔다.

보어와 하이젠베르크의 코펜하겐 해석에 의하면, 양자역학은 더 이상 자연에 대한 이론이 아니었다. 양자역학은 자연에 대한 실험자들의 지식에 관한 이론—과학이라기보다 인문학적 개념—이었다. "인지된 통계적 세계 뒤에 인과율이 성립하는 실제 세계가 여전히 숨어 있다는 가정을 할 수도 있다. … 이러한 추측들은…무익하고 무의미해 보인다. 물리학은 관측들 사이의 상관관계만을 묘사해야 한다"라고 하이젠베르크는 주장했다.[47] 마찬가지로, 보어는 양자적 물체 자체와 그것에 대한 관측을, "원자 수준의 물체와 그것이 측정 도구와 하는 상호작용"을 "선명하게 분리하는 것이 불가능"하다는 것을 알았다.[48] 코펜하겐 물리학자들에 따르면, 원자 수준의 물체는 측정이라는 행위를 통해 그 실재성을 얻었다. 보어에게 실재는 필름이나 영사기 없이 보여주는 영화와 같았다. 전하는 바에 의하면, 보어는 "양자 세계는 없다"라면서, 미시적이고 '비실재적인' 양자물리학의 영역과 거시적이고 고전적인 '실재적' 물체의 영역 사이에 가상의 경계―이 경계는 이후 실험을 통해 심각한 타격을 받았다―가 있다는 제안을 했다.[49] 이런 이중성을 부여함으로써, 보어는 아인슈타인이 이미 베를린에서 하이젠베르크와 토론을 하면서 하이젠베르크를 비난했던 주장을 받아들였다. 다시 말해, 보어는 세상을 갈라놓았다.

하지만 브뤼셀에 있던 동료 물리학자들에게 관측할 수 있는 것을 초월한 객관적인 실재가 있다고 주장하는 아인슈타인의 고집스런 비판은 점점 더 물리학의 기초에 대한 이해의 사각지대를 나타낸다기보다 낡아빠진 반동주의자의 고집으로 보였다. 아인슈타인의 친구 파울 에렌페스트는 "아인슈타인, 나는 자네가 부끄럽네. 상대성이론 반대자들이 상대성이론에 대해 논쟁하는 것처럼 자네도 새로운 양자 이론에 대해 반대론을 펴고 있어"라고 꾸짖으며, 대부분의 물리학자들이 가진 일반적인 인상을 전했다.[50] "보어가 이겼고 아인슈타인이 졌다는 것이 물리학자 대부분의 일반적인 생각이었다"라고 끈 이론의 아버지이자 현재 가장 영향력 있는 이론물리학자 가운데 한 명인 레너드 서스킨드는 요약한다. 그러나 그는 계속해서 말한다. "내 느낌에, 이러한 태도는 아인슈타인의 견해를 정당하게 평가하지 않은 것이며, 나는 점점 더 많은 물리학자가 이 감정을 공유한다고 생각한다."[51]

돌이켜보면 하이젠베르크, 슈뢰딩거와 보어의 논의가 어디에서 잘못되었는지 파악할 수 있다. 젊은 하이젠베르크에게 물리학은 배후에 있는 실재를 반영할 필요가 없는 수학 게임이었다. 따라서 양자 파동이 전혀 필요하지 않았다. 하지만 슈뢰딩거와 보어 모두 처음에는 양자 파동을 일상의 공간에 있는 물체로 오해하였다. 그들은, 미국 철학자 데이비드 앨버트가 정확히 요약했던 것처럼, "양자역학에서 모든 사람이 항상 이상하게 여겼던 모든 것이, 세상을 구성하는 구체적인 물리적 기초 물질이 우리가 일상적으로 경험하는 익숙한 3차원 공간이 아닌 더 큰 다른 공간 속을 떠돌아다니고 있다고 가정하면 설명할 수 있다"[52]라는 것을 깨닫지 못했다. 오늘날 우리는, 예를 들면 중성미자neutrino와 같은 소립자들을 묘사하는 양자 파동이 다른 위치들 사이에서가 아니라 중성미자의 서로 다른 형태들 사이에서 진동한다는 것을 알고 있다. 이것은 '중성미자 진동'이라고 알려진 과정으로 2015년 노벨상의 주제였다. 이런 가능한 추상적인 공간이 할리우드 영화 줄거리 해석에서 양자 또는 영사기 실재를 묘사한다. 그리고 이런 견해를 가지고 바라보면, 입자 대 파동에 관한 하이젠베르크와 슈뢰딩거 사이의 논쟁은 코카콜라 캔이 원이냐 직사각형이냐는 논쟁으로 귀결된다. 어느 순간, 보어가 들어와 원과 직사각형이 이 캔을 경험하는 두 가지 상호보완적인 방법이라고 판단했지만, 우리는 원과 직사각형의 언어를 고수해야 하며 캔이 원기둥이라고 이야기하는 것은 허용되지 않는다.

하이젠베르크와 슈뢰딩거가 1932년과 1933년 노벨상을 수상하면서 일반적으로 이 해석을 인정한다는 것이 분명해졌다. 그렇지만 안개는 걷히지 않았다. 하이젠베르크가 보어와 팀을 이뤘을 때, 그들은 아직 안개에 가려진 모든 것을 "존재하지 않는 것"으로 정의하는 해석에 의존했다. 후대 물리학자들은 이 공허한 철학을 "북쪽에서 온 안개"라고 표현했다.[53]

벽 위의 그림자, 상자 속 고양이

양자 실재를 이해하기 위해 우리가 지금까지 사용해온 우주 역사의 할리우드 영화 줄거리 해석은 유명한 철학적 조상을 가지고 있다. 고대 그리스 철학자 플라톤은 저서 《국가》에서 벽에 쇠사슬로 묶인 채 동굴에서 평생을 사는 죄수들을 묘사하는 우화를 소개했다. 그들이 본 것이라고는 그들 뒤에 있는 불이 만든 사물의 그림자뿐이다. 그 후에 죄수 중 한 명이 탈출하여 햇빛이 비치는 곳으로 올라간다. 그는 사물의 실제 모습을 보고 그가 알고 있던 모든 것이 단지 이 근본적인 실재의 투영이라는 것을 깨닫는다. 그가 동료 죄수들에게 돌아와 바깥 세계에 대해 이야기하지만, 그들은 그를 믿지 않는다. 그들은 너무 오래 그들의 제한된 세상 모습에 갇혀 있어서 다른 것을 상상할 수 없다.

실제로, 이것은 양자역학이 어떻게 작동하는지에 대한 막연한 은유 그 이상이다. 양자역학의 기이함의 대부분은 입자가 파동으로 묘사된다는 사실에서 비롯한다는 점을 기억하라. 파도가 바다

표면에 퍼져 있는 것같이, 물체도 한 번에 여러 곳에 존재할 수 있다. 예를 들어, 입자를 '이곳'과 '저곳' 같은 두 장소에 위치시킬 수 있다면, 이들 위치는 해당 위치에서의 마루*에 해당한다. 하지만 일반적으로 바다의 파도가 서로 겹치고 포개질 수 있는 것처럼, 측정하기 전에, 두 마루를 임의로 중첩하는 것에 해당하는 결과 파동이 가능하다. 더 기이한 것은, 이런 모호함이 물체의 위치에만 국한되는 것이 아니고, 다른 성질에도 일반적으로 적용된다는 것이다.

실제로, 양자계의 모든 성질은 파동함수로 묘사할 수 있으며, 입자의 위치를 묘사하는 파동처럼, 해당 성질들을 중첩할 수 있다. 파도가 바다 표면 전체에 퍼져 있어서 하와이의 서퍼들이 수천 마일 떨어진 폭풍에 의해 발생한 파도를 탈 수 있는 것처럼, 양자 파동은 모든 가능성을 다 시도한다. 마찬가지로, 두 개의 슬릿을 가진 판에 부딪힌 양자 파동은 두 슬릿을 모두 통과한다. 양자 파동에 관한 한, 이것이 일어날 수 있는 모든 일이 일어나는 이유이다. 이런 입자들의 위치 또는 상태를 측정할 때, 파동함수에 대한 보른의 확률론적 해석에 의해 주어지는 확률에 따라 확정된 결과가 관측된다. 파동의 크기가 입자가 한 위치 또는 다른 위치에서 발견될, 또는 어떤 속도나 다른 속도, 또는 다른 성질들을 가질 확률이 얼마가 되는지 결정하기 때문에, 이것은 측정하기 전에 서로 다른 실재들("이곳의 입자 또는 저곳의 입자" 또는 "빠른 입자 대 느린 입자")이 공존할 수 있다는 것을 시사한다.

1935년 슈뢰딩거가 이 상황을 거시적 차원으로 일반화하면서 이 문제의 심각성이 분명해졌다. 슈뢰딩거는 "아주 우스꽝스러운

* 파동의 가장 높은 곳.

경우를 생각해낼 수도 있다"라고 말하며 기괴한 사고 실험을 고안해냈다. "고양이 한 마리가 (고양이가 직접 간섭할 수 없음이 확실한) 다음의 장치와 함께 철로 만든 방에 갇혀 있다. 장치 속 가이거 계수기 안에는, 방사능물질의 작은 조각이 있는데, 너무 작아 1시간에 한 번 정도 원자 붕괴를 일으킬 수도 있고, 또 같은 확률로 붕괴를 안 할 수도 있다." 방사능 자체가 고양이에게 해를 주지는 않지만, 방사성 붕괴로 인해 이 고양이 감옥에 독이 방출될 수 있다. "그런 일이 일어난다면, 가이거 계수기 관이 방전을 일으키고, 계전기를 통해 망치가 청산가리가 든 작은 플라스크를 부수게 된다." 슈뢰딩거의 의도는 고양이를 고문하는 것이 아니라 우연한 미시적 과정이 우리의 일상세계에 미칠 수 있는 미친 영향을 보여주기 위함이었다. "이 계 전체를 한 시간 동안 그대로 두었고, 그동안 어떤 원자도 붕괴하지 않았다면 고양이가 여전히 살아 있다고 말할 수 있다. 첫 원자 붕괴가 일어났다면 고양이는 독살당했을 것이다. … 누구는 이 [상태]를 살아 있는 고양이와 죽은 고양이(이 표현을 용서해달라)가 동일한 비율로 혼합되어 있다고 또는 퍼져 있다고 표현할 것이다."[54] 슈뢰딩거의 고양이는 "거시적 양자 중첩"을 보여주고 있으며, 이후 양자의 기이함을 보여주는 고전적인 사례가 되었다.

그러나 우리의 일상적인 삶에서 우리는 절대 이런 양자의 광기를 만날 수 없다. 물체들은 특정한 위치를 가지고 있으며, 고양이들은 죽었거나 아니면 살아 있지 절대 그 사이에 있을 수는 없다. 관측할 때, 양자 파동(또는 할리우드 영화 예에서 필름 롤)으로 표현되는 가능성이 하나의 고유한 실재로 '붕괴'되는 것처럼 보인다. 플라톤의 근본적인 실재가 죄수들의 동굴 벽에 투영된 것에 해당하는 것이 바로 이 명백한 '붕괴'이다. 플라톤에게 진짜 실재는 외부에 있어서 동굴 속 죄수들은 직접 관측할 수가 없다. 마찬가지로 정통 코펜하겐 해석은 플라톤의 죄수 관점—또는 영사기 안에서 무슨 일이 일어나는지 모르는 영화 관객의 관점—에 갇혀 있었다.

양자역학을 이해하려는 노력에서 주도적 역할을 담당했던 헝가리 수학자 존 폰 노이만은 이 점을 설득력 있게 설명하였다. 1932년 폰 노이만은 양자역학의 수학적 기초에 관한 영향력 있는 교재를 출간하였다. 그 교재에서 그는 파동을 수학적으로 좌표계에서 벡터로 표현할 수 있다는 것을 지적했다. 두 개가 겹쳐진, 중첩된 파동은 단순히 두 벡터를 더한 것에 해당한다. 물리학자들과 수학자들은 이렇게 만들어진 것을 (슈뢰딩거의 가장 친한 친구인) 헤르만 바일의 지도교수이자 유명한 수학자 다비트 힐베르트의 이름을 따서 "힐베르트 공간Hilbert space"이라고 부른다. 양자역학에서 좌표계의 축은, "이곳의 입자" 대 "저곳의 입자" 또는 "죽어 있는 고양이" 대 "살아 있는 고양이"처럼, 가능한 측정 결과에 해당하는 벡터로 주어진다. 그러나 허용된 양자 상태는 이런 상태들만이 아니다. 이와 같은 좌표계에서는, 중첩된 실재들을 만들어내기 위해 벡터들을 결합할 수 있다. "이곳의 입자" 또는 "살아 있는 고양이"를 나타내는 벡터와 "저곳의 입자" 또는 "죽어 있는 고양이"를 나타내는 벡터를 같은 비율로 더해서 만든 벡터는 입자를 여기서 또는 저기서 발견할 확률이 50%로 동일한, 또는 죽은 고양이 대 살아 있는 고양이를 관측할 기회가 같은 양자 상태에 해당한다.

따라서 결과 벡터가 단위 길이를 가진 두 축 벡터들의 모든 가능한 결합으로 측정 전의 양자 상태를 나타낼 수 있다. 위치가 '이곳'과 '저곳'에 있을 확률이 같은 입자는 좌표축들에 대해 45도 방향을 향하는 결과 벡터로 표현된다. 일반적으로 "이곳의 입자"와

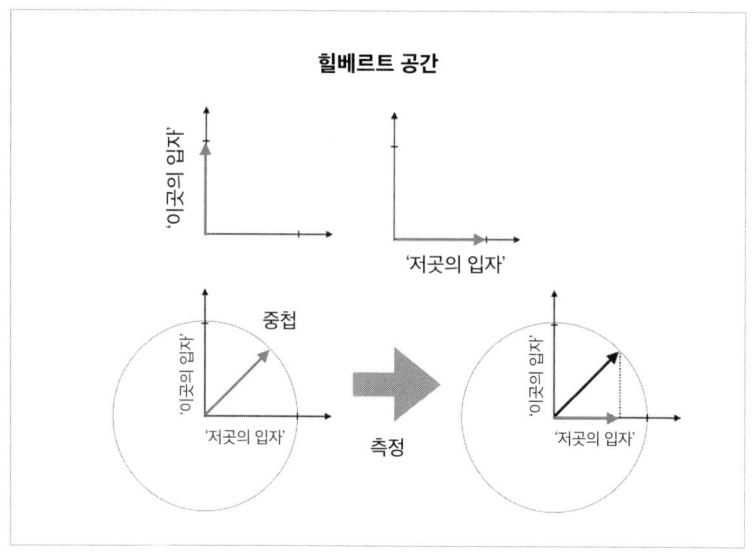

양자 파동은 힐베르트 공간에서 벡터로 표현할 수 있다. 이 그림에 따르면, 측정은 축 중 하나를 투영한 것에 해당한다.

"저곳의 입자"에 해당하는 벡터 주위의 원 위(또는—더 정확하게는—구 위. 왜냐면 복소수를 곱한 벡터들을 더할 수 있기 때문이다)에 있는 모든 벡터가 허용된다.

측정 과정은 "투영 가정[사영 공준]projection postulate"으로 알려진 것으로 묘사된다. 측정 전 양자계의 상태가 좌표축들에 투영되며, 그 확률은 각 축에 평행한 상태 벡터의 성분의 제곱으로 주어진다. 말 그대로 그리고 우주 역사에 대한 할리우드 영화 줄거리 해석이나 플라톤의 동굴의 비유에서처럼, 관측의 양자역학적 과정은 더 다양한 사전 구상을 구체적인 경험에 투영하는 것으로 이해된다.

폰 노이만은 또 다른 중요한 측면도 강조했다. 측정하는 동안 이 투영 과정은, 슈뢰딩거의 파동방정식에 따른, 방해받지 않은 상태의 연속적이고 결정론적인 진화와는 아주 달랐다. 반대로, 이 측정은, 현재 보통 "파동함수의 붕괴"라고 부르는, 고전적인 상태로의 갑작스러운 비결정론적 도약에 해당한다. 따라서 이 측정 과정을 흔히 "양자에서 고전으로의 전이"라고 설명하고 있으며, 파동함수의 붕괴를 이해하기 힘든 것을 "측정 문제"라고 부르게 되었다. 1929년 봄 시카고대학교에서 행한 강의에서, 하이젠베르크는 양자역학을 "공간과 시간의 측면에서" 비인과적 과정 또는 공간과 시간을 초월한 인과적 과정으로 생각할 수 있다고 했다.[55] 분명한 다음 단계는 공간과 시간을 초월한 이 인과적 설명을 탐구하는 것이었다. 그것이 측정 문제와 무슨 관계가 있는지, 또 어떻게 고전적 실재, 공간, 시간이 관측자의 관점에서 떠오를 수 있는지를 알아내기 위해서 말이다. 양자 선구자들이 이 일에 실패했다는 사실이 이후 물리학의 기초에 관한 연구에 방해가 되었다.

폰 노이만이 양자계를 힐베르트 공간에 있는 벡터로 표현함으로써 보어가 비현실적인 영사기 실재를 관측 가능한 세계에서 분리한 것이 다소 인위적이라는 것을 보여주기 때문에 이것은 특히 당황스러운 일이다. 영사기 실재를 신의 영역으로 간주하고 영화관 영사기사를 관객에게 신과 같은 존재로 보는 것이 합리적일 수 있는 반면, 폰 노이만을 따라서, 측정에 의해 만들어진 화면 위 실재는 다시, 슈뢰딩거의 방정식을 따라 진화하고—원래 영사기 실재 그 자체처럼—다시 또 다른 측정에 투영될 수 있는, 힐베르트 공간 속 한 벡터라고 할 수 있다. 적어도 특정 물체의 영사기 실재를 나타내는 벡터는 화면 속 붕괴한 물체와 비교했을 때 특별할 것이 없다. 그럼 무엇이 이 영사기 실재를 특별하게 만들까? 나중에 살펴보게 되겠지만, 그것은 여러 물체를, 심지어 극한의 경우 우주에 있는 모든 물체를 하나로 합칠 수 있는 능력이다.

✢ ✢ ✢

휠러의 U — "사고를 유발하는 그림"이라고 휠러가 묘사했듯이, 이것을 이해하기는 어렵다 — 로 돌아가보자.⁵⁶ 대부분의 경우, 휠러의 U를 그의 신조인 "그것은 비트로부터 나왔다It from Bit"를 보여주는 그림으로 이해해왔다.⁵⁷ 이 말은 물질이 원래 정보에서 나왔다는, "모든 입자, 모든 장이나 힘, 심지어 시공간 연속체 자체는 그 기능, 의미, 존재 자체를 — 간접적인 맥락에서라고 할지라도 — 예 또는 아니오의 질문, 이항 선택, 비트에 대해 장치가 도출한 답으로부터 이끌어낸다"⁵⁸라는 아이디어이다.

그러나 이러한 해석은 휠러의 그림에서 가장 수수께끼 같은 측면을 미해결로 남긴다. 우리가 경험하는 모든 것이 정보라면, 이 정보가 저장된 우주의 기본 구조인 '필름 롤' 즉 '하드웨어'는 무엇일까? 보어와 하이젠베르크의 경우, 이 하드웨어는 존재하지 않았다.

휠러는 명확히 대답하지 않았으며, 그 자신도 정확히 전달하고 싶은 뜻이 무엇인지 몰랐을 가능성이 크다. 휠러와 함께 수소폭탄에 대해 연구했던, 그의 제자이자 오랜 공동연구자인 켄 포드는 이렇게 회고한다. "나는 휠러가 자신이 떠올린 모든 아이디어를 문자 그대로 믿었다고는… 말하지 않겠다. 대신 휠러는 그 아이디어들이 다른 사람들에게 — 특히 다음 세대의 물리학자들에게 — 영감을 주어 그 아이디어들이 추측에서 실제적인 물리학으로 발전해 나가기를 바랐다."⁵⁹

그러나 다른 곳에서 휠러는 몇몇 단서를 제공했다. "요점은 우주는 거대한 합성물로서, 항상 스스로를 하나로 결합하고 있다는 것이다. … 그것은 완전체이다."⁶⁰ 그는 또한 "물리적 세계에 대한 포괄적인 관점은 상향식—한 거북이 위에 다른 거북이가 끝없이 쌓여 있는 탑 같은—이 아니라, 모든 부분을 연결하는 거대한 패턴에서 나올 수 있을 것"이라고 추측했다.[61] 할리우드 영화 줄거리 해석은 이 점을 이해하는 데 도움이 될 수 있다. 스크린에서 고생물학자와 수잔, 표범은 별개의 독립적인 개체로 보인다. 그러나 필름 롤에서 이들은 모두 한 영화 장면이 가진 특징에 지나지 않는다.

양자역학은 여기서 더 나아간다. 양자역학에서 소위 얽힌 계라고 불리는 것은 너무 완벽하게 합쳐져 있어서 구성요소들의 속성에 대해 더 이상 아무 말도 할 수 없게 된다. 양자역학에서, 모든 개별적인 물체와 그것들의 모든 속성은 관찰자의 관점에서 비롯된다. 물질, 시간, 공간은 적어도 그럴 가능성이 있다. 이것들은 사실 필름에 존재하는 것이 아니라 스크린에 상영될 때 경험하는 이야기의 일부이다. 사실 이 관점은 다시금 플라톤의 철학과 놀라울 정도로 유사하다. 그는 우주에는 가장 근본적인 수준에 숨은 단 하나의 물체만이 존재한다고 가정했다. 바로 우주 그 자체다. 혹은 플라톤의 표현으로는, '하나'이다.

2 모든 것이 하나

우리의 일상 경험을 초월한 숨은 양자 실재라는 개념은 우리를 당황하게 한다. 최소한 이 숨은 실재가 실제로 무엇인지에 대한 단서가 있는지와 같은 의문을 불러일으킨다. 어떤 의미에서 영사기 실재가, 자연의 모든 현상 뒤에 숨은 단일체 즉 '하나'에 대한 믿음인 '일원론'의 증거가 될 수 있을까? 놀랍게도, 실재를 모두 아우르는 단일체로 통합할 수 있는 작동 메커니즘이 있다. 그것은 바로 양자 얽힘이다.

세계를 묶어주는 접착제

양자가 가진 기이함은 중첩superposition, 상보성complementarity 그리고 얽힘entanglement이라는 우리의 일상적인 경험과는 전혀 동떨어진 세 가지 개념으로 요약할 수 있다. 액면 그대로 받아들인다면, 각 개념은 우리가 알고 있는 고전물리학에서 한 발짝 떨어져 있다. 서로 다른 양자 실재들이 공존하는 중첩이 이상하다면, 얽힘은 더 이상하다. 양자역학적 좀비 고양이라는 놀라운 아이디어를 생각해낸 에르빈 슈뢰딩거에게 얽힘은 양자가 가진 기이함의 핵심 개념이었다. "나는 얽힘이라고 부르기보다 고전적인 사고방식에서 완전히 벗어나게 만드는 양자역학의 특징이라고 부르려고 한다."[1] 캘리포니아 공과대학교의 우주론학자인 숀 캐럴도 이에 동의하고, "딸림계들을 가지지 않은"―따라서 얽힘이 없는―"양자역학은 평범하다"라고 적고 있다.[2] 동시에, 양자우주론학자 클라우스 키퍼에 따르면, 오늘날 얽힘은 "양자 이론의 중심 요소로" 이해되고 있다. "현대의 양자정보 분야와 같은 발전은… 얽힘 없이는 상상할 수 없다."[3] 적절하게도, 과학작가 루이자 길더가 양자역학의 역사에 관한 생생한 이야기의 제목을 정해야 했을 때, 그녀는《얽힘의 시대》라고 결정했다.[4]

사실, 얽힘은 단순히 또 다른 기이한 양자 현상 그 이상의 것이다. 얽힘은 양자역학이 세상을 하나로 병합하는 이유와 우리가 이런 기본적인 단일체를 많은 분리된 물체들로 경험하는 이유 모두의 배후에 있는 작동 원리이다. 동시에, 얽힘은 우리가 고전적인 실재 속에 살고 있는 것처럼 보이는 이유이기도 하다. 얽힘은―문자 그대로―세계를 묶어주는 접착제이자 세계의 창조자이다.

얽힘은 둘 또는 그 이상의 요소로 구성된 물체에 적용되며, "일어날 수 있는 모든 일은 실제로 일어난다"라는 양자 원리를 요소들로 구성된 이런 물체에 적용할 때 무슨 일이 일어나는지를 묘사한다. 따라서 얽힌 상태는 구성된 물체의 요소들이 동일한 전체 결과를 생성하기 위해 위치할 수 있는 모든 가능한 조합을 중첩한 것이다. 또다시 얽힘이 실제로 어떻게 작동하는지 설명하는 데 도움이 될 수 있는 것은 양자 영역이 가진 파동 특성이다.

바람이 없는 날의 완벽하게 잔잔하고 유리처럼 투명한 바다를 상상해보라. 두 개의 개별적인 파동 패턴을 겹쳐서 어떻게 이런 평면을 만들 수 있을까? 한 가지 가능성은 두 개의 완전히 평평한 표면을 겹쳐 다시 완전히 평평한 결과를 얻는 것이다. 그러나 평평한 표면을 생성할 수 있는 또 다른 가능성은 절반의 진동 주기만큼 이동시킨 두 개의 동일한 파동 패턴을 서로 중첩하는 것이다. 그러면 한 파동 패턴의 마루가 다른 파동 패턴의 골을 소멸하고, 또 반대로 골이 마루를 소멸한다. 우리가 유리처럼 투명한 바다를 그저 관찰하며 그것이 두 개의 파동이 결합해 만들어졌다고 생각한다 해도, 개별적인 파동 패턴들을 우리가 발견할 방법이 전혀 존재하지 않는다.

파동에 관해 이야기할 때는 지극히 평범하게 들리는 말이 경쟁하는 실재들에 적용될 때는 가장 기괴한 결과를 낳는다. 여러분의 이웃이 여러분에게 자기는 두 마리의 고양이를 데리고 있는데, 살아 있는 고양이 하나와 죽어 있는 고양이 하나라고 말한다면, 이것은 첫 번째 고양이나 두 번째 고양이 중 어느 한 마리는 죽었고, 남은 한 마리는 살아 있다는 것을 의미할 것이다—이것은 자신의 애완동물들을 묘사하는 이상하면서도 병적인 방식일 것이며, 어느 고양이가 운이 좋은지 여러분은 알 수 없지만 이웃의 말에서 짐작할 수는 있을 것이다. 하지만 양자 세계에서는 이상하지 않다. 양자역학에서, 위와 동일한 언급은 두 마리의 고양이가 합쳐져 중첩 상태가 된다는 것을 의미한다. 이 상태는 첫 번째 고양이가 살아있고 두 번째 고양이는 죽어 있으며, 또 첫 번째 고양이가 죽어 있고 두 번째 고양이가 살아 있는 것을 포함하며, 두 고양이 모두 반쯤 죽어 있고 반쯤 살아 있거나, 첫 번째 고양이는 1/3쯤 살아 있고 잃어버린 일생의 2/3를 두 번째 고양이가 채우는 가능성도 포함한다.

고양이의 양자 쌍에서 개별 동물들의 운명과 조건은 전체 상태에 완전히 매몰된다. 마찬가지로, 양자우주에서는 개별적인 물체는 존재하지 않는다. 존재하는 모든 것은 단일한 '하나'로 합쳐진다.

아인슈타인의 마지막 반격

1935년 5월 알베르트 아인슈타인과 그의 젊은 동료 보리스 포돌스키와 네이선 로젠이 얽힘이라는 양자 현상을 들고나와 주목을 받게 했을 때만 해도, 그들은 우주의 병합에 대해 전혀 신경 쓰지 않았다. 그들은 "아인슈타인-포돌스키-로젠EPR 역설"로 알려진 새로 고안된 무기를 배치하여 닐스 보어의 코펜하겐 해석을 무너뜨리는 데에 집중했다.

당시, 아인슈타인은 새롭게 미국에 정착했다. 2년 전, 나치가 독일에서 권력을 잡았을 때, 아인슈타인은 캘리포니아 공과대학교를 방문하고 있었고, 이후 "독일 땅에 감히 발을 들여놓으려" 하지 않았다.[5] 벨기에의 안트베르펜 항구를 통해 유럽에 돌아온 아인슈타인은 그의 여권을 반납하고 독일 시민권을 포기하기 위해 브뤼셀에 있는 독일 대사관에 데려다 달라고 요청했다. 그해 여름, 아인슈타인이 벨기에에 머무는 동안 나치는 유대인 또는 유대계 부모를 가진 사람들이 독일 대학이나 학원에서 공식적인 직위를 가지는 것을 금지하는 법을 만들었다. 이는 역사상 최악의 대량학살인 쇼아[홀로코스트]로 정점을 찍게 될 수많은 인종차별적이고 비인간적인 조치 중 하나일 뿐이었다. 그 결과, 14명의 노벨상 수상자들과 독일 이론물리학 교수들 중 거의 절반이 이민을 떠나야 했다.

카이저 빌헬름 학회의 회장인 막스 플랑크가 히틀러에게 이 정책이 과학에 미칠 파괴적인 효과에 대해 호소하자, 히틀러는 "유대인 과학자의 해고가 현대 독일 과학의 소멸을 의미한다면, 우리는 몇 년 동안 과학 없이 살아야 할 것"이라고 확인해주었다.[6] 아인슈타인이 여전히 벨기에에 머무르는 동안, 언론은 아인슈타인의 이름에 5000달러의 현상금이 걸려 암살 목표 명단에 올라가 있다고 보도했다.[7] 1933년 10월 아인슈타인은 독일로 돌아가는 대신, 뉴욕행 여객선에 승선해 떠오르는 과학 연구기관인 미국 뉴저지주 프린스턴에 새로 설립된 고등연구소에 합류했다. 프린스턴에서 아인슈타인은 양자물리학에 마지막 공격을 가했다.

1926년 봄 베르너 하이젠베르크와 대화를 한 후부터 줄곧 아인슈타인은 양자역학이 마음에 들지 않았다. 아인슈타인이 좋아하지 않았던 양자역학의 두드러진 특징 하나는, 양자역학에 따르면, 가장 기초적인 수준에서 자연을 우연이 주관하는 것처럼 보인다는 것이었다. 양자역학은 '결정론적'이 아니라 '확률적'이었다. 반대로 아인슈타인은 "신은 주사위 놀이를 하지 않는다"라고 확신했다. 확률 개념은 인과율의 원리를 희생한다는 것을 의미한다.[8] 그러나 "신은 주사위 놀이를 하지 않는다"라는 아인슈타인의 확신은 양자역학에 대한 그의 유일한 문제가 아니었다. 또한 아인슈타인은 양자역학의 '비국소성nonlocality'도 인정할 수가 없었다. 비국소성은 정확히 정의된 운동량을 가진 입자가 하이젠베르크의 불확정성 원리 때문에 잘 정의된 위치를 가질 수 없다는 사실을 의미한다. 마지막으로 아인슈타인이 가장 크게 염려한 점은 양자역학이 근본적인 실재를 결여하고 있다는 것이었다. 1950년 아인슈타인은 "이 문제의 핵심에 있는 것은 인과율에 관한 질문이 아니라 실재론에 대

한 질문이다"라고 강조했다.⁹

포돌스키, 로젠과 같이 쓴 1935년 논문에서 아인슈타인은 이러한 실타래를 결합하여 코펜하겐 버전의 양자역학에 대한 편안한 신뢰를 무너뜨리거나, 아니면 적어도 그 기괴한 결과를 노출할 수 있는 강력한 주장을 펼쳤다. 슈뢰딩거는 이 연구가 "잉어 연못 속의 강꼬치고기처럼" 갑자기 나타났다고 기뻐했다.¹⁰ 《뉴욕타임스》는 "아인슈타인이 양자 이론을 공격하다"라는 제목으로 이를 보도했으며,¹¹ 반면 보어의 조수인 레옹 로젠펠드는 망연자실하여 "이 맹공격은 하늘에서 우리에게 떨어진 날벼락 같았다"라고 이야기했다.¹²

본래 세 과학자는 복합계의 개별적인 조각을 관측하는 것을 고려했다. 얽힘의 결과, 구성요소들의 구체적인 조건이 완전히 알려져 있지 않거나 결정되어 있지 않을 수 있다. 상당히 평범한 설정으로 논쟁의 요점을 설명할 수 있다. 초록색을 만들기 위해 두 통의 페인트를 섞는 것을 생각해보라. 최종 결과물을 보는 것만으로 여러분은 원래 페인트 색이 하늘색과 진노랑색이었는지, 아니면 남색과 연노랑색이었는지, 심지어 진초록색과 흰색이었는지 유추할 수 없다. 다음으로, 화학자가 실험실에서 개별 페인트 성분들을 분리해내서, 그중 하나를 보지 않고 가지고 간다. 이 화학자가 용기를 자기 집으로 가지고 온 후, 이 성분의 색을 확인한다. 중요한 점은 누군가 페인트 색들 중 하나를 확인하자마자—그것이 하늘색인지 진노랑인지, 진초록인지 하양인지—나머지 용기 속 페인트 색이 즉시 정해진다는 것이다. 그러나 페인트를 섞는 것과 양자역학 사이에는 결정적인 차이가 존재한다. 두 용기의 색을 모른다고 하더라도 두 용기가 분리되면 두 용기의 색은 이미 결정되는 반면, 양자계의 상태는 관측할 때 비로소 결정된다. 실험이 수행되면 파동함수가 — 보어와 하이젠베르크의 코펜하겐 해석에 따르면 — 붕괴한다. 따라서 이 붕괴는 시공간의 모든 곳에서 동시에 일어나야 한다. 달리 이야기하면, 관측된 구성요소의 조건이 무한대의 속력으로, 특히 광속보다 빠르게 다른 구성요소에게 전달되어야 하는데, 이 현상은 아인슈타인의 특수상대성이론에 의해 엄격하게 금지되어 있다.

이 교육학적 예시는 사실 미국의 물리학자 데이비드 봄이 고안한 EPR 역설의 후기 버전과 유사하다. 페인트 색 대신, 봄은 예를 들어 동일한 핵붕괴 과정에서 생성된 후 독립적으로 관측된 두 입자의 스핀을 고려했다. 봄의 버전에서, 핵붕괴 산물의 개별적인 스핀들의 합은 0이 되는데, 이것은 이들이 반대 방향으로 회전한다는 것을 의미한다. 그러나 측정을 통해서만 어느 입자가 왼쪽으로 회전하고, 어느 입자가 오른쪽으로 회전하는지 결정할 수 있다. 유명한 EPR 논문은 다른 예를 사용했다. 이 논문은 동일한 논리를 따르지만, 양자역학에서 구성요소들의 성질을 관측하기 전에는 이들을 결정할 수 없다는 사실을 멋지게 보여준다. 봄처럼 저자들은 핵붕괴 과정에서 생성되어 연속으로 방출된 두 입자를 고려하였다. 그러나 그들은 스핀 대신, 이 입자들의 위치와 운동량에 대해 논의했다. 하이젠베르크의 불확정성 원리에 따르면, 실험자는 이 핵붕괴 산물 중 하나의 운동량 또는 위치 가운데 하나만을 결정할 수 있지, 둘 다 결정할 수는 없다. 실험자가 입자의 운동량을 측정하기로 선택한다면 입자의 위치는 알 수 없고, 반대의 경우도 성립한다. 반면, 두 입자가 동일한 근원에서 생겨난 것이기 때문에, 이들의 운동량은 필연적으로 연관되어 있다. 예를 들어, 붕괴하는 입자가 정지해 있었다면, 붕괴 산물들은 반대 방향을 향하는 동일한 큰 운동량을 가질 것이다. 분명히 이것은 한 입자의 운동량을 알면 다른 입자의 운동량을 결정할 수 있다는 것을 의미한다. 이에 따라, 실험자가 입자의 위치를 측정하기로 하면, 상대 입자의 위치 역시 유추할 수 있다. 이 추론의 문제점은, 코펜하겐 해석에 따르면, 첫 번째 입자는 실험자가 이 입자의 운동량을 측정하기로(그리고 입자의 위치는 측정하지 않기로 하는데, 이것은 이 입자가 잘 정의된 운동량을 가지지 않는다는 것을 의미한다) 결정한 다음 실제로 측정을 한 후에야 확실한 운동량을 얻게 된다는 것이다. 그러나 이 측정을 수행하는 바로 그 순간에 두 번째 입자의 운동량이 정해진다. 첫 번째 입자의 측정으로 인해 즉시 두 번째 입자의 파동함수가 붕괴한다. 동일한 논리가 입자의 위치 측정에도 적용되기 때문에, 이것은 두 번째 입자의 운동량과 위치 모두가 측정 전에 정해지든가(하이젠베르크의 불확정성 원리와 모순된다) 또는 한 입자가 어떤 식으로든 측정 결과에 대한 정보를 다른 입자에 광속보다 빠른 속도로 전달하든가—두 번째 입자와 전혀 상호작용하지 않으면서—둘 중 하나라는 것을 의미한다.

아인슈타인에게 이것은 상상할 수 없는 일이었다. 이것은 어느 것도 빛보다 빨리 이동할 수 없다는 자신의 특수상대성이론의 핵심 원리와 모순될 뿐 아니라, 아인슈타인이 "마술적인 힘voodoo force" 또는 "기괴한 원격작용spooky action at a distance"[13]이라고 배제했던, 상호작용이 없는 효과를 만들어낸다. 아인슈타인과 그의 공저자들에 따르면, 유일한 설명은 두 번째 입자의 위치와 운동량 모두 측정 전에 이미 결정되었다는(섞인 페인트 색을 다룬 예의 경우처럼) 것이었다. 양자 수학이 이 정보를 제공하지 않더라도 말이다.

양자역학은 불완전함에 틀림없다고 저자들은 추론했다. 실재에 대한 EPR 논문의 정의에 따르면, 이 정보가 양자역학 이론을 넘어서는 어떤 원리에 의해 제공되어야 했다. 예를 들어, 물리학자 루이 드 브로이는 소위 '숨은 변수hidden variable'로 양자역학을 수정한 이론을 제안했다. 양자 물체의 관측할 수 없는 성질을 명시하는 숨은 변수라는 아이디어는 나중에 채택되었으며, 1952년 데이비드 봄에 의해 더 발전되었다. 아인슈타인은 이 해결책을 "너무 싸구려"라는 이유로 거부했다.[14] 대신, 아인슈타인은 양자역학이 좀 더 일반적이고 통일된 장이론field theory의 틀 안에서 완성되기를 기대했다. 그것은 '만물 이론theory of everything'을 개발하기 위한 아인슈타인이 가장 좋아했던(그러나 끝내 성공하지 못한) 프로젝트였다.

얽힘을 이용해 아인슈타인, 포돌스키, 로젠은 복합계의 구성요소들 사이의 신비한 연결을 지적했다. EPR 논문이 얽힘을 다룬 최초의 논문은 아니었지만—예를 들어, 노르웨이 물리학자 에길 A. 힐레라스가 1929년 헬륨 원자를 양자역학적으로 논의하면서 얽힘이라는 용어를 사용했다—얽힘 현상을 주목하게 만든 것은 분명했다.[15] 또한 아인슈타인과 공저자들은 얽힘을 활용하여 인과성과 국소성을 지지하는 역설적인 결과, 즉 모든 사건에는 근본적인 원인이 있으며, 원인은 발생 장소에서만 직접 다른 사건들에 영향을 미치고, 나중에는 광속보다 느린 속도로 매개체에 의해 전달될 때 다른 사건에 영향을 미칠 수 있다는 기본 원칙을 강조했다.

그러나 보어에게 아인슈타인의 논문은 실제로 역설이 아니었다. 보어는 아인슈타인의 주장을 반박하는 일련의 논문으로 응답을 하였지만, 동시에 양자역학에 대한 점점 더 모호하고 이해할 수 없으며 터무니없는 황당한 해석을 내놓았다. 슈뢰딩거는 보어의 모호하고 불만족스러운 반응을 읽은 후 자신이 "화를 내면서 코웃음을 치고 있는" 것을 발견했다고 아인슈타인에게 적어 보냈다.[16] 아인슈타인에게는 신에게 '텔레파시 장치'가 필요하다는 것을 의미했던 말이, 양자 파동을 실재에 대한 묘사가 아닌 지식에 대한 묘사로만 이해한 보어에게는 그럴듯하게 들렸다.[17] 따라서 보어에게 파동함수의 붕괴는 멀리 떨어진 입자의 성질을 변화시키는 물리적 과정이 아니라 실험자의 이전 잠정적 지식을 업데이트하는 것에 불과했다. 간단히 말해, 보어는 두 번째 입자를 설명하는 파동함수가 존재하더라도, 두 번째 입자의 성질을 측정하기 전에는 이 성질이 실재한다는 것을 부정했다.

많은 책이 아인슈타인과 보어 사이의 이 논쟁과 그것이 실재의 개념에 대해 갖는 의미를 적고 있다. 그러나 이 실재가 실제로 무엇인지에 대해서는 거의 이야기하고 있지 않다. 이 역설을 이해하는 유일한 방법은 양자물리학이 불완전하다고 결론을 짓는 것이라는 태도를 유지한 아인슈타인을 따르던, 봄의 EPR 역설 버전은 나중에 존 스튜어트 벨과 다른 사람들에 의해 실험 검증을 할 수 있는 방식으로 수정되었다. 아인슈타인과 벨의 예상과는 달리, 양자역학의 예측이 확인되었다. 하지만 멀리 떨어진 물체들 사이의 이런 신비스러운 상관관계는 얽힘의 한 측면에 지나지 않으며, 가장 흥미로운 것도 아니다. 오늘날 얽힘에 관한 논의는 흔히 아인슈타인의 "기괴한 원격 작용"에 한정되지만, EPR 논문 3개월 뒤 에르빈 슈뢰딩거는 '얽힘'이라는 용어를 만든 논문을 발표하고, 이 현상이 실제로 무엇을 의미하는지에 대해 명확하게 설명했다. "전체에 대한 가능한 최고의 지식이 전체를 구성하는 모든 부분들에 대한 가능한 최고의 지식을 반드시 포함할 필요는 없다."[18] 좀 더 명시적으로, 슈뢰딩거는 "각각의 대표를 통해 상태를 알 수 있는 두

계가 둘 사이의 알려진 힘에 의해 일시적으로 물리적 상호작용을 하기 시작하고, 시간이 지난 후 상호작용이 끝나 두 계가 다시 분리될 경우, 이전과 같은 방식으로는"—즉 "각각의 계에 고유한 대표를 부여하는 식"으로는—"더 이상 계들을 묘사할 수 없다"라고 설명했다.[19]

얽힘은 부분들을 전체로 통합하는 양자역학의 방식이다. 강하게 상호연관된 전체 계를 위해 구성요소들의 개별적인 성질들은 소멸한다. 또는 끈 이론의 선구자 레너드 서스킨드의 말처럼, "자동차 정비사가 나는 당신의 차에 관한 모든 것을 알고 있지만 안타깝게도 부품에 대해서는 아무것도 알려줄 수 없다고 말하는 것은 말이 되지 않는다. 그러나… 양자역학에서는 계에 관해 모든 것을 알 수 있지만 개별적인 부분에 대해서는 아무것도 모를 수 있다."[20]

이러한 통찰은 실제로 보편적인 결과를 수반한다. 결국, 우주의 모든 물체는 적어도 도중에 어딘가에서 서로 상호작용했다는 개념을 받아들이는 것이 합리적이다. 그렇지 않다면, 이 물체들은 서로 영향을 미칠 수 없을 것이고, 다른 것들의 존재에 관한 어떠한 가정도 정당화될 수 없는 가설에 지나지 않을 것이다. 따라서, 얽힘은 핵붕괴 산물이나 아원자 구성요소들에만 국한되어서는 안 된다. 상호작용이 얽힘을 만든다면, 이것은 전체 우주가 얽혀 있다는 것을 의미한다. 하이젠베르크의 세자이며 친구인 물리학자이자 철학자 카를 프리드리히 폰 바이츠제커가 그의 저서 《자연의 통일성》에서 강조한 것처럼 말이다. "양자역학에서 개별 물체들이 고립되어 있다는 것은 항상 근사치에 지나지 않는다." 바이츠제커는 결국 급진적인 결론에 도달해 이렇게 쓴다. "양자역학적 물체로서 정확하게 이해할 수 있는 것이 존재할 수 있다면, 그것은 바로 우주 전체일 것이다."²¹ 결과적으로, 데이비드 봄이 그의 1951년 교재 《양자 이론》에 적은 것처럼, "세상을 별개의 부분들로 나누어 올바르게 분석할 수 있다는 아이디어를 포기하는 것과 이 아이디어를 우주 전체가 기본적으로 하나의 나눌 수 없는 단위라는 가정으로 대체하는 것이… 필요해 보인다."²²

얽힘은 양자역학에게 존재하는 모든 것을 구성하는 단 하나의 물체만이 존재한다는 급진적인 개념인 일원론의 철학을 구성하게 해주는 접착제를 제공한다—양자역학을 자연에 관한 이론으로 이해하고, 코펜하겐 물리학자들이 갖고 있던 것처럼 지식에 관한 이론이 아니라고 생각할 경우에 말이다. 아인슈타인은 며칠 전 소아마비로 자식을 잃고 슬퍼하는 한 아버지에게 위로의 편지를 보내면서, 같은 생각을 더욱 시적인 방식으로 표현했다. "인간은 우리가 '우주'라고 부르는 전체의 일부, 시간과 공간에 갇힌 일부입니다. 그는 자기 자신과 자기 생각과 감정을 나머지와 분리된 어떤 것으로 경험합니다—그의 의식이 만든 일종의 광학적 착각입니다."²³

가장 위대한 아이디어

현대의 이성적인 사고방식으로는 이러한 개념이 터무니없어 보이지만, 선사 시대나 고대 조상들에게는 그렇지 않았던 것 같다. 사실, 우리가 경험하는 모든 것이 영원하고 변하지 않는 원초적 실재에 대한 다양한 인상으로 귀결된다는 개념은 새로운 것이 아니다. "가장 위대한 아이디어"라고 적절히 규정할 수 있는 이 개념은 지금까지 알려진 가장 오래된 아이디어이다. 이것은 인류만큼이나 오래된 것이다. 일원론은 천재가 눈부신 순간에 발견하거나 발명한 것이 아닌 것처럼 보인다. 우리가 아는 한, 일원론은 항상 존재했다.

모든 것을 포함하는 단일체라는 아이디어가 아메리카, 아프리카, 아시아나 오세아니아의 많은 원주민 종교에 공통적으로 존재하며, 자연에 대한 신성하거나 영적인 개념을 포괄하는 것을 우리는 오늘날에도 여전히 관찰할 수 있다. 미국의 진화생물학자이자 인류학자 재러드 다이아몬드가 저서《어제까지의 세계》에서 묘사한 것처럼, 이러한 전통적인 사회에 사는 사람들의 전형적인 특징은 '분석적analytic' 추론이 아닌 '전체론적holistic' 추론을 한다는 것이다.[24] 이런 소규모 부족과 수렵-채집자, 원시 목동 그리고 농부 집단은 자연과 사회적 환경에 훨씬 더 의존했고, 따라서 개별적인 요인들의 작용이 아니라 서로 얽힌 네트워크가 세상을 지배하는 것을 경험했다. 그들의 세계는 혁신과 진보, 개발과 한정된 자원으로 특징지어지는 것이 아니라, 자연의 순환에 의해 결정되었다. 자연스럽게, 이런 경험이 세계관과 신앙체계에 반영되었다. 예를 들어, 북동부 아메리카 인디언들에게 위대한 영 '매니투Manitou'는 동물, 식물, 바위와 같은 무생물에 거주하며—그리고 거기에서 통합하거나 단일화하며—천둥이나 지진으로 자신을 드러낸다.[25] 끊임없이 무역풍의 영향을 받는 하와이 제도의 전통 종교에는 생명의 숨결인 '하'라는 개념이 존재하는데, 그것으로부터 '알로하'(사랑, 평화: 숨결이 있는 상태), '하올레'(외국인: 숨결이 없는 사람), '오하나'(가족: 숨결을 나누는 사람들)와 같은 일반적인 하와이 단어들이 탄생했다.[26] 더 일반적으로, 하와이 종교철학자 그웬 그리피스-딕슨이 말하듯이,

이와 같은 개념들은 "반대파들의 통합 그리고 여러 바닷가 지역을 로하키 즉 다양한 요소들의 조화로 연결시키기"에 대한 믿음을 반영한다.[27] 자연을 지배하는 유사하고 만연한 중요한 힘이 많은 아프리카 부족 종교에 존재하는 것처럼 보인다.[28] 이러한 관찰에 따라, 영국의 종교학자 마이클 요크는 우주가 하나이며 신과 동일하다는 일원론적 믿음인 '범신론pantheism'을 '정령 신앙animism'(자연이 영혼을 가지고 있다는 믿음), 다신론(많은 신을 숭배), 샤머니즘에 이어 이교도 신학의 주요 특징 중 하나로 꼽았다.[29] 이런 발견들은 일원론이 초기 사회에서 만연했던 우주에 대한 신격화와 통일을 동시에 추구한 데서 비롯된 것임을 시사한다. 또 이 가설은 왜 후대의 일원론적 철학들이 종종 자연에 대한 인식을 강화했는지 설명할 수 있다. 일부 사회에서는 상호 연결된 세상에 대한 이런 전체론적 견해가 본격적인 일원론적 철학으로 성장하게 되었다.

당연히, 고대에 사람들이 우주를 어떻게 상상했는지에 대한 신뢰할 수 있는 증거는 기록된 증언에 근거해야 한다. 최초의 일관된 문서는 기원전 3000년으로 거슬러 올라가는데, 이는 인류가 수메르(오늘날 이라크 남부)와 이집트 같은, 중동과 인근 지역의 "문명의 요람"인 비옥한 초승달 지대에 정착하기 시작한 이후이다. 하이젠베르크가 코펜하겐에서 불확정성 원리를 발견하기 정확히 4년 전인 1923년 2월 16일까지는 거의 알려진 것이 없었다. 그러다가 영국의 고고학자 하워드 카터가 이집트 왕들의 계곡에 있는 투탕카멘의 무덤을 열고, 자신이 발견한 보물들에 충격을 받았다. 그는 또한 최초의 일원론의 표명 중 하나를 만났다. 미라와 순금 관, 유명한 얼굴 마스크, 왕좌, 전차 및 5000개가 넘는 유물들 옆에 ― "모든 곳이 금빛으로 반짝거렸다"라고 카터는 썼다[30] ― 파라오의 석관을 지키는 네 명의 수호신 중 한 명인 '네이트' 조각상이 있었다. 기원전 3000년 이후부터 지하 벽과 석관에 새겨진 고대 상형문자인 피라미드 텍스트에 기록된 가장 오래된 여신 중 한 명인 네이트는 이집트에서 가장 중요한 숭배 중심지 중 하나인 사이스의 성소에서 "만물의 어머니이자 아버지"로 숭배되었다.[31] 고대 로마의 저자 플루타르코스에 따르면, 네이트의 신전에 있는 베일에 싸인 여신의 조각상에는 "나는 과거에도 있었고, 현재에도 있으며, 미래에도 있을 전부이다. 어떤 인간도 내 망토를 벗긴 적이 없다"라는 문구가 새겨져 있었다.[32] 이집트학 연구자 얀 아스만은 "이집트인들은 신은 만물이며, 세상을 통해 자신을 퍼뜨리고 만물에 친밀하게 퍼져 있는 영이라는 것을 위대한 신비라고 가르쳤다"라고 설명한다.[33] 놀랍게도, 고대 이집트인들은 50세기 전부터 얽힘과 매우 유사한 것을 알고 있었으며, 실제로 존재했던 모든 것이 숨은 하나로 합쳐진다는 대담한 믿음을 고수했다. 이 하나는 접근하기 어려운 단일 존재로, 베일을 쓴 여신 네이트로 상징되며, 나중에는 투탕카멘의 석관을 보호하고 있는 더 잘 알려진 동료인 어머니 여신 이시스와 동일시되기도 했다. 이 견해에 따르면, 우리가 자연이라고 경험하는 것은 단지 그 아래 숨겨져 있지만 어렴풋이 보이기 시작하는 통일된 근본적 실재를 짐작할 수 있는 덮개에 지나지 않는다.

투탕카멘이 세상을 떠난 지 약 500년 후인 기원전 800년경, 동쪽으로 3000마일 떨어진 곳의 《우파니샤드》에서 놀랍도록 유사한 사상을 발견할 수 있다. 힌두교의 정신적 핵심을 정의하는 이 고대 산스크리트어 텍스트에서 '브라흐마'의 개념은 "전차 바퀴의 모든 살이 바퀴의 중심과 테두리에 묶여 있는 것"처럼 "모든 존재, 모든 신, 모든 세계, 모든 호흡, 모든 자아"를 하나로 묶어주는 것으로 정의한다.³⁴ 고대 이집트인들이 네이트 또는 이시스 여신을 섬겼던 것처럼, 《우파니샤드》의 작가들은 인도 철학자 텔리야바람 마하데반의 설명처럼 "우주의 땅, 또는 모든 존재의 근원, 또는 우주가 성장한 근원"을 의미하는, 모든 것을 포괄하는 비인격적인 단일체를 알고 있었다.³⁵ 이와 대조적으로, 관찰 가능한 자연은 인공물 또는 환상인 '마야'로 이해하고 있었고, 《우파니샤드》에서는 이를 다음과 같이 묘사하였다. "마술처럼 그것은 마야로 이루어져 있다. 꿈처럼 그것은 잘못 본 것이다. … 벽화처럼 마음을 즐겁게 하지만 그것은 속임수이다."³⁶ 또는 베일과 같다. 19세기 철학자 쇼펜하우어가 강조했듯이 "인간들의 눈을 가리고 존재한다고도 존재하지 않는다고도 묘사할 수 없는 세계를 보게 하는 속임수의 베일. 왜냐면 그것은 꿈과 같기 때문이다. 멀리 있는 여행자로 하여금 물로 착각하게 하는 모래에 반사된 햇빛과 같기 때문이다."³⁷

그로부터 200년 후, 동쪽으로 2600마일 떨어진 기원전 6세기 중국의 현자인 노자는 그의 저서 《도덕경》에서 '도道'의 개념을 "천지의 시작"이자 "무수한 생명체의 조상"이라고 정의했다.³⁸ 문자 그대로 '경로' 또는 '길'을 뜻하는 도는 사실 '하나'의 또 다른 이름이다. "이런 식으로 이해하면, 우주를 창조하고 지탱하는 것이 '하나' 또는 '도'라는 것을 알 수 있다"라고 런던대학교의 중국어 교수 대럴 라우는 설명한다.³⁹

이것들은 수많은 예 중 일부에 불과하다. 일원론의 개념은 대승불교, 선불교, 기독교 신비주의, 이슬람 수피즘과 시크교 등 여러 철학과 종교에 걸쳐 널리 퍼져 있다. 일원론의 개념은, 예를 들어 영국 작가 올더스 헉슬리가 주장한 것처럼, 모든 종교적 전통이 공유하는 가상의 형이상학적 진리인 '영원 철학'의 핵심 개념 중 하나―또는 심지어 "핵심 개념 그 자체"―라고 주장되어왔다.[40] 실제로 이런 철학이 고대 이집트와 같은 특정 지역과 종교로부터 퍼져나갔다는 확실한 증거가 존재하지만, 일원론이 다양한 문화와 지역에서 독립적으로 출현하여 "보편적인 원초적 개념"을 형성했을 가능성도 있다고 독일 철학자 카를 알베르트는 주장했다.[41] 적어도 우리는 일원론적 철학이 전 세계적으로 존재하는 것으로부터 모든 것을 포괄하는 '하나'가 보편적인 매력을 발휘하고 있다는 안전한 결론을 내릴 수 있다.

이러한 고대 증언들은 일반적으로 현대 과학과는 관련이 거의 없는 신화적인 것으로 이해되고 있다. 하지만 자세히 들여다보면, 존 휠러가 고민했던 바로 그 문제를 다루고 있다. "가장 깊은 수준에서 세계는 어떻게 하나로 합쳐졌을까?" 궁극적인 실재는 무엇일까? 과학적 노력은 어떤 토대에 기반을 두어야 할까? 양자역학 논의에서 접했던 화면 위 실재와 필름 롤 실재처럼, 고대 신화에서는 '환상' '베일' 또는 '마야'로 묘사되는 경험적 실재와 '브라흐마' '도' 또는 '하나'라고 부르는 근본적이고 접근할 수 없는 실재를 구분했다. 프랑스의 물리학자 베르나르 데스파냐는 1995년 그의 양자역학 교재 제목을 《베일에 가려진 실재》라고 지으면서―아마도 힌두교의 마야 개념이나 사이스의 베일에 싸인 이집트 여신을 의도적으로 언급하는 듯한―이 놀라운 대비를 강조하였다.[42] "만약 양자 이론이 '연기를 내뿜는 용'처럼 보인다면, 이제 용 자체를 보편 파동함수로, 이에 고유한 얽힘이라는 '연기'에 의해 우리 국소적 존재에게는 부분적으로 베일에 싸인 것으로 인식될지 모른다"라고 몇 년 후 H. 디터 체는 설명했다.[43] 그러나 이러한 숨은 근본적인 실재에 대한 아이디어가 현대물리학과 고대 신화의 유사성을 다 망라하지는 않는다. 양자역학처럼, 일원론적 철학들은 상보성 개념을 알고 있었다. 즉 근본적인 브라흐마, 도, 하나는 반대되는 것들, 일상생활에서 경험하는 상호보완적인 특징들, 화면 위 실재의 결합이었다—근본적인 필름 롤 또는 양자 실재가 입자나 파동 같은 서로 다른 투영으로 자신을 드러내는 것처럼 말이다. 마지막으로 가장 놀라운 것은, 현대 과학과 고대 신화가 이 근본적인 실재가 무엇인지에 대해 비슷한 결론에 도달하는 것처럼 보였다는 것이다. "그것은 거대한 종합으로, 언제나 스스로를 하나로 합치고 있다. … 그것은 전체이다."

실패한 혁명

하이젠베르크와 보어는, 양자물리학을 통해, 완전히 새로운 자연의 영역, 즉 우주 만물의 근간이 되고 통합하며 이상한 새로운 물리학 법칙을 따르는 양자 실재를 발견했다. 그러나 그들은 이 미지의 영역을 탐험하는 대신 그런 것이 존재하지 않는다고 선언하기로 결정했다. 하이젠베르크, 슈뢰딩거와 많은 학자의 획기적인 발견으로 시작된 혁명은 완성되지 않았으며, 오히려 물리학의 기초를 제공하려던 순간에 중단이 되었다. 그렇다, 이 영역을 채우고 있는 물체들—입자와 파동 모두의 배후에 있는 필름 롤 또는 영사기 실재—은 직접 관찰할 수 없는 것들이었고, 하이젠베르크와 보어는 실험에 의한 접근이 가능한 '실재하는' 사물들만 고려하는 실증주의 철학의 영향을 받고 있었다. 그러나 보어나 하이젠베르크 모두 헌신적인 골수 실증주의자는 아니었다. 예를 들어, 하이젠베르크는 그의 자서전에 "실증주의자들은 간단한 해결책을 가지고 있다. 즉 세상은 분명하게 이야기할 수 있는 것과 나머지 말하지 않고 조용히 넘어가야 할 것으로 나누어져 있다는 것이다"라고 썼고, 또 이런 확신을 버리도록 "그러나 우리가 분명히 말할 수 있는 것이 아무것도 없다는 것을 알려주는 이것보다 더 무의미한 철학을 생각할 수 있을까?"라고 이야기했다.[44]

그렇다면 하이젠베르크와 보어는 왜 양자 영역의 최전선에서 멈추고 계속 나아가지 않았을까? 미국의 철학자 노라 베렌스타인이 말한 것처럼, 코펜하겐 해석이 끈질기게 "경험적으로 성공한 이론의 수학적 구조가 우주의 양태적, 물리적, 형이상학적 본질에 접근하는 데서 담당할 수 있는 역할을 저평가하는" 이유는 무엇일까?[45] 코펜하겐 물리학자들의 이러한 자기 제한은 어디에서 비롯된 것일까? 그리고 그것이 어떻게 도그마로 변모했을까?

초기 양자 선각자들이 양자역학이 가진 일원론적 의미를 완전히 모르지는 않았다. 예를 들어, 보어는 그의 에세이 〈물리학과 종교의 연구〉에서 "양자 현상의 본질적인 전체성은 그 현상을 세분화하려는 시도가 그 현상과 양립할 수 없는 실험적 배열의 변화를 요구하는 상황에서 논리적 표현을 찾을 수 있다"라고 썼다.[46] 또한 보어는 상보성과 고대 일원론적 철학에서 추측했던 반대되는 것들의 결합 사이의 유사점도 잘 알고 있었다. 1947년 덴마크 국왕 프레데리크 9세가 덴마크 최고 영예인 코끼리 훈장을 보어에게 수여한다고 공표했을 때, 보어는 자신의 문장의 디자인으로, 자연의 반대되는 것처럼 보이는 힘들이 실제로는 깊은 이해 수준에서 상호 보완적이라는 노자의 도교 철학을 그림으로 표현한 음양 무늬를 선택했다. 보어는 제명題銘으로 라틴어 콘트라리아 순트 콤플레멘

타*Contraria sunt complementa*(반대되는 것은 상호보완적이다)라는 글귀를 추가했다. 같은 정신에서, 하이젠베르크는 그의 자서전에 《부분과 전체》라는 제목을 붙였다.[47] 1972년 프리초프 카프라가 그의 책 《현대물리학과 동양 사상》을 쓰기 위해 하이젠베르크와 인터뷰를 하면서 동양철학에 대한 이 유명한 물리학자의 생각을 묻자, 아주 놀랍게도, 하이젠베르크는 카프라에게 "양자물리학과 동양 사상 사이의 유사성뿐만 아니라, 자신의 과학적 연구가 적어도 무의식적 수준에서 인도철학의 영향을 받았다는 것을 잘 알고 있었다"라고 이야기했다.[48]

보어와 하이젠베르크가 너무 당혹스러워서 화면 속 일상생활의 실재가 어디에서 비롯되는지 면밀히 조사하고 싶지 않았던 이유 중 하나가 이것이다. 자세히 살펴보면, 코펜하겐 물리학자들이 양자 영역을 '비실재적'이라고 폐기한 동기는 양자 영역을 관찰할 수 없다는 사실이 전부가 아니고, 적어도 양자 영역의 정체 때문이었을 가능성이 크다. 즉 그것은 모든 것을 포괄하는 단일체, 역사적으로 종교와 관련되어왔고 흔히 신과 동일시되던 개념이었다. 더욱이, 이러한 개념은 자연의 일부로 간주될 수 없으며, 신과 세계 사이에는 뚜렷한 구분이 존재한다는 것을 절대적으로 확실시하는 것이 2000년 동안 기독교 신학의 핵심 관심사 중 하나였다. 코펜하겐 물리학자들은 순종적으로 우리의 직접적 관측 뒤에 숨어 있는 실재를 종교의 영역으로 넘겨버렸다.

사실, 보어의 양자역학 해석을 "마음을 진정시키는 철학 혹은 종교"로 이해한 것은 아인슈타인뿐만이 아니었다. 이러한 맥락에서 하이젠베르크가 보어와 상보성의 더 깊은 의미에 대해 논의한 것을 회상하는 많은 대화에서, 이 대화가 곧 과학과 종교의 관계에 대한 논쟁으로 변질되었음을 알 수 있다. 하이젠베르크가 기억하는 것처럼, 보어는—그에게 언어란 애초에 말할 수 있는 것에는 필수적이지만, 입자 대 파동 같은 서로 다른 화면 위 실재들의 상보성은 우리가 말할 수 있는 것의 한계를 위배하는 것이었다—"종교는 언어를 과학과는 아주 다른 식으로 사용한다는 것을 기억해야 한다"라고 주장했다.[49] 이런 맥락에서 보어에게 상보성은 단지 입자와 파동 같은 서로 다른 화면 속 투영 사이의 연결을 묘사하는 '수평적인' 관계만이 아니라, 화면 속과 필름 롤 또는 영사기 실재들 사이의 '수직적인' 관계에도 적용되는 것임을 아는 것이 중요하다. 입자와 파동이 서로 상호 배타적이지만 똑같이 정당한 자연에 관한 묘사인 것처럼, 실험 중심의 과학과 형이상학도 마찬가지라고 보어는 믿었다. 하이젠베르크는 자서전에서 종교와 과학이 실재의 매우 다른 측면을 가리킨다는 정신분열증적 신념에 관한 토론을 이야기한다. "내가 부모님을 통해 잘 알고 있는 이 견해는 두 영역을 세계의 객관적 측면, 주관적 측면과 연관시킨다."[50] 하이젠베르크가 "그는 이런 분리에 대해 전혀 행복해하지 않았다"라고 고백하고 있지만, 그럼에도 불구하고 그는 이 철학이 수 세기에 걸친 과학과 종교 간의 갈등을 진정시켰다고 평가한다.[51]

마찬가지로, 하이젠베르크의 친구 볼프강 파울리도 합리적인 과학적 사고와 비합리적인 신비적 경험을 통찰력에 대한 '상호보완적인' 접근법으로 간주했으며,[52] 하이젠베르크의 공동연구자 파스쿠알 요르단은 양자 측정 과정의 불확정성이 "일관된 인과적 자연주의적인 세계가 존재한다는 확신, 자연은… 신적 창조주의 간섭을 허용하지 않는다는 확신… 과학에 의해 세상의 마법이 풀리는 것은 과학 연구의 필연적인 결과라는 확신"을 무효화할 수 있을 것이라고 주장했다.⁵³ 코펜하겐 물리학자들에게 입자와 파동의 배후에 있는 실재는 그들이 상관할 바가 아니었다. 그것은 "이름을 붙일 수 없는 도", 천상에 있는 것이었다. 두 번째 계명이 명한 것처럼 "너희를 위하여 우상이나 그와 비슷한 것을 만들지 말지니라."⁵⁴ 코펜하겐 물리학자들은 고대 철학에서 받아들였던 일원론이 실제로 현대물리학의 중요한 개념이라는 것을 깨닫는 대신 이 물리학의 기초를 종교로 재분류했다.

코펜하겐 물리학자들은 "양자 세계는 없다"라는 도그마를 채택함으로써 고대 후기와 중세 기독교인들 사이에서 시작된, 물질세계와 신의 영역의 엄격한 분리를 주장한 이야기를 되살렸다. 동시에 그들은 양자 물질들의 본성을 이런 신의 영역에 부여했다. 이후 양자역학이 성공적으로 핵물리학, 입자물리학, 고체물리학의 작동 패러다임으로 적용되면서, 물리학자들은 그 철학적 토대에 관해 실용적인 태도를 취했다. 예를 들어, 리처드 파인만은 "'어떻게 그럴 수 있지?'라고… 스스로에게 계속해서 묻지 말라. 어떻게 그럴 수 있는지 아무도 모른다"라고 권했다.⁵⁵ 이 태도를 미국 물리학자 데이비드 머민은 "입 닥치고 계산해!"라고 적절히 요약했다.⁵⁶ 양자역학이 지닌 의미에 대한 사색은 일반적으로 사적인 취미로 여겨졌으며, 진짜 물리학을 하는 것과는 느슨하게 연관되어 있을 뿐 그다지 중요하지 않았다.

그러므로 이것이 무지의 결과가 아니었다면, 보어와 그의 추종자들은 어떻게 [세계가 하나임을] 부정하는 철학에 이르게 되었을까? 오게 페테르센이 깨달은 것처럼, "보어의 철학적 아이디어는 원래 물리학의 영감을 받은 것이 아니었지만, 새로운 이론의 특성이 그의 철학과 아주 잘 맞아떨어졌다."⁵⁷ 그러므로 양자역학의 역사는 이 이야기의 한 부분에 지나지 않는다. 일원론의 역사와 종교와의 골치 아픈 관계가 이야기의 또 다른 부분이다.

권위에 복종하지 않은 여인

의심의 여지가 없이, 아인슈타인, 보어, 하이젠베르크, 슈뢰딩거와 다른 많은 초기 양자 선구자들은 역사상 가장 위대한 과학자들로 꼽혀야 한다. 이러한 저명한 학자들조차도 그 이론이 실제로 무엇을 의미하는지에 대한 진실한 이해를 얻지 못했다면, 그것이 과연 가능한 일인지 당연히 의문을 가질 만하다. 다른 더 나은 시대였다면, 아인슈타인은 젊은 수학자이자 철학자인 그레테 헤르만에게서 동지를 찾을 수 있었을지 모른다. 헤르만은 코펜하겐 복음의 초기 비평가로, 훗날 양자역학이 수반하는 실재에 대한 더 정당하고 일관성을 가진 해석의 필수적인 부분이 될 많은 것을 예상했다. 그러나 그녀는 여성, 과학의 이방인 그리고 야만적인 시대에 양심적인 사람으로서 불이익을 받았다.

헤르만은 브레멘의 선원이자 상인의 일곱 자녀 중 하나로 성장하였으며, 괴팅겐에서 수학과 철학을 공부하였고, 에미 뇌터의 지도 아래 박사학위를 받았다. 뇌터는 물리학에서 대칭성과 보존법칙에 대한 연구를 개척한 천재 과학자이며, 오랜 투쟁을 거쳐 독일 대학에서 수학을 가르치는 것이 허락된 최초의 여성이다. 박사학위를 마친 후 헤르만은 칸트 철학과 민주적 사회주의의 열렬한 옹호자인 철학자 레오나르드 넬슨과 함께 연구를 시작하였다. 1930년대에 헤르만은, 예를 들어 그 당시 독일에서 가장 많이 팔리던 일간지 《베를리너 타게블라트》에 하이젠베르크가 반복해서 "인과법칙의 무의미함이 확실히 증명되었다"라고 주장한 것을 알고 난 후 양자역학에 관심을 가지게 되었다.[58] 인과법칙은 결과가 아닌 경험적 연구의 조건이라고 생각하던 헤르만에게 이런 주장은 말도 안 되는 것이었다. "인과법칙은 경험으로 증명하거나 반증할 수 있는 경험적 주장이 아니라 모든 경험의 근간이다."[59] 어떠한 권위에 대한 두려움도 없이, 헤르만은 하이젠베르크와 직접 "이 문제를 놓고 싸우기로 결심했다."[60] 1934년 봄 헤르만은 하이젠베르크의 세미나에서 이 주제를 논의하기 위해 라이프치히에 갔다. 이것은 전혀 쉬운 일이 아니었으며, 이 용감한 수학자는 하이젠베르크, 프리드리히 훈트, 그리고 이들의 젊은 제자 카를 프리드리히 폰 바이츠제커를 중심으로 한 친밀한 순수 남성 그룹에게 진지하게 받아들여지기 위해 고군분투해야 했다.

> 나는 자주 이해 부족과 조급함을 겪었다. … 결정론의 한계 배후에 있는 물리학적 전제와 지금까지 발견되지 않은 숨은 매개변수로 이를 우회할 수 있는지에 대해 질문했을 때였다. 하이젠베르크만이 이 질문을 진지하게 받아들였으며, 내가 훨씬 뒤에 알게 된 것이지만, 유명한 아인슈타인-보어 토론에서도 이 문제에 대한 열띤 논의가 있었다. 전자가 빨간 코를 가지고 있다는 발견으로 결정론의 한계를 우회할 수 있다고 믿느냐고 내 도전에 답하던 프리츠 훈트의 친근하고도 아이러니한 미소가 아직도 눈앞에 선하다.[61]

아인슈타인처럼, 헤르만도 초기에는 양자역학이 불완전하고 보충할 필요가 있다고 믿었다. 만약 양자역학이 실험에서 어떤 것을 관측할 확률만을 제공한다면, 물리계의 정확한 상태에 대한 추가적인 정보를 가진 이론으로 수정하여 정확한 예측을 제공하도록 할 수 있지 않을까? 하지만 물리학자들은 존 폰 노이만의 권위에 안심하여 그렇지 않다고 자신하고 있었다.

헤르만처럼, 폰 노이만도 다비트 힐베르트를 중심으로 한 괴팅겐 수학 학파의 산물이었다. 일찍이 이 헝가리 수학자는 신동이자 만능 천재라는 명성을 얻었다. 폰 노이만은 양자역학에 관심을 집중하기 이전에는 논리학 연구를 시작했다. 나중에 그는 핵무기 설계에 결정적인 기여를 했으며, 게임 이론을 개발하여 경제학의 혁명을 가져왔고, 현대 컴퓨터의 아키텍처를 고안했다. 폰 노이만은 1932년 영향력 있는 저서인 《양자역학의 수학적 기초》에서 이 새로운 이론의 수학적 토대를 개발하고 요약했다. 이러한 맥락에서 그는 측정 전 양자 물체의 상태를 지정하는 매개변수인 이른바 숨은 변수로 이론을 보완하는 것이 불가능하다는 증명도 제시했다. 현재 대부분의 물리학자들은 숨은 변수 이론이 특수상대성이론과 조화되기 어렵기 때문에 사실상 막다른 골목에 이르렀을 가능성이 높다는 데 동의한다. 그럼에도 불구하고 이 이론은 유효하고 흥미로운 가능성을 제공한다. 인과관계를 입증하기 위해 노력한 그레테 헤르만은 폰 노이만의 증명이 틀렸다는 것을 보여주는 것으로부터 시작했다. 헤르만이 지적했던 것처럼, 폰 노이만의 주장은 양자역학에서는 맞지만 숨은 변수를 가진 양자 이론에서 반드시 맞지는 않는 정당화되지 않은 가정에 근거하였다. 이것은 놀라운 업적이었지만, 아무도 이를 알아차리지 못했다. 불과 20년 전만 해도 헤르만의 천재 지도교수였던 에미 뇌터는—여성이기 때문에—대학에서 가르칠 수 있는 자격을 얻지 못했다. 이제 한 여성 철학자가 와서 유명한 폰 노이만을 포함한 물리학계 전체가 틀렸다는 것을 증명했다고 주장했다. 과학자들조차도 편견과 선입관에서 자유롭지 않다.

설상가상으로 헤르만의 연구는 격변의 시기에 잘 알려지지 않은 학술지에 게재되었다. 1933년 1월 정권을 장악한 지 몇 주 만에 히틀러의 나치당은 허약한 독일 민주주의를 해체하고 잔인하고 인종차별적인 정권을 수립하기 시작했으며, 정치적 반대자와 유대인을 강제 이주, 고문, 살해하기 시작했고, 이는 곧 다가올 대량학살의 씁쓸한 예고편이었다. 이러한 시기에 물리학이나 철학은 헤르만의 삶에서 가장 중요한 활동이 아니었다. 나치 테러가 시작된 지 4년 반이 지난 1937년 여름, 하이젠베르크와 주고받은 의미심장한 편지들을 보면 헤르만이 함께 토론했던 물리학자들과 얼마나 다른 우선순위를 가지고 있었는지를 분명하게 알 수 있다. 하이젠베르크가 군사 훈련에 징집되어 9월에는 라이프치히에 참석하지 못한다고 쓰면서, 사실은 그가 "이런 식으로 일상의 엄격한 변화를 강요당하는 것을 고대하고" 있다고 고백했을 때, 헤르만은 경악했다. "당신의 즐거운 기대는… 저에게 치명적인 감정을 불러일으켰습니다. 물론 당신이 검소함과 강인함을 높이 평가하기 때문이 아니라 당신이 당신 자신과 다른 사람들을 위해 이러한 일상의 변화를 강요하는 당국을 받아들이기 때문입니다. 이러한 감사가 당국의 목표에 대한 의식적이고 사려 깊은 승인에서 비롯된 것임을 나는 믿을 수가 없습니다."[62] 그 어느 때보다 거침없이 헤르만은 이 유명한 노벨상 수상자를 질책했다. "당신은 자신의 신념에 따라 생활하는 대신 당국이 명시적 또는 암묵적 힘을 사용해 사람들에게, 이 경우에는 당신 자신에게도 어떤 삶을 살아야 하는지 강요할 수 있도록 허용하고 있습니다." 헤르만이 강조하였듯이, 그녀는 자유가 "사람의 삶이 의미를 갖도록 하는" 결정적인 요소라고 생각했다.[63] 헤르만의 편지가 당국에 알려졌을 경우 그녀의 목숨이 위태로울 수도 있었기 때문에 그녀의 용기는 더욱 놀라운 것이다. 하이젠베르크의 순진한 답장이 가슴을 아프게 한다. "저는 제 신념을 바꿀 필요 없이 사회가 저에게 참여할 기회를 준 것에 감사할 뿐입니다. 제도의 정치적 정당성을 면밀히 검토하는 것은 어쨌든 세상을 정치적으로 변화시키는 임무를 스스로에게 부여할 때만 의미가 있으며, 이는 과학을 그만두는 경우에만 대안으로 가능하다고 생각합니다."[64]

정치적으로 무관심했던 하이젠베르크─하이젠베르크의 아내는 자기 남편의 전기에 대한 자신의 대화록에 "비정치적인 사람의 정치적인 삶"이라는 제목을 붙였다[65]─와 달리, 헤르만은 특히 불의와 테러의 시기에 과학자이자 정치적인 사람이기를 원했다. 헤르만은 낮에는 수학자이자 철학자로 일하였고, 밤에는 나치 정권에 저항하는 지하 활동가로 변신했다. 그녀의 지도교수인 넬슨이 창립한 그녀가 속한 저항 단체는 파시즘에 반대하는 모든 이들에게 힘을 합쳐달라는 '긴급 호소문'을 발표하고, "독일에서 모든 개인적, 정치적 자유가 사라지는 때가 임박했다"라고 경고했다.[66] 이 호소문에는 아인슈타인과 유명 예술가와 작가들이 서명을 했다. 이 단체는 또한 비밀 노동조합을 만들려고 시도했고, 모든 다리에 반나치 슬로건을 설치하여 새로운 '아우토반' 고속도로 개통식을 방해했는데, 나중에 나치 선전 영상들에서 이 부분을 꾸준히 잘라내야 했다. 이것은 극단적으로 용감하면서도 위험한 행동이었다. 예를 들어, 몇 년 후 '백장미단'으로 알려진 저항 단체를 결성한 뮌헨대학교 학생들은 훨씬 작은 일에도 재판을 받고 사형에 처해졌다.

라이프치히에서 하이젠베르크 그룹과 토론을 갖고 난 직후, 독일에서 박해의 압력이 너무 커지자 헤르만은 덴마크로 이민을 가야 했다. 덴마크에서 헤르만은 1935년 두 편의 논문을 발표했는데 제목이 모두 〈자연철학에서 양자역학의 기초〉였다. 두 번째 논문에서 헤르만은 초점을 바꿨다. 화면 위 실재의 양자 상태에 대한 결정론을 회복하기 위해 숨은 변수를 가진 양자역학을 수정하려고 하는 대신, 그녀는 필름 롤 실재에 집중했다. "양자역학 이론은… 우리에게 자연에 대한 지식의 절대적 성격이라는 가정을 버리고, 이 가정과 독립적으로 인과관계의 원리를 다루도록 강요한다."[67] 보어라면 절대 생각하지 못했을 움직임으로, 그녀는 필름 롤 실재를 진지하게 받아들이기로 결정하고, 심지어 이 실재를 일상적인 삶인 화면 위 실재보다 더 근본적인 '자연'으로 받아들이기로 했다. 이 과정에서 헤르만은 중요한 관찰 결과를 얻었다. 양자 프로세스에서 경험하는 명백한 인과관계의 위반은 화면 위 실재가 만드는 인공물에 불과하다는 사실을 깨달은 것이다. "따라서 양자역학은 인과법칙과 전혀 모순되지 않고, 인과법칙을 명확히 하고 인과법칙과 반드시 연결될 필요가 없는 다른 원리들을 제거했다."[68] 폰 노이만이 그의 유명한 저서에서 이미 강조했던 것처럼, 양자역학은 두 가지 과정으로 구성되어 있었다. 먼저, 양자 파동이 슈뢰딩거 방정식을 따라 결정론적으로 연속적인 진화를 하는 것, 그리고 나서 측정을 하는 동안 갑자기 비결정론적으로 붕괴하는 것. 이제 헤르만은 사실상 양자역학이 비록 특정 관측과 관련해서만일지라도 관측된 계의 상태에 대한 인과적인 이유를 제공하며, 비결정론적 특징은 필름 롤이 아닌 투영된 것의 속성이라고 주장하였다. 그러나 양자 관측이 측정의 특정한 결과에 대해 상대적이고, 그러한 가능한 결과가 많다면, 이는 가능한 관측과 관찰자가 많다는 것을 의미한다. 디르크 루마가 헤르만의 논문 번역의 서문에서 지적했던 것처럼, 20년이 지난 후 아주 유사한 생각들이 양자역학의 실재 개념에 새로운 관점을 제공하였다.[69] 이 관점을 "상대적 상태 이론"이라고 부르지만, 이것은 "다세계 해석many worlds interpretation"이라는 다른 이름으로 유명해졌다.

숨은 변수 이론에서 시도한 것처럼, 다세계 해석은 양자역학 이론을 우리의 일상적 편견에 가두기보다는 실재의 영역을 확장한다. 숨은 변수 이론과 다세계 해석은 둘 다 양자역학을 자연에 대한 이론으로 진지하게 받아들인다. 숨은 변수 이론은 본질적으로 양자역학의 잠재력을 우리가 인식하는 실재의 개념에 부합하도록 제한하기 위해 노력한다. 대신 다세계 해석은 실재에 대한 우리의 개념이 양자역학이 예측하는 것과 부합하도록 확장한다. 그러나 이런 식으로 양자역학을 해석하려면, 세상이 결국 하나임에도 불구하고 왜 우리는 많은 사물을 경험하는지 이해할 필요가 있다. 헤르만의 통찰은 양자역학이 실제로 무엇을 수반하는지에 대한 이해가 1930년대에 이미 가능했음을 증명하고 있다. 코펜하겐 해석을 낳은 것은 수학적 이론의 함의라기보다는 철학적 편견(특히 보어의), 개인적 동기(하이젠베르크와 슈뢰딩거의 불안감과 경쟁심 같은), 역사적 우연이었다. 하지만 그 후 몇 년 동안 일반 과학자 커뮤니티와 특히 헤르만의 삶은 세계적인 재앙의 소용돌이 속으로 점차 빨려 들어갔다.

✢ ✢ ✢

양자역학의 기묘함에 대해 궁금해하던 대부분의 물리학자들은 곧 핵무기 및 기타 군사 관련 기술을 개발하느라 바빠졌다. 헤르만의 스승인 넬슨이 1927년 45세의 젊은 나이에 사망했다. 1935년에는 유대인이었던 그녀의 지도교수 에미 뇌터가 미국으로 이민을 가서 종양 제거를 위한 골반 수술 후 합병증으로 사망했다. 얼마 지나지 않아 헤르만 자신은 영국으로 피신하여 적대국의 외국인으로 체포되는 것을 피하기 위해 편의상 결혼을 하여 정치적 투쟁을 계속할 수 있었다. 전쟁이 끝난 뒤 그녀는 독일로 돌아가 민주적 사회와 사회민주당 그리고 교사들을 위한 현대적 교과과정을 재건하기 위해 노력했다.

양자 복음에 대한 헤르만의 비판은 30여 년 후 존 스튜어트 벨이 폰 노이만의 증명에서 약점을 독자적으로 발견할 때까지 주목받지 못했다. 1934년 그레테 헤르만이 하이젠베르크, 바이츠제커와 논의하고 있을 때, 아인슈타인은 이미 프린스턴 고등연구소에 자리를 잡고 있었다. 헤르만 바일, 존 폰 노이만 그리고 아인슈타인의 평생 친구이자 1963년 노벨 물리학상 수상자인 유진 위그너도 그곳에 있었다. 그리고 1938년 존 휠러가 인근 프린스턴대학교에 고용되었다. 20년 후 휠러의 박사과정 학생인 휴 에버렛 3세라는 인물이 대담하게도 양자역학과 자연의 필름 롤 실재에 대해 양자역학이 가지는 의미를 다시 진지하게 받아들이고, "기본 방정식들을 믿어보자—이 여분의 재즈는 무엇을 위한 것일까?"라고 주장했다.[70]

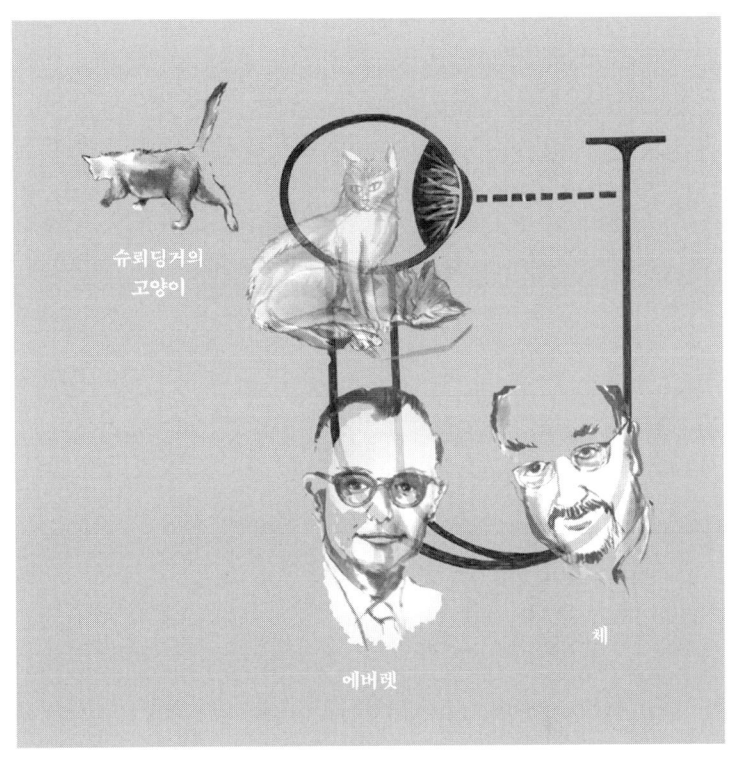

3 하나가 모두

"모든 것이 하나"라면 우리는 왜 세상을 복수로 경험할까? 물질과 구조는 어디서 생겨나고 양자 측정이 이루어지는 동안 실제로 무슨 일이 일어나는 것일까? 앞으로 살펴보겠지만, 관찰자와 관찰 대상의 얽힘과 양자 현상인 결깨짐decoherence은 숨은 하나가 평행 실재들과 세계들에서 어떻게 떠오른 개별적인 물체들로 경험되는지 설명하는 데 도움이 된다. 그러나 양자역학에 대한 문자 그대로의 해석이 진전을 이룰 때마다 물리학계는 격렬한 반대와 적대감에 직면했다. 장난기 많은 괴짜 물리학자와 냉철한 불독 같은 물리학자, 이 두 사람이 궁극적으로 어떻게 양자역학, 근본적 실재 그리고 우리의 일상적 경험이 연관되어 있는지를 설명하는 돌파구를 마련했다. 전혀 다른 성격의 두 사람은 우주의 작동 방식에 대해 본질적으로 동일한 결론에 도달했다.

경기자와 그의 게임

"새로운 과학적 진실이 승리하는 것은 반대자들을 설득해 그들이 빛을 보도록 만듦으로써가 아니라, 반대하는 사람들이 결국 죽기 때문이다"라고 막스 플랑크는 썼다.[1] 그리고 코펜하겐 해석이 옳았는지 아닌지에 상관없이, 이 해석에 대한 가장 저명한 비평가 역시 영원히 살지는 못했다. 1954년 4월 14일, 알베르트 아인슈타인은 존 휠러의 상대성이론 수업에 초청 연사로 나서 양자역학에 대한 자신의 비판을 강화하는 마지막 세미나를 마쳤다. 청중석에서 열심히 듣고 있던 한 청년은 나중에 "[아인슈타인은] 쥐 한 마리가 우주를 그저 들여다본다고 해서 우주에 급격한 변화를 가져올 수 있다는 것을 믿을 수 없다고 말하며 자신의 감정을 다채롭게 표현했다"라고 회상했다.[2]

몇 달 뒤 이 청년이 휠러의 박사과정 학생으로 등록했을 때, 그의 새 지도교수는 곧바로 이 학생이 특별하다는 것을 깨달았다. "독립적이고, 강렬하며, 추진력 있고"[3] 또한 "매우 독창적이었다."[4] 3년도 채 지나지 않아, 이 "독창적인 청년"은 대담하게도 아인슈타인의 EPR 역설을 '허구'라고 규정했다.[5] 동시에 그는 존 폰 노이만의 파동함수 붕괴를 "지지할 수 없다"라고 일축하고, 코펜하겐 해석을 "지나치게 조심스럽고" "절망적일 정도로 불완전한" "철학적 괴물"이라고 묘사했다.[6] 동료 대학원생이자 친구는 휴 에버렛이 "항상 우승자가 되고 싶어 했으며" 하지만 "대부분의 시간을 공상과학소설을 읽는 데 소비했다"라고 회상했다.[7] 그런 이유로 그의 박사학위 프로젝트 역시 야심적이었다. 에버렛은 신비한 양자 측정 프로세스를 수정하고 양자역학을 우주 전체에 적용하는 것을 목표로 삼았고, 결국 성공했다. 그는 훗날 과학철학자 막스 야머가 "과학 역사상 가장 대담하고 가장 야심 찬 이론 중 하나"라고 묘사한 것을 만들었다.[8] 역설적으로, 에버렛의 이론은 양자역학의 "다세계 해석"으로 유명하게 되었다. 실제로, 이것은 양자 실재의 완전한 일원론적 묘사였다.

1930년 11월 11일 워싱턴 DC에서 태어난 휴 에버렛 3세는 "군인 자녀"였다.⁹ 그는 공학자이자 미 육군 대령이었던 아버지의 좌뇌 능력과 화려하고 자유분방한 낭만주의 시인이자 공상과학소설가였던 어머니의 상상력을 결합하게 된다. 에버렛이 5살이었을 때, 부모가 이혼했다. 그의 어머니는 남편을 떠났고, 처음에는 아들을 데리고 있었으나, 싱글맘의 어려움을 더 이상 견딜 수 없게 되었다. 7살부터 에버렛은 아버지와 살게 되었고, 아버지가 제2차 세계대전 중 유럽에서 전투에 참여하게 되자, 양어머니 사라와 함께 살게 되었다. 냉전 편집증이란 주술에 사로잡힌 애국적인 시민들이 러시아 폭격기나 UFO가 뜨는지 하늘을 감시하고 핵 공격에 대비해 뒷마당에 낙진 대피소를 짓는 자원봉사를 하던 시절에 자란 에버렛은 생생한 상상력을 지닌 통통한 외톨이였으며, 공상과학소설을 읽고 기계장치들을 가지고 노는 것을 좋아하고 짓궂은 장난과 논리적 역설에 대한 만족을 모르는 욕구를 가진 전형적인 괴짜였다. "휴에게 삶은 게임이었다" "그는… 현실 세계에서 사는 것에 익숙하지 않았다"라고 나중에 에버렛이 고용했던 물리학자 게리 루카스가 확인해주었다.[10]

에버렛이 12살이 되었을 때, 그는 아인슈타인에게 저항할 수 없는 힘이 움직이지 않는 목표물에 작용하는 경우 무슨 일이 일어날지에 대한 역설에 대해 가설을 적은 편지를 썼다. 아인슈타인이 답장을 보내왔다. "저항할 수 없는 힘과 움직이지 않는 물체라는 것은 존재하지 않는다. 그러나 이 목적을 위해 스스로 만든 이상한 어려움을 통해 승리로 나아가는 매우 고집스러운 소년이 있는 것

같다."¹¹ 6년 뒤 에버렛은 군사 학교를 우등으로 졸업하고 나서 미국가톨릭대학교에 등록을 하고 그곳에서 신의 부재에 대한 "논리적 증명"을 했다고 주장함으로써 교수들과 소원해졌다. 동시에 그는 수학 교수가 가르쳤던 학생들 가운데 "단연 최고의 학생"으로 기억되었다. 1953년 가을, 에버렛은 "일생에 단 한 번뿐인 추천서"를 받고 프린스턴대학교의 대학원에 진학했다. 유명한 신고딕 양식의 이 대학 캠퍼스는 로버트 오펜하이머, 아인슈타인, 폰 노이만이 근무하는 고등연구소로부터 도보 거리 내에 있었다.¹²

프린스턴에서 에버렛은 폰 노이만과 데이비드 봄의 책을 가지고 양자역학을 공부했다. 봄은 오펜하이머의 지도를 받아 박사학위를 받았으며 에버렛이 도착하기 3년 전까지 프린스턴대학교의 조교수로 근무했다. 봄은 공산주의자 단체에서 적극적으로 활동을 해왔고, 그의 동료들에 대한 증언을 거부했다. 매카시즘이 미국 정치를 장악하면서, 봄은 체포되어 직장을 잃었다. 물리학에서 봄은 숨은 변수를 가지고 양자역학을 수정하려고 한 루이 드 브로이의 접근방식을 열렬히 옹호하는 사람이었지만, 양자역학의 일원론적 함의에 대한 감각을 가지고 있었다. 봄의 교재에서 에버렛은 "만약 양자 이론이… 세상에서 일어날 수 있는 모든 것을 완전히 묘사할 수 있다면, … 또한 양자 이론은 관찰 과정 자체도 파동함수들로 묘사할 수 있어야 한다"와 같은 문장을 읽을 수 있었다. 고전물리학에서는 "세상을 개별적인 원소들로 분석할 수 있는" 반면, 양자물리학은 "모두가 상호작용하는 계들의 나눌 수 없는 단일체"를 함축하고 있다고 봄은 주장했다.¹³ 두 가지 통찰 모두 훗날 에버렛이 양자 이론에 대한 자신의 견해를 정립하는 데 중요한 초석이 되었다.

에버렛은 양자역학 연구와 더불어 게임 이론에도 관심을 가졌다. 게임 이론은 폰 노이만과 그의 프린스턴 동료였던 경제학자 오스카르 모르겐슈테른이 냉전과 같은 분쟁에 대처하거나 주식시장에 투자하는 것과 같은 게임에서 승리하기 위한 최선의 전략을 결정하기 위해 개척한 수학적 분석법이다. 훗날 노벨상 수장자이자 2001년 할리우드 전기 영화 〈뷰티풀 마인드〉의 주인공인 존 포브스 내시의 박사학위 지도교수였던 앨프리드 터커의 강연에 참석한 후, 에버렛은 소프트웨어 전문가이자 게임 이론가로 성장했다. 그는 핵무기의 목표 도시를 선정하는 프로그램과 미국국가안보국National Security Agency의 암호해독 알고리즘을 포함한 핵전쟁의 컴퓨터 시뮬레이션을 디자인했다. 그러나 그 가운데서 가장 중요한 업적은 에버렛이 물리학의 기초에 혁명을 일으켰으며, 양자역학이 실재에 대해 의미하는 바에 관하여 가장 진실하면서도 가장 논란이 많은 해석을 내놓았다는 것이다.

이 여분의 재즈는 무엇을 위한 것인가?

에버렛이 아인슈타인의 세미나에 참석한 지 반년이 지난 1954년 가을, 닐스 보어와 그의 조수 오게 페테르센은 고등연구소에서 4달을 보냈다.[14] 대학원에서 어느 날 밤, 에버렛과 페테르센 그리고 훗날 양자중력의 선구자가 된 찰스 미스너는 "셰리주를 한두 잔 마신 후" 양자역학의 의미에 대해 곰곰이 생각하기 시작했다.[15] 에버렛은 미스너와 페테르센이 한 말이 터무니없다고 지적하면서 스스로 즐거워했다. "그는 토론하기를 좋아했다. 나는 그것이 그가 가장 좋아하는 스포츠였다고 생각한다"라고 미스너는 그의 친구를 추억하며 덧붙였다. "닐스 보어가 프린스턴을 방문하고 그의 젊은 조수가 양자역학에 관한 보어의 견해를 설명하고자 했을 때, 휴 에버렛은 그 견해가 낡은 것임을 발견했다. 수학적으로 공식화된 물리학은 아무도 보지 않을 때에는 모든 것에 적용되지만, 그 결과가 공개되자마자 신은 주사위를 던진다고 했다."[16]

친구들과 한 이런 농담들이 곧이어 학위논문으로 바뀌었다. 결국, 폰 노이만은《양자역학의 수학적 기초》라는 제목의 유명한 저서에서 이미 이 이론을 "만족스럽게 설명되지 않는… 독특한 이중적 성격을 가지고 있다"라고 요약하였다.[17] 달리 말해, 에르빈 슈뢰딩거의 방정식에 따른 파동함수의 진화가 유일한 측정 결과를 제공하지 못하였으며, 따라서 그것은 경험한 실재와도 분명히 일치하지 않았다. 이런 경우에는 세 가지 선택이 가능하다. 한 가지 선택은 물리학이 실재를 완전히 설명하지 못한다고 주장하는 것인데, 보어의 접근방식이 바로 그것이다. 또는 봄이 주장한 것처럼 물리학을 경험한 것에만 국한할 수 있다. 또는, 마지막으로, 실재의 개념을 양자역학의 방정식들이 만들어내는 것까지 확장하는 것이다.

언제나 역설과 가상 실재들에 매료되었던, 에버렛은 그것에 푹 빠졌다. 에버렛의 회상에 따르면, 그는 휠러에게 가서 이렇게 말했다고 한다. "교수님, 이거 어때요? 할 일이 생겼어요. … 이 이론에는 명백한 모순이 존재합니다."[18] "그냥 기본 방정식들을 믿어보죠―이 여분의 재즈는 뭘 위한 것일까요?"[19] 에버렛이 염두에 두었던 것은 오로지 물리학에 대한 양자역학적 접근방식이었다. 그가 나중에 페테르센에게 설명한 것처럼, 에버렛은 "우리는 더 이상 양자역학을 미시적인 계의 행동에서 나타나는 성가신 불일치를 다루기 위한 고전물리학의 단순한 부속물로 여기면 안 된다"라고 믿었다.[20] 대신 에버렛은 "[양자역학을] 고전물리학에 의존하지 않고 그 자체로 기본 이론으로 취급하고, 양자역학으로부터 고전물리학을 도출해야 할 때가 왔다"라고 확신했다.[21] 에버렛은 우주에 대한 보편 파동함수로부터 출발하는 모든 것에 대한 양자역학적 접근방식을 제안했다. 에버렛은 "그러면 여러분은 이상하면서도 재미있는 그림을 얻게 된다"라고 기뻐했다.[22]

이런 접근방식을 가지고 에버렛은 자신을 "급진적 보수주의자"로 여겼던 휠러의 신경을 건드렸다. 미스너가 그의 스승의 철학을 묘사했듯이, 휠러는 "방정식을 보고 물리학의 기본에 순종하면서 동시에 그 결론을 따르고 진지하게 경청해야 한다는 생각을 설파하고 있었다."[23] 킵 손은 휠러가 스승인 닐스 보어로부터 그런 태도를 물려받았다고 덧붙였다. "종종 나타나는 자연에 대한 휠러의 파격적인 견해는 닐스 보어에게서 배운 급진적 보수주의 원칙에 기반을 두고 있었다. 즉 '보수적이 되어 잘 정립된 물리적 원리들을 고수하지만, 가장 급진적인 결론을 드러냄으로써 그 원리들을 탐구하라'라는 태도였다."[24]

휠러가 에버렛의 연구에 관심을 보인 데에는 실용적인 이유도 있었다. 에버렛이 보편 파동함수에 초점을 맞춘 것은 양자중력이론 및 우주론을 개발하는 방법으로서 유망해 보였다. 아마도 '양자 우주론'이라는 어휘를 최초로 사용한 사람일 미스너가 기억하기로, "당시 휠러와 대화한 모든 사람은 양자중력에 대해 생각해보도록 권유를 받았을 것이다."[25]

1년도 안 되어 에버렛은 측정 문제를 해결했다고 주장했다. 에버렛의 적절한 해법은 양자역학이 보편적으로 타당하며, 따라서 소립자와 우주와 같은 거시적 물체 모두에 똑같이 적용된다는 가정을 하고 있었다. 그렇게 되기 위해서 에버렛은 양자역학을, 코펜하겐 해석이 제안한 것처럼 지식에 관한 이론이 아니라, 자연에 대한 이론이라고 진지하게 받아들였다. 에버렛은 이 이론에 어떠한 새로운 것도 추가하지 않았다. 아인슈타인과는 달리, 에버렛은 이 이론이 '불완전'하다고 생각하지 않았다. 그 결과, 그는 드 브로이와 봄의 "숨은 변수"와 폰 노이만의 "파동함수의 붕괴"를 모두 거부했다. 에버렛에 따르면, 양자 측정에서 가능한 모든 결과는, 그 자신의 용어로, 비록 다른 "상대적 상태", 또는 평행우주parallel universes 나 브라이스 디윗이 나중에 "다세계many worlds"라고 표현한 것에 있더라도 똑같이 실현된다.

에버렛 이론이 가진 특별히 매력적인 특징은 아인슈타인-포돌스키-로젠EPR 역설을 다루는 방식이다. 섞인 페인트 색깔의 예에 에버렛의 견해를 적용하면, 원래의 화학자와 그녀가 집에 가져간 용기는 각각의 가능한 페인트 조합마다 하나씩의 여러 개의 사본copy으로 나누어진다—남은 다른 용기 역시 하나씩 사본이 만들어진다. 양자적 잠재력은 하나의 결과로 붕괴되지 않기 때문에 무한한 속도로 붕괴를 전송할 필요가 없다. 이 화학자가 그녀의 용기를 가지고 걸어서 돌아올 때만—광속보다 아주 느린 속도로—그리고 그것을 그녀 실험실에 있는 용기와 비교할 때만 짝을 이루는 평행 실재들이 합쳐진다. 즉 집에서 남색 페인트가 담긴 양동이를 본 화학자는 남겨두고 온 연노랑색 페인트 양동이와 하나의 실재를 공유하고, 진초록색 양동이를 가져간 화학자는 실험실에 남은 흰색 페인트와 평행 실재를 공유하게 된다.

이를 통해 에버렛은 EPR 역설을 해결할 수 있었을 뿐만 아니라 양자 파동 이론만을 사용하여—이 이론에 포함되지 않은 붕괴라는 추가 가정에 의존하지 않고서도—양자역학을 이해할 수 있었다. 하지만 에버렛의 아이디어에는 대가가 따른다. 바로 여러 개의 평행 실재들을 필요로 한다는 점이다. 수년 전 슈뢰딩거도 이와 같은 것에 대해 깊이 생각했지만 단번에 이를 무시해버렸다. "실제로 모든 것이 동시에 일어난다는… 아이디어는… 그저 불가능한… 미치광이 같은 생각처럼 보인다. … 만약 자연법칙들이 이런 형태를 가졌다면… 우리는 주변 환경이 빠르게 수렁으로 변하거나 특징이 없는 젤리처럼 변하는 것을 발견해야 한다."[26] 슈뢰딩거와는 달리, 에버렛은 광기에 겁먹지 않았다. 사실, 그는 그것을 즐겼다. 그리고 그의 편에는 수학이 있었다. 양자 다중우주multiverse가 탄생했다.

다세계

양자역학에 따르면, 다른 상호작용들에서 그렇듯이, 측정하는 동안 관찰자가 측정 대상인 물체와 얽히게 된다. "반은 여기에, 다른 반은 저기에" 있는 입자처럼 이 물체가 양자 중첩에 있을 경우, 관찰자는 두 개의 사본으로 나누어진다. 관찰자의 한 사본은 입자가 '여기' 있는 것을 경험하고 다른 사본은 입자가 '저기' 있는 것을 관측한다. "왜 우리의 관찰자는 [입자의 위치를 가리키는 장치의] 바늘이 퍼져 있는 것을 보지 못할까?" 에버렛은 이렇게 묻고 명확하게 설명했다. "답은 아주 간단하다. 그가 바늘을 볼 때(상호작용할 때) 그 자신이 퍼지게 되지만 동시에 장치와의, 따라서 계와의 연관성이 생긴다." 그 결과, "관찰자 자신이 많은 관찰자들로 나누어지고, 각 관찰자는 명확한 측정 결과를 보게 된다."[27] 따라서 에버렛에 따르면, 두 가지 가능한 장소가 중첩되어 있는 한 입자를 관측할 때, 이 입자는 가능한 곳 중 하나로 붕괴하지 않고 이 관찰자와 관측 장비가 두 개의 사본으로 나누어지는데, 한 사본에서는 입자를 첫 번째 장소에서 관측하고 다른 사본에서는 입자를 두 번째 장소에서 관측한다. 에버렛은 계속해서 덧붙인다. "또한 우리의 관찰자가 실험실 조수를 불러 바늘을 보도록 하면, 조수도 나누어지지만, 바늘의 위치에 대해 첫 번째 관찰자와 항상 일치하는 방식으로 상호 연관되어 불일치가 발생하지 않도록 한다."[28] 에버렛은 관찰자를 세포 분열 즉 '분할'을 통해 번식하는 아메바와 비교하며, "우리의 아메바는 생명줄이 아니라 생명의 나무를 가지고 있다"라고 말하기까지 했다.[29]

결과적으로, 모든 단일 양자 과정은 각각의 가능한 결과를 목격하고, 따라서 각자의 개별 실재, 우주, 또는 "에버렛의 가지branch"에서 살아가는 수많은 관찰자를 낳게 된다. 브라이스 디윗은 에버렛의 해석이 불러온 이 마음 심란한 결과에 대해 다음과 같이 극적으로 표현했다. "이 우주는 끊임없이 수많은 가지로 나누어지고 있다. … 게다가 모든 별, 모든 은하, 우주의 모든 외딴곳에서 일어나는 모든 양자 전이는 국소적인 우리의 지구 세상을 무수히 많은 사본으로 나누고 있다. … 복수심에 불타는 정신분열증이 여기에 있다."[30] 휠러가 깨달은 것처럼, "'상대적 상태' 이론이 얼마나 결정적으로 고전적 개념을 무너뜨리는지 명확히 밝히기는 어렵다. 이 단계에서 우리가 겪는 초기 불만은 역사상 몇 번밖에는 비견할 수 없었던 것이다." 휠러는 이렇게 쓰고, 에버렛의 이론을 아이작 뉴턴,

제임스 클러크 맥스웰, 아인슈타인이 시작한 혁명들과 비교한다. "이 상대적 상태 이론에서 벗어나는 것은 불가능해 보인다. … [이 것은] 물리학의 근본적인 성격에 대한 완전히 새로운 관점을 요구한다."[31]

그러나 휠러는 에버렛의 철저히 보수적이며 전적으로 양자역학적인 접근방식에 공감했던 것만큼이나 그리고 에버렛을 높이 평가했던 것만큼이나, 수많은 세계와 분열하는 관찰자에는 불편함을 느꼈다. "무한히 많은 세계는 과중한 형이상학적 짐을 지운다"라는 것이 휠러가 내린 진단이었다.[32] 덧붙여 휠러가 에버렛의 연구를 놓고 고민하는 데에는 더 개인적인 이유가 있었다. 즉 무슨 수를 써서라도 휠러는 보어와 논쟁에 휘말리는 것을 피하고 싶었다. 디윗의 부인인 물리학자 세실 디윗-모레트에 따르면, "[휠러가] 에버렛의 논문을 처음 보았을 때, 이 논문이 보어에 의문을 제기하고 있었기 때문에 휠러는 실제로 이 논문을 매우 불편해했다."[33] 미스너의 설명처럼, "휠러는 보어를 그의 가장 중요한 스승으로 여겼다. 그는 정말로 보어를 좋아했다."[34] 휠러는 "보어가 나에게 세상을 바라보는 새로운 방법을 가르쳐주었다"라고 고백하였다.[35]

에버렛이 그의 학위논문을 완성하자마자, 문제가 발생했다. "그의 결론에 동의하지 못하더라도 그의 논리에서 잘못을 지적할 수 있는 사람은 아무도 없었다. … 이런 딜레마에 대한 가장 흔한 반응은 그저 휴 에버렛의 연구를 무시하는 것이었다"라고 미스너는 결론지었다.[36] 이 상황에서 휠러는 에버렛의 초안을 보어에게 "보여주는 것이 솔직히 부끄러웠다."[37] 휠러는 "현재의 형태로도 이 초안은 내 생각에 가치 있고 중요한 것이지만" 그 일부는 "너무 많은

숙련되지 않은 독자들을 신비로운 오해에 빠뜨릴 수도 있다"라고 믿었다.[38]

1956년 1월 에버렛이 학위논문을 제출한 후, 휠러는 보어에게 에버렛의 추론에 다른 대안은 없는지 문의하는 편지를 썼다. 5월에 휠러는 코펜하겐을 방문하여 에버렛의 논문 초안을 보어 및 페테르센과 논의하였지만, 보어는 분명히 에버렛 연구의 결론을 좋아하지 않았다. 휠러는 에버렛에게 답장을 보내며 "이론에 나오는 단어들을 대폭 수정하지 않는 한, 물리학이 무엇인지에 대한 완전한 오해가 발생할 것이며" 논문에 "많은 글과 수정"이 필요할 것이라고 썼다.[39] 동시에 휠러는 에버렛을 추켜세웠다. "자네는 (세계에서 극소수에 속하는) 사고력과 글쓰기 능력을 가지고 있어. … 정말 그렇다니까." 그리고 이 문제를 보어와 직접 상의할 것을 권했다. "가서 가장 위대한 투사와 싸워보게."[40]

그러나 보어와 페테르센의 비판은 단어에만 국한되지 않았다. 코펜하겐 물리학자들은 양자역학을 측정 장치나 관찰자와 같은 거시적인 물체에 적용한다는 기본 아이디어를 거부했다. 휠러의 토론 기록에는 다음과 같은 페테르센의 말이 인용되어 있다.[41] "장치가 파동함수를 가지고 있다고 말하는 것 자체가 어리석다." 에버렛이 이 기록들을 읽었을 때, 그는 자신의 사본에 그저 "말도 안 돼!"라고 갈겨 썼다.[42] 휠러는 코펜하겐 물리학자들을 달래려고 노력하면서, "에버렛의 논문은 측정 문제에 대한 현재의 접근방식에 의문을 제기한 것이 아니라 그것을 받아들이고 일반화하기 위한 것"이라고 주장했다. 에버렛은 흥미를 잃기 시작했다.[43] "휴 에버렛의 양자 아이디어들이 주목과 박수를 받았다면, 물론 그는 행복했을 것이다. 그러나 그 아이디어들이 거의 무시되자 그는 대신 원통하고 당황했다"라고 미스너는 기억했다. "그는 왜 완벽하게 논리적인 아이디어가 그렇게 영향력이 적은지 이해할 수 없었다. 하지만 그에게는 양자 이론을 제대로 이해하도록 돕는 것보다 더 중요한 일이 있었다. 그는 한국전쟁 후 군대 징집에서 벗어날 수 있으며 많은 돈을 벌 수 있는 직업이 필요했다."[44] 1956년 6월에 에버렛은 대학을 떠나 펜타곤에서 일급비밀을 다루는 직업을 얻었다. 한편 에버렛의 연구와 보어의 우아한 철학이 조화를 이룰 수 있는 방법을 찾기 위해 고심하던 휠러는 에버렛의 학위논문을 보류하고 수정을 요구했다. 그 후 1년 반이 넘도록 아무 일도 일어나지 않았다.

1957년 1월 채플힐에 있는 노스캐롤라이나대학교에서 열린 세실 디윗-모레트가 주관한 '물리학에서 중력의 역할'에 관한 학회에 휠러 그룹이 참가한 후에야 상황이 진전되었다. 에버렛은 참석하지 않았지만, 그의 이론이 논의되었다. 휠러와 디윗 부부 외에 이 기회를 통해 물리학 용어집에 '양자우주론'이라는 용어를 포함시키려는 미스너도 참석했다. 리처드 파인만도 그 자리에 참석하여 에버렛의 보편 파동함수에서 파생되는 "무한개의 가능한 세계"에 대해 불신을 표명했다.[45] 학회가 끝난 직후 나중에 학회 논문집에 발표될 학위논문을 다시 쓰기 위해 에버렛과 휠러가 모였다. 휠러의 감시 아래 논문 내용의 80%가 사라졌고, 제목도 〈보편 파동함수 이론〉에서 〈양자역학의 상대적 상태 이론〉으로 바뀌었다. 학회 논문집을 편집한 디윗은 처음에 회의적이었다. 그는 에버렛의 접근방식을 "가치가 있고" 또 "아름답게 구성되었다"라고 묘사했지만, "나는 개인적인 성찰을 통해 이를 증명할 수 있다. … 나는 정말로 갈라지지는 않는다"라고 발표에 반대했다.[46] 에버렛은 지구가 태양 주위를 돌고 있다는 코페르니쿠스의 발견에 반대했던 사람들을 언급하는 답장을 보냈다. "나는 묻지 않을 수 없습니다. 당신은 지구의 움직임이 느껴지나요?"[47] 디윗은 이에 동의하며 "투셰 Touché!"*라는 답장을 보냈다.[48] 이후 10년 동안 그는 에버렛의 가장 열렬한 옹호자가 되었다. 과학철학자 막스 야머가 이야기하였듯이, 이후 13년 동안, 여전히 에버렛의 연구는 "이번 세기 최고의 비밀 가운데 하나"로 남겨져 있었다.[49] 디윗은 휠러가 에버렛의 학위논문을 수정한 것을 얼마간 비난했다. "재미있는 점은… 진짜 내용이 무엇인지 알기 위해서는 [재작성된 논문]을 아주 주의 깊게 읽어야 한다는 것이다. 반면에 Urwerk[원래 논문]에서는 그것이 꽤 잘 설명되어 있다."[50] 1973년이 되어서야 에버렛의 원래의 긴 논문이 디윗과 그의 박사과정 학생 닐 그레이엄에 의해《양자역학의 다세계 해석》이라는 제목의 책으로 출판되었다.[51]

설상가상으로 코펜하겐 물리학자들의 격렬한 반대는 수그러들지 않았다. 1959년 봄 에버렛은 마침내 휠러의 충고를 받아들여 직접 보어와 그의 논문에 대해 논의하기 위해 코펜하겐으로 여행을 떠났다. 그러나 "가장 위대한 투사와의 싸움"에 실패했다. 에버렛의 전기작가 피터 번이 묘사한 것처럼, 에버렛이 그의 이론을 보어 및 보어의 공동연구자인 벨기에 물리학자 레옹 로젠펠드를 포함한 소수의 다른 물리학자들에게 발표했을 때, "공손하게 듣고 있었지만 많은 웅성거림이 있었으며" 보어가 담뱃대에 다시 불을 붙이기 위해 발표가 중단된 것 외에 "아무 일도 없었다."[52] 에버렛의 부인인 낸시가 기억하기로는 "보어는 80대였기 때문에 새로운 (이상한) 신생 이론에 대해 진지하게 논의하고 싶어 하지 않았다."[53] 로젠펠

* 원래는 펜싱에서 상대의 칼에 찔렸다고 인정하는 것으로, 토론에서 상대방의 말에 동의할 때 쓰는 표현이다.

드의 평결은 훨씬 더 가혹했다. "아주 현명하지 못하게도, 휠러가 개발하도록 부추긴 절망적으로 잘못된 아이디어를 팔기 위해 에버렛이 코펜하겐에 있는 우리들을 방문했을 때, 에버렛에 관해서 나도 닐스 보어도 인내심을 가질 수 없었다. 그는 이루 말할 수 없을 정도로 멍청했으며, 양자역학에서 가장 단순한 것조차 이해하지 못했다."[54] 에버렛 자신의 기억은 솔직했다. "처음부터… 지옥과도 같았다."[55]

좌절한 에버렛은 호텔 방으로 돌아와 맥주를 많이 마신 후, 강력한 최적화 방법을 개발했는데, 그는 이 방법을 미국의 냉전 전략 수립을 위한 전쟁 시뮬레이션과 이후 컨설팅 업무에 성공적으로 활용했다. 극소수의 예외를 제외하고, 에버렛은 곧 펜타곤에서의 생계형 업무에 집중하게 되었고, 이를 통해 "맛있는 음식, 고급 와인, 성적 일탈과 카리브해 크루즈를 즐길 수 있는 충분한 돈"을 확보할 수 있었다고 그의 전기작가 피터 번은 썼다.[56]

휠러는 여전히 에버렛이 재능을 군수 산업에 낭비하고 있다고 생각했고, 에버렛에게 교수직을 제안하도록 여러 대학을 설득하고 있었으나, 에버렛은 관심을 보이지 않았다. 에버렛은 더 이상 양자역학에 대해 이야기하고 싶지 않았다. 훗날 에버렛의 친구이자 사업 파트너가 된 물리학자 도널드 라이슬러가 기억하기로, 1970년에 에버렛과 같이 일하기 위해 처음 직장에 지원했을 때, 상대적 상태 이론에 대해 들은 적이 있느냐고 에버렛이 부끄러워하면서 물었다고 한다. "맙소사, 당신이 바로 그 미친 사람인 에버렛이군" 하고 라이슬러는 생각했다.[57] 그들은 다시는 이 주제에 대해 이야기하지 않았으며, 3년 뒤 그들이 회사를 함께 세웠을 때, 그들은 그들의 학위논문을 파일 서랍에 넣어두고 "아마도… 그런 기분전

환용 사치를 부릴 여유가 생길 때까지" 향후 10년 동안 양자역학에 관해 이야기하지 않기로 합의했다.[58]

동시에 로젠펠드는 에버렛 및 감히 코펜하겐의 정통성에 의문을 제기하는 다른 모든 사람에 대한 십자군 전쟁을 시작했다. 마르크스주의자로서 로젠펠드는 보어의 상보성과, 의견이 불일치하는 찬반 양론이 논의의 종합을 통해 해결될 수 있다는 아이디어인 '변증법' 사이의 유사성을 인식했다. 변증법은 헤라클레이토스와 플라톤까지 거슬러 올라갈 수 있지만, 나중에 카를 마르크스와 프리드리히 엥겔스에 의해 마르크스주의 정치철학의 핵심으로 채택되었다. 그 결과 로젠펠드에게 상보성은 이데올로기의 문제가 되었다. 과학사가 아냐 스카르 야콥센에 따르면, 로젠펠드는 "마르크스주의 물리학자든, 마르크스주의적 의제를 가지지 않은 인과 프로그램의 단순 지지자든 상관없이 상보성을 믿지 않는 모든 불신자와 맞서 싸웠다. 그는 논쟁적인 논문, 서평, 개인적인 인맥 등 가능한 모든 수단을 동원하여 싸웠다."[59] 로젠펠드는 몇몇 중요한 출판사와 권위 있는 학술지 《네이처》의 자문이나 심사위원을 맡았는데, 이런 지위를 활용해 정통 코펜하겐 철학에 대해 의문을 제기하는 아이디어들이 확실히 억제되도록 주의를 기울였다. 로젠펠드는 특히 "근본적인 오해에 시달린" 에버렛의 연구가 "아주 사소하면서도 끔찍하게 기만적이며" 에버렛을 "환상"인 결론으로 이끌었다고 주장했다.[60]

마지막으로, 미스너가 말했듯이, "양자물리학자들은 1957년 무렵 보어의 관점이 적절하다는 것을 발견한 흥미로운 연구로 바빴다." 에버렛보다 22년이 지난 후 휠러에게서 박사학위를 받고 결깨짐 이론의 선구자 중 한 명이 된 보이치에흐 주렉은 이런 실용주의

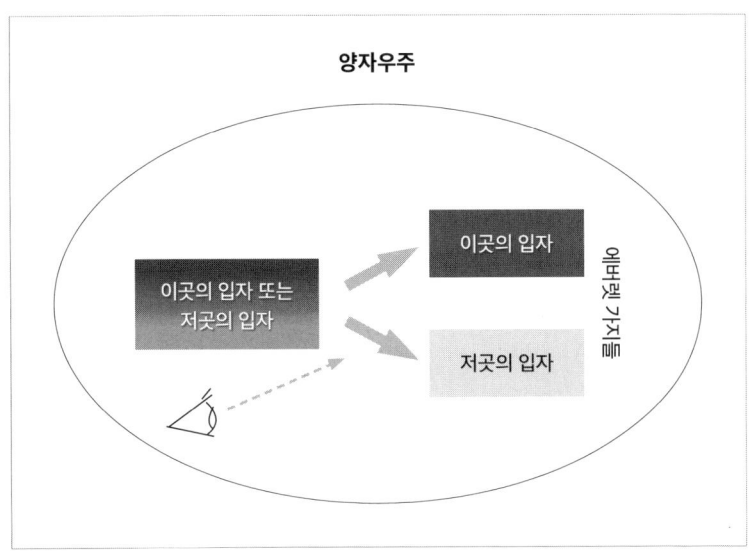

에버렛의 해석에서는, 측정 또는 관측하는 동안 우주가 여러 가지로 갈라진다. 하지만 전체적인 관점에서 모든 가지는 여전히 양자우주의 일부이다.

적 태도를 기술하고 있다. "양자 용어로 ('고전'을 포함한) 우주를 이해하려는 시도 대신, 항상 고전적인 기반으로부터 출발하여 이것 저것을 '양자화'하였다."[61] 미스너는 "새로운 소립자들이 발견되고 있었으며 그들의 관계가 체계화되었다. … 원자핵 구조가 태양 에너지의 근원으로 이해되기 시작했다. 초전도성이 막 설명되었으며, 트랜지스터의 성공에 힘입어 응집물질 이론이 꽃을 피우고 있었다. 이 중 어느 것도 보어의 양자 견해가 아닌 휴 에버렛의 양자 견해를 사용해서 얻은 이득은 없었다"라고 자세히 설명했다.[62] 에버렛도 이 판단에 동의하였다. "불행하게도, 결과적으로 내가 구성한 이론은 모든 역설을 해결했으며, 동시에 나의 이론과 기존 양자역학의 이론에 대한 가능한 모든 실험적 검증에 대해서 완전한 동등성을 보여주었다. 그러므로 나의 이론의 최종 결과는 (측정과 관련된 특별한 '마법' 없이도) 완전하고 자체적으로 일관된 그림을 제공한다는 것이다."[63] 그러나 에버렛은 "이 이론이 암시하는 세계관만 받아들인다면, 내가 믿기로, 오늘날 양자역학을 해석하는 가장 단순하고 완전한 틀을 갖게 될 것"이라고 주장했다.[64]

하지만 현대적 관점에서 볼 때, 우주에 대한 혹은 오늘날 가장 활발한 물리학 연구 분야인 양자컴퓨팅에 대한 양자역학적 묘사를 이해하려고 하면, 에버렛의 해석이 주는 중요한 결과가 실제로 존재한다. 양자컴퓨팅 분야의 선구자 데이비드 도이치가 (스티븐 호킹이 대략 15년 전에 그랬던 것처럼) 데니스 시아마의 박사과정 학생이던 1977년, 텍사스주 오스틴의 어느 비어가든에서 에버렛을 만났다. 에버렛은 방금 전 강연을 끝냈고, 도이치의 상상력을 사로잡았다.[65] 도이치는 양자컴퓨터가 다른 평행세계들에서 동시에 계산을 수행한다는 사실로부터 유익을 얻는다는 것에 주목하면서 에버렛의 통찰의 중요성을 설명한다. "나는 '에버렛의 해석'이 아니라 양자 이론인 '에버렛의 이론'이라고 말하겠다." 도이치는 "어떤 단일 우주 이론도 양자 계산은 말할 것도 없고 아인슈타인-포돌스키-로젠 실험조차 설명할 수 없다"라고 주장한다.[66] 이 통찰의 극적인 차원을 강조하기 위해 그는 "양자 인수분해 엔진이 250자리의 숫자를 인수분해할 때, 간섭하는 우주의 수는 10^{500} — 즉 10의 500제곱 — 정도이다. … 이러한 모든 계산은 서로 다른 우주에서 병렬로 수행되며, 간섭을 통해 결과를 공유한다"라고 설명한다.[67] 에버렛의 이론은 코펜하겐 해석과 다른 실험적 특징을 제공하지는 않지만, 우주론부터 최첨단 기술적 응용에 이르기까지 현대물리학을 이해하는 데 필수적이다. 그러나 이러한 장점에도 불구하고, 에버렛의 해석은 여전히 아웃사이더의 견해로 남아 있었다.

다세계에서 하나의 세계로

에버렛의 이론이 우주에 대한 일원론적 관점에 대해 무엇을 말하는지 살펴볼 때, 해결해야 할 핵심적인 모순이 있다. 에버렛이 양자역학을 자연의 실재를 설명하는 이론으로 진지하게 받아들임으로써 우주의 유일성을 희생하고 다세계로 이루어진 다중우주로 대체한 것처럼 보일 수 있다. 그러나 이런 결론은 피상적으로 고려하였기 때문에 나온 것이다. 이 그림에서 일반적으로 간과되고 있는 것은, 서던캘리포니아대학교의 철학자 데이비드 월리스가 주장하듯이, 에버렛의 다중우주는 근본적인 것이 아니라 오히려 외견상이거나 '창발적인emergent' 것이라는 점이다.[68] 근본적인 관점에서, 에버렛의 이론은 우주를 쪼개서 나눈다기보다 양자역학을 전체 우주에 적용하는 것을 허락하며, 그럼으로써 얽힘이 우주를 모든 것을 포괄하는 '하나'로 통합하는 것을 가능하게 한다. 젊은 프랑스 물리학자 장-마르크 레비-르블롱이 1977년 이에 대해 질문했을 때 에버렛은 이 점을 직설적으로 표현했다. "이 문제는 용어의 문제이다. 내 생각에, 보편 파동함수를 가진 단 하나의 (양자) 세계가 존재할 뿐이다. 고전적인 세계상을 다시 한 번 고집하기 때문에 생겨난 인공물을 제외하고는, '다세계' '가지치기' 등은 존재하지 않는다."[69]

레비-르블롱은 편지에 1년 전 스트라스부르에서 열린 학회에서 발표한 논문을 동봉해 보냈는데, 자신의 논점을 더 설명하기 위해서였다. 레비-르블롱이 지적한 것처럼, 에버렛의 해석은 "이들 각각의 가지마다 하나씩 있는 '많은 우주들'을 묘사한다고 이야기된다." 코펜하겐과 에버렛 해석의 차이는 보통 다음과 같이 설명된다. "코펜하겐 해석이… 하나(아마도 우리 생각에 우리가 앉아 있다고 여기는 한 세계)를 제외한 모든 '가지'를 잘라내고 임의로 '한 세계'를 선택하는 데 비해, 우리는 모든 가능한 측정 결과에 대응하는 '다세계'의 동시적 존재를 받아들여야 한다." 에버렛 해석의 본질적인 특징은 오로지 양자역학적 용어로만 우주를 설명한다는 것이지만, 레비-르블롱이 강조하듯이, 그 해석 이름의 시조가 된 '다세계'는 고전적인 실재들에 대해 말한다. 레비-르블롱이 알아낸 것처럼, 분명 에버렛의 원래 의도와는 모순되게도, "'다세계'라는 아이디어는 다시금 고전적인 개념들의 잔재이다." 레비-르블롱은 에버렛의 해석을 보통 특징짓는 방식에 대한 자신의 비판을 요약하며 이렇게 쓰고 있다. "나에게 에버렛의 아이디어가 가진 깊은 의미는 다세계가 공존하는 것이 아니라, 반대로 하나의 양자 세계가 존재한다는 것이다."[70]

에버렛은 답장에서 "귀하의 출판 전 논문은… 이 주제에 대해 제가 본 것 중 가장 의미 있는 논문 중 하나이므로 답변할 가치가 있습니다"라고 동의한다. 그는 "'다세계 해석'은… 물론 제가 붙인 제목은 아닌데, 누가 어떤 형태로 하든지 논문이 출판되는 것만으로도 기쁘게 생각했기 때문입니다!"라고 해명하며, "그러나 (제가 읽은 한) 당신의 관찰은 전적으로 정확합니다"[71]라고 레비-르블롱의 결론을 확인해준다.

에버렛은 휠러에게 자신의 학위논문 기획안을 설명하려던 초기 논문에서 이미 썼던 것—"물리적 '실재'를 전체 우주 자체의 파동함수로 가정한다."[72]—과, 그의 긴 학위논문에서 설명했던 것, 즉 "딸림계의 절대적인 상태를 묻는 것은 의미가 없다—이 계의 나머지의 주어진 상태에 상대적인 상태만을 물어볼 수 있다"[73]라는 점을 강조했다. 이 점에 대해 에버렛은 데이비드 봄의 의견에 전적으로 동의했는데, 봄은 이미 1951년 교재에서 "양자 수준의 정확도에서는 우주 전체가, 모든 물체가 주변 환경과 연결된 하나의 나눌 수 없는 단위를 형성하는 것으로 간주해야 한다"라고 강조했다.[74] 사실 에버렛의 원래 논문 제목 "보편 파동함수 이론"이 휠러의 영향을 받아 "양자역학의 상대적 상태 이론"이 되었고, 나중에 디윗에 의해 "다우주" 또는 "다세계" 해석으로 이름이 수정되었다. 우주에 대한 일원론적이고, 오로지 양자역학적인 설명에 맞췄던 초점이 나란히 존재하는 고전적 실재들에 대한 집착으로 점차 옮겨간 것이다. 옥스퍼드의 철학자 고 마이클 록우드는 디윗이 붙인 이름을 "그 견해에 대한 명백히 부적절한 명칭"이라고까지 표현했다.[75]

이와는 대조적으로, 근본적인 단일 양자우주는 (휠러가 불평했던 것처럼) "과중한 형이상학적 짐"이라고 알려진 에버렛의 해석의 문제점을 완화할 뿐만 아니라, 그러한 근본적인 실재는 단일한 우주일 뿐 아니라 물질, 공간, 시간은 물론 잠재적으로 가능한 모든 사건과 상황을 구성하는 하나의 유일한 존재자라는 점에서 이러한 비판을 완전히 무효화한다. 하나의 세계만이 존재할 뿐만 아니라, 이런 하나의 세계가 전부이다! 잘 알려지지 않았지만, 그의 이론의 이러한 결론이 에버렛의 가장 중요한 유산이 될지 모른다. 보이치에흐 주렉이 단언한 것처럼, "우리가 우주를 전적으로 양자역학적인 것으로 생각할 수 있도록 허락한 사람이 바로 에버렛이었다."[76]

그러나 에버렛의 아이디어를 양자역학의 해석으로 진지하게 받아들이는 데까지 수십 년이 걸렸다. 한 가지 이유는 당시 "입 닥치고 계산하라"라는 물리학자들의 실용주의적인 태도였다. 또 다른 이유는 보어와 그의 공동연구자들의 격렬한 저항이었다. 하지만 그런 이유 이상으로, 에버렛의 다중우주가 우리가 경험한 고전적인 실재와 어떻게 연관되어 있는지 명확하지 않다는 문제가 있었다.

브라운슈바이크 출신 과학자의 현실적인 돌파구

에버렛이 강조했던 것처럼, 만약 그의 이론이 측정을 "순수 파동역학 이론 안에서 일어나는 자연적인 과정으로" 다루었다면, 그리고 그가 단언한 것처럼, 측정하는 동안 주변 환경과의 "상호작용에 의해 강한 상관관계가 형성되는 것"이라면, 그리고 만약 "거시세계의 고전적 외양, 구체적인 고체 형태의 물체의 존재 등을 설명해주는 것이 바로 이 현상이라면"—이 과정이 정확히 어떻게 실제로 일어나는 것일까?[77]

이러한 질문에 답하고 에버렛의 이론을 확고한 토대 위에 올려놓기 위해서는 10년 이상의 세월과 에버렛과는 전혀 다른 물리학자의 연구가 필요했다. 에버렛이 핵전쟁을 시뮬레이션하는 컴퓨터 프로그램을 개발하는 동안, 이 물리학자는 전쟁으로 황폐해진 나라에서 자랐다. 섹스에 집착하고 줄담배를 피우고 알코올중독자인 에버렛과는 반대로, 그는 현실적이고 술 취하지 않은 맑은 영혼을 가지고 있었다. 에버렛은 자신의 이론에 대한 반대와 외면에 좌절하여 "사실상 1956년에 이 모든 일에서 [그의] 손을 씻고" 다시는 이 문제에 관해 이야기하는 것을 피하기 위해 자신의 학위논문을 잠가버렸던 반면, 이 물리학자는 물리학의 기초에 대해 불독과 같았다.[78] 유명한 노벨상 수상자인 그의 지도교수가 솔직히 "이 주제에 대한 더 이상의 활동은 [그의] 학문적 경력을 끝낼 것이다!"라고 알려준 후에도 이 물리학자는 포기하지 않았다. 대신에 그는 어쨌든 간에 자신의 "경력이 망가졌기" 때문에, 자신의 어릿광대 면허를 즐기는 편이 낫겠다고 생각했다. "이제 나는 내가 좋아하는 것을 할 수 있고, 더 이상 어떤 자리나 그와 같은 것을 구하려 애쓰지 않아도 되겠구나."[79]

하인츠-디터 체는 1932년 독일의 브라운슈바이크에서 태어났다. 독일 사람들 사이에서 브라운슈바이크 출신은 일반적으로 합리적이고 내성적이며 겸손하고 솔직하다고 알려져 있다. 이런 특징들은 체를 아주 잘 설명하는 것처럼 보인다. 나치가 독일을 장악하였을 때, 체는 아직 한 살도 되지 않았다. 그가 일곱 살 때 피비린내 나는 독재 정권이 제2차 세계대전을 일으켰으며, 그의 13번째 생일에 정권이 무너졌다. 그리고 독일이 무조건 항복을 하면서 유럽에서 전쟁이 끝났다. 나치당이 체보다 겨우 3살 많은 아이들을 패한 전쟁의 최전선에 보내는 동안, 중세 시대의 제후 하인리히 사자공까지 거슬러 올라가는 브라운슈바이크 도심 지역의 약 90퍼센트가 수개월 전 연합군의 공습으로 재로 변했다. 독일군이 이길 수 없다면 그들은 죽어 마땅하다고 히틀러가 주장한 것으로 알려져 있다. 그것으로는 충분하지 않은 것처럼, 독일은 패전으로 인해 두 국가로 분열되었고 그중 하나가 소련의 영향력 아래 놓인 후, 브라운슈바이크는 유럽의 서부와 동부 영향권을 분리하는 철의 장막에 지리적으로 근접해 있어 거의 반세기 동안 경제적으로 어려움을 겪었다. 체의 배경과 어린 시절이 선입견을 받아들이고 기본 방침을 따르는 것에 특히 거부감을 느끼게 만든 것은 아닐까? 답하기가 쉽지 않다. 그의 미망인 지그리트 체가 강조하였듯이, 그는 "자신의 삶에 대해 이야기하기를 아주 꺼렸다."[80]

사실, 체가 물리학 분야에서 경력을 시작했을 때, 양자역학의 기본 방침은 코펜하겐 해석이었는데, 체가 기꺼이 따른 것은 아니었다. 그는 "나는 코펜하겐 해석이 과학사에서 가장 위대한 궤변으로 언젠가 불릴 것이라 기대한다"라고 1980년 휠러에게 편지를 써 보냈다.[81] "현대물리학에서 자연에 대한 통일되고 개념적으로 일관성을 가진 설명의 추구"가 주요 동기였던 체에게, 코펜하겐 해석은 단순히 일관성을 포기한 것이었다.[82]

체는 물리학 공부를 브라운슈바이크에서 시작했으나 곧 노벨상 수상자 한스 옌젠과 같이 연구할 수 있는 하이델베르크대학교로 옮겼다. 옌젠은 독일 출신 미국 물리학자 마리아 괴퍼트메이어와 독립적으로 개발한 원자핵의 껍질 모형으로 유명했다(이 업적으로 두 사람은 1963년 노벨상을 공동 수상했다). 껍질 모형에 따르면, 원자핵은 미니 원자와 닮았다. 차이점은 전자 대신 양성자와 중성자들이 궤도를 차지하고 있다는 것이다. 이런 핵 모형들의 분석을 통해서 체 스스로 획기적인 발견을 하게 되었다.

박사학위를 끝낸 후, 체는 캘리포니아대학교UC 버클리, 캘리포니아 공과대학교, UC 샌디에이고에서 박사후연구원으로 잠시 일한 다음, 1960년대 중반 '하빌리타치온habilitation' 논문을 준비하기 위해 하이델베르크대학교로 돌아갔다. 이 논문은 독일에서 교수직에 지원할 자격을 주는 것이었다. 젊은 물리학자에게 1960년대는 변화와 약속의 시기임이 분명했다. 그는 햇볕이 쏟아지는 캘리포니아에서 살기 위해 전쟁의 폐허를 극복하려고 여전히 고군분투하고 있는 회색의 우울한 조국을 떠났다가 다시 독일로 돌아왔다. 당시 독일의 학생들은 자유연애와 정치 참여를 지지하고, 베트남전과 여전히 독일 행정부에서 고위직을 맡은 전 나치 관료들에 반대하는 시위를 벌였다. "체는 하이델베르크의 물리학 교수들 중 보수적인 동료들만큼 깐깐하지는 않았다"라고 체의 초기 학생인 베른트 팔케는 기억한다.[83] 대신 "체는 개방적이었고 보수 정치에 대해 비판적이었다. 그는 요트를 견인할 수 있는 매듭 장치가 장착된 흰색 포르쉐를 타고 다니며, 학생들이 마리화나를 피우며 토론하는 파티에 오곤 했다."[84] 어느 시점에 체는 포르쉐를 벤츠로 바꿨다. "그가 나중에 그의 아내가 될 여자를 만나 더 존경받는 사람으로 보이고 싶었던 것이 분명하다"라고 팔케는 의심하였다.[85] 네카어 계곡에서 시위 학생들과 당국 간의 갈등이 격화되고, 정치학연구소가 점거되어, 대학 총장이 대학을 폐쇄하겠다고 위협하고, 폭동 시위대와 경찰 간의 폭력이 격화되는 동안, 체는 북쪽 강변에 접한 산 중턱의 필로소펜베크에 있는 자신의 사무실에서 연구하며 자신의 혁명을 추진했다.

그 당시 체는 원자핵을 그 구성요소들로 기술하는 핵물리학의 통상적인 근사법들을 가지고 연구했다. 이런 고려를 통해 체는 딸림 양자계와 전체 양자계 사이의 관계에 대해 생각하게 되었다. "이 비유는… 내가 측정 장치 및 심지어는 의식이 있는 관찰자와 같은 복잡한 딸림계를 포함하는 거대한 원자핵이라는 황당한 상상을 즐기도록 해주었다"라고 체는 나중에 양자우주론에 처음 발을 들여놓았을 때를 회상했다.[86]

우주를 거대한 원자핵으로 보는 이 개념이 체에게 다음과 같은 중추적인 질문을 던지게 한 계기가 되었다. 즉 원자핵을 구성하는 입자들인 양성자와 중성자의 관점에서 보면 이런 원자핵은 어떤 모습일까? 다시 말해, 양자우주의 내부에 있는 관찰자는 이 양자우주를 어떻게 경험할까? 결국 이러한 질문을 통해 체는 측정 문제에 대한 해결책과 훗날 '결깨짐'이라고 불리게 되는 현상을 발견하게 되었다.

결깨짐은 양자 측정에서 고전적 경험이 어떻게 나타나는지에 대한 수수께끼를 해결하여 줌으로써 너무 많은 양자의 기이함으로부터 우리의 일상 경험을 보호하는 요인으로 작용한다. 양자계를 측정하거나 양자계가 주위 환경과 결합되어 있을 때는 언제나 얽힘에 의해 양자계, 관찰자 및 우주의 나머지가 서로 얽히게 된다. 따라서 전체 우주를 감독할 수 없는 국소 관측자의 관점에서 보면 정보가 우주 속 미지의 환경으로 분산된다. 관찰자의 관점에서 볼 때 사라지는 것처럼 보이는 이 정보가 양자 실재들 사이의 접착제 구실을 한다. 그것이 없다면, 양자역학적 중첩―슈뢰딩거의 악명 높은 죽지 않은 고양이와 같은―이 명확한 위치를 가진 입자들과 같은 준고전적quasi-classical 물체들이 나타나는 평행 실재들로 나눠지게 된다. 결과적으로, 결깨짐은 양자물리학의 평행 실재들 사이에서 지퍼를 여는 것과 같은 역할을 한다. 관찰자의 관점에서, 우주와 관찰자 자신은 분리된 에버렛의 가지들로 '갈라지는' 것처럼 보인다. 관찰자는 살아 있는 고양이나 죽은 고양이를 관찰하게 되지 그 사이에 있는 고양이는 존재하지 않는다. 관찰자에게 세계는 고전적인 것처럼 보이지만, 전체적 관점에서 세계는 여전히 양자역학적이다. 사실 이 관점에서는 우주 전체가 양자 물체이다. 이 상황은 독일의 유명한 자장가에 나오는 구절―"달을 보라―왜 달의 절반이 저기에 있는데도 달은 둥글고 완전한지 궁금해하라. 속이는 것은 우리이니, 우리 마음은 알지도 못하면서 비웃고 있기 때문이야"―과 같다. 여기서 보름달은 양자우주를 상징하고, 눈에 보이는 반달 이미지는 우리가 경험하는 고전적인 에버렛의 가지

역할을 한다.

체는 논문 초고를 완성한 후, "완전히 다른" 연구를 하기 위해 사무실을 나와 가파른 계단을 내려가 연구소 도서관으로 향했다.[87] 하이델베르크 시와 네카어 계곡이 내려다보이는 필로소펜베크에 있는 그 아름다운 건물에서 체는 대신에 그 비슷한 것을 우연히 발견했다. 그것은 브라이스 디윗이 에버렛의 이론을 이용해 양자중력에 관해 쓴 논문이었다. 체는 즉시 자신이 발견한 것이 에버렛의 "다세계 해석"의 근간이 되는 빠진 조각이라는 것을 깨달았다. 바로 우리가 실재라 부르는 것이 생겨나는 동인이었다.

물질이 탄생하는 방법

결깨짐의 가장 놀라운 결과 중 하나는 입자로 이루어진 고체 물질로 이해되는 물질이 환상일 수 있다는 것이다. 체는 1993년 논문에 〈양자 도약도, 입자도 존재하지 않는다!〉라는 제목을 달았다.[88] 2013년에서 그가 사망한 2018년까지 무려 23번이나 계속해서 업데이트한 리뷰 논문 〈입자와 파동의 이상한 역사〉에서 체는 "입자 개념이 망상이라는 판정을 받았다"라고 단언했다.[89]

이런 개념의 이면에 있는 기본 아이디어는 물질—또는 더 구체적으로 입자들—이 근본적이 아니라는 것이다. 예를 들어 미시적 관점에서 원자나 분자들의 평균 에너지로 귀착되는 '온도'와 같이, 철학자들이 실용적 목적에는 유용하지만 자세히 살펴보면 존재하지 않는 개념의 본질을 설명할 때 사용하는 것처럼, 물질은 "창발한다emergent." 체가 광자, 빛의 양자와 전자기 복사의 예를 들어 설명한 것처럼, "(예를 들면, 계수기에서 딸깍하는 소리를 내며) 명백히 입자로서 광자가 자발적으로 나타나는 것은 거시적인 탐지기가 일으키는 빠른 결깨짐의 결과에 지나지 않는다."[90] 체의 제자 에리히 요스는 나중에 "'입자들'이 공간에 몰려 있는 것처럼 보이는 것은 입자들이 존재하기 때문이 아니라 주위 환경이 끊임없이 위치를 측정하기 때문이다. … 입자의 개념은 양자… 상태로부터 유도될 수 있다"라고 구체화했다.[91] 체와 요스에 의하면, 물질처럼 보이는 것이 양자역학적 파동의 결깨짐을 통해 생긴다.

체의 발견은 베르너 하이젠베르크의 입자 그림에 대한 슈뢰딩거의 비판을 떠오르게 한다. 1952년 《영국과학철학지》에 실린 두 편의 에세이에서 슈뢰딩거는 양자역학의 시조가 된 "에너지 소포 관점 energy parcel view"은 "환상"이며, "소포 이론이 제공하는 현상에 대한… 어떠한 이해도… 잃지 않으면서 미시적 상호작용을 연속적인 현상으로 간주할 수 있다"라고 주장했다.[92] 체처럼 슈뢰딩거도 양자는 근본적이지 않으며 자연에 대한 우리의 엉성한 설명의 결과라고 믿었다. "권위를 가지고 같은 단어를 반복해서 발음하는 것을 들으면, 우리는 이 단어들이 원래는 줄인 말이었다는 사실을 잊어버리기 쉽다. 우리는 그 단어가 실재를 묘사한다고 믿게 된다."[93] 그러나 슈뢰딩거가 전적으로 양자역학에 기반한 물리학에 수반하는 '수렁' 또는 '젤리'를 피했다면, 체는 그에게 있어 "(즉 보편적 얽힘의) 결깨짐의 가장 중요한 열매가 근본적인 수준에서 더 이상 어떠한 고전적 개념도 필요로 하지 않는다는 사실"이라는 것을 강조했다.[94] 더 나아가 체는 왜 에버렛의 보편 파동함수가 실제로 입자처럼 보일 수 있는지 보여주었다. 달리 말해, 체는, 만약 모든 것이 하나라면, 어떻게 하나가 여전히 많은 것들로 나타날 수 있는지 설명하였다.

이 주장을 완전히 이해하기 위해, 체가 비구형의 '변형된' 원자핵을 설명하기 위해 연구하며 핵물리학의 표준 근사법을 적용했던, 처음 결깨짐을 발견하던 때로 돌아가 보겠다. 이론은 완벽하게 작동했지만, 체는 이러한 접근방식을 정당화하는 논리에 대해 매우 의아해했다. 여기에서는 통상적으로, 전체 구성계(체의 경우, 원자핵)를 전체 계가 가지지 못한 특징들을 가진 개별적인 성분들(체의 경우, 원자핵을 구성하는 양성자와 중성자들)의 중첩이라고 기술했다. 예를 들면, 핵자들*은 특정한 방식으로 회전할 수 있지만, 전체 원자핵은 흔들리지 않는다. 시간과 무관한 원자핵을 시간에 의존하는 성분들로 근사하는 한 이것이 유지된다. 체는 "어떤 논리를 따라야, 시간과 무관한 방정식의 해가 근사적으로 시간에 따라 달라질 수 있을까?"라고 자신에게 물었다.[95] 반면, 엄밀하게 말해, 이런 개별적인 성분들은 잘 정의된 상태에 존재하지 않았다. 얽힌 전체 계의 딸림계로서, 그 성분들은 완전히 합쳐져서 전체가 되었다. 체는 딸림계를 들여다보는 것으로 전체 계에 대한 완전한 묘사에서 존재하지 않았던 성질들을 우리가 경험할 수 있다는 것을 깨달았다. 만약 원자핵 안의 핵자들이 전체적으로 볼 때 원자핵에는 전혀 존재하지 않았던 그 성질"에도 불구하고 어떤 명확한 [성질]을 느낀다면" "내부 관찰자도 마찬가지로 특정한 측정 결과를 '인지'할 필요가 없지 않을까?"라는 궁금증을 체는 품었다.[96]

간단히 말해, 결깨짐은 관찰자가 전체에 대한 제한된 정보로 인해 실제로는 존재하지 않는 것을 경험할 수 있게 해준다. 우리가

* 원자핵을 구성하는 입자들. 즉 양성자와 중성자.

무언가를 간과할 때, 우리는 일반적으로 더 적은 것을 보지만, 결깨짐은 당혹스럽게도 실제 존재하는 것보다 더 많은 것을 볼 수 있게 해준다. 이 역설적인 행동을 직관적으로 이해하기 위해 우리는 영사기 실재의 은유를 다시 한 번 활용할 수 있다. 사실 영사기의 중심부에는 필름 롤은 없고 평범한 광원만이 있다. 필름 영사기의 초기 전신인 환등기에서, 유리 슬라이드에 그려진 그림은 전구와 영사 스크린 사이에 놓여 광원에서 방출되는 빛의 일부를 흡수했다. 결깨짐 원리의 더 이르고 더 기본적인 비유는 그림자극이다. 어느 경우든 간에, 광원에서 나온 빛이 인형이나 슬라이드에 그린 그림이나 필름 롤에 흡수되어 스크린에 보이는 이미지를 만든다. 스크린을 봄으로써 우리가 경험하는 인물, 물체와 이야기들은 광원에서 방출된 모든 빛을 우리가 보지 **않아서** 생기는 결과이다. 또 다른 예는 컬러 광학렌즈의 작용이다. 이러한 렌즈는 무색의 햇빛에 색을 더하는 것처럼 보이지만, 실제로는 흰 무색 상태에 존재하는 다른 모든 구성 색들을 흡수하는 방식으로 작동한다. 결깨짐과 똑같이 컬러 렌즈, 그림자극 인형, 그림이 그려 있는 슬라이드 또는 필름 롤은 실제로는 정보를 걸러냄으로써 정보를 만들어내는 것처럼 보인다. 이 모든 경우에 우리의 경험을 구성하는 것은 바로 우리의 무지이다.

하지만 이것은 양자계의 구성요소들이 실제로는 존재하지 않는다는 것을 의미한다. 1967년에 이미 체는 "실제로 존재하는 유일한 물체는 전체 우주의 양자 상태이다"라고 결론을 지었다.[97] 체에게 근본적인 것은 영사기 실재뿐이며, 이것이 모두를 포괄하는 단일체인 얽힌 '양자우주'를 구성한다.[98] 물질이나 입자를 포함한 다른 모든 것은 환상이다. 이런 물질의 비근본성은 존 휠러의 제자인 윌리엄 언루와 다른 연구자들이 1970년대 초에 발견한 효과에 의해 가장 극적으로 드러난다. 블랙홀을 이해하는 데에서 아주 중요한 "언루 효과"에 따르면, 가속하는 관찰자는 빈 공간 즉 진공에서 입자들을 발견하지만, 정지해 있거나 등속운동을 하는 관찰자는 아무것도 보지 못한다. 입자들의 존재는 운동, 또는 — 더 일반적으로 — 관찰자의 관점에 의존한다. 이것은 물질의 존재가 다른 관찰자들에게는 아주 다르게 보일 수도 있는 유도된 개념이라는 것을 분명하게 보여준다.

점점 커지는 양자들

물리학은 실험 과학이다. 그리고 결국 사실과 허구를 구분하는 것은 고상한 아이디어가 아니라 실험이다. 만약 에버렛과 체의 주장이 맞다면, 결깨짐을 피할 수 있도록 어떤 물체를 주위 환경으로부터 격리하고 그 물체가 내부 깊숙이 고전적이 아닌 양자적이라는 것을 충분히 보여주어야 한다. 이것이 작동한다면, 입자나 원자보다 더 큰, 일상생활에서 볼 수 있을 만큼 큰 양자 물체를 만들 수 있다. 철학자 마이클 록우드에 따르면, "슈뢰딩거 고양이의 예의 요점은… 적절한 결합이 주어졌을 때, 상응하는 거시적 중첩을 생성할 수 있는 미시적 중첩이 만들어질 수 있음을 보여준다는 것이다." 록우드가 설명하듯이, "우리의 일상적 경험의 성질에서, 양자역학이 거시적 수준에서는 실제로 작동하지 않는다는 증거 조각을 구성하는 것은 전혀 없다. 양자역학의 보편적 적용 가능성과 일치하지 않는 것은 그러한 우리의 일상적 경험이 아니라 그것을 해석하는 상식적 방식이다."⁹⁹ 여전히 큰 물체에 대해 양자역학이 작동하지 않는다는 "증거 조각들"이 없다는 것이 한 가지 문제이다. 양자역학의 보편적 타당성에 대한 훨씬 더 설득력 있는 증거는 거시적 양자 물체를 실제로 생성하는 것이다.

1990년대부터 그런 일이 일어나기 시작했다. 실험물리학자들은 실제로 점점 더 커지는 양자 현상들이 존재할 수 있다는 것을 보여주었다. "그 일이 쉽지는 않다"라고 미국 과학작가 스티븐 오르네스가 경고한다. "양자 효과는 아주 미세한 진동이나 열역학적 요동에 의해서 순간적으로 사라질 수 있으며, 섬세하고 깨지기 쉽고 희미해질 수 있다. 양자 효과를 관찰하려면 외부 세계의 열과 소음으로부터 계를 격리하는 실험적 설정이 필요하다."¹⁰⁰ 하지만 초전도 도선을 순환하는 전류를 사용함으로써, 그것이 가능하다. "물리학자들은 자기장을 사용하여 전류가 고리의 양방향으로 동시에 흐르도록 유도할 수 있다. 이것은 절반은 한 방향으로, 절반은 다른 방향으로 흐르는 것을 의미하지 않는다. 모든 전자가… 동시에 시계 방향과 반시계 방향으로 흐른다"라고 오르네스는 쓴다.¹⁰¹

실현된 다른 거대 양자계에는 거대 분자, 막 또는 멀리 떨어진 곳들 사이의 얽힘이 포함된다. 예를 들자면, 1999년 빈의 물리학자 안톤 차일링거와 마르쿠스 아른트를 위시한 일군의 연구자들은 60개에서 70개의 탄소 원자로 이루어진 축구공 모양의 거대 분자인 소위 "버키 볼" 또는 풀러렌의 양자 파동 간섭을 보여주는 데 성공하였다. 2012년에 차일링거 그룹은 더 나아가 얽힘을 통해 양자 성질을 전송하였다. 143킬로미터 이상 떨어진 카나리아 제도의 두 섬 라팔마와 테네리페 사이에서 행해진 이 과정은 "양자 원격전송 quantum teleportation"으로 알려져 있다. 네덜란드 델프트대학교의 사이몬 그뢰블라허가 2016년 수행한 또 다른 접근방식에서는 지름이 1mm인 막들을 사용해 얽힘에 성공하였다. 심지어 그뢰블라허는 '완보동물' 또는 '물곰'*과 같은 생물을 양자 중첩시키는 꿈을 꾸고 있다. 그리고 실제로 2021년 12월에 옥스퍼드와 싱가포르 대학교의 물리학자들을 포함한 국제적인 과학자 그룹이 살아 있는 완보동물과 초전도 고체 장치 사이에서 얽힘을 실현했다고 보고했다. 이것은 각각의 딸림계가 중첩 상태에 있다는 것을 의미한다.[102]

또한 거시적 양자 현상에 대한 연구는 중첩을 관찰하는 데 국한되지 않는다. 여기에는 막시밀리안 슐로스하우어가 그의 저서 《결깨짐과 양자에서 고전으로의 전이》에 쓴 것처럼[103] "결깨짐의 점진적인 작용과 그에 따른 양자 영역과 고전 영역 사이에서의 단계적 전이"를 관찰하는 것도 포함된다. 한 가지 예를 들어보자면, 슐로스하우어는 어떻게 "회절 격자를 통해 전송된 대형 풀러렌 분자에 의해 생성된 간섭 패턴이 주변의 가스 분자의 밀도, 따라서 풀러렌과 주위 환경에 있는 입자들 사이의 산란율이 증가함에 따라 점차적으로 사라지는 것으로 관찰되는지" 설명한다.[104] 슐로스하우어가 강조하듯이 "이제 우리는 주위 환경과의 지속적인 상호작용이 어떻게 양자 현상을 관찰하는 능력을 점진적으로 저하시키는지 직접 측정할 수 있는 위치에 도달했다."[105] "양자 이론은 앞으로도 지속될 것"이라고 단언하는 보이치에흐 주렉은 "양자 이론의 가장 괴상한 예측—중첩과 얽힘—은 실험적 사실이며, 원칙적으로 거시적 물체와도 관련이 있다는 사실도 점점 더 분명해지고 있다"라고 덧붙인다.[106]

- 몸길이 0.1~1.5mm 이하의 느리게 움직이는 생물.

아무 데도 없는 곳

그러나 왜 양자역학의 보편성과 얽힘과 결깨짐이 가진 근본적인 역할을 인정하는 데까지 그리 오랜 시간이 걸렸을까? 왜—양자역학의 오랜 역사를 고려할 때—우리가 가진 실재 개념에 대한 이런 극적인 결과가 좀 더 일찍 실현되지 않았을까? "체는 양자 이론에서 얽힘이 수행하는 근본적인 역할을… 단순히 통계적인 상관관계가 아니라… 근원적인 '실재'의 특징으로 받아들이는 것이 문제의 핵심이라고 생각했다"라고 과학철학자 크리스티안 카밀레리는 쓴다.[107] 다른 곳에서 체는 "양자 이론의 처음 60년 동안 얽힘이 국소 물체 간의 통계적인 상관관계에 지나지 않는다고 오해했기 때문에 결깨짐의 중요성이 간과되었다고 확신한다"라고 강조했다.[108] 실제로, 물질이 가진 겉보기 입자성, 즉 물체가 원자와 입자들로 이루어진 조직이라는 것이 환상이라는 체의 통찰과 얽힘이 주는 단순한 결과는 양자 상태의 '비국소성'이다. 일반적으로, 양자 물체들은 문자 그대로 우주에서 [특정한] 자리를 차지하지 않는다—하지만 체가 그것에 대해 깊이 생각하고 있던 당시에 이것은 다소 생소한 개념이었다. "영어로 쓴 나의 초기 논문들에 '얽힘'이라는 단어가 전혀 등장하지 않는데, 이는 단순히 그 단어가 흔히 쓰이지 않아서 내가 슈뢰딩거의 독일어 용어인 '페어슈렌쿵Verschränkung'의 그 영어 번역어를 몰랐기 때문이었다"라고 체는 나중에 회상했다.[109] "나중에 슈뢰딩거가 얽힘을 양자 이론의 가장 큰 미스터리라고 불렀을 때에도 그는 '분리된 계에서의 확률 관계'라는 불충분한 문구를 사용했다." 체는 얽힘의 진정한 의미를 얼마나 놓쳐왔는지를 지적했다. "헬륨 원자의 결합 에너지…

에 대한 얽힘의 중요성은 그 당시에도 잘 알려져 있었다"라고 체는 강조한다.[110] 그럼에도 불구하고, "아인슈타인, 포돌스키, 로젠, … 폰 노이만…. 이 위대한 물리학자 중 어느 누구도 실재가 국소적(즉 공간과 시간으로 정의된)이어야 한다는 조건을 버릴 준비가 되어 있지 않았다."[111]

체가 하이델베르크에서 결깨짐을 발견할 때와 거의 같은 시기에, 제네바에서 존 벨과 베르나르 데스파냐가 관련 문제에 대해 머리를 맞대고 고민하고 있었다. 1960년대에 데스파냐와 벨 모두 유럽입자물리연구소CERN에서 이론입자물리학자로 근무하고 있었다. "그 당시 나는 양자역학에 동의하지 않았고, 그도 양자역학에 동의하지 않았다. 그러나 그는 내가 그런 줄 몰랐고 나도 그가 그런 줄 몰랐다. 한 친구로부터, 어떤 이유에서인지, 그가 양자역학에 동의하지 않는다고 의심을 받고 있다는 이야기를 들었다."[112] 마침내 한 권의 책 때문에 벨의 본심이 드러났다. 데스파냐는 "존의 책장에서 한 이단 서적을 발견했을 때 이를 확인했다"라고 회상했다.[113] 데스파냐와 벨은 양자역학의 토대에 관해 이야기하기 시작했다. 이 논의의 시작점 중 하나는 얽힘에 대한 당황스러움이었다. "나는 사실 슈뢰딩거가… 오래전에 지적했던 것, … 어떤 책에서도 읽어보지 못했던 것, 즉 비분리성을 다시 발견했다." 비분리성이란 얽힌 양자 상태를 정보를 잃지 않으면서 성분들로 나누는 것은 불가능하다는 것이다. "내가 존에게 이것을 말하자, 물론 그도 동의했다."[114]

이들 이전의 봄, 에버렛과 체처럼, 데스파냐와 벨은 곧 동료들로부터 적대감과 교조적 실용주의라는 동일한 독성 혼합물을 마주하게 되었다. 데스파냐가 발견한 것처럼, "문제는 보어의 뒤를 이은 많은 물리학자가… 코펜하겐에서 개발한 해석에 집착하고 어떤 변화를 시도하는 것에도 저항했다는 것이다. 그러나 동시에 이들은 전혀 다른 동기 부여 원칙, 즉 과학적 실재론이라는 원칙을 채택했다. 그러면서 이들은 일관성을 포기했다."[115] 벨은 "전형적인 물리학자는 이러한 질문에 대한 해답이 이미 오래전에 나왔으며, 이것에 대해 20분만 생각할 여유가 그에게 주어진다면 왜 그런지 충분히 이해할 수 있을 것이라고 생각한다"라며 동의했다.[116] 물리학자 앤드루 휘태커가 설명하였듯이, "양자 이론의 근본적인 본질과 그 놀라운 속성에 대해 새롭게 생각하는 것조차도 완전히 부적절한 것으로 간주되었다. 즉 실질적으로 30년 전 닐스 보어에 의해 양자 이론이 완전히 정립되었다고 보편적으로 믿고 있었다."[117] 훗날 벨의 논문에 대한 최초의 실험적 검증을 수행한 존 클라우저는 "양자 이론의 근본에 대해 신성모독적으로 비판적인 물리학자들에게 붙이는 매우 강력한… 오명이 물리학계 내에서 생겨나기 시작했다"라고 확인시켜주었다. 이러한 편견은 연구자의 명성에 영향을 미쳤을 뿐만 아니라 다음과 같은 결과를 낳았다. "이런 오명의 알짜 영향은 양자 이론의 근본에 진지하게 의문을 제기하는… 물리학자는… 즉시 '돌팔이'로 낙인이 찍혔다는 것이다." 그리고 "돌팔이들은 자연스럽게 자기 직업 내에서 괜찮은 일자리를 찾기 어렵다는 것을 알게 되었다"라고 클라우저는 덧붙였다.[118] 휘태커는 이에 동의한다. "소수의 용감한 영혼들이 위험을 무릅쓰고 의견을 밝혔다. … 그들은 보어, 하이젠베르크 및 볼프강 파울리가 중심이 된 강력한 물리학자 그룹에 의해 심한 비난을 받았다. 솔직하게 말해서, 감히 코펜하겐의 지위에 대해 의문을 제기하는 사람은 누구든지 물리학에서 설 자리가 없었다는 것—물리학계에서 구직 불가!—

은 너무나 분명했다."[119]

따라서 벨은 양자역학의 의미에 관한 연구를 여가 시간에 어느 정도 비밀리에 진행했다. "나는 양자공학자이지만, 일요일에는 원칙을 가지고 있다"라고 벨은 이러한 작업철학에 대해 이야기했다.[120] 벨의 여가 활동에서 얻은 가장 중요한 결과는 EPR 역설을 부등식으로 다시 정리한 것이었다. 양자역학이 지금 그대로 맞다면, 즉 실제로 비국소적이라면, 벨의 부등식을 위반해야 한다. 더 좋은 점은, 비국소성에 대한 벨의 엄밀한 검증이 양자역학의 숨은 변수 버전에만 국한되지 않았다는 점이다. 베르나르 데스파냐는 "벨 부등식의 실험적 위반은 양자역학의 옳고 그름과는 전혀 무관하게 비국소성을 증명하기 때문에, 단서로서 훨씬 더 깊은 의미를 가진다. 물론 이것이 가장 중요하다"라고 회상한다.[121] 데스파냐가 강조하듯이, "존 벨은 국소성이라는 기본적인 질문을 철학이라는 구름에 가린 천국에서 과학적 연구라는 더 견고한 영역으로 가져왔다."[122] "놀랍게도, 벨의 정리가 발표되었을 때 양자역학은 이미 잘 정립되어 있었지만, 국소적 실재 해석을 확실히 배제하도록 해주는 실험은 전혀 존재하지 않았다"라고 벨의 친구인 라인홀트 베르틀만과 양자정보의 선구자 안톤 차일링거가 나중에 회상하였다. 그러나 이런 상황은 곧 변하게 된다. 벨의 아이디어는 미국의 젊은 인습타파주의자 그룹에 큰 반향을 일으켰고, 이들은 실험 검증에 적합한, 벨의 정리의 일반화를 유도해냈다. 현재 그것은 "클라우저-혼-시모니-홀트CHSH 부등식"이라고 알려져 있다. 이런 재수식화를 통해 입자물리학자들은 얽힘과 그에 따른 양자역학의 비국소성을 실제로 검증할 수 있게 되었다. 양자역학이 전체가 부분보다 크다는 것을 의미하는지, 한 쌍의 입자의 총 스핀이 개별 입자들의 스핀 성분들에 위치하지 않는다는 것을 의미하는지를 실험적으로 결정할 수 있는 검사였다. 'CHSH'의 C에 해당하는 존 클라우저는 "그 결론은 철학적으로 놀랍다. 즉 대부분의 현역 과학자들의 실재론적 철학을 완전히 포기하거나, 시공간에 대한 개념을 극적으로 수정해야 한다는 것이다"라고 회상했다.[123] 실재가 가진 이런 "모든 것이 하나"라는 전체론적 특징은 마침내 성질들이 꼭 특수한 장소에 위치할 필요는 없다는 것을 증명하였다. 이 성질들은, 구성 핵자들에서는 발견할 수 없는 체의 원자핵의 성질들처럼, '비국소적'일 수 있다.

하지만 에버렛의 가장 큰 승리 중 하나가 EPR 역설이 '허구'임을 증명한 것, 측정이라는 상호작용이 국소적일 수 있다는 것을 에버렛이 지적함으로써 양자역학과 상대성이론의 화해가 가능하게 한 것, 얽힌 입자 쌍을 측정하는 동안 무슨 일이 일어났는지 설명하기 위해 광속보다 빠른 정보 전달이 필요하지 않다는 것은 아니었을까? 실제로 그렇다. 하지만 에버렛의 해석이 국소적 상호작용과 측정을 허용한다는 사실이 어떤 상황에서도 양자 상태의 성질이 국소적일 수 있다는 것을 의미하는 것은 아니었다. 벨의 부등식이 증명한 것이 이 두 번째 종류의 비국소성이었다. 즉 단순히 전체 상태를 전체로 간주하는 한, 이들 구성요소들은 존재하지 않기 때문에, 얽힌 양자 상태의 성질을 구성요소들의 성질로 환원할 수 없다는 것이다. 이 발견은 양자역학이 입자들(즉 한곳에 몰려 있는 물질 덩어리)의 존재를 지지하지 않는다는 체의 발견과 완벽하게 일치한다.

벨의 연구는 근본적인 양자 실재가 비국소적이며, 이 실재가 공간과 시간을 초월한 "아무 데도 없는 곳nowhere land"에 존재한다는 것을 입증했다. 그러나 그의 연구는 또한 일반적인 지적 풍토에 영향을 주었고, 양자물리학의 토대에 관심을 가진 물리학자들이 동료들 사이에서 인정받는 방식에도 영향을 미쳤다. 과학사가 올리발 프레이레 주니오르가 기술한 것처럼, "1970년경에 일어난 세 가지 사건이 이러한 분위기 변화의 증거라고 할 수 있다."[124] 첫 번째 사건은 브라이스 디윗이 《피직스 투데이》에 발표한 일반 청중을 겨냥한 에버렛의 해석에 관한 리뷰 논문이었다. 그때 과학 학술지 《파운데이션즈 오브 피직스》가 출간되었다. 이 학술지는 결깨짐에 대한 체의 최초 논문을 포함해 양자역학의 해석에 관한 논문들을 출판했다. 그리고 마침내, 1970년 여름 코모 호수에 이르는 산등성이에 자리한 그림 같은 이탈리아의 마을인 바렌나에서 '엔리코 페르미 국제 물리학 학교'가 열렸다. 프레이레 주니오르에 따르면, "바렌나는 양자 반체제 인사들의 우드스톡•이었다."[125]

한편, 하이델베르크의 체는 여전히 결깨짐에 대한 자신의 연구가 주목받도록 고군분투하고 있었다. 훗날 체는 "그 당시 이런 아이디어들을 동료들과 이야기하거나 심지어 그것들을 발표하는 것은 절대적으로 불가능했다"라고 회상하였다.[126] 그가 논문을 다 썼을 때, 그의 스승 옌젠은 체에게 논문을 이해하지 못했다고 이야기했다. 옌젠은, 전 세계 모든 사람 중에서, 이미 봄과 에버렛의 연구를 방해한 적이 있는 로젠펠드에게 조언을 구했다. 로젠펠드의 대답은 틀린 만큼이나 무자비했다. "나는 그런 말도 안 되는 가장 황당한 농축물이 당신의 축복을 받으며 전 세계에 배포되지는 않을 것이라고 가정할 매우 충분한 이유를 가지고 있으며, 당신이 이 불

• 1969년 미국에서 열린 음악 페스티벌로 1960년대 반문화 운동의 상징적인 축제였다.

행에 주의를 기울이는 것이 도움이 되리라고 생각합니다."¹²⁷ 체의 기억에 따르면, "옌젠은 내 주장에 매우 냉소적이었을 게 분명한 [로젠펠드의 편지를] 나에게 절대 보여주지 않았다. 옌젠은 그것을 다른 동료들에게 이야기했고, 그들이 그것에 관해 이야기하고 있다는 것을 내가 알아채자 그들은 킥킥거렸다. 그러나 옌젠은 그 편지 속에 어떤 것이 적혀 있는지 나에게 절대로 정확하게 이야기해주지 않았다. … 그러고 나서 옌젠은 나에게 그 연구를 계속해서는 안 된다고 이야기했고, 따라서 그 후 우리의 관계가 악화되었다."¹²⁸ 체의 획기적인 발견에 긍정적인 반응을 보인 유일한 유명한 물리학자는 유진 위그너였다. 위그너는 프린스턴에 있던 존 휠러와 존 폰 노이만의 친구이자 동료로, 1963년 옌젠 및 괴퍼트메이어와 노벨상을 공동 수상한 인물이었다. "그는 내가 그 논문을 출판할 수 있도록 도와주었고, 1970년 바렌나에서 열린, 베르나르 데스파냐가 주최한, 양자 이론의 토대에 관한 학술회의—['양자 우드스톡']—에 초대받도록 주선해주기도 했다"라고 체는 회상했다.¹²⁹ 실제로 바렌나에 온 발표자들로는 벨, 봄, 위그너, 드 브로이, 디윗, 애브너 시모니(CHSH 중 S) 및 나중에 벨의 부등식을 위반한다는 것을 증명해 결과의 허점을 보완한 알랭 아스페가 있었다. 디윗이 최근에 에버렛 해석 쪽으로 전향했다고 공개적으로 알린 것도 바렌나에서였다.

하지만 체가 학술회의에 도착했을 때, 그는 실망했다.

나는 참석자들—벨을 포함한—이 수년 전 발표된 벨의 부등식에 관한 최초의 실험 결과에 대해 열띤 토론을 벌이고 있는 것을 발견했다. 나는 그것에 대해 전혀 들어본 적이 없었지만, 내가 이미 읽힘(과 따라서 비국소성)이 양자 상태의 충분히 근거 있는 성질이고, 내 생각에 그것이 확률 상관성이 아니라 실재를 기술하고 있다고 전적으로 확신하고 있었기 때문에, 그들과 함께 흥분을 나눌 수가 없었다. 그러므로 나는 이제 곧 모든 사람이 내 결론에 동의해주리라 기대했다. 분명히 나는 너무 낙관적이었다.[130]

이제 체는 "지금까지 모든 실험 결과가 양자 이론에 의해 정확히 예측되었음에도 불구하고… 벨의 부등식을 위배한다는 것을 확인시켜주는 실험들의 허점을 찾으려는" 다른 참석자들의 이야기를 들어야만 했다.[131] 체는 "실재에 대한 그와 같은 가정에서 편견 외에는 아무것도 볼 수"가 없었다.[132]

여전히 체는 포기하지 않았다. 체가 《인식론적 편지Epistemological Letters》 같은 모호한 학술지에 글을 발표하거나, 참석자들이 온탕에 알몸으로 앉아 초심리학 및 초광속 여행의 물리학에 관해 토론하는 1983년 캘리포니아 에살렌의 히피 리조트에서 열린 워크숍에 참석하는 모습을 상상하기는 어렵겠지만, 그는 실재의 합리적인 토대를 옹호하기 위해 그렇게 해야 한다고 느꼈다. 결깨짐이 더 넓은 양자물리학자 커뮤니티에서 비로소 인정을 받게 된 것은 1991년 보이치에흐 주렉이 권위 있는 《피직스 투데이》 기사에서 그 개념을 소개한 이후였다.[133]

개구리와 새의 관점

"결깨짐은—나의 졸견으로는—지난 세기의 가장 중요한 발견

중 하나이다"라고 매사추세츠 공과대학교의 우주론학자 맥스 테그마크는 2017년 나에게 보낸 이메일에 썼다.[134] 의심할 여지 없이, 결깨짐은 양자 측정 과정에 대한 우아하며 최소인 설명을 제공한다. 하지만 체의 연구의 중요성을 충분히 이해하려면, 결깨짐에 대한 일반적인 오해를 바로잡는 것이 매우 중요하다. 흔히 묘사하는 것과는 달리, 결깨짐은 관련된 파동함수의 붕괴가 어떻게 진행되는지 명확하게 설명하지 않는다. 또한 결깨짐은, 상호작용하는 동안, 어떻게 미시적인 양자역학적 파동이 명확한 위치를 가진 준고전적인 물체인 입자로 변하는지를 설명하지 않는다. 결깨짐은 상호작용이나 측정하는 동안 우주에서 무슨 일이 일어나는지 기술하지 않는다. 반대로, 결깨짐은 완전히 양자역학적인 우주가 국소적인 관찰자에게 어떻게 보이는지 설명한다.

맥스 테그마크는 이들 두 가지 관점에 대해 새와 개구리 관점이라는 생생한 표현을 사용하였다. 이는 우주의 역사에 대한 할리우드 영화 줄거리 해석의 필름 롤 실재와 화면 위 실재의 또 다른 분신이라고 할 수 있다. 테그마크가 설명한 것처럼, "물리 이론을 바라보는 두 가지 방법을 구분하면 이론을 더 쉽게 이해할 수 있다. 두 가지 방법이란 높은 곳에서 풍경을 바라보는 새처럼 수학 방정식들을 연구하는 물리학자의 외부 관점과, 새가 바라보는 풍경 속에 사는 개구리처럼 그 방정식들로 설명되는 세계에 사는 관찰자의 내부 관점을 말한다." 테그마크에 따르면, "새의 관점에서, [에버렛의] 다중우주는 간단하다. 오직 하나의 파동함수만이 존재한다는 것이다. 이 파동함수는 어떠한 갈라짐이나 평행 없이 시간에 따라 연속적이고 결정론적으로 진화한다. 이런 진화하는 파동함수로 기술되는 추상적인 양자세계는 그 속에 고전적인 묘사가 불가능한 여러 양자 현상은 물론이고 끊임없이 갈라지고 합쳐지는 수많은 고전적인 평행 이야기 줄거리를 담고 있다." 내부 관찰자들의 경험은 정반대이다. "개구리의 관점에서 관찰자는 실재 전체의 극히 일부분만

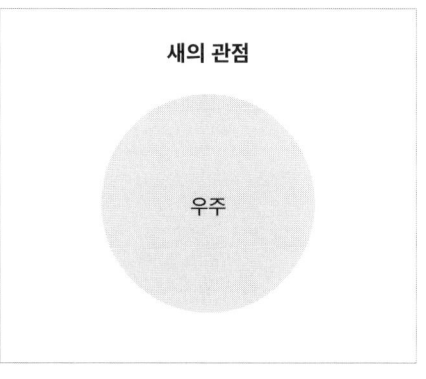

새의 관점에서의 경험에 따르면, 우주는 하나이다.

인식한다. 그들은 자신들의… 우주를 볼 수 있지만, 결깨짐의 과정―[양자역학]을 보존하면서 파동함수의 붕괴를 모방하는―으로 인해 자신의 평행 복사본들을… 볼 수 없다."[135]

그러므로 결깨짐은 두 가지 충격적인 결과를 초래한다. 첫째는 관찰자가 "많은 마음들"―즉 각각의 가능한 결과를 관측하는 다중 복사본들―로 "갈라진다." 그리고 둘째는 우리의 일상적이고 고전적 실재가 우주가 가진 특징이 아니라는 것이다. 그것은 관점에 의한 결과이다. 그것은 우주가 관찰자, 관측되는 것 및 주위 환경으로 갈라지기(이른바 양자 인수분해) 때문에, 그리고 거기에 더해 우리가 환경의 정확한 상태를 모르기 때문에 생긴다. 그것은 "창발하는" 것이지, 근본적인 것이 아니다. 이 중 첫 번째 사항, '에버렛의 평행세계는 실재하는가?'에 대해 열띤 논쟁이 벌어져왔다.

1967년경, 체는 그가 알지 못했던 논문에서 에버렛의 이론을 근본적으로 재발견하게 되었다. 유명한 결깨짐 논문의 미발표 초안에서, 체는 어떻게 "측정 후 사람들이 본질적으로 두 개 이상의 독립적인 세계를 다루는지, 양자역학의 보편적 타당성을 받아들이는

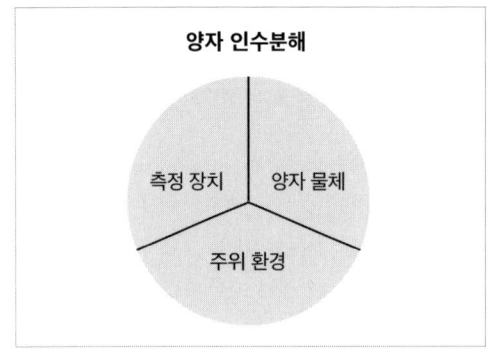

양자 인수분해: 측정을 수행하기 위해서는 우주가 관찰자나 측정 장치, 양자 물체 및 주위 환경으로 갈라져야 한다.

한, 이러한 결과를 피하는 것은 불가능해 보이는지" 설명하였다.[136] 슈뢰딩거의 고양이를 언급하며, 체는 에버렛과 마찬가지로 우주가 "다른 시간에 죽은 고양이를 가진 각각의 세계의 연속체로" 갈라진다는 은유에 도달한다.[137] "주위 환경과의 상호작용"에 의해 자동차나 탁자나 맥주병과 같은 큰 일상의 물체들은 "항상 자동적으로 측정되며" 따라서 "측정 결과 자동적으로 분리가 된다."[138]

에버렛 해석의 다세계를 '실재'로 간주해야 하는지 여부는 이 진술을 할 때의 관점에 따라 달라진다. 새의 관점에서 보면, 시작점이 되는 에버렛의 가지들이 존재하지 않는다. 존재하는 것이라고는 하나의 얽힌 양자우주뿐이다. 개구리의 관점에서 보면, 하나의 단일 에버렛 가지(즉 우리가 경험하는 고전적인 우주)만이 실재한다. 그러면 평행 실재들을 기술하는 에버렛의 다른 가지들은 어떤가? 그들은 실재하는가—아니면 적어도, 에버렛과 체가 일관되게 주장했듯이, 우리가 생각해낸 다른 실재 개념들보다 덜 실재적인가? "어떤 이론에 대해 우리가 알 수 있는 모든 것은 그 이론이 우리가 할 수 있는 실재 세계의 관찰과 실험에 얼마나 부합하는지에 대한 정도뿐이다. 그것을 초월하여 우리 이론이 우주의 진정한 실재를 어느 정도까지 포착하고 있는지, 우주에 정말 존재하는 것의 실제 내용까지는 절대로 알 수 없다"라고 에버렛은 펜타곤에서 그와 함께 일하는 동료에게 설명하였다. "그러므로 우리 이론들 중 어느 것이 실제로 우주에 존재하는 것에 얼마나 가까운지 추측할 방법이 없다. 우리가 할 수 있는 전부는 우리의 이론적 아이디어를 가정한 다음, 그것이 실험과 얼마나 잘 일치하는지 물어보는 것이다"라고 에버렛은 결론을 내린다.[139] 유사하게 체도 "평행세계는 관측할 수 없기 때문에, 다른 평행세계의 존재는 당연히 부정될 수 있다. 평행세계는 물리학의 다른 문제 해결을 돕는 heuristic 허구들과 같은 의미로 존재한다"라고 쓰고 있다.[140] 체는, 예를 들어, 쿼크—서로 강하게 끌어당기고 있어 개별적으로는 관측된 적이 없는 핵자의 구성요소(1995년에 발견된 가장 무거운 쿼크인 탑 쿼크만이 다른 쿼크들과 융합하기 전에 붕괴한다)—또는 공룡과 같은 과학적 세계관의 요소들을 "문제 해결을 돕는 허구들"로 규정했다. 데이비드 도이치가 강조하듯이, "우리는 수백만 년 전 공룡의 존재에 대해 '화석에 대한 최선의 이론적 해석'이라고 말하지 않는다. 우리는 그것이 화석에 대한 설명이라고 주장한다. 그리고 그 이론은 주로 화석에 관한 것이 아니라 공룡에 관한 것이다."[141] 과학철학자 데이비드 윌리스는 이에 동의한다. "누구도 진지하게 '공룡들'이 우리에게 화석에 대해 말해주기 위한 계산된 도구에 지나지 않는다고 믿지 않는다. … 그리고 거의 모든 과학이 이와 같다."[142] 평행우주들이 "과학적으로 정립된 사실"이 아닌 "단지 해석"에 지나지 않는다는 주장은, 도이치에 따르면, "몇몇 미국의 생물학 교과서에 진화론은 '이론일 뿐'이라는 스티커를 붙이는 것과 같은 논리"를 가지고 있다.[143] 이런 의미에서, "'양자역학의 에버렛 해석'은, 우리가 과거에 항상 과

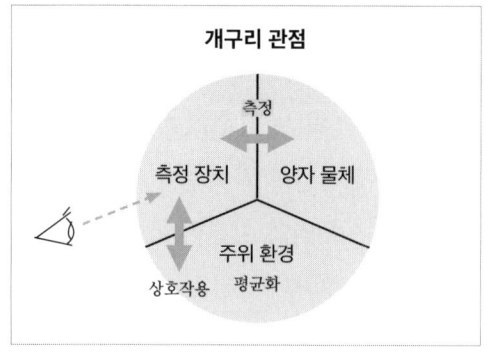

관찰자의 개구리 관점에서 보면, 주위 환경은 알 수 없으며 평균화되어 있다. 그 결과 결깨짐과 양자에서 고전으로의 전이가 일어난다.

학 이론들을 해석해왔던 것과 동일한 방식으로 '해석된', 즉 세계를 모델링하는, 양자역학 그 자체일 뿐이다"라고 월리스는 강조하면서, 이 결론에 대한 유일한 대안은 "양자 이론―과학 역사상 가장 예측력이 강력하고, 가장 철저하게 검증되었으며, 가장 널리 적용되는 이론―을 우리가 아직 구축하지 못한 새로운 이론으로 대체"하는 것이라고 덧붙인다.[144]

하지만 에버렛이나 체 모두에게 평행 실재들의 존재는 연구 결과의 가장 중요한 요점이 아니었다. 이 열띤 논쟁에서 흔히 간과되는 것은 실재하는 "방 안의 코끼리"[평행 실재]가 두 번째로 중요한 결과라는 점이다. [더 중요한 것은] 고전적인 실재는 측정계가 주위 환경과 결합한 결과일 뿐만 아니라 주위 환경에 대한 불완전한 지식의 결과이기도 하다는 것이다. 이것은 물론 전체 우주의 정확한 상태에 대한 모든 가능한 정보를 가질 수 없는 국소적인 관찰자의 결과이다. 이는 양자에서 고전으로의 전이가 관찰자의 국소적인 개구리의 관점의 산물이며, 전체 양자계를 관찰하고 양자에서 고전으로의 전이가 일어나지 않는 새의 관점과는 대조가 된다는 것을 의미한다. 양자에서 고전으로의 전이는 관점의 문제이다!

따라서, 원리적으로 두 가지 가능한 양자계가 존재한다. 첫째는 주위 환경과 상호작용하지 않는 고립된 (전형적인 미시적인) 계이다. 우리가 경험한 모든 양자계가 이 종류의 계로, 이것은 당연히 항상 근사이다. 그리고 다음으로는 양자우주 전체가 있다. 글로벌하고 모든 것을 포괄하며 외부 환경을 갖고 있지 않기 때문에 결깨짐이 일어나지 않는다. 후자인 계는 물리적으로 가능한 모든 것을 수용하는 상반된 것들의 결합인, 정말로 근본적인 양자 상태로만 구성되어 있다. 그리고 경험 세계는 이 토대가 되는 '하나'로부터 결깨짐을 통해 창발된다. 물론, 우리의 의식이 뇌 안에 갇혀 있다는 합리적인 가설을 우리가 고수하는 한, 우리가 새의 관점에서 우주를 경험할 수 있는 방법은 없다. 그럼에도 불구하고 새의 관점에 완전히 접근할 수 없는 것은 아니다. 체가 강조한 것처럼, 개구리는 새처럼 날아다니며 이 근본적인 실재를 경험할 수는 없지만, 개구리는 "이성의 안내를 받는 상상력"을 통해 (슈뢰딩거 방정식을 풀어) 새의 관점에서 본 양자 실재의 묘사를 전개할 수 있다.[145]

결과적으로, 양자에서 고전으로의 전이를 포함하여, 결깨짐을 통해 얻는 것이 무엇이든, 아마도 물질의 출현, 심지어 공간과 시간 자체의 출현은 근본적인 양자우주에서 일어나는 실제 과정이 아닐 수 있다. 그것은 단지 공간과 시간에 위치한 관찰자가 이 근본적인 실재에 대해 얻는 인상을 기술할 뿐이다. 테그마크는 이 견해를 "플라톤 패러다임: 새의 관점은… 물리적으로 실재하며, 개구리의 관점과 우리가 그것을 기술하는 데 사용하는 모든 인간의 언어는 단지 우리의 주관적인 인식을 기술하는 유용한 근사이다"라고 아주 적절하게 기술하고 있다.[146] 체가 결론을 내린 것처럼, "양자 이론은 양자우주론을 필요로 한다."[147]

✢ ✢ ✢

결깨짐은 고대 신앙과 놀라울 정도로 유사한 일원론적 세계관을 완전히 확립하는 마지막 단계이다. 이집트인들이 모든 것을 포괄하는 숨은 통합의 상징인 이시스 여신을 인간들의 눈에 드러나지 않도록 베일을 쓴 모습으로 묘사한 것처럼, '개구리들'이 우주에 대해 수집할 수 있는 정보가 제한적이기 때문에 결깨짐이 생기며 개구리들은 얽힌 양자우주를 많은 개별적인 물체처럼 경험하게 된다. 새의 관점에서 관찰한 가장 근본적인 수준에서는 모든 것이 하나이다.

하지만 이런 일원론적 의미는 여전히 일반적인 합의에 도달하기에는 멀었다. 보어와 하이젠베르크로부터 시작하여 오늘날 양자역학을 연구하는 대부분의 물리학자까지 이런 간단한 결론을 받아들이는 것을 막는 강력한 심리적인 장벽이 존재하는 것처럼 보인다. 이는 과학과 서양 종교의 역사에 깊이 뿌리박혀 있는 억제 심리이다.

조르다노 브루노

4   하나를 위한 투쟁

만약 얽힘에 의해 우주의 모든 것이 합쳐져 단일한 하나가 된다면, 만약 결깨짐이 이런 숨은 단일체가 어떻게 우리 우주를 채우고 있는 행성, 조약돌과 가축들로 나타나는지 설명한다면, 또 만약 그 단일체가 가진 심오하고 기괴하며 완전한 혁명적 의미가 양자역학의 방정식에서 분명하다면, 우리는 우주에 내재된 모순을 해결했을지 모르지만, 또 다른 근본적인 질문은 여전히 남아 있다. 즉 어떻게 그런 혁명적인 개념이 그렇게 오랫동안 무시될 수 있었을까?

우리는 어떻게 코펜하겐 물리학자들이 자연에 대해 양자역학이 실제로 어떤 의미를 가지는지 탐구하는 것을 회피하고, 또 어떻게 이들이 이 물리학의 토대를 종교로 재분류했는지 살펴봤다. 동시에 코펜하겐의 정설에 감히 의문을 제기하고 우리의 일상적인 화면 위 실재의 배후에 무엇이 있는지를 발견하려 했던 사람은, 그것이 휴 에버렛이든, H. 디터 체이든, 존 벨이든 상관없이, 누구나 이단자로 간주되었다. 그러나 역사적 관점에서 보면, 이들 반역의 물리학자들은 운이 좋게도 단지 무시당했을 뿐이다―그들은 고대의 쇠퇴 이후 조르다노 브루노와 많은 다른 일원론 학자들처럼 산 채로 불태워지거나 고문당하거나 살해되지 않았다. 일원론적 '하나'라는 아이디어는 새롭고 추상적인 과학적 개념이 전혀 아니었다—그것은 3000년의 오랜 역사를 가진 전장이었다—기독교가 그 전체상에 대한 독점권을 성공적으로 주장하고, 여기에 과학은 세부사항을 채우고 문제 해결 방법을 만들어내는 데 국한되었던 싸움터였다. 일원론과 그에 대한 거부감이 서구 문화에 얼마나 뿌리 깊게 자리 잡고 있는지 이해하려면, 일원론, 과학, 유일신교 자체의 혼란스러운 역사와 기원을 되돌아봐야 한다.

반란으로서의 종교

기독교, 이슬람교, 유대교의 유일신교와는 달리, 원시 종교들은 보통 다신교였다. 신자들은 세상의 다양성을 상징하는 많은 신들을 숭배했다. 그러나 이들 초기 종교들은 흔히 다양한 신들이 단일하고 통합된 실재의 여러 면을 상징할 수 있다는 뚜렷한 일원론적 색채를 띠고 있었다. 이집트학자 얀 아스만은 "다신론은 우주신론 cosmotheism이다"라고 적고 있는데, 이것은 우주를 숭배하는 범신론의 또 다른 표현에 지나지 않는다.[1] 이것은 사실상 일원론의 종교적 표현이다. 즉 "우주에 내재하는 한 신에 대한 종교이자, 논리적으로 서로를 배제하기보다는 서로를 조명하고 보완하는 수천 개의 이미지로 자신을 드러내고 감추는 베일에 가려진 진리에 대한 종교이다."[2] 아스만은 우주신론에 "지울 수 없는 복수성의 원리가 새겨져 있으며" "신은 세상과 분리될 수 없다"라고 설명한다.[3]

반면 유대-기독교의 독특한 특징은 신을 외부에서 세상을 다스리는 힘으로 간주한다는 점이다. 따라서 '일원론'과 '유일신론'은 발음이 유사함에도 불구하고, 이들은 서로 다른 세계관을 의미한다. 실제로, 아스만에 따르면, 유대교와 기독교 같은 유일신론 종교는 원래 지

일원론에서는 "모든 것이 하나이다." 즉 모든 것은 모두를 포괄하는 전체에 통합된다.

배적인 이교 문화에 맞서 소외되고 억압받는 사람들을 위한 '대항 종교'로서 발전했다. 즉 모세가 이집트에서 데리고 나온 노예 민족의 반란으로서 그리고 고대 로마에서 가난한 사람들과 노동자들에 대한 옹호로서 발전했다. 이들 억압받던 초기 유대인과 기독교도들은 당연히 세상 그 자체는 신성한 것이 아니라 신의 개입이 필요한 것으로 여겼다. 다신론에서 "신과 세상은 분리될 수 없지만" 유일신론은 "바로 그렇게 하려고 한다. 신은 우주와의 공생적 결합에서 해방된다"라고 아스만은 적고 있다.[4] 아스만이 설명한 것같이, 신과 세계를 구별하는 것, "사람들을 내세의 명령에 따르게 해 이 세상의 제약에서 해방하는 것"이 유일신론을 정의하는 특징이다.[5] 아스만은 유일신교가 "마법, 미신, 우상 숭배, 기타 '거짓' 종교 형태들에 반대하는 것으로서뿐만 아니라, 과학, 예술, 정치와 대조되는 것으로서 스스로를 종교로 인식하게 만든 것"이 바로 이러한 대항 종교로서의 특성이라고 적고 있다.[6]

유일신론에 내재된 편협함과 성상파괴운동은 이러한 기원으로 거슬러 올라갈 수 있다. "새끼 양은 이집트인들에게 가장 신성

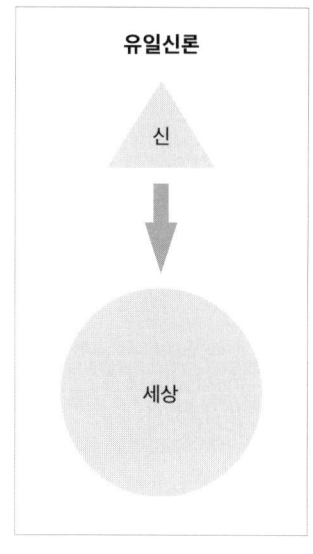

유일신론에서는 신을 그가 외부에서 통치하는 세상과는 다른 것으로 간주한다.

한 동물인 숫양에 해당하기 때문에 희생되고" "이집트에서 가장 두드러진 관습인 우상 숭배는 가장 큰 죄악으로 여겨지게 되었다"라고 아스만은 상술한다.[7] 따라서 "선포해야 할 진리에는 싸워야 할 적이 함께 한다"라는 것이 유일신교의 두드러진 특징이라고 아스만은 적고 있다. "오직 그들만이 이단자와 이교도, 거짓 교리, 종파, 미신, 우상 숭배, … 이단 그리고 그들이 가짜 진리를 표명한다고 비난하고 박해하고 금지하는 것들을 지정하기 위해 만들어진 다른 모든 용어들을 알고 있다."[8]

이러한 경향은 기독교가 부상하면서 고대 후기에 더욱 심화되었다. "유일신을 숭배함으로써 유대인들은 다른 민족들로부터 스스로를 고립시키고, 다른 민족들도 더 이상 그들에게 관심을 갖지 않게 된다. 그들은 율법을 엄격하게 준수함으로써 이러한 자발적 고립이 상징적으로 표현되는 생활양식을 구축한다"라고 아스만은 설명한다. 반면 기독교는 "스스로 부과한 이 고립을 끝내고 모든 민족에게 자신을 개방하는 것을 사명으로 삼았다. 이제 이 초대를 수락하지 않은 모든 것과 모든 사람은 배제된다. 그렇게 함으로써 유일신론은, 최소한, 침략적이었고, 때로는 공격적이기도 했다."[9] 다른 종교뿐만 아니라 일원론적 철학 및 과학과의 관계에서, 미래 갈등의 뿌리가 된 것은 기독교가 가진 이러한 배타적이고 침략적인 성격이다.

과학의 유전자

현대 과학이 고대 그리스 철학의 DNA를 가지고 있다는 것은 상식이다. 이 기원이 과학에 일원론적 사고를 불어넣었다는 사실은 덜 알려져 있다. 존 버넷의 《초기 그리스 철학》을 인용하면서,[10] 에르빈 슈뢰딩거는 "과학은 그리스 방식으로 우주를 성찰하고 있다고 올바르게 특징지을 수 있다"라고 썼다.[11] 슈뢰딩거는 계속해서, 그리스 사람들은 모든 종류의 객관적 추론에서 매우 특징적이고 필요한 것으로 보이는 주체와 객체의 분리를 개척했다고 말했다. 그리스 철학에서 일원론은 매우 낯선 개념인 것 같다. 그러나 이것은 이야기의 절반에 불과하다.

그리스 철학이 탄생할 당시 과학과 종교는 쉽게 분리되지 않았다. 영국 철학자 조너선 반스가 이야기하기로, 우리가 알고 있는 그리스 철학의 시작은 기원전 585년 오늘날 튀르키예의 서해안인 이오니아에서 밀레토스의 탈레스가 일식을 예측한 때이다.[12] 탈레스와 대부분의 초기 그리스 철학자들은 최초로 다소 소박한 "물질 단일주의"를 추구했다. 그들은 우주에 많은 사물이 존재한다고 인정했지만, 모든 것이 동일한 물질 또는 구성요소(탈레스의 경우, 물)로 이루어져 있다고 생각했다. 이는 하나의 양자장(또는 장들의 작은 집합)이 우주의 모든 물질과 관계가 있다는 현대 입자물리학의 대통일 개념이나 자연에서 관찰되는 물질을 구성하는 다양한 입자들을 기본 끈들의 서로 다른 진동 패턴으로 이해하는 끈 이론과 유사한 관점이다.

그러나 탈레스와 그의 후계자들이 분석적 추론과 현대 과학의 토대를 마련한 것과 동시에, 다른 곳에서는 "모든 것이 하나"라는 더 급진적인 개념이 널리 퍼졌다. 이 개념은 문학과 다양한 밀교 및 이교를 통해 퍼져나갔으며, 그중 일부는 이집트에서 영향을 받거나 수입되었다. 이러한 영적 모임은 제우스와 헤라를 중심으로 한 유명한 다신교적 올림포스의 신들을 떠받드는 공식 종교와 병행하여 존재했다. 초기 그리스 시집 중 하나인, 기원전 8세기의 작가 헤시오도스의 《일과 날》은 성경의 에덴동산과 분명한 유사점을 지닌 선사 시대 낙원을 묘사하고 있다. 이런 '황금기'에는, 인류가 자연과 조화를 이루며 사는 존재로 상상되었으며, 종종 그리스 자연의 신인 판의 피리 연주에 맞춰 요정들과 함께 춤을 추는 모습으로 묘사되기도 했다. 수 세기 후, '오르페우스교 Orphism'•를 믿는 사람들은 밤과 하늘, 바람과 불, 바다와 땅, 달과 별과 행성 그리고 모든 것을 아우르는 자연에 대한 송가를 작곡했다.

> 자연, 오래되고, 신성한, 만물의 부모, 오 아주 기계적인 어머니, 예술은 당신의 것;
> 천상의, 풍성하고, 존경받는 여왕, 보이는 모든 곳에 당신의 다스림이 있네.[13]

또 다른 송가는 그리스어로 '모두'라고도 번역되는 이름을 가진 자연의 신 '판'으로 비유되는 일원론적 전체를 직접적으로 언급한다.

> 나는 강한 판을 부르네, 그는 전체의 실체, 에테르, 바다, 지상의 일반적인 영혼이자

- 고대 그리스의 밀교.

죽지 않는 불꽃이네; 온 세상이 당신의 것이요, 모든 것이 당신의 일부이네, 오 강력한 신이시여.[14]

이 그룹의 뿌리는 멋진 음악으로 모든 남녀, 동물, 심지어 돌까지도 매혹시킬 수 있다고 전해지는 신화 속 시인 오르페우스까지 거슬러 올라간다. 전설에 따르면, 그의 음악은 지하 세계의 신들을 매혹시켜 아내 에우리디케를 죽음에서 일시적으로나마 되찾을 수 있게 해주었다.

죽음과 부활 그리고 삶의 순환에 관한 유사한 신화는 고대의 가장 유명하고 영향력 있는 신비주의 이교 중 하나에서 중심 주제로 사용되었다. 엘레우시스 밀교는 역사와 시간을 원시적이고 순환적으로 이해하는 것을 장려했는데, 이는 이집트의 전통에서도 찾아볼 수 있다. 과거, 현재, 미래가 선형적으로 연속된다고 가정하는 현대 개념과는 대조적으로, 이집트의 시간 개념은 매년 반복되는 계절, 행성 궤도의 주기성과 나일강의 조수에서 영감을 얻었다. 그리스인들은 수확과 농업의 여신 데메테르와, 죽음의 신 하데스에게 납치되어 지하 세계의 신부가 된 그녀의 딸 페르세포네의 신화에 이 개념을 적용했다. 데메테르가 무슨 일이 일어났는지 알게 되었을 때, 슬픔에 잠긴 여신은 과일, 곡물과 채소의 성장을 멈추게 했고, 그 결과 인간, 동물과 신들은 굶주리게 되었다. 어느 순간 신들의 왕인 제우스가 개입하여 타협을 중재했다. 이 합의에 따르면, 페르세포네는 죽은 자의 여왕으로서 일 년의 3분의 1을 하데스와 함께 보내야 했다. 데메테르가 슬퍼하고 들판이 시들어가는 때인 이 시기가 겨울이 되었지만, 페르세포네는 일 년의 3분의 2 동안 기뻐하는 어머니와 함께 살 수 있었고, 봄과 여름에는 자연이 번성할 수 있었다.

　고대 그리스에서 이러한 신비주의 이교들의 인기는 자연에 대한 인류의 타고난 갈망의 표현으로 설명되어왔다. 우리에게 고대는 아주 오래전 일처럼 느껴질 수 있지만, 고대 그리스 사회에서조차 인간은 도시 국가의 부상에 이전의 잃어버린 시절에 대한 향수로 반응했다. 선사 시대부터 사회의 조직화와 함께 종교의 역할도 변화해왔다. 노동의 전문화는 자연으로부터의 소외를 가져왔고, 성장하는 사회는 사회적 화합의 토대로서 개인적인 친분을 대체할 윤리 규범이 필요했다. 종교는 최초의 원시 과학적 설명의 집합체에서 도덕 법칙의 집합으로 변화했다. 따라서 선사 시대의 작은 무리와 부족이 족장과 국가로 발전하던 때 공식 종교는 일원론에서 멀어졌지만, 이 이교들은 급성장하는 고대 문명들에 삶의 자연적 순환, "자연과 하나가 되는 것"이라는 잃어버렸던 일체감을 전했다. 게다가 이 이교들은 비밀 유지와 입문 의식을 통해 작은 부족 사회에서 살면서 가지게 된 친숙함을 되살렸다.

　노자가 중국에서 《도덕경》을 쓸 때와 같은 시기에 이들 다른 이교들이 함께 모이기 시작했다. 탈레스가 예측한 일식이 관측된 지 불과 수 년이 지난 후, 이집트 및 중동과의 무역 중심지였던 이오니아 해안에서 두 명의 철학자가 태어났다. 두 사람 모두 나중에 오늘날 이탈리아 남부에 있는 그리스 식민지로 이주하여 각자 영향력 있는 학파를 설립했다. 직각삼각형의 세 변 사이의 기하학적 관계를 발견한 것으로 유명한 피타고라스는 이오니아 해안에서 몇 마일 떨어진 곳에 있는 고향인 그리스 사모스섬을 떠나 수학자-철학자들로 구성된 친밀한 집단의 창시자가 되었다. 학자들은 피타고라스가 이성적인 수학자인지, 아니면 주술사인지—아니면 그 중간에 있는 인물인지에 대해 아직 결론을 내리지 못하고 있다. 고대 피타고라스 전기작가들 몇몇은 피타고라스가 젊었을 때 이집트에서 일정 기간을 보냈고, 거기서 이집트 사제들에게서 배웠으며, 비밀주의 관행을 채택했다고 보고하였다. 피타고라스가 죽은 직후에 태어난 학자인 키오스의 이온은 피타고라스가 오르페우스교 송가들의 실제 저자였다고 주장했다. 사실 피타고라스주의자들은 음악에 대한 수학적이고 실험적인 연구를 개척하였다. 그들은 작은 자연수의 비율, 악기인 리라 현의 길이 및 음정 사이의 관계를 발견했으며, 우주가 수학과 화음으로 다스려진다고 믿는 굳게 맺어진 종교 집단으로 발전했다. 피타고라스의 후계자인 필롤라오스는 이 수비학 철학에서 숫자 1을 우주의 중심으로 파악했으며,[15] 서기 1세기 철학자 에우도로스는 훗날 "피타고라스주의자들은 '하나'가 모든 것의 원리라는 것이 가장 높은 곳에 있고, … 그 아래에… 반대되는 측면에서 생각할 수 있는 모든 것이 있으며, 물질과 모든 존재는 그것으로부터 생겼다고 가르친다"라고 증언했다.[16]

피타고라스와 동시대 인물인 크세노파네스는 이오니아 도시인 콜로폰 출신으로 나폴리에서 남쪽으로 약 90마일 떨어진 티레니아 해안의 고대 항구인 엘레아에 정착했다. 그의 제자 파르메니데스는 그의 추종자들 가운데 가장 유명한 사람이 되었다. 우리가 아는 한, 파르메니데스는 단 한 편의 시를 지었다. 〈자연에 대하여〉라는 제목의 장대한 6보격 시가 그것으로, 신들의 고향으로 떠나는 작가의 신비로운 여정을 이야기하는데, 한 이름 모를 여신이 우주론적이고 철학적인 진리를 계시하는 것으로 절정을 이룬다. 파르메니데스는 여신이 어떻게 그에게 두 가지 탐구 수단을 알려주었는지 설명한다. 이오니아에서 헤라클레이토스가 "모든 것에서 하나가 그리고 하나에서 모든 것이" 및 "자연은 숨는 것을 좋아한다"라고 선언하며, 고대 세계 7대 불가사의 중 하나로 그 지역의 대도시 에페소스에 있는, 이시스의 화신인 아르테미스 대신전의 아르테미스 신상 발 아래 자신의 저서를 바쳤을 때와 비슷한 시기에, 파르메니데스는 "진짜 실재를 돌보는" "존재하는 것도, 존재하지 않는 것도 아닌 것"[17]으로 묘사한 "설득력 있는 실재의 움직이지 않는 마음"[18]에 관해 썼다. 자연의 변화를 강조했던 헤라클레이토스와는 달리, 파르메니데스는 이 근본적이고 진정한 실재가, 엘레우시스 밀교에서 경축하는 계절의 변화를 지배하는 영원한 원리처럼, 시간을 초월하고 영원하다는 것을 강조한다. 그리고 영사실에서 무슨 일이 벌어지고 있는지 모르는 영화 관객들처럼, 파르메니데스는 "귀머거리와 장님, 현혹되고 분별력 없는 무리"로 묘사된 "인간"은 근본적인 실재에 대해 "아무것도 모른다"라는 점을 강조한다.[19] 단편적인 기록과 시적 언어로 인해, 파르메니데스의 시에 대한 몇몇 상충하는 해석이 존재하지만, 공통적이고 영향력 있는 해석은 파르메니데스가 "생성되지도 소멸되지도 않고, 전체적이고, 유일하고, 움직이지 않고, 완전하며" 빛과 어둠과 같은 상보적인 원리들로 구성된,[20] "정확히 하나만이 존재한다"라는 역설적으로 보이는 견해를 초기에 포괄적으로 설명했다는 점이다.[21]

사실, 그리스 철학적 전통의 상당 부분은 이러한 독특한 일원론적 경향을 이어가고 있으며, 가장 두드러진 것이 플라톤주의다. 오르페우스교와 신비주의 이교, 피타고라스와 파르메니데스가 하나의 강력한 이야기로 혼합되어 과학, 종교 및 이후 철학의 전체 역사를 낳은 것은 플라톤주의를 통해서였다.

플라톤의 비밀

19세기와 20세기 영국의 수학자이며 철학자인 알프레드 노스 화이트헤드는 "유럽의 철학적 전통의 가장 안전한 일반적인 특징은 그것이 플라톤에 대한 일련의 각주로 구성되어 있다는 것이다"라고 썼다.[22] 플라톤은 기원전 5세기 "아테네의 황금기"를 대표하는 가장 중요한 인물이었다. 이 시기에 아테네 아크로폴리스가 건설되고, 히포크라테스와 헤로도토스는 의학과 역사의 아버지가 되었으며, 페이디아스는 유명한 금박 대리석 조각상들을 만들었으며, 아이스킬로스, 소포클레스, 에우리피데스, 아리스토파네스 같은 극 시인들은 불멸의 희곡들을 썼다. 소크라테스의 제자이자 아리스토텔레스의 스승인 플라톤은 분명 역사상 가장 영향력 있는 철학자가 되었다. 플라톤이 세운 학교인 '아카데미아'는, 몇 차례의 단절과 재건을 거치며 900여 년 동안 고대 세계를 형성해온 서반구 최초의 학술 기관이라고 여겨져왔다. 일원론이 전 세계적인 현상인 것처럼 보이지만, 코펜하겐 물리학자들이 양자 세계를 받아들이는 데 영향을 준 것은 플라톤주의—특히 플라톤주의의 역사와 기독교와의 변화무쌍한 상호작용—였다.

플라톤은 엘레우시스 밀교의 가입자였고, 피타고라스의 가장 저명한 후계자 중 한 명으로 한때 플라톤의 목숨을 구해주기도 했던 아르키타스의 절친한 친구였다. 훗날 요하네스 케플러와 베르너 하이젠베르크 모두에게 영감을 준 저서인 플라톤의 저서 《필롤라오스》와 《티마이오스》는 피타고라스 사상의 영향을 강하게 받았으며, 또한 그의 저서 《파르메니데스》에서는 엘레아 학파의 철학을 꼼꼼하게 분석했다. 그리하여 일원론은 플라톤 학파의 트레이드마크가 되었다. 특히 플라톤주의의 일원론적 경향을 가장 잘 전파한 챔피언은 서기 3세기 신플라톤주의자인 플로티노스로, 그의 걸작 《엔네아데스》에 "하나가 만물이고 만물 중 어느 것도 아니다. 만물의 근원은 만물이 아니지만, 초월적인 의미로는 만물이다—말하자면 만물은 그것으로 되돌아간다. 또는 더 정확하게는 아직 모든 것이 그 안에 있지는 않지만, 그렇게 될 것이다"라고 썼다. 또한 플로티노스는 이런 원초적인 하나가 어떻게 우리가 주위에서 관찰하는 복수의 것들과 관련이 되는지에 대한 질문도 제기한다. "만물이 하나로부터 나오는 것은 바로 하나 안에 아무것도 없기 때문이다. 존재가 생겨나기 위해서는 그 근원은 존재가 아니라 존재의 생성자, 즉 생성의 원초적 행위로 생각되어야 한다."[23]

하지만 그의 추종자들과는 달리, 플라톤 자신은 일원론으로 유명하지 않다. 아마도 플라톤의 철학은, 필름 롤의 여러 특징들이 화면 위 실재의 근간이 되는 것처럼, 가시적인 경험의 각 요소의 근간이 되는 '형상' 또는 '이데아 이론'으로 가장 잘 알려져 있으며, 이는 그가 초기 대화편에서 구체화한 원칙이다. 사실 플라톤의 저작 대부분에서 일원론에 대한 두드러진 신조를 찾으려면 행간을 읽어야 한다. 일부 학자들은 플라톤이 플라톤주의자인 일원론 추종자들에 의해 오해되었거나 의도적으로 왜곡되었다고 주장하기도 한다. 그러나 당시 플라톤도 문자의 힘에 대해서 회의적이었다. 이 철학자는 "이 주제에 대한 나의 논문은 지금까지도 없었고 앞으로도 없을 것이다. 그것은 다른 지식 분야들처럼 노출되는 것을 허용하지 않기 때문이다"라고 그의 《7번째 편지》에서 고백하였다.[24] 그 이후로 플라톤이 자신의 철학의 핵심 아이디어들을 비밀리에 구전으로만 전파하기 위해 남겨둔 것이 아닌가 하는 추측이 제기되었다. 아리스토텔레스와 다른 사람들이 플라톤 아카데미아에서 가르친 이러한 "기록되지 않은 원칙"에 대해 설명했다. 20세기에 들어와 튀빙겐과 밀라노의 철학자들이 이 기록되지 않은 지식을 재건하려고 노력하다가, 그들은 "플라톤의 철학은 오로지 '하나'—나중에 신플라톤주의자들의 가르침에서 두드러지게 나타나지만 플라톤 자신의 저작에서는 거의 드러나지 않는 모든 것을 포괄하는 실재—에만 초점을 맞추고 있다"라는 결론을 내렸다.[25]

한 가지 주목할 만한 예외는 "모든 것이 하나"라는 엘레아 학파의 주장에 대해 논의한 그의 수수께끼 같은 저서 《파르메니데스》이다. 특이하게도 보통 플라톤의 목소리를 대변하는 소크라테스가 여기서는 나이 든 파르메니데스의 젊은 제자로 등장한다. 다음으로, 이 대화는 경험의 근간이 되는 이데아와 형상의 다양성에 관한 플라톤 자신의 초기 가르침의 일부 측면을 비판하는 것처럼 보인다. 마지막으로, 대화록은 이 주제의 유용함 대신 이 주제와 관련된 역설을 주로 노출하면서 갑작스럽게 끝난다. 예를 들면, 모든 것을 포괄하는 하나는 파란 것들과 파랗지 않은 것들 모두를 포용하기 때문에, 하나는 전적으로 파랗거나 아니면 파랗지 않거나 할 수 없다. 또 하나는 파란 것들과 파랗지 않은 것들로 구성되어 있을 수 없다. 왜냐하면 이 경우 하나가 여러 개가 되기 때문이다. 그것은 더 이상 '하나'일 수 없다. 플라톤은 다른 특성들을 사용했지만, 그 논리는 동일하다. "하나는, 그 자체 또는 다른 것과 관련하여, 동일하거나 다른 것일 수 없다."[26]

다른 일원론적 철학들도 동일한 역설들과 씨름했다. 즉 만약 모든 것이 단일 개념으로 통합이 된다면, 이 개념은 필연적으로 반대 개념들이 결합한 것이 된다. 예를 들면, 노자의 《도덕경》의 첫 문장에서 강조된 것처럼, 그것은 구체적인 성질들을 사용한 그 어떤 묘사도 허용하지 않는다. "말로 할 수 있는 도는 불변하는 [참된] 도가 아니며, 이름을 붙일 수 있는 이름은 불변하는 [참된] 이름이 아니다."[27]

사실, 이러한 복잡성은 닐스 보어가 상보성 개념으로 설명한 것과 정확히 일치한다. 그저 '파란 것'과 '파랗지 않은 것'을 '입자'와 '파동'으로 바꾸면, 플라톤의 《파르메니데스》를 양자역학 입문을 위한 표준 교과서처럼 읽을 수 있다. 카를 프리드리히 폰 바이츠제커가 썼던 것처럼, "우리는… 상보성의 토대가 이미 플라톤의 《파르메니데스》에서 예언된 것을 발견한다."[28]

그러나 파르메니데스와 플라톤이 경험 세계를 초월한 실재를 보어가 부정하리라 예견하지 못했다는 것을 강조하는 것은 중요하다. 그리스 철학자들에게는 과학, 철학, 종교가 뚜렷하게 분리되어 있지 않았다. 예를 들어, 밀레토스의 탈레스는 우주를 그 영혼이 신과 동일시될 수 있는 살아 있는 유기체로 이해했다. 파르메니데스의 시는 고대인들에게 〈자연에 대하여〉라는 제목으로 알려졌다. 천상의 여정에 대한 그 이야기에서, 여신은 그에게 근본적인 진리로서 유일하고 일원론적이며 변하지 않고 영원한 실재를 계시해주는데, 이 실재는 변화하고 발전하는 우주라는 겉보기 세계의 환상과 대조가 된다. 마찬가지로 플라톤의 저서 《티마이오스》에서 물리적 세계는 신성한 장인인 '조물주demiurge'가 만든 영원한 세계를 모방한 것으로 이해된다. 따라서 플라톤의 하나는 '초월적'이며 '형이상학적'이다. 그것은 직접 관찰할 수 없으며 일상적인 물리학의 영역 너머에 존재한다. 하지만 플라톤에게 형이상학은 비현실적인 것이 아니었다. 사실, 그것은 관찰 가능한 현상보다 더 실재적이었다. 그것은 그림자가 아닌 실재 세계였다. 결국 플라톤 철학이 기독교에 의해 도용되면서 플라톤의 일원론은 내세의 영역으로 밀려났다.

하나에서 신으로

아레오파고스는 아테네 아크로폴리스에서 북서쪽으로 약 200미터 떨어진 바위 언덕이다. 요즘에는 따뜻한 여름밤이면 유럽 전역과 전 세계에서 몰려온 다채로운 학생들과 젊은 관광객들로 이 장소가 붐빈다. 이들은 기타를 치고 싸구려 와인을 마시며, 이 도시와 동명인 그리스 여신 팔라스 아테나의 이교도 사원의 조명이 켜진 고대 성채를 반한 듯 바라본다. 성경에 적혀 있는 것처럼, 거의 2000년 전 사도 바울은 그리스인들에게 연설하기 위해 이 바위를 올랐다. 초기 기독교에서 가장 중요한 인물 중 하나로 여겨지는 바울은 비유대인 신자들에게 새로운 종교를 개방하고, 그럼으로써 기독교의 역할을 미래의 세계 종교로 확립하는 데에서 중요한 몫을 했다. 그리고 이를 위해 바울은 범신론적인 그리스 철학을 기독교 신앙의 원래 유대교적 몸통에 통합하기 시작했다. 바울은 사도행전에서 "신께서는 천지의 주재시니 손으로 지은 전에 계시지 아니하시고… 우리가 그를 힘입어 살며 기동하며 있느니라"라고 말했다.[29]

아레오바고 설교*는 비유대인들을 개종시키고 모든 민족에게

* 사도 바울이 아레오파고스 언덕에서 한 설교.

복음을 전파하기 위한 초기 기독교의 노력을 보여주는 대표적인 예이다. 바울의 설교 후 3세기 이상 지나서도 여전히 플라톤주의는 지중해 세계에서 지배적인 세계관이 되기 위해 기독교와 경쟁을 했다. 기독교는 이러한 투쟁에서 마침내 승리했지만, 우주를 완전히 또는 적어도 부분적으로 신과 동일시하는 "범신론pantheism"* 또는 "내재신론panentheism"**으로 환생한 플라톤의 사상을 계승했다.

유명한 사례가 성부, 성자, 성령의 삼위일체라는 기독교 교리이다. 애초에 예수 그리스도의 신성을 가능하게 한 이 중요한 개념은 원래 삼위일체를 '존재' '생명' '영'의 결합으로 이해한, 기독교인들의 엄한 적대자였던, 플라톤주의자인 티로스의 포르피리오스에게로 거슬러 올라간다.[30] 플라톤의 철학을 아브라함의 신앙과 통합한 이런 경향의 초기 챔피언은 유대인 철학자인 알렉산드리아의 필론이었다. 필론은 그리스도 탄생 무렵에 살았으며, 신을 "이름 지을 수 없고" "말할 수 없고" "이해할 수 없는" 존재로 묘사하며, 숨은 일원론적 하나의 상징으로 베일을 쓴 이시스를 언급했다.[31] 필론과 그의 기독교인 추종자들인 니사의 그레고리오스와 디오니시우스 아레오파기타는 플라톤의 동굴의 우화에서 동굴을 빠져나오는 등정을 모세가 시내산에서 신에게로 올라가는 여정과 비교했다.[32] 철학자 찰스 H. 칸에 따르면, "필론의 위대한 업적은 히브리어 성경을 체계적으로 철학적으로 읽을 수 있도록 하기 위해⋯ 그리스 철학과 그리스의 우화적 기법을 활용한 것이었다."[33] 하지만 이런 맥

---

* 우주, 세계, 자연의 모든 것과 자연법칙을 신이라 하거나, 또는 그 세계 안에 하나의 신이 내재되어 있다는 견해.
** 신은 모든 것의 시초이며 중간이며 끝이고, 신은 세계를 초월함과 동시에 세계 안에 있는 것이라는 견해.

락에서 칸은 또한 이런 일신론적 읽기가 플라톤주의 자체에 대한 해석을 얼마나 변화시켰는지, "필론이 유대교의 일신론에서 도입한 새로운 관점이… 신플라톤 철학에서 신의 개념이 더욱 더 초월적이 되는 데 얼마나 크게 기여했는지"에 대해 궁금해한다.[34] 사실, 신과 세계 사이의 힘의 위계적 패턴을 설명하는 필론의 철학은, 칸이 관찰한 것처럼, "가장 높은 신(또는 하나의 신)과 자연 세계 사이의 거리"를 증가시키는 결과를 초래한다.[35]

도용하는 과정에서 플라톤주의를 혼란에 빠뜨린 것 외에도, 기독교는 일원론에만 의존하지 않았다. 페르시아의 예언자 마니의 이름을 딴 '마니교'는 세상이 선과 악 사이의 웅대한 투쟁에 휘말려 있다고 믿으며 일원론과는 정반대의 세계관을 주장한다. 마니교를 통해 천사와 악령, 신과 악마, 천국과 지옥 같은 '이원론적' 개념이 기독교 신앙에서 두드러진 역할을 하게 되었다. 이 과정에서 중추적인 역할을 한 인물은 가톨릭교회의 4대 교부 중 한 명인 주교이자 철학자이자 성인인 히포의 아우구스티누스이다. 아우구스티누스는 서기 354년 로마 제국의 누미디아 속주, 현재의 알제리에서 기독교인 어머니와 이교도 아버지의 아들로 태어났다. 젊은 시절 그는 처음에 마니교도가 되었다가, 로마로 이주하기 전 플라톤주의의 영향을 받아 결국 기독교로 개종했다. 아우구스티누스는 "플라톤주의자들에게는 신과 그분의 말씀이 어디에나 암시되어 있다"라고 적으면서, 그가 어떻게 그들의 책에서 "비록 바로 그런 말은 아니지만 그러한 것들을" 발견했는지 그리고 "모든 종류의 논리로 그것을 증명하려 했는지" 설명한다.[36] 실제로 아우구스티누스의 진리, 시간, 사랑에 대한 초기 생각은 뚜렷이 플라톤적 풍미를 보여준다. 그러나 그의 후기 저작에서는 인류를 "멸망의 무리"로 보

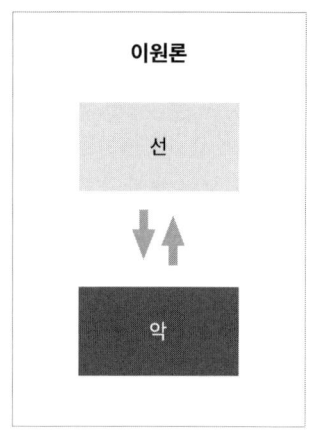

이원론에서 우주는 '선'과 '악' 같은 상반된 힘에 의해 지배되는 것으로 인식된다.

고, "신의 도시"와 악마들과 연합한 적대 세력 사이의 정의롭고 거룩하며 보편적인 전쟁이라는 아이디어를 포함한 이원론적 개념이 점점 더 중요해진다. 또한 이 저작들은 뚜렷한 반유대주의와 반이교주의도 드러내고 있다.

이런 개념들과 저 너머의 세계를 위해 물질적 본성에 대한 강화된 경멸이 결합하면서 기독교 열광주의자들은 지상의 쾌락을 경멸하고, 고대 사원을 파괴하며, 귀중한 책을 불태우고, 억압적인 성 관습을 강요하게 되었다. "4세기와 5세기 동안 기독교 교회는 엄청난 양의 예술품을 허물고 파손하고 녹여버렸다. 고전적인 조각상들이 받침대에서 떨어졌으며, 외관이 손상되었고, 더럽혀지고, 팔다리가 절단되었다. 사원들은 기초까지 파괴되었으며 불에 타 무너졌다"라고 캐서린 닉시는 그녀의 폭로 논문에서 새로운 세계 종교가 고대의 멸망에 어떻게 기여했는지 설명하고 있다.[37] 현세적인 모든 것에 대한 경멸은 사생활 침해에서도 멈추지 않았다. 닉시는 구체적인 사례를 들어가면서 "접시에 담긴 음식(향신료가 포함되지 않은 소박한 음식이어야 했다)부터 침대(마찬가지로 평범하고 화려하지 않아야 했다)에서 일어나는 일에 이르기까지 모든 것이, 처음으로, 종교의 통제하에 들어가기 시작했다"라고 쓰고 있다. "남성 동성애는 불법이었고, 털을 뽑는 행위는 멸시받았으며, 화장, 음악, 선정적인 춤, 풍성한 음식, 보라색 침대 시트, 비단옷…도 경멸의 대상이었다. 목록은 계속 이어졌다."³⁸ 대신 기독교 성인들은 극단적인 금욕주의, 자기희생과 순교를 미화했다. 닉시는 성 안토니우스가 어떻게 자신의 몸을 경멸하며 "기름을 바르고 기름을 씻는 것을 거부하고, 대신 거친 옷을 입고 절대 씻지 않은 채 매일 몸을 학대"하였는지, 어떻게 그가 "순교에 대한 열망으로 불탔는지", 어떻게 시리아 수도사들이 "신에게 사랑받기 위해 기둥 위나 나무 속 또는 동굴 속에서 평생을 살았는지" 묘사한다.³⁹

당연히 이러한 열심은 갈등을 불러일으켰다. 기독교인, 유대인, 이교도 사이의 긴장이 고조되면서 생긴 유명한 희생자는 천문학자이자 수학자, 철학자인 알렉산드리아의 히파티아(350~415)였다. "모든 도시의 꽃"으로 칭송을 받은 알렉산드리아는 기원전 331년 알렉산드로스 대왕에 의해 이집트 땅의 그리스 도시로 세워졌다.⁴⁰ 알렉산드리아는 로마 제국에서 두 번째로 큰 도시이자 고대 세계 7대 불가사의 중 하나인 파로스 등대의 본거지일 뿐만 아니라 빛나는 학문의 중심지이기도 했다. 이 도시의 지식인으로는 아르키메데스, 유클리드, 최초의 태양 중심 모형을 제안한 사모스의 아리스타르코스와 고대의 가장 뛰어난 의사였던 갈레노스가 있다. 알렉산드리아의 지적 심장은 아테네의 플라톤 아카데미아를 본떠 만든 무세이온으로, 제국 최고의 학자들이 모인 곳이자 수만 권의 두루마리를 소장한 고대 세계 최대의 도서관이었다. 히파티아의 아버지인 알렉산드리아의 수학자 테온은 무세이온의 회원이었으며, 18세기까지 "역사상 가장 영향력 있는 교과서"로 칭찬을 받아온 수학 논문인 유클리드의 《원론》의 유일하게 알려진 판본을 저술한 인물이었다.⁴¹ 히파티아는 최초의 여성 수학자 중 한 명으로 알려져 있으며, 알렉산드리아의 마지막 위대한 천문학자로 기억되고 있다. 한 현대 역사학자에 따르면, 그녀는 플라톤과 플로티노스의 전통에 따라 철학을 가르쳤으며 많은 청중이 모였고 "그들 중 많은 사람은 그녀에게 배우기 위해 멀리서 찾아왔다."[42]

지역 유명 인사였던 히파티아는 기독교인과 유대인 사이의 갈등이 고조되는 상황에 휘말리게 된다. 알렉산드리아 주교 키릴로스가 폭력적인 폭도들을 선동하여 회당과 유대인 거주지를 약탈하고 파괴하자, 히파티아의 친구이자 온건한 기독교 귀족 총독인 오레스테스는 로마 황제에게 키릴로스의 행동에 대해 불평했다. 이로 인해 키릴로스의 화가 더욱 커졌고, 곧이어 총독 자신이 폭도들에게 공격을 받아 돌에 맞았다. 오레스테스가 범인을 체포하고 고문을 가한 후, 대중의 분노는 히파티아에게 집중되었다. 부유하고 교육받은 여성이자 이교도 소수파의 일원이었던 이 유명한 철학자는 가난하고 교육받지 못한 광신도 폭도들에게 의심스러운 존재로 보였을 것이고, 곧 그녀가 오레스테스의 행동의 배후에 있다는 소문이 퍼져나갔다. 어느 날 히파티아가 도시의 거리를 지나가던 중, 매복에 걸렸다. "그들은 도자기 파편으로 그녀의 옷과 몸을 갈기갈기 찢고, 눈을 뽑고, 그녀의 시신을 알렉산드리아 거리로 끌고 다니다가 불태웠다."[43] 기독교인이든 비기독교인이든 제국의 대부분의 사람들은 이 정당한 이유 없는 살인에 경악했고 이 사건으로 인해 오레스테스의 경력은 끝이 났다. 하지만 키릴로스는 교회에서 영향력 있는 인물로 남았고 마침내 성인으로 추대되었다. 이교도 종교와 고대 철학에 대한 탄압만 더욱 심해졌다.

4세기에 마침내 기독교가 로마 제국의 공식 국교로 자리 잡았는데, 이런 발전이 공식 교회를 곤경에 처하게 하였다. 이제 공식 교회는 새로운 지배력을 통해 얻게 될 부와 권력, 그리고 세속적인 특권에 대한 근본주의 신자들의 지속적인 경멸 사이에서 갈라지게 되었다. 이러한 상반된 경향을 조화시키기 위한 한 가지 전략은 일원론 자체로 방향을 돌려 그것이 신을 세속화한다는 이유로 비난하는 것이었다. 이후 수 세기 동안 이 갈등은 종교에 영향을 미쳤으며, 종교는 철학의 모습을 바꿨고, 철학은 과학에 해를 끼치게 되었다. 서기 356년 이교도 신들에게 희생 제물을 바친 사람들에 대한 사형 제도가 제정되었다. 서기 388년에는 종교에 대한 논쟁이 법으로 금지되었다. 그리고 서기 407년에 오래된 이교도 축제들이 금지되었다. 일원론적 전통은 점차 사라졌다.

동양에는 빛이, 서양에는 어둠이

기독교가 부상하면서 로마 제국은, 적어도 이탈리아 주변의 중서부 속주들에서는, 쇠퇴했다. 콘스탄티누스 대제가 황실을 콘스탄티노플로 옮기면서 지중해 세계의 동서 분열이 가속되었다. 그 결과 그리스의 언어, 철학 및 서적은 서유럽에서 잊혀졌다. 그 후 서기 410년과 455년에 서고트족과 반달족이 로마를 약탈했고, 서기 476년에는 게르만족의 군사 지도자 오도아케르가 마지막 서로마 황제를 폐위시킨 후, 자신은 동고트족의 왕인 테오도리쿠스 대왕에게 살해당했다. 테오도리쿠스의 재상이었던 보이티우스는 고대의 마지막 플라톤주의자라고 할 수 있다. 그는 서로마 제국과 동로마 제국 간의 관계를 회복하려다가 반역죄로 기소되어 사형을 선고받았다. 감옥에서 처형을 기다리던 중에 그는 자신의 운명을 받아들이도록 도와주는 철학을 아름다운 여성으로 의인화하여 가상의 대화를 나누는 《철학의 위안》이라는 책을 썼다. 이 책은 다른 많은 자료가 고갈되어 가는 동안 중세의 사고에 '하나'라는 개념을 불어넣는 데 도움이 되었다. 보이티우스는 524년에 처형되었다. 5년 후—529년—아테네에 있는 플라톤의 아카데미아가 동로마 제국의 황제 유스티니아누스에 의해 마침내 문을 닫게 되었다. 아카데미아의 남은 회원들은 처음에 페르시아의 철학자 왕 호스로 1세의 궁정으로 망명했는데, 그는 플라톤과 아리스토텔레스를 페르시아어로 번역하기 위해 곤디샤푸르에 아카데미를 설립한 인물이었다. 1년 뒤 이 철학자들은 로마 제국으로 돌아와 아마도 북부 메소포타미아에 있는 하란에 정착했을 것이다. 오늘날 튀르키예와 시리아 국경 근처의 이 마을에 새로운 아카데미가 설립되어 이후 400년 동안 존재하며 일원론적 철학으로 이슬람 황금기에 영감을 주었을 것이다.[44]

 동로마 즉 비잔틴 제국과 이슬람 세계에서, 일원론적 철학과 고대의 지식이 후손을 위해 보존되었다. 7세기부터 시작된 이슬람의 확장은 시리아, 이집트, 페르시아, 북서 아프리카를 차례로 정복하였고, 이베리아반도를 침략하여 그 경계가 서유럽까지 이르렀으며, 서기 732년 카를 마르텔에 의해 저지당했다. 하지만 기독교도들과는 달리, 무슬림들은 새로 점령한 영토에서 발견된 그리스 과학, 철학, 예술의 많은 부분을 보존, 부흥, 발전시켰다. 8세기에 아바스 왕조의 칼리프들은 바그다드에 지혜의 집을 설립했는데, 아테네에 있던 플라톤의 아카데미아나 알렉산드리아에 있던 무세이온을 모델로 한 도서관을 갖춘 연구 및 학습 센터였다. 카이로의 지식의 집(서기 1004년)과 코르도바와 세비야의 지혜의 집 같은 유사한 기관들이 뒤를 이었다.

이 장소들 중 일부는 일원론적 철학의 거점이 되었다. 예를 들어, 바그다드의 지혜의 집의 저명한 인물은 철학자, 수학자, 의사이자 음악가인 아부 유수프 알-킨디(801~873)로, 서양에서는 알킨두스 또는 간단히 아랍의 철학자라고 알려졌다.[45] 알-킨디는 여러 칼리프들에게 그리스어 서적을 아랍어로 번역하는 일을 감독하도록 임명받았고, 서기 840년경 플로티노스의 《엔네아데스》의 주요 부분을 자신의 책에 채택했다. 그는 〈제1철학에 관하여〉라는 논문에서 "하나됨은 모든… 사물 안에 있다"라고 쓰고, 따라서 "그 통일성이 단지 결과가 아닌 참된 하나"가 필연적으로 존재한다고 결론 내린다.[46] 알-킨디보다 더 유명한 인물은 중앙아시아(오늘날의 우즈베키스탄)에서 태어나 페르시아의 여러 궁정에서 근무했으며 서양에서는 아비켄나 또는 의사들의 왕으로 알려진 아부 이븐 시나(980~1037)였다.[47] 존 맥기니스에 따르면, 신플라톤주의적 요소가 이븐 시나의 철학과 더 일반적으로는 아랍 중세 철학자들의 저술 모두에서 두드러지게 나타났다. "신플라톤주의의 하나는… 우주의 모든 통일성의… 원리로서" "우주의 존재 자체가 하나로부터 흘러넘치거나 발산되는" 식으로 작동한다.[48] 또한 이슬람의 일원론적 전통은, 예를 들어 시인 잘랄 알-딘 루미(1207~1273)가 신을 묘사한 아름다운 시구에서 알 수 있듯이, 수피즘으로 알려진 신비주의적 변형에서도 분명하게 드러난다. "나의 자리는 장소가 없고, 나의 자취는 흔적이 없다. 나는 이중성을 버리고 두 세계가 하나라는 것을 보았다; 하나는 내가 찾는 것이고, 하나는 내가 아는 것이며, 하나는 내가 보는 것이고, 하나는 내가 부르는 것이다."[49]

그러나 서유럽에서는 이 전통의 대부분을 잃었다. 13세기에 교역이 증가하고 노르만족이 시칠리아를, 십자군이 팔레스타인을,

레콩키스타*로 이베리아반도를 군사적으로 탈환하면서 서유럽과 무슬림 제국 사이의 관계가 강화되었을 때, 이 고대 지식—일원론적 철학을 포함한—이 서서히 다시 유입되었다. 이는 결과적으로 고대 철학을 이해하고 평가하는 방식에 영향을 미쳤다. 즉 일원론은 신격화되거나 악마화되었지만 거의 항상 내세의 영역으로 밀려났다. 기독교와 일원론의 역설적인 관계를 설명하기 위해 디오니시우스 아레오파기타**, 요하네스 스코투스 에리우게나, 마이스터 에크하르트, 니콜라우스 쿠자누스, 조르다노 브루노, 이 다섯 철학자의 궤적을 비교해보는 것은 유익하다. 이들 다섯 철학자 모두 플라톤주의에 크게 영향을 받아 플라톤의 '하나'를 기독교의 신과 동일시했으며, 신을 자연 세계와 구별하기 위해 고군분투했다. 그러나 그들의 철학은 놀라울 정도로 유사하지만, 그들의 개인적인 삶과 운명은 이보다 더 다를 수 없었다.

익명의 철학자와 미지의 신

이 그룹의 첫 번째 사람에 대해서는 알려진 것이 거의 없다. 디오니시우스 아레오파기타라는 이름으로 유명해진 이 사람은 고대 말기에서 중세로 넘어가는 혼란기인 5세기 말과 6세기 초에 살았다. 우리는 그에 대해 아는 것이 거의 없는데, 이는 그의 영리한 생존 전

• 이베리아반도 북부의 로마 가톨릭 왕국들이 이베리아반도 남부의 이슬람 국가를 축출하고 이베리아반도를 회복하는 일련의 과정.
•• 디오니시우스 아레오파기타는 1세기경 아테나 판사로 사도 바울에 의해 기독교로 개종한 후 나중에 성인으로 숭배되었다. 하지만 여기서의 인물은 5세기 말과 6세기 초에 그의 이름을 필명으로 쓴 익명의 철학자를 가리킨다.

략의 결과이다. 아마도 시리아 수도사였을 것으로 추정되는 그는 성 바울의 아레오파고스 설교에 대한 성경 기록에 언급된 개종자의 이름으로 글을 썼는데, 20세기에 접어들 때까지 위조 사실이 밝혀지지 않았다. 이 필명으로 위僞 디오니시우스는 플라톤주의와 기독교를 혼합하는 모험을 감행했다. 종교철학자 디어드리 캐러빈이 지적했듯이, 이 속임수는 세 가지 목적을 동시에 달성했다. 첫째, "성 바울의 아테네 개종자의 신분 사칭은 임의로 선택한 것이 아니라 잘 선택한 것이었는데, 미지의 신에게 바치는 제단에서 아테네와 로마의 만남을 예고하기 때문이다."[50] 따라서 이는 기독교 종교와 그리스 철학을 조화시키려는 디오니시우스 철학의 핵심 관심사를 강조하고 있었다. 다음으로, 이 속임수는 홍보 전략으로 사용되었다. "준準사도 지위라는 권위가 없었다면" "그의 저작은 틀림없이 기독교 사상의 철학적, 신학적 발전에 막대한 영향력을 발휘하지 못했을 것"이라고 캐러빈은 적고 있다.[51] 마지막으로, "디오니시우스는 초기 중세시대에 가장 위대한 위작 중 하나를 저술하여 의심할 여지 없이 비난의 수모로부터 자신을 보호하고, 신학적 분석 방법의 생존을—그의 일원론적 철학은 말할 것도 없고—확보했다."[52]

디오니시우스는 거짓 신분이 부여한 권위와 보호를 이용하여 대담하게도 일원론적 하나를 신과 동일시했다. "'하나'라는 이름은 신이 독특하게도 모든 것이며… 그 하나됨에서 벗어나지 않고 모든 것의 원인이라는 의미이다. 세상의 어떤 것도 그 하나에서 받은 몫이 부족하지 않으며… 따라서 모든 것, 그리고 모든 것의 모든 부분이 하나에 참여한다. 하나가 됨으로써 하나가 모든 것이 된다"라고 이 철학자는 그의 저서 《신성한 이름들》에 썼다.[53] 신에 대한 모든 가능한 이름들 가운데서 디오니시우스는 "하나"가 "이 모든 이름 중에서 가장 오래 지속되는 이름"이라고 정했다.⁵⁴ 알렉산드리아의 필론의 신처럼 디오니시우스의 하나, 일명 신은 "말할 수 없고" "알 수 없으며" "정신이나 이성의 범위를 벗어난 존재"이지만, 세상과 완전히 분리된 존재는 아니다. "어떤 의미에서 모든 것이 그에게서 투영되어 나오기 때문에 우리는 모든 것의 배열을 통해 그를 알고 있다. ⋯ 그러므로 신은 모든 것에 계시며 모든 것과 구별되시는 분이다"라고 디오니시우스는 썼다.⁵⁵ 신으로부터 투영되어 나온 실재들이라는 디오니시우스의 생각은 양자역학을 설명하는 데 도움이 되는 영사기 실재를 놀랍도록 연상시킨다. 이는 존 벨이 코펜하겐 해석에 대한 비판에서 제기한 것과 동일한 의문을 제기한다. "세상은 정확히 어떻게 우리가 이야기할 수 있는 장치와⋯ 우리가 이야기할 수 없는, 말로 표현할 수 없는 양자계로 나뉘는 것일까?"⁵⁶

알렉산드리아의 필론을 따라, 디오니시우스는 "미지의 신"을 유형의 세계 너머의 초월적이고, 알 수 없으며, 말할 수 없는 단일체로 설정함으로써 종교와 이성의 조화를 시도했다. 그는 "그것에 대해 말할 수도 없고, 그것에 대한 이름도 지식도 없다. 어둠과 빛, 오류와 진실—그 어느 것도 아니다. 그것은 단정과 부정을 초월한 것이다"라고 썼다.⁵⁷ 캐러빈이 강조하듯이 "중세 시대의 기독교 작가들 중 부정의 개념을 이렇게 진지하게 받아들이거나 이런 급진적인 방식으로 적용한 사람은 거의 없었다."⁵⁸ 긍정적인 측면에서, 디오니시우스는 서양 전통의 일원론적 철학을 성공적으로 보존할 수 있었다. 이후 수 세기 동안 디오니시우스의 저술은 서유럽에서 유일하게 의심받지 않는 일원론적 사고의 원천으로 남았으며, 그의 "부정의 신학"은 과학과 종교를 명확히 구분하여 갈등을 피하는 데 도움을 주었다. 부정적인 측면에서는, 기독교 사상에 깊이 뿌리내린 신과 세상의 분리를 엄격하게 고수함으로써 결국 1400년이 지난 후 보어와 하이젠베르크가 근본적인 양자 실재를 받아들이지 못하게 하는 데 기여를 했다.

디오니시우스가 강화하는 데 도움을 준 이야기하지 않은 규칙들에 따르면, 과학의 틀 안에서 실재의 근본을 이해하려는 어떠한 노력도 권장되지 않았다. 이 미지의 신의 영역에 침입하는 것은 종교의 영역에 침입하는 것으로 이해되어야 했고, 결과적으로 과학과 종교 사이의 깨지기 쉬운 평화를 위협하는 것으로 이해되어야 했다. 실제로 이 개념은 오늘날까지도 철학의 하위 분과들의 용어를 결정짓는 기준이 되고 있다. '형이상학metaphysics' 즉 물리학 너머에 있는 것을 다루는 학문은 물리학의 근본으로 신에 대한 철학적 사고를 포함하고 있다. 실제로 물리학자들은 "너무 형이상학적인" 모든 것에 대해 회의적이거나 조롱하는 경우가 많다.

그러나 대체로 디오니시우스의 위조는 성공을 거두었고, 그의 철학은 사람들의 마음을 사로잡았다. 디어드리 캐러빈이 적고 있듯이, 디오니시우스의 저술은 "중세 시대 내내 동서의 기독교 학계 모두에 그리고 실제로 오늘날까지도 막대한 영향을 미쳤다."[59] 디오니시우스는 기독교의 지적, 교리적 토대를 확립한 학자들인 '교부' 중 한 명으로 꼽히며, 최고의 영예를 누렸다.

천국의 혁명가

대략 300년 후인 서기 8세기부터 프랑크 왕국의 카롤링거 왕조의 왕들은 학문의 부흥을 촉진하고, 현재 카롤링거 르네상스로 알려진 교회와 교육의 개혁을 지원하기 위해 노력하기 시작했다. 아일랜드인 요하네스 스코투스 에리우게나는 대머리왕 카를[카를 2세]의 궁정에 있었던 브리튼 제도와 이탈리아 출신의 저명한 학자 그룹의 일원이었다. 이 그룹은 카를의 할아버지 카롤루스 대제가 자신의 수석 학자인 요크의 앨퀸을 중심으로 모집하기 시작했다. 특히 잉글랜드와 아일랜드는 로마 제국의 멸망 이후 야만족의 침략과 이주 시기로 인한 격변의 영향을 상대적으로 덜 받았다. 그 결과 이 섬들은 중세 시대 초기에 교육과 학문으로 유명해졌으며, 카롤링거 궁정에서는 고전 작가들의 문헌을 복사하고 보존하기 위해 이 지식인들의 전문성을 가장 환영했다. 이러한 노력의 롤 모델은 4세기의 기독교 로마 제국과 비잔티움*이었다. 캐러빈이 쓰기를, 할아버지 카롤루스 대제처럼 "대머리왕 카를은 비잔티움 스타일에 매료되었다."60 철학사학자 쿠르트 플라쉬에 따르면, "로마에서 요크 그리고 최종적으로 풀다**에 이르는 진정한 서적의 길"이 생겼다.61

서기 848년 고트샬크라는 이름의 수도승이 풀다에 있는 수도원에서 문제를 일으켰다. 흔히 '암흑기'로 묘사되는 시대 한가운데서, 이 에피소드는 인간의 타락에 대해 놀랍도록 현대적으로 보이는 비정통적인 신학 해석을 이끌어낸 일련의 사건들을 일으켰다. 앞으로 살펴보겠지만, 플라톤의 일원론과 기독교의 천국과 지옥 개념을 조화시키려는 시도는 기독교 신학을 역설에 빠뜨렸지만, 동시에 이 에피소드는 결깨짐과 "양자 인수분해 문제"라고 알려진 것

- 동로마제국의 수도.
- * 독일 중부 헤센주에 있는 도시. 8세기에 베네딕토회 수도원 부설 학교가 세워진 이후 유럽에서 중요한 학문 중심지 중 하나가 되었다.

에 대한 놀라운 비유를 제공한다. 그 문제란 모든 것이 하나라면 고전[물리학] 세계의 창발에서 그토록 중요한 역할을 맡는다는 관찰자는 도대체 어디에서 왔느냐는 문제이다.

갈등의 원인은 자유의지의 존재를 부정하는 고트샬크의 논문이었다. 성 아우구스티누스의 권위에 의존하여 이 밉살스러운 수도사는 모든 남성과 여성은 자신의 생활방식과 업적에 관계없이 지옥이나 천국에 가도록 신에 의해 미리 정해져 있다고 주장했다. 고트샬크는 신이 모든 남자와 여자가 구원받는 것을 원하지 않을 것이며, 오히려 인류의 절반은 지옥에 떨어져야 한다고까지 주장하기도 했다. 고트샬크의 해석은 실제로 아우구스티누스의 후기 저술들과 일치했지만, 정치적 관점에서 볼 때, 그러한 입장은 위험한 것으로 간주되었다. 즉 기독교 신앙에 기반한 중세 사회의 윤리적 기반을 훼손할 위험이 있었다. 이에 따라 종교회의는 고트샬크에게 태형과 함께 평생 투옥하라는 판결을 내렸다. 그러나 이것이 이 이야기의 끝이 아니었다. 종교회의는 판결을 뒷받침하기 위해 서프랑크 왕국의 왕이자 훗날 신성로마제국 황제가 된 대머리왕 카를의 궁정 문법가인 에리우게나에게 그의 전문 지식을 활용하도록 요청했다.

원하는 대로 에리우게나는 보고서에서 실제로 고트샬크의 가르침을 비난했다. 그는 고트샬크의 "비뚤어진 사고"를 증명하고 그의 논문을 "괴물 같고 유독하며 치명적인 교리"라고 비판했지만, 그러고서 다소 예상치 못한 방식으로 논쟁을 해결했다.[62] 에리우게나는 아우구스티누스가 "진심으로 말한 것이 아니다"라고 과감하게 주장하면서, 세속적 실재와 신의 실재 및 천국과 지옥, 인간의 타락에 대한 기독교적 개념을 급진적으로 재해석하기 위해 플라톤주의를 이용했다—게다가 이것은 양자역학의 작동 원리와 놀라울 정도로 유사한 일원론적 철학이었다.[63] 우선 에리우게나는 신은 전적으로 선하기 때문에 신에게 악이나 죄와의 관계는 완전히 이질적이라고 주장하며 고트샬크의 주장을 반박했다. 따라서 악한 것은 무엇이든 신의 뜻이 아니었다. 대신 에리우게나는 세상의 악을 신의 결여로 생각했다. 마찬가지로 신은 누구도 지옥으로 정죄하지 않는다. "신은 자신이 만든 것을 저주하지 않고 축복한다"라고 에리우게나는 썼다.[64] 따라서 지옥은 공간과 시간의 물리적 장소라기보다 신과의 관계를 소홀히 하는 사람들을 괴롭히는 심리적 상태로 이해해야 했다.

지금까지는 물리학과 큰 관련이 없는 것 같다. 하지만 대머리왕 카를은 에리우게나에게 아버지 루도비쿠스 1세 피우스가 비잔틴 황제로부터 선물로 받은 귀중한 사본을 번역해 달라고 부탁했는데, 거기에는 디오니시우스 아레오파기타의 전집이 들어 있었다. 디오니시우스의 발자취를 따라 에리우게나는 플라톤의 하나를 기독교의 신과 동일시했다. 신플라톤주의 철학자에게 이것은 당연한 결론이었다. 모든 것은 하나라는 확신을 가지고 있었기 때문에 이보다 더 좋은 후보자는 없었다. 천사, 악마와 지옥 불로 가득 찬 우주에서 살고 있는 중세의 독실한 기독교도였던 그에게 이것은 급진적인 도약이었다. "모든 것은 하나에게서 나오며, 하나에게서 나오지 않는 것은 아무것도 없다." 따라서 "신이 모든 것이고 모든 것이 신이다"라고 에리우게나는 그의 걸작 《자연구분론》에서 쓰고 있다.[65]

그 결과, 에리우게나는 자연이 지닌 일원론적 특성을 인정하게 되었다. "확립된 우주 전체의 아름다움은 다양한… 여러 종들과… 물질들이… 말로 표현할 수 없는 단일체를 이루는… 같은 것들과 다른 것들의 놀라운 조화로 구성되어 있다."[66] 달리 말하자면, "모든 것들이 참여하는 가장 일반적인 자연이 있으며, 이는 하나의 보편적 원리에 의해 창조된다." 그리고 "모든 것을 제공하는 하나의 원천에서 발원하여… 자연의 개별적인 대상들의 다양한 형태로… 부서지는 흐름[처럼] 이 자연에서 육체적 창조물이 생겨난다." 여기서 자연은 과학과 수학에 지배되는 것이라는 점을 강조해야 한다. "무수한 보이는 것과 보이지 않는 모든 것은 숫자의 규칙에 따라 그 실체를 가정한다"라고 에리우게나는 설명한다.[67] 그의 영웅은 "모든 철학자 중 최초의 철학자"이자 "최고의 철학자"인 피타고라스와 "세상을 철학적으로 논한 사람들 중 가장 위대한 인물"이자 "피조물에서 창조주를 발견한" 유일한 사람인 플라톤이다.[68] 캐러빈이 요약한 것처럼, 에리우게나의 저서의 중심 아이디어는 이것이다. "창조는 신을 드러내는 행위이며, 모든 것이 동일한 근원에서 나왔기 때문에 따라서 신성하다."[69]

성경의 창세기에서 인간의 타락과 원죄로 묘사된 것은 이제 신과의 이 통일성으로부터 분리된 개인에 대한 은유로 이해된다. 공간과 시간에서 존재가 창발하는 것조차도 이러한 분리에 기인하였다. 캐러빈은 "아마도 타락의 가장 중요한 결과는 타락이 신체와 물질세계의 창조에 영향을 미쳤다는 점일 것이다"라고 강조한다.[70] 유사한 주제가 1000년 후 게오르크 빌헬름 프리드리히 헤겔, 프리드리히 빌헬름 요제프 셸링과 쇠렌 키르케고르의 철학에서 반복된다. 더 놀라운 것은 에리우게나의 저술이 결깨짐의 은유처럼 보인다는 것이다. 결깨짐에서는 주체, 객체, 환경으로 우주를 분리하는 것이 세계에 대한 국소적인 관점을 구성하고, 이러한 방식은 시간 및 국소적이고 고전적인 객체들의—그리고 물론 선과 악의 창발로 이어질 수 있다. 시간이 없으면 아무 일도 일어나지 않으므로 따라서 어느 것도 악으로 간주될 수 없다. 물질과 잠재적으로 공간과 시간이 양자우주 또는 보편적 '하나'로부터 나온다는 결깨짐 이론에서처럼, 에리우게나의 철학은, 카를 야스퍼스가 요약한 것처럼, "인간은 신으로부터 멀어져 이제 홀로서기를 하고 있다. 그는 신의 영원 안에서 자신의 존재를 잃었다. 그는 공간과 시간의 특정 장소에 존재해야 한다. 한때 영적인 존재였던 물질은 이제 물리적 존재가 되었다. 존재의 통일성이 찢어졌다. 이제 신과 세상, 정신과 물질, 종과 개체, 남성과 여성 등으로 모든 것이 분열되어 있다"라는 것을 시사한다.[71]

이것은 이미 양자역학의 작동 방식에 놀라울 정도로 근접해 있지만, 여전히 결깨짐과 에리우게나의 개념 사이의 유사점을 완전히 해소하지는 못한다. 맥스 테그마크와 H. 디터 체가 개념화한 새의 관점도 에리우게나는 예상하였다. 에리우게나는 성 요한을 높이 나는 한 마리 독수리의 소리로, "물질적인 공기 위로 날아올라… 감각 세계 전체를 공전하는 새가 아니라—모든 시각을 초월하여 모든 있는 것과 없는 것 너머로 날아다니는… 영적인 새의 목소리"[72]이자, 캐러빈의 설명처럼, "하늘의 유리한 지점에서 실재 전체를 볼 수 있는"[73] 사람이라고 평가한다. 양자우주론에서 얽힘이 우주를 하나로 묶는 것처럼, 에리우게나에게 "모든 것을 신 자신인 나눌 수 없는 단일체 안으로 모아서 분리할 수 없도록 하나로 묶어주는 것"은 "보편적 사랑의 평화로운 포옹"이다.[74]

혁명가답게 에리우게나는 자신이 직접 읽거나 번역한 철학자들과 다른 저자들을 통해 간접적으로 알게 된 철학자들로부터 고대의 패러다임을 끌어낼 수 있었다. 이 전통에서 가장 주목할 만한 것은 흔히 플라톤의 가장 아름다운 작품으로 꼽히는 《향연》이다. 이것은 철학자 소크라테스, 정치가 알키비아데스, 희극 작가 아리스토파네스 등 아테네에 사는 한 무리의 연회를 묘사한 작품이다. 대부분의 참가자가 여전히 전날 밤의 숙취로 고생하고 있었기 때문에, 술은 덜 마시고 '에로스' 즉 '사랑'에 대한 연설 경연 대회로 즐기기로 한다. 아리스토파네스의 차례가 되자, 그는 원시 시대에 사람들이 네 개의 팔과 네 개의 다리 및 두 개의 성기를 가지고 있었다는 신화를 들려준다. 이런 육체를 가진 원시 인간은 신들에게 반항할 만큼 강했다. 계속된 투쟁에서 인간은 패배했고, 그 벌로 인간은 둘로 쪼개졌다. 그 이후로 인간은 불완전하고 외롭다고 느껴왔으며, 플라톤이 그린 아리스토파네스에 따르면 이것이 바로 인간이 사랑을 추구하는 이유이다. 즉 잃어버린 상대를 찾아 다시 하나가 되고자 하는 것이다.[75]

이후 문학에서 자주 채택되어 온 플라톤의 이야기는 이미 성경의 창세기 및 인간의 타락과 흥미로운 유사성을 지니고 있다. 성경의 맥락에서도, 이브는 아담에게서 떨어져 나오고, 아담과 이브가 신에게 반항한 결과로 태초의 낙원이 사라진다. 구약성서에서 인간의 타락은 자유 및 차이의 인지 — 남자 아담과 여자 이브는 다르다는 것 — 와 관련이 있으며, 이러한 개별화가 시간과 죽음을 가져온다. 플라톤의 《향연》보다 더 구체적으로 드러나 있는 작품은 플로티노스의 《엔네아데스》이다. "무엇이 영혼으로 하여금 아버지이신 신을 잊어버리게 하고, 신과 전적으로 저 세계의 구성원이지만, 그들 자신과 신을 한꺼번에 무시하도록 만들었을까? 그들을 사로잡은 악의 근원은 자기 의지, 과정의 영역 속으로 들어가는 것과 자기 소유에 대한 욕망을 지닌 원초적인 분화이다."[76]

'사랑'을 얽힘에 대한 은유로 받아들이면, 사실 성경의 창세기를 양자 결깨짐에 대한 우화로 읽을 수 있다. 하지만 중세 프랑크 왕국에서 그러한 생각은 의심을 받았다. 855년 발랑스 공의회는 에리우게나의 논문을 비난하며 "아일랜드인의 잡탕죽"이라고 판결했다.[77] 결국, 모든 것을 포괄하는 단일체라는 신의 개념은 성직자들의 독점을 위협한다. 신이 어디에나 있다면, 신자가 신과 접촉하기 위해 사제가 중개자로서 필요하지 않다. 따라서 에리우게나의 《페리피세온Periphyseon》*은 1050년, 1059년, 1210년, 1225년의 정죄 목록에 포함되었으며, 1681년 옥스퍼드에서 《페리피세온》의 첫 인쇄본이 나온 지 3년 후 금방 금서 목록에 올랐다.[78]

그렇지만 왕의 수하였던 에리우게나는 자신의 저술이 금서 목록에 올랐음에도 박해를 받지 않았다. 고트샬크, 에리우게나, 공식 교회 사이의 논쟁은 이원론과 플라톤주의 사이에서 갈등하는, 동시에 정치적 역할을 요구하는 기독교의 모순적인 전통을 보여주는 대표적인 예이다. 이것은 또한 역사적으로 일원론적 철학이 얼마나 널리 퍼져 있었는지를 보여주는 당혹스러운 기록이다—이것은 왜 일원론이 그토록 오랫동안 양자역학의 해석으로 진지하게 고려되지 않았는지 이해하는 것을 더 어렵게 만든다.

합리주의자가 만든 신비

450년 후, 기독교인들의 일원론에 대한 경멸이 너무 심해져 고

• 《자연구분론》의 원제로 '자연에 관하여'라는 뜻이다. '자연구분론'이라는 제목은 1681년 영국의 고전학자 토머스 게일이 붙인 것이다.

위 수도사이자 신학자에게 등을 돌릴 정도라는 데 그는 경악했다. 마이스터 에크하르트가 서기 1260년에 태어났을 때, 서유럽에서는 카롤링거 르네상스의 개혁으로 인해 교육, 부와 상업이 부흥하고 신흥 중산층의 거점 도시들이 번성하고 있었다. 유럽 최초의 대학이 1088년 볼로냐에 설립되었으며, 1150년 파리, 1167년 옥스퍼드가 뒤를 이었다. 13세기에 새로 설립된 대학으로는 옥스퍼드와 볼로냐에서 이탈한 학자들이 각각 1209년과 1222년에 케임브리지와 파도바에 설립한 대학이 있다. 14세기에는 피사, 프라하, 하이델베르크, 쾰른 등 유럽에 이미 50개에 가까운 대학이 있었다. 이전 수십 년 동안은 독일인 프리드리히 바르바로사 황제와 노르만족 출신의 [시칠리아] 왕 루제루 2세의 손자로 고도의 교육을 받고 종교적으로 관용적이었던 프리드리히 2세 황제의 통치에 영향을 받은 시기였다. 11세기 노르만 조상들이 아랍인들로부터 정복한 시칠리아에서 자란 프리드리히는 어린 시절부터 아랍어, 그리스어, 라틴어에 능통했으며 과학과 수학에 깊은 관심을 가졌다. 1232년 볼로냐 대학에 아리스토텔레스의 자연철학에 관한 서적들을 기증한 알베르투스 마그누스는 모든 학생에게 변호사, 의사 또는 신학자가 되기 전에 습득해야 하는 "7가지 인문학" 교과과정을 소개했다. 대략 2세대 후 쾰른 대성당, 스트라스부르 대성당과 노트르담 드 파리 대성당이 세워지는 동안 에크하르트는 쾰른, 스트라스부르와 파리에서 공부하고, 설교하고, 강의하였다. 그의 생애 동안 마르코 폴로가 동아시아 여행을 떠났고, 예수의 가시 면류관이 파리로 옮겨졌으며, 에크하르트의 스승인 프라이베르크의 테오도리크는 기하학과 실험을 바탕으로 무지개의 형성과 색을 설명했다.

그러나 서유럽의 새로운 부와 지식, 높아진 자신감은 긴장을 불러 일으키기도 했다. 여기에는 기독교 제국과 이슬람 제국 간의 새로운 전쟁, 부자와 가난한 자, 세속 권력과 성직자, 기독교인과 유대인 간의 갈등 및 이성과 신앙의 충돌이 포함되었으며, 이는 십자군 운동과 대학살로 절정에 달했다. 이미 1096년의 제1차 십자군 원정은 수천 명의 주로 가난한 기독교인 지원병 폭도들이 프랑스 동부와 독일 서부를 통과하는 도중에 유대인 소수집단에 대해 저지른 잔인한 라인란트 학살로 시작되었다. 이 전쟁은 1099년 예루살렘 정복과 이 도시의 민간인 학살로 끝이 났다. 1204년 기독교 콘스탄티노플을 약탈하고 학살하면서 절정에 달한 제4차 십자군도 마찬가지였다. 성역이 침범되고, 무덤이 약탈당하고, 헤아릴 수 없는 예술적 가치를 가진 작품들이 도난당하거나 파괴되었으며, 수천 명의 민간인이 강간당하거나 무참히 살해당했다. 이 약탈은 비잔틴 제국을 영구적으로 약화시켰고, 서쪽에서는 베네치아가, 동쪽에서는 튀르키예의 오스만 제국이 부상하는 데 기여했다. 프리드리히 2세가 약속된 십자군 출정을 주저하자, 교황 그레고리오 9세는 1227년 황제를 파문하고, 나중에는 심지어 그를 '적그리스도'라고까지 비난했다.

동시에 점점 더 많은 신자들이 공식 가톨릭교회의 부와 세속적이고 타락한 태도를 비판했다. 도미니코 수도회와 프란치스코 수도회와 같은 탁발 기독교 수도회는 청빈의 삶을 전도하고 점점 늘어나는 노숙자와 병자를 돌보는 삶을 살았다. 비슷한 이유로 13세기 초부터 마니교 전통의 이원론 종파인 카타리파가 프랑스 남부에서 인기를 얻었다. 카타리파에게는 결혼, 성, 재산, 축산물 및 공식 교회를 포함한 지상의 모든 것이 사탄의 작품이었다. 그레고리오 교황의 전임자인 인노첸시오 3세는 도미니코 수도회와 프란치

스코 수도회 수도사들을 동원해 이런 이단자들을 박멸하기 위해 노력했고, 기독교 유럽에서 처음으로 고통받는 한 지역에 대한 십자군 전쟁을 선포해 대량학살을 자행했다. 십자군이 베지에를 점령하고 마을의 거의 모든 남녀와 어린이를 학살했을 때, 소문에 의하면 교황 특사가 "모두 죽여라, 그러면 신이 자신의 것을 아실 것이다"라고 명령했다고 한다.[79] 군대가 20년간 프랑스 남부를 황폐화시킨 후에도 카타리파가 완전히 근절되지 않자, 교황 그레고리오 9세는 1233년 마침내 교황청 종교재판소를 설치하고 이후 500년 동안 가톨릭교회 전체의 영향권에서 이원론자, 일원론자, 과학자 등을 찾아내어 박해하기 시작했다. 교황 그레고리오의 독일의 수석 종교재판관인 마르부르크의 콘라트 혼자서 수백 명의 이단 혐의자들을 산 채로 화형에 처했다. 이러한 분위기 속에서 유대인들이 의식을 위한 살인을 저질렀다는 허위 피의 비방이 퍼져 대학살이 일어났다. 그레고리오 9세가 검은 고양이는 변장한 악마라고 믿었기 때문에 유럽 전역에서 검은 고양이조차 거의 박멸되다시피 했다.

한편, 재발견된 그리스어와 아랍어 사본들은 파리와 옥스퍼드에서 새로운 세대의 자연철학자들에게 영감을 주었다. 파리대학교에서는 아리스토텔레스의 인문학과 아우구스티누스의 신학 사이의 균열이 커지고 있었다. 아리스토텔레스의 물리학에 대한 가르침은 1210년 파리 주교에 의해, 1215년 교황 특사이자 파리대학교 총장에 의해, 1231년 교황 그레고리오 9세 자신에 의해 금지되었다가 1255년 필독서 목록에 다시 등장했다. 이러한 상황에서 파리의 한 학자 그룹은 이중 진리가 존재한다는 견해에까지 이르렀다. 즉 자연철학에서 옳은 것이 동시에 신학에서는 틀릴 수 있고, 그 반대의 경우도 마찬가지라는 것이다. 이 역설적인 교리는 기독교가 대항 종교―양자역학에서 두드러지게 된 "닥치고 계산하라"라는 격언의 중세적인 표현―로 시작하면서부터 이어받은 신과 세계의 분열을 보여주는 극단적인 예에 불과하다. 알베르투스 마그누스의 제자인 후대의 성 토마스 아퀴나스가 이러한 논쟁을 화해시킴으로써 마침내 근본적인 실재에 대한 어떠한 진술도 엄격히 금지하는 스콜라주의의 급진적 분류를 낳게 되었다. 이러한 적용 범위의 구분은 나중에 로마의 사도 궁전에 있는 라파엘로의 프레스코화 〈아테네 학당〉에 분명하게 그려졌다. 이 그림은 하늘을 가리키는 플라톤 옆에 땅을 가리키는 아리스토텔레스를 묘사함으로써 보어가 주장한 양자역학의 영사기 실재와 화면 위 실재 사이의 수직적 상보성 또는 종교와 과학이 세상의 다른 측면에 적용된다는 하이젠베르크의 추론―13세기부터 시작된 신념―을 예견하였다.

1277년 파리의 주교는 219개의 특정 논문을 비난했다. 그의 칙령에 따르면 결정론, 원자론, 유물론, 또는 시간의 비실재성, 또는 철학자만이 현자라고 주장하는 것은 허용되지 않았다. 또한 기독교인들은 권위, 사후 세계, 기도와 고해성사의 합리성, 동성애와 혼외 성관계의 죄악성, 동물 살해의 정당성을 의심하는 것도 허용되지 않았다. 이런 다각적인 목록은 이 주교가 7년 전에 발표한 10가지 이단 목록의 확장판이자 더 자세한 버전이었는데, 특히 "신은 단수형을 모른다"라는 주장―달리 말해, 신에게는 모든 것이 하나라는 주장―을 책망하였다. 실제로 이미 13세기 초에 파리대학교의 강사였던 베나의 아말리크는 에리우게나의 철학을 받아들여 "모든 것은 하나이며, 존재하는 모든 것이 신이다"라고 가르쳤다.[80] 1204년 아말리크는 이단이라는 비난을 받았다. 6년 후 그의 유해가 무덤에서 파내어져 성화되지 않은 땅에 던져졌고, 한편 성찬을 거부하고 자유 연애를 실천한 것으로 알려진 그의 추종자 10명은 파리에서 화형에 처해졌다.[81] 이 죄수 중 한 명은 자신이 존재하는 한 자신이 신이 될 것이기 때문에 불에 태워지거나 고문으로 고통받을 수 없다고 주장하여 검사들을 성나게 했다고 한다. 흥미롭게도, 토마스 아퀴나스가 "돌은 신이다"와 같은 진술은 거부되어야 한다는 것을 강조해야 한다고 느꼈을 정도로, 이 이단은 중대해 보였다.[82] 700여 년이 지난 1913년 가톨릭 백과사전은 여전히 아말리크파의 범신론이 "그 자체로 파리 공의회가 의지했던 과감한 조치를 정당화한다"라고 판단했다. 즉 "파리대학교는 그리스 철학에 대한 아랍의 범신론적 해석을 라틴 그리스도교 학교들에 강요하려는 조직적인 시도의 현장이었다." 그리고 "이러한 조건을 고려할 때… 아말리크파의 완전한 근절을… 시기적으로 부적절하거나 과도하다고 판단할 수 없다"라는 것이었다.[83]

아말리크파 사람들과는 달리 에크하르트는 인간이 정의로운 삶을 살 때만 신이 된다는 점을 특히 강조하고 싶었지만, 아무 소용이 없었다. 에크하르트의 추론이 상호 관계와 전체에 초점을 맞추었고 그럼으로써 스콜라주의의 단단한 굴레를 파열시켰다는 것만으로 그를 곤경에 빠뜨리기에 충분했다. 예를 들어, 에크하르트는 정의는 정의로운 사람에게 속한 속성이 아니고, 오히려 정의로운 사람은 세계 정의에 참여하는 사람이며, 따라서 신에 참여하는 사람이라고 주장했다. 설상가상으로, 그의 논문과 설교는 그의 일원론적 영향력을 무심코 드러냈다. 에크하르트에게 "신은… 그의 숨은 통일성 안에서 하나"이며, "모든 것에 흐르고 있다."[84] 신은 "각각의 것과 모든 것의 가장 안쪽에 있다."[85] 따라서 "우리는 모든 것에서 신을 파악해야 하며", 에크하르트가 설교한 것처럼 "우리가 파리를 신 안에 존재하는 것으로 여긴다면, 가장 높은 천사가 그 자체로 고귀한 것보다 그것이 신 안에서 더 고귀하다."[86]

그러므로―에크하르트가 아말리크파 사람들보다 더 조심스러웠으며, 또 학식이 높고 종교재판에서 중추적인 역할을 담당한 것으로 알려진 도미니코 수도회의 고위직이었지만―그럼에도 불구하고 그는 비난을 받았다. 쾰른의 대주교가 자신에 대한 첫 번째 판결을 내렸을 때, 에크하르트는 대주교의 권위를 부정하고 교황에게 항소했다. 거의 70세의 나이에 그는, 프리드리히 2세와의 갈등의 여파로 당시 교황들이 프랑스의 영향력 아래 들어온 후 거주하던 아비뇽까지 550마일을 걷기 시작했다. 에크하르트는 도착 직후 사망했지만, 그의 재판이 계속되어 에크하르트가 "필요 이상으로 많은 것을 알고 싶어 하는" 악마의 유혹을 받았다고 확정하는 교황의 칙서로 끝이 났다.

에크하르트 자신은 유죄 판결을 받지 않았지만, 그의 논문 중 28편이 이단으로 규정되어 그 논문들을 담은 책들이 금서가 되었다. 에크하르트는 우주에 대한 이성적인 접근을 주장했지만, 신비주의자로 기억되고 있다. 그리고 이후 100년 동안 가톨릭교회에서 일원론은 여전히 금기시되었다.

일원론의 외교관

쿠사의 니콜라우스(1401~1464) 또는 라틴어로 '쿠자누스'로 알려진 그는 독일 최고의 와인 산지 중 하나인 모젤 강변의 작은 마을

쿠에스에서 선주의 아들로 태어났다. 하지만 일찍이 가업을 이어가는 것이 그의 소명이 아니라는 것이 분명해졌다. 그 지역의 일화에 따르면, 그가 노를 젓는 대신 계속해서 책만 읽었기 때문에 화가 난 아버지가 그를 배 밖으로 던진 적이 있다고 한다. 그럼에도 불구하고 그의 집안은 그가 열다섯 살 때 하이델베르크대학교에 보낼 정도로 부유했다. 이는, 여러 측면에서, 역사에 남을 경력의 시작이었다.

그의 교육 시기는 정말로 운이 좋았다. 불과 1년 후 토스카나의 인문주의자이자 교황청 비서 및 열렬한 책 사냥꾼이었던 포조 브라치올리니는 아마도 풀다의 베네딕토 수도회의 도서관에서 유럽 문화를 영원히 바꾸어놓을 루크레티우스의 《사물의 본성에 관하여 De rerum natura》를 재발견하였다.[87] 루크레티우스의 책은 로마의 사랑의 여신이자 자연의 일원론적 의인화인 이시스의 또 다른 화신인 비너스에 대한 성가적 서시로 시작하며 자연주의적 세계관을 찬양한다.

파도바대학교에서 법학을 공부하는 동안 니콜라우스는 최근 과학의 발전에 대한 최신 정보를 접하고, 새로 발견된 고대 그리스 서적들을 읽었으며, 이탈리아의 가장 중요한 가문들과 친분을 쌓았다. 그의 새로운 친구들 중에는 필리포 브루넬레스키가 피렌체 대성당의 돔을 설계할 때 조언을 해준 수학자 파올로 달 포초 토스카넬리도 있었다. 박사학위를 받은 후 독일로 돌아온 니콜라우스는 트리어 대주교후*의 변호사로 일하며 여가 시간에 도서관을 뒤지며 잊혀진 고서적을 찾았다.

* 세속 영지를 소유하고 그 영지의 주권을 행사하는 대주교.

1431년 주현절˙ 축하 행사에서 니콜라우스는 성경의 동방박사를 모든 나라에서 볼 수 있는 현자라고 칭송하고 플라톤과 비교하는 놀라운 연설을 했다. 이 연설은 니콜라우스의 평생에 걸친 두 가지 주요 관심사, 즉 종교와 국가 간의 화해를 이루려는 노력과 일원론 철학에 대한 관심을 반영하였다. 비잔틴 황제가 튀르키예에 대한 방어를 하기 위해 교황에게 군사 지원을 요청했을 때, 이미 뛰어난 연설로 주목을 받았던 니콜라우스는 교황이 소집한 페라라 공의회에 비잔틴 황제와 그의 대표들을 수행하기 위해 콘스탄티노플로 항해하도록 임명받았다. 니콜라우스에게는 일생일대의 여행이었음이 분명하다. 베네치아로 돌아오는 폭풍우가 몰아치는 배 안에서 니콜라우스는 세 명의 그리스 철학자, 게미스토스 플레톤과 그의 제자 베사리온과 요안니스 아르기로풀로스와 함께했는데, 이들은 서로 생각이 잘 통했다. 이국적인 복장을 한 그리스 학자들과 친구가 된 니콜라우스는 마치 7년 전 자신이 설교했던 성경의 동방박사들이 살아 움직이는 듯한 느낌을 받았을 것이다. 그는 설교에서 동방박사들을 자연 속에서 신의 본질을 연구하던 그리스 철학자들에 비교했다. 이제 폭풍우가 몰아치는 바다를 바라보면서, 니콜라우스는 훗날 '하나'의 상호보완적인 측면에 대해 생각하도록 영감을 준 신성한 빛이라고 기술한 것을 경험하였다.

니콜라우스는 그의 저서 《학식 있는 무지에 관하여》에서 "하나의 영원한 것"을 이야기하며, 신과 동일시한다. 즉 "신은… 온 세상의, 즉 우주의 가장 단순한 하나의 본질이다."[88] 양자역학의 파동함수처럼 니콜라우스에게 신은 "될 수 있는 모든 것"이다.[89] 그 이전

˙ 예수의 출현을 축하하는 기독교의 교회력 절기.

의 에리우게나와 그 이후의 H. 디터 체와 마찬가지로, 니콜라우스는 "사물 또는 우주의 하나됨이 어떻게 복수성 속에 존재하며, 반대로 [사물의] 복수성이 하나됨 속에 존재하는가"에 대해 깊이 생각했다.[90] 양자역학의 맥락에서 얽힘과 결깨짐으로 이해되는 것을 니콜라우스는 "모든 감각과 모든 마음 위에 이해할 수 없이 남아 있으면서… 그것에 곱해진 다른 이미지들에서 다양하게… 나타나는" 숨은 실재에서 드러나는 "만물의 접힘과 펼쳐짐"이라고 설명했다.[91] 쿠자누스의 하나는 "모든 것의 근원"인 "우주의 하나됨"인 근본적인 실재이다.[92] 플라톤의 《파르메니데스》에 이어, 쿠자누스 역시 상보성의 개념을 발전시켜, "창조물로서의 피조물은 하나에서 유래하기 때문에 하나라고 부를 수 없으며, 그 존재가 하나에서 유래하기 때문에 다수라고 부를 수도 없다" 또 "단순성과 구성 및 다른 반대되는 것들에 대해서도 비슷한 말을 해야 할 것 같다"라고 주장했다.[93] 마지막으로, 쿠자누스의 하나는 암울하고 초월적인 개념이 아니다. "하나 안에 있는 그 무엇이든지", 따라서 세상의 다양성이 "하나라고 이해되기" 때문에 그것은 자연을 포용하는 개념이다.[94] 쿠자누스가 설명했던 것처럼, "사물의 차이를 보면 우리는 만물의 가장 단순한 본질이 또한 각 사물의 다양한 본질이기도 하다는 사실에 경이로움을 느낀다."[95] 놀랍게도 그는 심지어 이교도들이 "피조물들과 관련된 다양한 방식으로 신"을 명명하고 또 "그분을 자연"이라고 부른 것에 대해 이교도들의 공로를 인정하기도 했다.[96] 실제로 니콜라우스는, 원칙적으로 이교도, 유대인, 기독교인 모두 같은 신을 숭배한다고 믿었다. "고대 이교도들은 유대인들이 그들도 잘 모르는 무한한 신을 숭배하는 것을 조롱했다. 그럼에도 불구하고 이교도 자신들은 펼쳐진 사물들 속에서 그분을 경배했다."⁹⁷ 마지막으로 니콜라우스는 이 일원론적 철학을 자연에 대한 관찰과 수학적 설명에 기초한 놀랍도록 현대적인 과학의 개념과 결합했다.⁹⁸

이러한 생각이 교회와 갈등을 일으키지 않은 것은 니콜라우스의 외교적 능력과 그가 살았던 시대의 결과이다. 오히려 니콜라우스는 추기경에 올랐고 나중에 로마에서 교황의 대리인으로 선출되기도 했다. 니콜라우스와 그의 새로운 친구인 플레톤과 베사리온이 이탈리아에 도착한 후―르네상스 역사에서 20년 전 루크레티우스의 책 발견만큼이나 중요한 사건―이들은 페라라 공의회에 참석하기 위해 이동했다. 그러나 그 도시는 페스트의 위협을 받고 있었다. 이탈리아의 부유한 은행가이자 정치가인 코시모 데 메디치의 초청으로 회의 장소가 피렌체로 옮겨졌고, 그곳에서 역사의 흐름이 바뀌게 되었다.

플레톤은 니콜라우스의 친구 토스카넬리에게 1세기 그리스 지도를 제공했는데, 이 지도에는 아시아로 추정되는 육지로 향하는 서쪽 해로가 표시되어 있었다. 토스카넬리는 나중에 이 지도를 크리스토퍼 콜럼버스에게 보냈고, 콜럼버스는 첫 아메리카 항해에 그것을 가지고 떠났다. 이것으로 충분치 않다는 것처럼, 플레톤은 또한 플라톤에 대해 강의했고, 열성적인 코시모 데 메디치가 자신의 주치의의 아들인 마르실리오 피치노로 하여금 새로운 플라톤 아카데미를 설립하여 플라톤의 모든 저술과 플로티노스의 저술을 라틴어로 번역하도록 영감을 주기도 했다. 훗날 코시모는 피치노를 손자 로렌초 데 메디치의 가정교사로 임명했다. '위대한 자 il Magnifico' 로렌초, 피치노와 그의 제자들 주위의 이 그룹에는 화가 산드로 보티첼리와 미켈란젤로, 시인 지롤라모 베니비에니, 그리고 아마도 박식가 레오나르도 다빈치 같은 거장들이 포함되어 있었다.

이 예술가와 학자들은 함께 르네상스 사상에 일원론적 철학을 불어넣었다. 플라톤, 플로티노스, '헤르메티카'라는 이름으로 알려진 철학 문헌들에서 영감을 받은 피치노와 그의 제자 피코 델라 미란돌라는 기독교를 이집트 및 그리스의 일원론과 결합하여, 플라톤의 하나를 이시스 또는 비너스로 의인화된 자연 그리고 기독교의 신과 동일시했다. 이 개념은 보티첼리의 그림 〈비너스의 탄생〉에서 가장 아름답게 실현되는데, 이 그림은 벌거벗은 사랑과 자연의 여신을 그리고 있다. 여신은 바다(하나의 비유) 위를 날아 해안에 다다르고, 그곳에는 계절과 시간의 작은 신들인 호라이가 여신을 덮고 가릴 망토를 들고 기다리고 있으며, 그녀는 이제 펼쳐진 자연으로서 육체적이며 현세적인 삶을 시작하려 한다. 이후 이탈리아를 시작으로 서유럽 전역에 고전적 영감을 받은 건축, 예술 및 과학이 폭발적으로 증가했다─이 혁명은 인간에 대한 인식과 근본적인 통일성 즉 하나의 표현으로 이해된 자연에 대한 포용에 의해 촉발되었다. 철학사학자 폴 오스카 크리스텔러가 쓴 것처럼, 새로운 사고방식은 "조화와 관용을 옹호하는 교리"를 촉발시켰으며, 이는 피치노의 제자이자 친구인 피코 델라 미란돌라가 쓴 명백히 플라톤적인 《인간의 존엄성에 관한 연설》에서 가장 잘 드러난다.[99]

세상은 점점 더 근대화되고 있었지만, 인본주의, 과학 및 예술의 개화는 일직선으로 진행되지 않았다. 르네상스 시대의 새로운 과학과 경제 발전으로 창출된 부는 점점 더 불공평하게 분배되기 시작했다. 위대한 자 로렌초의 아들 조반니, 훗날 교황 레오 10세는 부패, 탐욕, 사치의 살아 있는 상징이 되었다. 폴 스트래던이 묘사하듯이, 조반니는 연회를 즐겼는데, "수십 가지 코스, 각각 다른 은색과 황금색 접시 세트에 담긴 음식을 먹었다. 일부 요리에는 사소한 볼거리―파이에서 나와 날아다니는 나이팅게일, 푸딩에서 나오는 천사 복장의 어린 소년―도 포함되었다. … [그의] 사치스러움은 전설적이었으며 로마 제국 수준으로 탐닉했는데, 그가 가장 좋아했던 요리인 공작의 혀가 그 예일 것이다."[100] 무엇보다도 성 베드로 대성당 건축에 드는 막대한 비용을 충당하기 위해 레오 10세가 추진한 과도한 면죄부 판매는 나중에 마르틴 루터가 비텐베르크의 교회 문에 자신의 논제를 못 박게 만들었고, 결국 종교개혁으로 이어졌다. 조반니의 형 피에로는 로렌초의 후계자로 피렌체의 통치자가 되었지만, 무능, 오만과 관심 부족으로 어려움을 겪다가 결국 근본주의 설교자인 지롤라모 사보나롤라에 의해 피렌체에서 쫓겨났다. 피에로는 권력을 되찾기 위해 무자비한 체자레 보르자와 협력하여 사보나롤라에게 동조했던 피코 델라 미란돌라와 그의 연인인 철학자 안젤로 폴리치아노를 독살했지만, 고향으로 돌아가지 못했다. 한편 사보나롤라의 광신도들은 화장품, 보석, 미술품, 악기와 서적을 포함해 피렌체 시민들의 소유물을 약탈한 후 이 귀중한 물건들을 일명 허영의 모닥불에 태워버렸다. 사보나롤라는 마침내 피렌체 시민들에 의해 처형된 후 프로테스탄트 교회의 순교자가 되었다.

일원론이 잠시 꿈틀거렸지만, 가톨릭과 프로테스탄트 모두에서 이원론적 이데올로기들이 다시 인기를 얻었다. 여기에는 루터의 혐오스러운 반유대주의, 칼뱅주의자들의 광신적인 성상파괴운동 및 점점 더 잔인해지는 종교재판소의 행위가 포함되었으며, 종교전쟁, 이단과 불신자에 대한 새로운 공포의 물결, 마녀로 의심되는 사람들에 대한 광범위한 살인, 반종교개혁의 반과학적 반발로 이어졌다.

순교자

1600년 2월 17일 새벽, 일원론과 가톨릭교회 사이의 갈등이 소름 끼치는 절정에 달했다. 마르살라 와인에 담근 아몬드 비스킷으로 마지막 아침 식사를 제공받은 조르다노 브루노의 입에 말을 하지 못하도록 가죽 재갈을 물렸다. 8년 동안 종교재판소의 감옥에서 지낸 후에도 이 죄수의 날카로운 독설은 여전히 검사들을 겁에 질리게 했던 것이 분명했다. 그다음 그는 노새에 실려 로마의 시장이자 처형 장소인 캄포 데 피오리 광장에 쌓인 나뭇더미로 끌려갔다. 도착하자마자 브루노는 발가벗겨진 채 화형대에 묶여, 검은 두건을 쓴 수사들이 기도하고 호칭 기도를 노래하며 그에게 의견을 철회하라고 요구하는 동안, 산 채로 화형에 처해졌다. 그가 마지막으로 의도적으로 한 행동은 화형대에 오를 때 눈앞에 있는 십자가상에서 고개를 돌린 것이었다. 그들은 그의 유골을 테베레강에 버렸다.

브루노가 과학과 철학의 순교자인지, 아니면 단순히 언론의 자유를 위한 순교자인지에 대한 논쟁은 오늘날까지도 계속되고 있다. 브루노는 저술에서 니콜라우스 코페르니쿠스의 태양 중심 행성계 모델을 옹호하고 신성한 정신이 스며든 무한한 우주의 그림─그가 쿠자누스로부터 채택한 아이디어─을 그렸다. 예를 들어, 알베르토 마르티네스가 지적했듯이, 브루노는 실험, 관찰, 수학적 분석 또는 모델 구축을 수행했다는 의미에서 과학자는 아니었지만, 우주에 대한 그의 개념은 코페르니쿠스, 갈릴레오 갈릴레이 또는 요하네스 케플러보다 더 정확했다. 브루노는 다양한 학문에서 영감을 얻었지만, 이 장에 소개된 다른 많은 인물들과 마찬가지로 이 모든 것을 하나로 보았다.

디오니시우스, 에리우게나, 마이스터 에크하르트, 니콜라우스 쿠자누스처럼 브루노 역시 일원론적 토대 위에 자신의 철학을 세웠다. 브루노는 그의 저서 《원인, 원리, 통일성》에서 "존재하는 모든 것은 하나이고, 그것은 모든 것을 그 자체에 포함하고 있다고 선언하는 헤라클레이토스의 논지"를 열렬히 받아들였다.[101] 브루노는 열정적으로 "전체를 포용하는 통일성으로 이루어진 최고의 완벽함, 최고의 행복"을 "모든 색을 포용하는 색" "어떤 특정한 소리가 아니라… 많은 소리의 조화에서 비롯된 복합적인 소리" "그 자체가 모든 것인 하나"로 표현한다.[102] 달리 말해서, "아마도 파르메니데스가… 느꼈던 것처럼 전체는 하나"이며 "전체와 다른 부분은… 존재하지 않는다."[103] 또다시 브루노의 일원론은 자연에 대한 높은 경의를 동반한다. 그는 《승리에 도취한 짐승의 추방》에서 "자연은… 사물 안에 존재하는 신과 다름없다"라고 썼다.[104] 브루노는 플라톤으로부터 물질세계에 대한 비유로 숲의 이미지를 채택했다. "그곳에 신의 발자국은 숨겨져 있지만, 우리가 이성을 통해 그것을 알아차릴 때… 신성한 빛"에 접근할 수 있게 된다.[105]

브루노는 여기서 이교도적 우주관 또는 범신론을 수용하고 있는 것이 분명하다. 아니나 다를까, 그는 이집트를 "천국의 이미지"라 여기고[106] "모든 것에서 발견되는 단순한 신성, 비옥한 자연, 우주를 지키는 어머니가 어떻게 다양한 대상들에서 빛을 발하고…

다양한 이름들을 취하는지"를 설명하기 위하여 이시스를 불러낸다.[107] 브루노는 심지어 베나의 아말리크와 같은 전통에 있는 이단자인 디낭의 다비드가 "물질을 절대적으로 우수하고 신성한 것으로 받아들임으로써 타락하지 않았다"라고 주장하기까지 했다.[108] 브루노는 세속의 물질을 경멸하기는커녕 "우주의 본질은 무한한 것과 우주의 구성요소로 간주되는 모든 것, 둘 다에 있어서 하나"이며, "전체와 각 부분은 하나에 불과하며" 또 "파르메니데스가… 우주는 하나라고 말한 것이 옳았다"라고 믿었다.[109] 분명히 여기서 브루노는 일반적으로 일신교와 특히 기독교의 기본이 되는 신과 세상의 분리를 훼손했다. 그러나 브루노와 니콜라우스 쿠자누스 모두 놀라울 정도로 비슷한 사상을 주장했지만, 니콜라우스는 출세한 반면에 브루노는 불타 죽었다.

니콜라우스와 달리 브루노는 외교적 능력이 없었을 것이 분명하다. 나폴리에 있는 도미니코 수도원에서 수련 수사로 있던 때부터 이미 가톨릭 신앙의 교리에 의문을 품기 시작했고, 그 결과 처음으로 종교재판소에 보고되었다. 10년 후, 한 종교재판관이 수도원의 변소에서 브루노의 메모가 적힌 금지된 책을 발견하자 브루노는 도망을 치기로 결심한다. 그는 자유롭고 안전하게 일하고 살 수 있는 곳을 찾아 긴 여행을 떠났고, 그 여행은 점점 더 종교 갈등으로 분열되는 유럽의 주요 지역을 거치며 도보와 나귀를 타고 계속됐다. 1572년 파리에서 스위스 용병들과 가톨릭 폭도들에 의해 수천 명의 신교도들이 살해된 성 바르톨로메오 축일 학살과 같은 사건들은 중부 유럽 인구의 거의 절반을 죽일 30년 전쟁의 도래를 암시했다.

이 여행에서 브루노의 호전적인 태도로 인해 정기적으로 지역

지식인들과 갈등을 빚었는데, 브루노는 이들을 "학자인 체하는 바보들"이라고 부르기를 좋아했다.¹¹⁰ 제네바를 지날 때 그는 한 교수를 비판하여, 성찬을 받을 권리를 거부당했으며, 무릎을 꿇고 사과할 때까지 감옥에 갇혔다. 프랑스에서는 운이 좋게도 앙리 3세 왕의 궁정에서 기억술을 시연해 달라는 요청을 받았다. 영국으로 건너간 후 그는 옥스퍼드에서 표절 혐의로 조롱과 비난을 받았다. 큰 도서전이 열리는 도시인 프랑크푸르트에서 그는 시를 발표하고, 시간은 환상이라는 양자우주론의 논란의 여지가 있는 통찰력을 앞서 보여주었다. 즉 "과거나 현재 또는 미래 중 어느 쪽을 선택하든 / 모두 하나의 현재이며, 신 앞에서는 끝없는 하나이다."¹¹¹ 마침내 브루노는 이탈리아로 돌아와 파도바에서 잠시 강의를 했고, 교수직을 제안받을 수 있기를 바랐지만, 6년 후배인 갈릴레오 갈릴레이가 대신 그 자리를 받았다. 그 후 브루노는 베네치아의 초대를 수락하는 치명적인 결정을 내렸는데, 그곳으로 초대한 귀족이 로마의 종교재판소에 자신을 고발했기 때문이었다.

종교재판은 결국 브루노가 8가지 명제를 부인하길 거부했다는 이유로 사형 선고를 정당화했다. 여기에는 가톨릭 교리—미사 중에 빵이 살로 변했다거나, 그리스도가 실제로 기적을 행했다거나, 삼위일체의 위격들은 달랐다와 같은—에 대한 의문뿐만 아니라, 점을 치는 기술을 연습할 수 있는 자신만의 종파를 만들고자 하는 욕망을 품은 것과 같은 교회 자체에 대한 노골적인 도전, 그리고 우주에 많은 세계가 존재한다는 피타고라스학파의 주제를 사용한 것도 포함되었다. 이러한 혐의들 중 어느 것도 명백하게 일원론적인 것은 아니지만, 알베르토 마르티네스가 《산 채로 화형당하다》에서 지적한 것처럼, "피타고라스학파의 특징이 코페르니쿠스,

브루노, 케플러와 갈릴레오를 포함한 코페르니쿠스 혁명의 중요한 인물들의 저서에 명시적으로 나타나기 때문에 이러한 특징은 주목할 만하다."[112] 피타고라스주의와 플라톤주의는 고대부터 서로 강하게 얽혀 있어서 구분하기가 점점 더 어려워졌다. 본질적으로, 두 철학은 근본적으로 일원론적이었다.

브루노의 일원론이 그의 판결에 결정적인 요소였다는 다른 증거도 있다. 브루노는 화형에 처해진 첫 번째 일원론자도 마지막 일원론자도 아니었다. 400년 전에는 아말리크파 사람들이 파리에서 불에 타 죽었고, 19년 후에는 생물학적 진화를 앞질러 논하고 유인원과 인간이 공통의 조상을 공유한다고 주장하며 자연종교를 설교했던 철학자 루칠리오 바니니가 무신론자라고 고소되었다. 소문에 의하면, 심문관들이 신의 존재를 믿느냐고 묻자, 바니니는 풀잎 하나를 뽑으며 "이미 이 잎이 신의 존재를 증명하고 있다"라고 말했다고 한다.[113] 그는 혀가 잘리고 교수형을 당한 뒤 시신이 불태워지는 형을 선고받았다. 거의 정확히 200년 후에 월트 휘트먼이 태어나 "나는 풀잎 하나도 별들의 운행보다 못하지 않다고 믿는다. 그리고 개미도 똑같이 완벽하고, 모래 한 알도, 굴뚝새의 알도… 생쥐 한 마리조차도 무수한* 불신자를 깜짝 놀라게 하기에 충분한 기적이다"라고 썼다.[114]

또한 브루노의 판결과 갈릴레오가 종교재판에 회부된 상황을 비교하는 것도 유익하다. 브루노가 사망한 지 16년 후, 코페르니쿠스의 책이 종교재판소에 의해 출판이 중단되었다. 200년 이상 이 책은 수학적 모델만 제시하고 실재에 대한 어떠한 설명도 없다는

• 원문의 sextillion은 미국에서는 10의 21제곱, 유럽에서는 10의 36제곱을 뜻한다.

점을 강조하는 판본으로만 출판이 허용되었다. 같은 해인 1616년, 이미 브루노를 심문했던 바로 그 벨라르미노 추기경은 갈릴레오에게 태양 중심 모델을 진리가 아닌 가설로만 가르치라고 경고했다. 그로부터 다시 16년 후 갈릴레이는 마침내 공식적으로 이단 혐의로 기소되었고, 자기 주장을 철회한 후 가택 연금형을 선고받았다. 이 사건들은 종교재판소가 과학이 근본적인 실재에 대해 진술하는 것을 금지하고 일원론이 무너뜨릴 수 있는 세계와 신의 분리를 옹호하는 데 큰 관심을 가졌음을 보여준다. H. 디터 체는 나중에 종교재판소의 갈릴레이 박해와 자신과 에버렛의 양자역학에 대한 실재론적 해석이 물리학계에서 직면했던 반대를 비교했다. "갈릴레이는 코페르니쿠스적 세계관을 단순히 계산을 수행하기 위한 도구가 아니라 실재하는 것으로 이해했기 때문에 기소되었다. 과학적 통찰력을 격하시키려는 유사한 노력은 오늘날 창조론자뿐만 아니라 많은 철학자와… 심지어는 대부분의 물리학자 사이에서도 흔히 볼 수 있다."[115]

오늘날까지도 조르다노 브루노는 가톨릭교회에 의해 완전히 복권되지 못했다. 그의 저술은 1966년 금서 목록이 공식적으로 폐지될 때까지 금서 목록에 남아 있었다. 2000년 교황 요한 바오로 2세는 브루노 사건에서 폭력을 사용한 것을 유감스럽게 생각하지만, 브루노의 가르침은 가톨릭 신앙과 양립할 수 없다는 태도를 유지했다. 이런 태도는 1913년의 가톨릭 백과사전의 판단에 반영되어 있는데, 브루노에 대해 이렇게 말했다. "신플라톤주의자들로부터 일원론으로 향하는 그의 사상적 경향을 이끌어냈다. 소크라테스 이전의 철학자들로부터 그는 하나에 대한 유물론적 해석을 빌렸다. 그가 살았던 세기에 많은 관심을 끌었던 코페르니쿠스의 학설에서 그는 물질적인 하나를 가시적이고 무한하며 태양 중심적인 우주와 동일시하는 법을 배웠다."[116] 브루노의 일원론에 근거하여 이 저자는 결국 브루노가 "종교적 체계로서 기독교의 절대적인 중요성을 느끼는 데 실패했으며" "종교의 흔적"조차 없는 사람이라는 가혹한 평결에 도달한다.[117]

✢ ✢ ✢

과학과 종교뿐만 아니라 예술과 정치에도 많은 영향을 끼친 일원론의 역사는 그 자체로도 흥미롭지만, 여기서는 당연히 수박 겉핥기 식 이상으로 다룰 수 없다. 나는 보어가 양자역학의 기초를 '실재하는 것'으로 받아들이길 거부했던 것이나 양자역학이 내포한 일원론적 의미를 받아들이길 일반적으로 주저하는 것이, 20세기 초 과학자들 사이에 만연한 실증주의, 보어가 '독일 관념론'의 마법에 걸려 있었다는 어렴풋이 입증된 참고문헌, 또는 과학사학자 폴 포먼이 주장한 것처럼 1920년대 전후 유럽의, 특히 독일 바이마르 공화국의 지식인들 사이에 만연해 있었다고 알려진 "인과성, 개성 및⋯ 가시화 가능성"에 대한 광범위한 편향성으로만 전적으로 거슬러 올라갈 수는 없다는 사실을 분명히 하고자 했다.[118] 수천 년 동안 공식 교회는 자연에 대한 일원론적 개념을 금지하고 일원론을 전적으로 종교적이고 초세속적인 영역으로 몰아내기 위해 애써왔다. 교부가 된 디오니시우스라는 익명의 철학자부터 책이 금서가 된 에리우게나와 악마에 홀렸다고 유죄 판결을 받은 마이스터 에크하르트를 거쳐 교황청에서 가장 높은 지위에 오른 쿠자누스에 이르기까지, 그리고 다시 화형을 당한 브루노에 이르기까지 교회는, 한편으로는 신의 개념에 일원론을 적절히 도용하고, 다른 한편으로는 신이나 일원론을 자연 세계와 융합하는 것을 강력하게 박해하기 위해 고군분투했다.

20세기 초 보어와 하이젠베르크는 분명히 화형을 당하거나 교회로부터 경멸을 당할까 두려워할 필요가 없었고, 특별히 그들 자신이 종교적 신념이 있는 것도 아니었다. 그러나 어쨌든 그들과 다른 많은 과학자도 교회가 전달하고자 하는 이야기—즉 일원론과 자연 또는 일원론과 과학은 함께 속하지 않으며, "모든 것은 하나"라는 가설은 단순히 올바른 과학이 아니라는 것—를 내면화했다. 이 책의 주요 관심사 중 하나는 이러한 주장을 반박하고 과학에 대한 일원론을 되찾는 것이다. 그러나 양자역학이 3000년 된 철학을 재발견하였다가 이를 즉시 부인했다는 것이 흥미롭긴 하지만, 이 철학이 과학에 직접적인 영향을 끼친 적이 있었을까? 그리고 설사 그랬다고 하더라도, 이 오래된 아이디어가 오늘날 기초 물리학이 직면한 도전에 도움이 될 수 있을까?

5 하나에서 과학과 아름다움으로

과학이란 무엇이며, 어떤 이론과 가설이 실제로 과학으로서의 자격을 얻을까? 이런 질문은 오늘날 과학자들 사이에서 치열히 논의되고 있지만, 르네상스 시대와 계몽주의 시대로까지 거슬러 올라간다. 사실 현대 세계관의 대부분은 니콜라우스 코페르니쿠스, 갈릴레오 갈릴레이, 아이작 뉴턴, 마이클 패러데이와 제임스 클러크 맥스웰의 이름과 흔히 결부되는 16세기 이후의 위대한 과학혁명들에서 시작되었다. 플라톤, 마르실리오 피치노, 레오나르도 다 빈치, 또는 요한 볼프강 폰 괴테의 작품과 일원론이 이러한 맥락에서 언급되는 경우는 드물다. 그럼에도 불구하고 자연에서 통일성과 아름다움을 찾는 영감으로서 일원론은 과학적 창의성의 촉매이자 강력한 기폭제가 되었다. 중세 사상을 특징짓는 아리스토텔레스의 철학보다 훨씬 더 과학혁명을 이끈 것은 플라톤과 피타고라스학파의 철학에 내재된 일원론적 전통이었다(그리고 지금도 마찬가지이다).

플라토닉 러브에서 과학 사랑으로

중세 말기에, 로마의 멸망 이후에도 콘스탄티노플과 이슬람 세계에서 보존되어 살아남은 일원론이 담긴 고대 서적들이 서서히 서유럽으로 돌아왔다. 이런 경향은 14세기와 15세기에 번성했던 이탈리아 도시 국가들과의 무역 관계를 통해서, 특히 1453년 콘스탄티노플이 튀르키예에 정복되면서 더욱 강화되었다. 3일 동안 도시가 약탈당하고, 시민들이 살해되고 강간당하고 노예로 전락하였으며, 교회가 모독당하고 파괴되는 동안 소규모의 함대가 탈출하여 피난민과 귀중한 두루마리들을 이탈리아로 가져왔다. 서적과 아이디어와 영향력이 서유럽을 휩쓸었고, 요하네스 구텐베르크가 비슷한 시기에 발명한 인쇄기를 통해 이 책들이 계속해서 복사되었다. 이러한 자극은 그리스 철학에 대한 인식을 되살렸을 뿐만 아니라 중세 전통의 불완전함을 보여주었으며, 새로운 비판 정신에 영감을 불어넣었다. 그 결과 이것들은 르네상스 시대와 이후 예술과 과학의 폭발적인 발전을 촉발하는 데 도움을 주었다. 그리고 이것들은 '하나'의 철학을 다시 과학과 연결시켰다.

중요한 것은 플라톤주의의 일부 경향 그리고 특히 중세 기독교와 달리, 르네상스의 일원론은 자연을 경시하지 않았다는 점이다. 대신, 자연을 접근할 수 없는 '하나'의 표현으로 받아들였다. 일원론이 피렌체와 마르실리오 피치노의 플라톤식 아카데미로부터 퍼져나가 전 세계의 예술과 시에 영감을 불어넣기 시작했다. 또한 피치노의 모임은 이후 다음과 같은 과학 아카데미들의 본보기로 발전했다. 갈릴레오 갈릴레이가 자랑스러운 회원이었던 로마의 린체이 아카데미(1603년 설립), 피렌체의 치멘토 아카데미(갈릴레이의 제자들이

1657년 설립), 그리고 드디어 런던의 왕립학회(1662년) 및 파리의 왕립 과학아카데미(1666년).[1] 르네상스 시대에 대한 저명한 학자 폴 오스카 크리스텔러가 지적했듯이, "베이컨, 갈릴레오, 데카르트의 철학적·과학적 사고와 성 토마스 아퀴나스나 둔스 스코투스의 사상을 구분하는 주목할 만한 차이점을 이해하고자 한다면… 피렌체의 플라톤주의가 중요한 위치를 차지할 것이다."[2] 이후 몇 세기 동안 일원론적 분위기에 영감을 받아 갈릴레오 갈릴레이는 모든 물체가 같은 속도로 낙하한다는 사실을 깨달았고, 아이작 뉴턴은 지구에서의 운동과 하늘을 가로지르는 행성과 별의 운행에 동일한 물리법칙이 적용된다는 사실을 발견했으며, 바뤼흐 스피노자는 '신'과 '자연'을 하나의 영원하고 필연적으로 존재하는 실체로 동일시했다.

피치노의 피렌체 플라톤주의의 핵심 요소는 플라토닉 러브라는 개념이었다. 이 아이디어는 다시 한 번 플라톤의 《향연》으로 거슬러 올라가는데, 사실 이 대화편은 연인들이 서로의 잃어버린 반쪽을 찾는다는 아리스토파네스의 신화적 이야기로 끝나지 않는다. 아리스토파네스의 우화는 플라톤의 마지막 연사인 소크라테스를 위한 무대를 마련해줄 뿐이다. 소크라테스는 사랑 행위의 통일성을 보편적인 삶의 철학으로 승화시키고, 이는 르네상스 시대에 '플라토닉 러브'로 알려지게 된다. 흔히 아이를 낳을 수 없는 무성애적 우정으로 오해받지만, 사실 플라토닉 러브는 특정 개인에 대한 사랑이 전체 우주에 대한 더 깊은 사랑을 반영하는 사랑의 방식을 기술하고 있다.

이것은 명백한 과학적 파급력을 가진 메시지이다. 플라톤은 구체적으로 "지식을 추구하여 그 아름다움을 발견하며, 한 청년이나 사람 또는 기관의 아름다움을 사랑하는 노예와는 달리…, 아름다움의 광활한 바다를 향해 나아가 관조하는" 연구자를 언급한다.³ 이 과학자들은 과학을 통해 "다른 모든 사물의 성장하고 소멸하는 아름다움들에 부여된" "절대적이고, 독립적이고, 단순하고, 영원한… 어떤 변화도 없는… 아름다움"이라는 "경이로운 아름다움의 본질을 갑자기 인식하게 될 것이다."⁴ 플라톤의 《향연》을 따라서, "피치노는 사랑을 사물의 통일성에 대한 우주론적 원리로 취급했다"라고 크리스텔러는 설명하고, 이 일원론적 철학이 16세기 철학의 중요한 동력으로 발전했다고 판단한다.⁵

피치노의 일원론—그 원형은 여전히 점성술, 연금술과 다른 미신의 형태들과 섞여 있었지만—은 결국 세계를 현대적으로 만든 과학혁명의 불을 지폈다. 일원론 철학의 특징이라 할 수 있는, 부분을 전체를 대표하는 것으로 간주하는 사고방식이 오늘날까지 현대 과학을 상징하는 패러다임, 관행, 이야기를 낳게 된 적어도 세 가지의 중요한 실마리를 확인할 수 있다.

첫째로, 르네상스 시대의 일원론은 자연에 대한 새로운 인식을 암시했으며, 이는 결국 일반적으로 감각 경험과 특히 통제된 실험의 중요성을 강조하는 현대 과학의 토대인 경험주의로 나타났다. 점점 더 자연은 인류가 착취하고 지배해야 할 종속적인 영역이 아니라 그 자체로 연구할 가치가 있는 것으로 여겨졌다.

다음으로, 관찰 가능한 자연은 통일된 하나의 조화를 반영하는 것으로 기대되었다. 르네상스 일원론자들이 여전히 독실한 기독교 신자였다는 점을 감안할 때, 자연에 대한 이러한 존중은 신이 그 피조물에서 인식될 수 있다는 생각인 '자연신학'으로의 경향을 장려했다. 이러한 견해는 종종 경전만큼 훌륭하거나 더 나은 신성을 엿볼 수 있는 '자연의 책'이 존재한다는 개념으로 설명되었다. 점점 더 많은 수의 르네상스 및 계몽주의 철학자와 과학자들은 신을 전적으로 우주와 동일시하는 범신론자는 아니더라도, 신을 이성적으로만 이해할 수 있고 기적이나 계시가 아닌 자연 속에서만 자신을 드러내는 창조자로 여기는 이신론자deist로 자신들을 이해하게 되었다. 분명히 이러한 신학은 우주의 대칭성과 조화를 탐색하기 위해 고대 플라톤과 피타고라스학파의 학설을 되살리는 데 완벽하게 적합했다. 이런 앞선 생각에서 영감을 얻은 모든 아이디어가 결실을 맺거나 올바른 것으로 판명되지는 않았지만, 자연 현상에 대한 단순하고 합리적이며 미학적으로 만족스러운 설명에 대한 이러한 탐색은 오늘날까지 과학을 수행하는 방식에 지속적으로 영향을 미쳤다.

마지막으로, 일원론적 토대는 아주 다양한 자연의 영역들에서 보편적인 법칙을 탐색하는 경향을 뒷받침했다. 결국, 우주의 다른 지역과 다른 시대에 동일한 자연법칙이 존재한다는 것은 선험적으로 분명하지 않으며, 실제로 그러한 통일 철학은 중세의 전통과 모순된다. 크리스텔러가 쓰고 있듯이, "중세의 우주 개념은 실체의 계층이라는 아이디어가 지배적이었다." 이와는 대조적으로 "케플러와 갈릴레오의 천문학에서는 하늘과 땅, 또는 다양한 별이나 다양한 원소들 사이에 서열과 완성도의 차이가 있을 여지가 없었다."[6] 크리스텔러는 "오래된 계층 개념의 점진적인 붕괴"가 "우주의 상반되는 극단들 사이를 중재할 수 있는… 중심 고리"를 찾는 니콜라우스 쿠자누스, 조르다노 브루노와 피치노의 일원론적 철학 덕분이라고 설명한다.[7] 통일성의 아이디어(즉 최소한의 자연법칙들이 우주에서 일어나는, 일어났으며, 일어날 모든 것을 지배한다)는 자연을 '하나'라고 생각한 명백한 유산이다.

이러한 고려 사항들은 매력적인 이야기를 그 이상을 제공했다. 실제로 과학혁명을 직접적으로 촉발할 정도로 과학적 진보에 기여한 진정한 방법들에는 일원론적 요소가 내재되어 있었다.

자연의 제자

르네상스 시대에 일원론적 철학이 다양한 신플라톤주의자 및 피타고라스파의 개념들과 결합하여 이후 과학혁명과 현대 과학을 탄생시킨 강력한 동력으로 발전했다. 르네상스 정신을 누구보다 잘 표현한 토스카나 출신의 박식가 레오나르도 다빈치가 그 대표적인 예이다.

다빈치는 자신을 "자연의 제자"라고 생각했다.[8] 그는 정확한 관찰의 옹호자였다. "견실한 경험"은 그에게 "모든 과학과 예술의 공통된 어머니"였다.[9] 그러나 그의 세심한 해부학 연구와 식물, 기하학적 물체와 천문 현상에 대한 정확한 그림들에서 알 수 있듯이, 이러한 그의 믿음은 자연이 이성과 조화에 의해 지배된다는 그의 시각과 상충되지 않았다. 다빈치는 "자연은 그 자체로 이성에서 시작하여 결과로 끝나지만, 우리는 그 반대의 과정을 추구하여⋯ 경험에서 시작하여 그 경험으로부터 이성을 찾아야 한다"라고 썼다.[10] 다빈치의 전기작가 월터 아이작슨에 따르면, 레오나르도는 "자연의 전체성에 대한 경외심과 그 패턴의 조화에 대한 느낌을 가지고 있었으며, 이 패턴들이 크고 작은 현상에서 반복되는 것을 보았다."[11] 레오나르도는 노트에서 "우주의 아름다움", 그가 "한눈에 조화로운 화합을 이룬다"라고 느낀 "자연의 사물들"[12], 수학의 법칙이 지배하는 아름다움에 대해 열정적으로 찬사를 보냈다. 레오나르도는 "수학적으로 증명할 수 없다면 진정한 과학이라고 할 수 있는 인간의 경험은 없다"라고 강조하면서, (플라톤의 좌우명을 인용하여) "수학자가 아닌 사람은 내 작품의 요소들을 읽지 못하게 하라"[13]라고 주장했다.[14] 그의 유명한 그림 〈비트루비우스적 인간〉이 보여주듯이, 다빈치는 기하학과 자연 비율의 관계에 매료되었다. 예를 들어, 레오나르도는 얼굴의 아름다움을 "신성한 조화를… 구성하는… 서로 결합된 부분들의 신성한 비율"로 설명했다.[15] 이러한 매료는 친구인 수학자 루카 파치올리의 저서에 레오나르도가 그린 삽화에도 반영되어 있다. 이 책에서 그 신성한 비율은 '황금비'라는 특정한 숫자로 식별된다. 황금비는 한 선을 두 부분으로 나눌 때 긴 부분의 길이와 짧은 부분의 길이의 비율이 두 부분을 더한 길이와 긴 부분의 길이의 비율과 같아지도록 하는 방법은 단 한 가지라는 관찰에 의해 정의된다. 황금비의 값은 무리수(이 수를 적으려면 무한히 많은 숫자가 필요하다)이며 유일하고, 수학의 급수, 입방체나 다면체와 같은 기하학적 물체와 예술 작품과 자연에서 많이 나타난다.

    피치노와 조르다노 브루노처럼 다빈치도 지구나 우주를 하나의 생명체, 유기체로 상상했다. 레오나르도에게 인간의 몸은 전체 우주의 축소판인 "작은 세계"였다. 즉 "사람이 자기 안에 살을 받치는 버팀대와 틀로서 뼈를 가지고 있는 것처럼, 세상은 땅을 지탱하는 바위를 가지고 있다. 사람이 그 안에 피의 웅덩이를 가지고 있어 숨을 쉴 때 폐가 팽창하고 수축하는 것처럼, 지구의 몸은 바다를 가지고 있다."[16] 다빈치에게 "모든 전체는 부분보다 크고" "전체는 모든 가장 작은 부분에도 [여전히 존재한다.]" 다빈치는 이 철학을 "전체 속에 각각이 있고 모든 부분 속에 전체가 있다"라고 요약했다.¹⁷ 알렉산더 폰 훔볼트는 훗날 레오나르도에게 "우리 감각의 모든 인상이 자연의 통일성이라는 아이디어로 수렴하는 지점을 향해 처음으로 길을 나섰다"라는 명예를 주었다.¹⁸

다빈치의 일원론은 적어도 부분적으로는 피렌체의 플라톤주의로 거슬러 올라갈 수 있다. 그는 피렌체 근처에서 태어나 피렌체 화가의 작업실에서 교육을 받았고, 그곳에서 산드로 보티첼리 및 피치노와 접촉했음이 분명하다. 이후 밀라노와 로마에서 경력을 쌓은 그는 최종적으로 프랑수아 1세의 초청을 받아 프랑스로 이주했다. 피렌체 르네상스와 함께 뿌려진 일원론의 씨앗은 종종 초기 지지자들을 화형으로 요절하게 했지만, 결국 근대로 이어졌다. 상인과 다른 여행자들에 의해, 하지만 무엇보다 가장 중요하게는 이탈리아의 대학들에 다니다가 고국으로 돌아간 학생들에 의해 전파되면서, 일원론적 철학과 플라토닉 러브가 유럽의 주류 문화의 일부가 되었다.

모든 과학혁명의 어머니

이들 학생 중 한 명은 폴란드의 프롬보르크 대성당의 갓 서품을 받은 스물세 살의 청년이었다. 그는 니콜라우스 코페르니쿠스—프톨레마이오스와 중세의 전통적인 우주론을 전복시킬 사람—이었다. 1543년 코페르니쿠스가 죽었을 때, 그의 손에는 결국 인류를 우주의 중심에서 몰아내게 되는 역할을 한 책인 《천구의 회전에 대하여》가 들려 있었다(고 한다).

다빈치처럼, 코페르니쿠스의 배경도 일원론의 전통으로 거슬러 올라갈 수 있다. 볼로냐에서 학생이었을 때, 코페르니쿠스는 천문학자인 도메니코 마리아 다 노바라와 함께 알데바란성*의 월식을 관측했는데, 나중에 프톨레마이오스의 지동설을 반증하는 데 이를 사용했다. 노바라는 피렌체에서 레오나르도 다빈치의 친구였던 루카 파치올리의 문하에서 공부했는데, 파치올리는 황금비에 대단히 매료되어 이 숫자를 신의 유일성, 불가해성 및 편재성과 연관을 짓기까지 한 인물이었다. 노바라는 또한 스스로를 독일의 수학자 레기오몬타누스의 제자라고 생각했다. 레기오몬타누스는 니콜라우스 쿠자누스, 플레톤과 함께 콘스탄티노플에서 이탈리아로 항해해 온 플라톤주의 철학자 베사리온의 집에서 4년간 살았다. 베사리온은 훗날 추기경에 임명되었으며, 베네치아의 유명한 성 마르코 도서관의 핵심이 될 당대 최대 규모의 개인 장서를 수집한 최고의 지식인으로 성장했다. 그는 또한 레기오몬타누스에게, 훗날 코페르니쿠스와 갈릴레이가 사용하게 될, 프톨레마이오스의 그리스 천문학 개요서인 《알마게스트》의 새로운 요약본을 만들어 달라고 부탁하여 천문학에 중요한 공헌을 했으며, 플라톤주의의 영향력 있는 옹호자로 남게 되었다.

따라서 이탈리아에서 코페르니쿠스는 지구중심설의 모순과 문제점을 파악할 수 있는 새로운 천문학에 대한 최신 정보를 얻게 되었다. 앙드레 고뒤에 따르면, 이 폴란드 출신 청년이 경험한 "이탈리아에서 두 번째로 중요한 발전"은 "플라톤주의 부흥과의 직접적인 접촉"이었다.[19] 코페르니쿠스는 피치노가 번역한 플라톤의 《파르메니데스》와 《티마이오스》, 플루타르코스, 베사리온과 같은 플

* 황소자리에 있는 별.

라톤과 피타고라스학파의 저서를 읽기 시작했고, 고뒤가 지적했듯이 "베사리온의 해석 및 일반적으로 신플라톤주의 전통에 부합하는" "플라톤에 대한 관심과 존경심"을 키웠다.[20]

로마와 파도바에서 공부를 계속한 다음 코페르니쿠스는 마침내 폴란드로 돌아와 전통적인 행성계 모델에 대한 의구심, 지구중심설에 의문을 제기한 고대 저자들에 대한 산발적인 언급 및 플라톤주의와 피타고라스주의의 개념에서 얻은 영감이 합쳐져 지구가 아닌 태양이 행성계의 중심이라는 확신을 갖게 되었음이 분명하다. 사실, 이러한 배열은 태양을 '하나'의 물질적 이미지로 동일시할 수 있다는 일부 플라톤주의자들의 개념과 잘 맞아떨어졌다. 고뒤가 지적했듯이, 코페르니쿠스는, 전적으로 플라톤이나 피타고라스적인 방식으로, 자신의 대작인 《천구의 회전에 대하여》를 "가장 아름답고 가장 알려질 만한 가치가 있는 대상에 관한 것"이라고 여겼다.[21] 그러나 20년이 넘도록 그는 자신의 작품을 출판하지 않았다. 나중에 교황 바오로 3세에게 바친 헌사에서 설명했듯이, 그는 "[자신의] 의견이 새롭고 터무니없다는 이유로 두려워해야 했던 경멸"을 고려할 때, "[자신의] 논평을 공개해야 할지 말아야 할지에 대해 큰 어려움"을 겪었다.[22]

전설에 따르면 코페르니쿠스는 그가 죽던 날 인쇄된 책을 받았다. 책 표지에는 이미 다빈치를 매료시켰던 플라톤의 아카데미아의 좌우명으로 알려진 것이 적혀 있었다. "기하학에 대한 지식이 없으면 이곳에 들어오지 마시오." 이 책의 첫 번째 부분은 피타고라스주의의 철학과 비밀 엄수에 대한 소개로 마무리된다. 실제로 지구가 움직인다는 견해는 지지자와 반대자 모두에게 일반적으로 "피타고라스학파의 교리"로 알려지게 된다.[23] 예를 들어, 요하네스 케플러는 나중에 피타고라스를 "모든 코페르니쿠스주의자의 할아버지"라고 불렀다.[24] 그리고 알베르토 마르티네스에 따르면, 브루노와 갈릴레이가 종교재판소와 갈등을 빚은 것이 바로 이러한 전통 때문이었다. "종교재판소는 코페르니쿠스주의자들을 신피타고라스주의의 한 이단 '종파'라는 판결을 내렸다."[25]

코페르니쿠스의 모델은 나중에 케플러가 발견한 타원 궤도라는 개념을 놓쳤기 때문에 아직 관측 데이터와 잘 맞지 않았지만, 그럼에도 불구하고 지구에 우주에서 특별한 위치를 부여하는 전통적인 계층적 우주론에서 벗어난 중요한 돌파구를 대표하고 있었다. 코페르니쿠스 이후, 지구는 동일한 물리법칙에 의해 지배되는 더 큰 우주의 한 복합체로 이해될 수 있었으며, 이러한 경향은 갈릴레이와 뉴턴의 과학과 19세기와 20세기의 현대물리학에서도 계속 이어졌다. 일원론적 철학은 코페르니쿠스가 인류가 우주의 중심을 차지한다는 인간 중심적 관점을 버리는 데 도움을 준 것으로 보인다. 또한 이 때문에 코페르니쿠스가 그의 우주론을 완벽한 원과 구로 국한시키려 했고, 관측 데이터와 조화시키기 어렵게 되었을 수도 있다. 앞으로 살펴보겠지만, 정확한 관측 또는 실험을 수학적 아름다움과 통일성에 대한 탐구와 조화를 이루는 것이 과학의 대표적 특징으로 진화하게 된다.

천체의 음악과 자연의 책

이탈리아에서 코페르니쿠스의 옹호자는 갈릴레오 갈릴레이가 되었다. 갈릴레오는 피사에서 피렌체인 부모 사이에서 태어났다.

그의 아버지 빈첸초 갈릴레이는 유명한 음악가로 피렌체 카메라타라는 그룹의 일원이었다. 이 모임은 고대의 음악을 되살리기 위해 노력했으며, 이러한 노력은 결국 오페라의 발전과 음악의 바로크 시대의 시작을 이끌었다. 이 활동의 주요 영감의 원천이자 동시에 연구 대상은 플라톤과 피타고라스학파의 전통이었다. 폴 오스카 크리스텔러가 지적하듯이, "카메라타의 이론가들은 플라톤을 권위자로 인용하고… 그의 학설에 영향을 받았다."[26] 이 철학에서 두드러지게 나타나는 아이디어는 자연, 수학, 음악이 밀접한 관계에 있다는 가설이다. 또한 이 피타고라스주의적 주제는 열정적인 류트 연주자이자 자신을 고대의 신비로운 가수 오르페우스에 비유하기도 했던 마르실리오 피치노로 거슬러 올라갈 수 있다.[27] 피치노에게 음악은 보편적인 목적을 달성했다. 크리스텔러의 설명에 따르면, 피치노는 "인간의 영혼은 귀를 통해 신성한 음악에 대한 기억을 얻는데, 그 기억은 첫째로 신의 영원한 마음에서, 둘째로 하늘의 질서와 움직임에서 발견된다"라고 믿었다.[28] 빈첸초 갈릴레이의 스승이자 베네치아의 음악 이론가이며 작곡가인 조제포 찰리노는 피치노의 견해를 받아들인 것으로 알려져 있다.[29] 빈첸초 갈릴레이는 찰리노와 악기의 적절한 조율 시스템에 대해 논쟁하던 중, 예를 들어 보이티우스의 《음악에 관하여》에서 현의 장력과 음정이 현의 길이와 음정처럼 선형 관계로 연결된다고 이야기한 피타고라스주의 신화의 조사에 착수하여 결국 이를 반박하게 되었다. 빈첸초 갈릴레이는 "만물의 스승인 실험"에 의지하여 마침내 올바른 관계는 현의 장력이 음정의 제곱에 비례한다는 것을 알아냈는데, 이것은 아마도 물리학에서 알려진 가장 오래된 비선형 관계 중 하나일 것이다.[30] 물론 빈첸초는 이런 크나큰 실수를 피타고라스 자신이 아닌 그의 열성적인 추종자들 탓으로 돌렸다.³¹ 빈첸초의 아들 갈릴레오가 자연을 실험적으로 연구하기 시작했을 때, 아버지의 연구에서 영감을 받았을 가능성이 높다. 확실한 것은 갈릴레오가 다양한 악기의 음정에 대한 아버지의 실험을 이후에도 계속했고 개선했다는 것이다. 그리고 실제로 갈릴레오의 가장 중요한 업적 중 하나는 자유낙하와 포물선 운동에 대한 수학적 설명으로, 여기서 수직 거리가 시간의 제곱에 의존한다는 것을 밝혔다.

세심하게 계획된 실험으로 유명할 뿐 아니라 갈릴레오 갈릴레이는 수학을 옹호하고 '자연의 책'을 언급한 것으로도 유명하다. 갈릴레오가 그의 책《분석자》에 적었던 것처럼 "철학은 우리의 시선을 향해 끊임없이 열려 있는 이 거대한 책인 우주에 기록되어 있다. 그러나 먼저 언어를 이해하고 그 책을 구성하고 있는 문자를 읽는 법을 배우지 않으면 이 책을 이해할 수 없다. 이 책은 수학의 언어로 쓰여 있으며… 수학 없이는 인간의 능력으로 단 한 단어도 이해할 수 없다."³² 갈릴레오의 통일성을 향한 탐구는, 예를 들어 진공 상태에서 모든 물체가 질량, 모양, 구성에 무관하게 같은 속력으로 떨어진다는 사실을 발견한 것만 봐도 분명하다. 마찬가지로 갈릴레이는 지구와 천체가 근본적으로 다르지 않다는 사실을 발견했다. 즉 갈릴레오가 망원경으로 달을 바라보고 지구에서와 같은 산과 계곡을 발견했을 때, 그가 1610년《항성의 메신저》에 적었던 것처럼 "달이, 말하자면, 또 다른 지구라는 피타고라스학파의 오래된 의견"을 되살려냈다.³³

한편 프라하의 신성로마제국 황제 루돌프 2세의 궁정에서 요하네스 케플러는 갈릴레이의 논문을 보고 싶어 안달이 났다. 6년 전, 훗날 자신의 이름을 따서 불리게 되는 장엄한 초신성을 관측한 이후 아리스토텔레스의 하늘이 불변한다는 교리가 틀렸다는 것을 확신하게 되었다. 갈릴레이가 케플러에게 자신의 연구 결과에 대해 논평해 달라고 요청했을 때, 케플러는 "하늘을 간파했다"며 열렬히 축하했다.[34] 그러나 케플러는 또한 비판적인 의견도 보냈다. 이전에 일원론 철학자들이 통일 우주론을 주장했다는 사실을 알고 있던 케플러는 갈릴레이가 앞선 선배들, 특히 1584년에 이미 달에 산과 계곡이 있다는 것을 예상했던 조르다노 브루노[35]의 공로를 인정하지 않는다고 질책했다.[36] 브루노가 불과 10년 전에 종교재판소에 의해 화형을 당했고, 갈릴레이 자신도 곧 종교재판소의 조사 대상이 될 것이라는 사실을 고려할 때, 갈릴레이는 아마도 더 잘 알고 있었을 것이다. 하지만 케플러는 갈릴레오보다 일원론적 세계관에 훨씬 더 헌신적이었다. 케플러는 독일 튀빙겐에서 개신교 사제가 되기 위해 교육을 받는 동안, 니콜라우스 쿠자누스와 조르다노 브루노와 같은 일원론 철학자들의 저술을 읽기 시작했다. 하지만 케플러는 사제 서품을 받지 못했다. 학업을 마치기도 전에 그가 다니던 대학에서 그를 오스트리아 그라츠의 한 학교에 수학을 가르치도록 파견하였다. 그라츠에서 천문학 수업을 진행하던 중 칠판에 글을 쓰던 케플러는 인생의 방향을 바꾼 계시를 받았다. 목성과 토성의 합conjunction들(즉 지구에서 바라보았을 때 목성과 토성이 서로 지나치는 것처럼 보이는 위치들)이 정삼각형으로 연결된 것처럼 보였다. 이스라엘계 미국인 천체물리학자 마리오 리비오는 케플러의 동기에 대해 "단순히 관측된 행성의 위치를 기록하는 데 만족했던 이전의 천문학자들과 달리 케플러는 모든 것을 설명할 수 있는 이론을 찾고 있었다"라고 썼다.[37] 확실히 플라톤적인 태도로 케플러는 "모든 지식 습득에서, 감각에 충격을 주는 것에서 시작하여, 마음의 작용에 의해 감각의 어떤 예리함으로는 파악할 수 없는 더 높은 것들로 우리가 이끌려가는 일이 일어난다"라고 믿었다.[38] 케플러는 즉시 정사각형과 같은 다른 정다각형이 다른 행성 쌍의 합들과 들어맞는지 확인했다. 그러나 정다각형은 무한히 많이 존재하기 때문에 이 접근방식으로는 예측이 무의미했다.

다음으로, 케플러는 행성 궤도를 "플라톤의 다면체"로 알려진 5개의 규칙적인 버전만이 존재하는, 다각형의 3차원 일반화인, 다면체에 맞추고자 했다. 이 방법이 더 유망해 보였지만, 실제로 모델을 관측 자료와 대조하려면 최고의 천문 데이터가 필요했다. 그것은 사촌과 누가 더 뛰어난 수학자인지 말다툼한 후 결투하다가 코의 대부분을 잃은 오만한 천재인 호전적인 덴마크 천문학자 튀코 브라헤의 데이터였다. 이제 브라헤는 덴마크 왕과 다툰 후 덴마크의 벤섬에 피타고라스의 음률에 따라 지어진 자신의 저택이자 천문대인 우라니보르크를 버리고, 프라하에 있는 보헤미아의 왕이자 신성로마제국 황제인 루돌프 2세가 제안한 황실 천문학자 자리를 수락한 터였다. 한편 케플러는 다섯 개의 정다각형이 있는 것처럼 음악에도 다섯 개의 화음 간격이 있다는 사실을 깨닫고, 이제 음악적 간격을 이용해 행성 속도들 사이의 관계를 설명하려고 시도했다. 케플러는 속도 비율이 목성과 화성은 1:2, 토성과 목성은 3:4, 화성과 지구는 4:5, 지구와 금성은 5:6, 금성과 수성은 다시 3:4에 가깝다는 것을 알아냈다.[39] '천체의 음악'으로 알려지게 되는 그의 매력적인 계획에서 이러한 진동수 비율은 한 옥타브음, 4도음, 3도음, 단3도음(따라서 화성과 지구의 속도는 5도) 그리고 또 다른 4도음으로 번역되었다. 종합하면, 태양에 가장 가까운 궤도를 차지하는 여섯 개의 행성이 공모하여 2.5옥타브에 걸친 장조 화음을 만들어낸 것이다. 케플러는 다가오는 겨울에 자신의 이론을 데이터로 검증하고 싶어 그라츠를 떠나 프라하의 브라헤와 합류했지만, 브라헤가 사망한 후에야 이 비밀스러운 천문학자의 노트에 접근할 수 있게 되었다.

그 후 몇 년 동안 케플러는 개인적인 고난과 힘든 시기를 겪으면서도 수학적 아름다움에 대한 피타고라스의 비전을 추구했다. 1611년 케플러는 사랑하는 아들과 첫 번째 아내를 잃었다. 1612년에는 전년도에 사임을 강요받았던 황제 루돌프 2세가 사망했고 케플러는 프라하를 떠나야 했다. 1613년 케플러는 다시 결혼했지만, 이 결혼에서 얻은 첫 세 자녀가 어린 시절에 사망했다. 1615년에서 1621년 사이에 케플러의 어머니는 마녀로 기소되어 14개월 동안 수감되어 쇠사슬에 묶여 있었다. 케플러가 마침내 무죄 판결을 받아냈지만, 그의 어머니는 석방된 지 반년 만에 사망했다. 케플러 자신도 개신교와 가톨릭 양측으로부터 종교적 갈등과 격변으로 여러 차례 위협을 받았고, 1618년에는 30년 전쟁이 발발했다. 하지만 1619년 마침내 케플러는 유명한 행성 운동에 대한 법칙을 담고 있으며 행성의 속도를 설명하기 위해 코페르니쿠스의 원형 궤도를 타원 궤도로 대체한 책인《세계의 조화》를 출간했다.

뉴턴 역학이 초기 조건과 중심 별과 위성의 질량에만 의존하는 임의의 타원 궤도를 허용한 후 오랫동안, '천체의 음악'에 대한 케플러의 원래 비전은, 마리오 리비오의 말처럼 "케플러의 시대에서조차 절대적으로 틀렸을 뿐만 아니라… 미쳤다"[40]라거나, 키티 퍼거슨이 쓴 것처럼 "케플러의 '새로운 천문학'의 이상하고 가능성이 희박한 산파"로 간주되는 곤경에 처해 있었다.[41] 하지만 8개 행성을 가진 태양계처럼 3개 또는 그 이상의 천체가 포함된 계들은 작은 왜곡이 파국적인 결과를 초래할 수 있는 카오스적 행동을 보일 수 있다. 나비의 날갯짓이 토네이도의 형성을 유발(또는 방지)할 수 있다는 그 유명한 '나비 효과'가 이러한 행동을 잘 보여준다. 이러한 맥락에서 (케플러의 천체의 음악과 같은) 작은 자연수 또는 (황금비와 같은) 무리수들의 비에 해당하는 궤도 속도의 관계는 특정 궤도가 오랫동안 안정적인지 또는 행성이 조만간 태양계에서 튀어나갈지를 결정하는 공진 또는 비공진 거동을 특징짓는다. 따라서 "케플러의 직관은 결국 그렇게 틀린 것이 아니었다"라고 물리학자 페터 리히터와 한스-요아힘 숄츠는 1987년 자연에서 황금비가 생기는 것을 논한 에세이에서 결론을 내렸다.[42] 또한 우주적 조화의 징후가 다른 곳에서도 발견되었다. 즉 문자 그대로 우주적 차원의 천상의 음악에 더 충실한 버전을 초기 우주의 원시 플라스마의 요동에서 찾을 수 있다. 우주론학자인 웨인 후와 마틴 화이트가 《사이언티픽 아메리칸》에서 설명했듯이, 우주 마이크로파 배경에 각인된(그리고 중요한 우주론적 정보를 전달하는) 일반 물질과 암흑물질과 같은 다양한 우주 구성요소들의 음향 진동은 진정한 '우주 교향곡'을 구성하고 있는 음색과 배음의 조화로 가장 잘 이해될 수 있다.[43]

자연이라고도 불리는 신

브루노와 갈릴레이에 대한 재판 이후, 이탈리아와 다른 가톨릭 국가들에서 과학자들에 대한 감시가 심해졌다. 그 결과 과학의 중심지가 북유럽으로 옮겨갔다. 갈릴레이가 "하늘을 간파하는 데" 사용했던 망원경은 이미 네덜란드의 한 안경 제조업자에 의해 이전에 발명되었다. 후에 갈릴레이의 마지막 저서이자 과학적 유언인 《두 가지 새로운 과학에 관한 담화와 수학적 증명》*이 가톨릭 국가에서는 금지되었기 때문에 암스테르담에서 출판되었다. 갈릴레오의 제자들이 피렌체에 과학 아카데미를 설립했지만, 후원자였던 토스카나의 대공 레오폴도가 추기경이 될 때까지 아카데미는 10년 동안만 지속되었다. 이 아카데미의 폐쇄가 그의 임명 조건이었던 것으로 보인다.

한편 라인강 하구에 전략적으로 위치하여 독일 내륙과의 교역은 물론 발트해에서 지중해로 향하는 항로의 일부를 통제하고 있던 네덜란드는 세계 강국으로 부상하고 있었다. 1566년 스페인 종교재판소의 신교도 박해에 자극을 받아 칼뱅주의 열광주의자들은 일련의 성상파괴주의 공격을 시작했다. 폭도들은 교회를 훼손하고 교회에 침입해 성상과 오르간, 장식과 장식품을 파괴했다. 스페인과 포르투갈의 가톨릭 국왕이자 네덜란드의 통치자였던 펠리페 2세는 잔인한 탄압으로 대응했고, 이는 결국 네덜란드 독립전쟁으로도 알려진 80년 전쟁으로 확대되는 갈등에 기름을 부은 셈이 되었다. 1581년 스페인 제국에서 인구 밀도가 가장 높고 생산성이 높은 지역이었던 네덜란드는 독립을 선언하고 난민들의 안전한 피난처가 되었는데, 난민 중에는 여전히 스페인의 지배하에 있던 남부 네덜란드(오늘날의 벨기에)의 많은 숙련된 개신교 장인과 부유한 상인뿐만 아니라 스페인과 포르투갈 출신의 스파라드 유대인도 포함되어 있었다. 재정복한 이슬람 영토에 살고 있던 유대인들은 먼저 개종을 강요당하고 박해를 받았다. 대중의 관심을 끌기 위

• 한국어 번역서의 제목은 《새로운 두 과학》.

해 투우와 경쟁하는 공개적인 종교재판소의 판결 선고식에서 수만 명이 살해당하고 종교재판소에 의해 수십만 명이 고문을 당했다. 교육을 잘 받은 난민들은 국제적인 도시에 지적 관용의 풍토를 조성하여 이 나라를 '네덜란드 황금기'로 이끌었다. 전통적으로 세계 최고의 지도 제작자들의 본거지였던 네덜란드는 상업, 과학 및 예술 분야에서 독보적인 중심지로 발전했다. 네덜란드 상인들은 최초의 현대식 증권거래소에서 거래된 주식으로 자금을 조달하여 역사상 가장 큰 기업을 설립했고, 네덜란드 식민지 주민들은 맨해튼섬 남단에 훗날 뉴욕이 된 뉴암스테르담을 건설했으며, 네덜란드 화가들은 수백만 점의 걸작을 제작했다. 같은 시기에 크리스티안 하위헌스는 갈릴레이가 토성의 '팔'이라고 불렀던 것이 실제로는 고리라는 사실을 깨달았으며, 운동량 보존법칙과 빛의 파동 이론을 발견했으며, 환등기와 진자시계를 발명했다. 물론 이러한 영광스러운 발전에는 부정적인 면도 있었으니, 부의 상당 부분이 원주민 문화의 착취와 노예무역으로 창출되었다. 또한 공화파 애국주의자들은 오라녜 공들과 권력을 놓고 다투었고, 광범위한 의견과 언론의 자유로 인해 사회는 평행선을 달렸으며, 진보적 자유주의자와 칼뱅주의 열광주의자 사이의 갈등이 심화되었다. 일원론과 합리적 사고의 옹호자로서, 관용적인 암스테르담에서조차 너무나 급진적이었던 철학자가 탄생할 수 있었던 것은 이러한 지적 풍토 때문이었다.

바뤼흐 스피노자는 포르투갈에서 도망친 할아버지가 마침내 망명지로 삼은 암스테르담의 스파라드 유대인 공동체의 일원이었다. 그는—자신의 종교와 다른 모든 종교들의 전통적인 견해와 결별하여 암스테르담의 스파라드 유대인 공동체로부터 역대 가장 가혹한 파문을 선고받았을 뿐만 아니라, 오로지 이성적 사고에 기반한 철학적 '만물 이론'의 관점에서 우주 전체를 이해하려 했기에 더욱—역대 가장 대담한 사상가라는 칭송을 받았다.[44] 스피노자의 우주에서는 존재하는 모든 것은 필연적이고 결정되어 있다. 즉 기적이나 우연은 존재하지 않는다. 신조차도 우주를 어떻게 할 것인지에 대해 선택의 여지가 없으며, 심지어 신은 세계 이전에 존재하지도 않았다. 스피노자는 "신에게는 무상無常도 변화도 없으므로, 신은 영원 전부터 지금 그가 생산하는 것들을 생산할 것을 천명했음이 분명하다"라고 썼다. "따라서 모든 피조물은 존재해야 할 영원한 필연성에 따라 존재해왔다." 그는 "영원에는 언제, 이전, 이후 또는 다른 시간의 변화가 없기 때문에, 신은 그러한 것들이 천명되기 전에는 존재하지 않았으며, 달리 천명할 수가 없었을 것이다"라고 덧붙였다.[45] 따라서 스피노자에 따르면, 우주 자체는 하나의 무한하고 영원하며 필연적으로 존재하는 실체로서, '신'과 '자연'이라는 용어가 동일하게 적용되는 것이다. 스피노자는 《신, 인간 그리고 인간의 행복에 관한 짧은 논문》에서 신의 섭리를 "자연 전체와 개별 사물에서 발견되는 자신의 존재를 유지하고 보존하려는 노력에 지나지 않는다"라고 재정의한다.[46] 그의 사망 직후에 출간된 《윤리학》에서 그는 한층 더 대담해져서, "우리가 신 또는 자연이라고 부르는 영원하고 무한한 존재"라고 말한다.[47] 스피노자는 영혼의 불멸성을 부정하고, 섭리의 신이라는 개념을 거부했으며, 토라의 계명이 문자 그대로 신이 주신 것이며 유대인에게 여전히 구속력이 있다는 것을 부정했다. 대부분의 동시대 사람들에게 스피노자는 자연과 신을 명시적으로 동일시했기 때문에 단순히 무신론자였으며, 그의 신 즉 자연은 분명히 일원론적이었다. "자연 전체는 단 하나의 유일한 실체이다. … 모든 것은 자연을 통해 통합되고, 그것들은 하나[의 존재]로, 즉 신으로 통합된다."[48]

하지만, 정확히 말해서, 스피노자는 자연을 두 종류로 구분했다. 요하네스 스코투스 에리우게나가 *나투라 크레아타*natura creata[창조된 자연]라고 불렀고 양자역학의 화면 위 실재에 대한 적절한 설명인 *나투라 나투라타*natura naturata('소산적' 자연), 그리고 에리우게나가 *나투라 크레안스*natura creans[창조하는 자연]라고 불렀고 양자역학의 영사기 실재에 대한 적합한 설명인 *나투라 나투란스*natura naturans('능산적' 자연)가 바로 그것이다. "달리 이야기하자면," 베르나르 데스파냐가 《베일에 가려진 실재》에서 예시했던 것처럼, 이 양자 개념이 "약간의 차이는 있지만, 어떤 면에서 스피노자의 신—즉 실체—의 역할을 한다."[49] 두 가지 실재 중 영사기 실재가 근본적인 실재이다. "실체는, 그 본성상, 모든 변용에 선행한다"라고 스피노자는 설명한다.[50]

교수직을 맡은 적이 없는 이 겸손한 철학자(그는 자신의 독립성을 유지하고자 하이델베르크대학교의 교수직 제의를 거절했다)가 계몽주의 철학의 주요 인물이 되었다. 프린스턴 고등연구소의 명예교수인 조너선 이즈리얼은 스피노자를 "초기 계몽주의 시대 유럽의 최고 철학적 요괴"라고 평가한다.[51] 스피노자는 자신의 집에서 현대 화학의 아버지인 로버트 보일, 물리학자이자 수학자인 크리스티안 하위헌스, 철학자 고트프리트 W. 라이프니츠와 소통하며 영감을 주었다. 그곳에서 그는 왕립학회 총무인 헨리 올덴부르크의 방문을 받았는데, 그는 나중에 스피노자와 보일이 "진정으로 확고한 기초를 가진 철학을 발전시키기 위해" 그들의 능력을 통합하기를 희망한다고 말했다.[52] 훗날 에르빈 슈뢰딩거와 알베르트 아인슈타인은 스피노자로부터 깊은 영감을 받았다. 막스 야머가 지적했듯이, 아인슈타인은 베른에서 학생 시절부터 이미 스피노자를 읽고 있었으며, 그의 철학적 견해는 "스피노자의 견해와 유사했다."[53] 아인슈타인은 감사의 표시로 찬양의 시를 짓기까지 했다. "내가 그 고귀한 사람을 얼마나 사랑하는지, 말로는 다 표현할 수 없다네, 하지만 나는 그가 혼자 남게 될까 봐 두렵다네. 그 자신의 거룩한 후광과 함께."[54] 독일의 신학자 프리드리히 슐라이어마허는 "파문당한 성스러운 스피노자"에게 "우주는 그의 유일한 지속적인 사랑[이었다]"라고 묘사했다.[55]

결과적으로 스피노자는 진보적인 네덜란드에서도 너무 급진적이었으며, 네덜란드 황금기는 국가 내부의 갈등들의 압력을 견디지 못하고 무너졌다. 1672년 네덜란드가 프랑스 및 잉글랜드와의 전쟁에 휘말렸을 때, 이러한 갈등으로 인해 지난 20년간 홀란트 주의 지도자이자 스피노자의 연구를 후원해온 부유한 공화주의자 요한 더빗과 그의 동생 코르넬리스가 공개적으로 살해당했다. 반역, 부패 및 무신론의 혐의로 재판을 받고 유배형을 선고받은 요한이 동생을 데리러 가던 중 두 형제가 감옥 앞의 길 한복판에서 오라네 공 윌리엄 3세의 승인을 받은 것으로 추정되는 광신도 폭도의 공격을 받아 살해당했다. "그들은 시체를 벌거벗기고, 성기를… 잘라내고, 시체를 찢어 연 후 심장과 내장을 꺼냈다. … 몇몇 가담자들은… 심지어 시체의 일부를 구워 먹기도 했다"라고 역사학자 허버트 H. 로웬이 자세히 이야기하였다.[56] 이 해가 1672년으로 네덜란드에서는 '재앙의 해'로 알려져 있으며, 이것은 황금기의 종말을 의미했다. 국가는 살아남았고, 새로운 국가 지도자인 윌리엄 3세는 잉글랜드의 왕이 되었다. 하지만 권력과 진보의 원동력은 영국과 프랑스로 옮겨갔다.

재앙의 해 이후 스피노자의 책은 금지되었지만 그의 철학은 여전히 영향력을 발휘했다. 스피노자의 특파원이자 왕립학회 초대 총무였던 헨리 올덴부르크는 유럽 최고의 지성들과의 교류를 촉진하기 위해 구축한 광범위한 과학 접촉 네트워크를 통해 그의 철학을 널리 퍼뜨렸다. 최초의 과학 전문 학술지인 《왕립학회 철학회보》를 창간하고, 회원 과학자들의 기고문의 학문적 수준을 면밀하게 검토하는 동료 평가 과정을 도입하여 과학을 더욱 투명하고 협력적이며 현대적으로 만든 사람이 바로 올덴부르크였다. 이러한 정신으로 올덴부르크는 무명의 아이작 뉴턴에게 연락하여 왕립학회에 가입하도록 설득하고, 뉴턴식 망원경의 발명에 대해 논문을 발표하도록 했으며, 하위헌스와 로버트 훅 같은 다른 과학자들과 함께 뉴턴의 연구에 관한 토론을 시작했다. 그 결과 뉴턴의 연구는 과학에 새로운 혁명을 불러일으켰다.

판의 피리로 구동되는 시계장치 우주

전기작가 제임스 글릭이 묘사한 것처럼, 아이작 뉴턴은 보통 근대성의 선구자이자 "근대 세계의 최고 설계자"로 여겨진다.[57] 뉴턴은 과학 역사상 가장 중요한 저서 중 하나로 평가받는 대작 《자연철학의 수학적 원리[프린키피아]》에서 케플러의 행성운동법칙을 도출하고, 만유인력의 법칙을 발전시켰으며, 고전역학의 기초를 철저하게 확립하여 이 분야를 흔히 '뉴턴 역학'이라고 간단히 부르며, 뉴턴 역학에서 이 세계의 계는 대단히 합리적이고 결정론적이어서 통상 시계장치에 비유된다. 우주론학자 헤르만 본디에 따르면, 뉴턴을 통해 "풍경이 완전히 바뀌었고, 사고방식에 대단히 깊은 영향을 받았기 때문에, 이전의 모습이 어떠했는지 파악하기가 매우 어렵다."[58] 영국의 낭만주의 시인 윌리엄 워즈워스가 뉴턴을 초이성적이고 냉정한 고독한 인물, "고요한 얼굴로 프리즘을 든, 홀로 기묘한 생각의 바다를 영원히 항해하는 마음의 대리석 조각상"으로 묘사했을 때, 이는 사실 조부모 집의 벽을 따라 움직이는 그림자를 주의 깊게 관찰한 후 마침내 나무못을 돌에 박아 해시계를 만들고 태양의 주기로부터 시간을 측정했던 작지만 야심 많고 외로운 농장 소년을 적절히 묘사하고 있다. 하지만 경제학자 존 메이너드 케인스가 지적한 것처럼, 뉴턴에게는 "이성의 시대를 연 최초의 사람이 아니라" "마지막 마술사"였던 또 다른 면이 있었다. 즉 뉴턴은 성서 해석과 연금술에 손을 댔으며, 과학사학자 제임스 맥과이어와 피요 라탄시에 따르면 "과학적 연구만큼이나 엄격한 방식으로" 이러한 노력을 추구했다고 한다.[59]

상충되는 것처럼 보이는 이 두 가지 특성 모두 뿌리 깊은 일원론적 신념에서 찾을 수 있다. 맥과이어와 라탄시가 지적했듯이, 뉴턴은 자신의 물리학에 대한 고대의 일원론적 토대에 대해서 광범위한 노트를 작성했으며, 이를 《프린키피아》의 개정판에 포함할 계획이었다. "방대한 분량의 원고, 사본과 변형본의 수, 뉴턴의 다른 저술과 이들의 관계, 그리고 뉴턴의 동료들의 증언… 모두는 그가 그 논증과 결론을… 그의 철학의 중요한 부분으로 간주했음을 확신하게 한다."[60] 이러한 배경에 중요한 영감을 준 사람은 케임브리지대학교에 있었던 뉴턴의 나이 많은 동료였던 레이프 커더스였다.

원래 영국에서는 르네상스 플라톤주의가 시에서 가장 두드러지게 나타났다. 피렌체 시인 지롤라모 베니비에니의 발자취를 따라, 피치노의 아카데미의 한 회원은 플라토닉 러브에 대한 피치노의 해석을 시적으로 해석하여 "천상의 근원으로부터 사랑이 어떻게… 감각의 세계로 흘러오는지, … 하늘을 움직이고, 영혼을 다듬고, 법칙을 부여하는지, … 그리고 그 영혼에서, … 지상의 비너스가 탄생하고, 그 아름다움이, 하늘을, 밝히고, 지상에 거하며, 자연의 베일이 되는지" 묘사하는 시를 지었는데, 이런 아이디어가 처음에는 이탈리아에서, 나중에는 영국에서 사랑 서정시에 강력한 영향을 미쳤다.[61] 에드먼드 스펜서의 시 〈4개의 찬가〉와 〈요정 여왕〉— 예를 들어, 여기에서 자연은 베일을 쓴 여인으로 의인화된다—은, 윌리엄 셰익스피어에게 영향을 준 그의 친구 필립 시드니의 〈아스트로펠과 스텔라〉와 마찬가지로, 플라톤적인 풍미를 뚜렷하게 보여준다. 시드니는 조르다노 브루노가 영국에 머무는 동안 조르다노 브루노의 절친한 친구이기도 했는데, 브루노는 영국에서 강의할 때 피치노의 책을 이용했다. 17세기에 이러한 전통은 케임브리지 플라톤학파로 알려진 철학자 그룹에 영감을 주었다. 이 그룹의 저명한 회원 중 한 명인 레이프 커더스는 특히 스피노자의 일원론을 포함하여 유물론과 무신론의 인기가 높아지는 것에 대해 깊은 우려를 표명했다. 커더스는 1678년에 발표한 대작 《우주의 진정한 지적 체계》에서 이러한 철학적 경향을 반박하기 위해 자신의 일원론을 개발했다. 아이러니하게도 나중에 커더스의 저서는 그가 다소 이상한 논리로 반박하려 했던 스피노자의 철학과 혼동되었다. 커더스는 피치노와 피코 델라 미란돌라를 근거로 삼아 모든 신념 체계—무신론과 유물론을 포함한—가 실제로는 공통의 근원으로 거슬러 올라갈 수 있다고 주장했다. 즉 한때 신에 의해 계시되었고, 고대 이집트 종교, 예언자들, 그리고 모세, 오르페우스, 피타고라스, 플라톤 같은 현자들이 공유했으며, 그 이후에 계속 약화된 원시 일원론적 고대 신학*prisca theologia* 또는 영원 철학*philosophia perennis*이 그것이다. 커더스는 이 철학의 핵심 개념이 그리스어로 "하나이자 전부"라는 뜻의 일원론적 헨 카이 판*Hen Kai Pan*이라고 밝혔다.

뉴턴이 물리학은 물론 연금술과 성서 해석의 비과학적 활동에서도 이 독특한 일원론적 철학을 재발견하기 위해 노력했다는 사실은 잘 알려져 있지 않다. 맥과이어와 라탄시가 쓰고 있듯이, "뉴턴은 신의 대리인이 신이 창조한 세계에서 어떻게 작동하는지 알고 있다고 믿었으며" 케임브리지 플라톤주학파들과 마찬가지로 고대 신학의 고대 지식을 재발견할 것이라고 확신했다.[62] 맥과이어와 라탄시가 증명했듯이, 뉴턴은 "자연철학의 과제를 우주의 완전한 체계에 대한 지식의 회복으로 보았다."[63] 피치노와 피코 델라 미란돌라의 르네상스 철학, 조르다노 브루노의 사상과의 유사점은 분명하고 인상적이다. 실제로 뉴턴의 노트에는 플라톤, 피타고라스 및 천체의 음악에 대한 언급이 가득하며, 그는 천체의 음악을 중력에 대한 비유로 해석한다. 맥과이어와 라탄시는 "그의 권위에 강한 플라톤적 편향성"이 있다고 판단한다.[64] 뉴턴은 고대의 일원론적 철학을 긍정적으로 설명하면서, 고대에 신격화되었던 다양한 행성, 원소, 현상에 대해 "이 모든 것들은 이름은 많지만 모두 한 가지이다." 달리 말해서, "하나의 동일한 신이 어떤 물체이든지 모든 물체에서 그 힘을 행사한다"라고 설명한다.[65] 마찬가지로 뉴턴은 그의 저서 《광학》 초안에서 "무엇이, 어떤 것에 의해, 물체들이 멀리 떨어진 곳에서도 서로에게 작용을 미치게 할까? 그리고 고대인들은 원자의 중력을 어떤 요인에 기인한 것으로 생각했으며, 이들이 신을 조화라고 부르고 신과 물질을 판*과 그의 피리에 비유한 것은 무엇을 의미했을까?"라고 궁금해했다.[66] 뉴턴은 그의 노트에서 판을 "악기와 같은 화음으로 이 세상에 영감을 주는 최고의 신"이며 "세상의 조화를 유쾌한 노래"로 들려주었다고 설명한다.[67] 맥과이어와 라탄시가 지적했듯이, 뉴턴에게, 그의 유명한 발견에 따르면, 지구상의 물체가 아래로 떨어지는 것과 달이 지구 궤도를 돌게 하는 천체의 인력 둘 다의 원인이 되는, 그리고 행성들과 최종적으로 모든 천체에 일반화될 수 있는 만유인력은 "중력은 신성한 힘이 작용한 직접적인 결과"라는 그의 믿음과 뗄 수 없는 관계를 가지고 있었다.[68] 뉴턴은 이 모든 것을 포괄하는 신성한 힘이 만물에 스며들어 있다고 믿었으며, 이는 중력과 시공간을 얽힘으로부터 도출하려는 최근의 연구와 특히 흥미로운 유사점을 가지고 있다(7장을 보라).

맥과이어와 라탄시가 지적했듯이, "마지막 마술사"나 "최초의 과학자"로 특징지을 수 있는 "뉴턴의 다중성"은 존재하지 않았다.[69] 대신 과학사학자들은 뉴턴의 아이디어 전체가 일원론적 철학에 물들어 있다는 충분한 증거를 발견한다. "《프린키피아》의 역학과 우주론은 뉴턴의 신학적 견해와 원시적 지식에 대한 그의 믿음에 영향을 받았다."—그리고 따라서 그의 일원론적 철학에 의해—이러한 주제들은 "동시대 많은 사람들과 마찬가지로 그에게도… 궁극적인 문제"였다.[70] 우리는 이러한 패턴이 미래의 과학적 돌파구에서도 오늘날까지 반복되는 것을 발견할 것이다.

- 그리스 신화의 자연과 목축의 신.

음모와 시

일원론이 과학 발전에 미친 영향은 잘 알려지지 않았지만, 이 과정은 뉴턴과 고전역학의 발견으로 끝나지 않았다. 오늘날 현대물리학이 직면한 도전의 중심에 있는 것처럼 보이는 장이론과 같은 개념을 발전시킨 것은 제2차 과학혁명의 낭만주의 과학이었다. 그러나 동시에 낭만주의자들은 결국 일원론과 사이비 과학의 연관성을 강화하는 손상된 주관적인 개념을 제시했다. 18세기에 일반적으로 뉴턴의 시계장치 우주론이 받아들여졌지만, 그것이 어디에서 왔는지는 잊혀졌다. 일원론적 철학은 정치, 비밀 조직과 시를 통해 또 다른 우회로를 거쳐 과학으로 다시 유입되었다.

1700년대 초 뉴턴과 동시대 사람인 아일랜드의 철학자 존 톨런드는 일원론적인 원초적 진리에 대한 추측에 새로운 정치적 변화를 추가했다. 기독교는 오직 이성으로만 이해할 수 있다고 주장하며 이신론자로 출발한 톨런드는 더블린에서 자신의 책이 공개적으로 불태워지는 것을 목격했다. 같은 시기인 1697년, 톨런드가 석사 학위를 취득한 에든버러대학교의 스무 살 학생이었던 토머스 에이큰헤드는 "신과 세상과 자연은 하나"라고 주장한 후 신성 모독죄로 교수형에 처해졌다.[71] 종교재판으로 억압받는 남유럽이 아닌 장로교 국가인 스코틀랜드에서 그런 불의한 행위가 여전히 일어날 수 있다는 사실을 알게 된 톨런드는 충격에 빠졌을 것이다.

이 사건 이후 톨런드는 점점 더 과격해졌다. 톨런드의 전기작가 저스틴 챔피언에 따르면, "거짓 종교와 미신이 시민 공동체에 끼친 피해에 대한 해독제로 고안된" 그리고 훗날 프로이센의 왕비이자 영국 왕실의 조상인 조지 1세의 누이인 하노버의 조피 샤를로테에게 보낸《세레나에게 보내는 편지》에서 톨런드는 '범신론'이라는 단어를 최초로 만들어 자신을 '범신론자'로 묘사했다.[72] 과학사학자 마거릿 제이콥이 설명하는 것처럼, 톨런드는 "운동이 물질 속에 내재되어 있다고 주장하기 위해 뉴턴의 과학"을 이용하였다. 또는 "달리 표현하자면, 자연은 스스로를 지배할 수 있으며, 운동, 생명, 변화는 전적으로 자연주의적 설명이 가능하다."[73] 초기 일원론자들의 발자취를 따라 톨런드는 이집트 여신 이시스를 "모든 사물의 부모인 자연"으로 파악했다.[74]

톨런드는 또한 일신교를 사기로 묘사하는 위험하고 비밀스러운 텍스트의 유포와 작성에도 관여했을 것이다. 톨런드는 루크레티우스, 브루노, 스피노자, 루칠리오 바니니 및 다른 이단자들의 영향을 받아 사제들을 폭정의 대리인이라고 멀리했으며, 카를 마르크스보다 한 세기 이상 앞서, 종교를 "민중의 아편"이라고 말했다.[75] 모세, 예수, 무함마드는 "사기꾼" 즉 "자신의 목적을 위해 종교를 조종한 거짓 선지자"로 묘사되었다.[76]

새로운 점은 톨런드가 자신의 일원론을 (당시에는 급진적이었던) 정치적 자유주의와 (오늘날의 기준에서도 급진적인) 반성직자주의*와 혼합했다는 점이다. 톨런드는 유대인의 완전한 시민권과 평등권을 포함한 자유, 종교적 관용과 공화주의를 옹호하며, 영국혁명 이후 가톨릭 군주에 반대하고 왕보다 의회의 우위를 주장한 자유주의 정치철학인 휘그주의의 활동가가 된다. 스피노자와 톨런드 이후 일원론은 이단뿐만 아니라 점점 더 진보적 정치와도 연관되었다.

톨런드는 마지막 저술인《범신론》에서 범신론자들을 위한 예식

* 로마가톨릭교회나 가톨릭교회 성직자들의 권위주의에 반대하는 사상.

을 개발했는데, 이 예식은 점점 인기를 얻고 있는 프리메이슨 지부의 의식에 비유되었고, 저스틴 챔피언이 쓴 것처럼, "자연에 대한 진정한 지식은 미신의 어두운 그림자에서 마음을 해방시켜 결과적으로 정치적 폭정의 기반을 해체할 것이다"[77]라고 주장했다. 실제로 톨런드는 초기 프리메이슨 그룹에 소속되어 있었다는 추측이 있으며, 일부 프리메이슨 지부들이—비밀스러운 의식과 관계망(일부 사람들은 책략이라고도 하지만)에 참여하는 것 외에도—비밀문서의 유통, 자유분방한 분위기 조성, 자유로운 사고와 발언을 위한 안전한 공간 제공을 통해 계몽주의 원리의 확산에 강력한 촉매제가 되었다는 것이 오늘날 일반적으로 받아들여지고 있다.[78] 초기 영국 프리메이슨의 상당수는 프랑스 개신교 난민과 휘그당원이었으며, 왕립학회의 자연철학자들과 훌륭한 관계를 맺고 있었다. 실제로 1714년부터 1747년까지의 왕립학회 총무는 모두 프리메이슨이었다. 특히 유명한 프리메이슨은 왕립학회 회원이자 아이작 뉴턴의 실험 조수였던 존 테오필루스 데사굴리에로, 그는 뉴턴 철학, 프리메이슨의 상징과 하노버 군주제의 혼합을 우주적 조화라고 찬양하는 시를 썼다. 프랑스 출신의 또 다른 난민인 존 쿠스토스는 포르투갈의 종교재판소에 의해 납치되어 고문을 당하고 산 채로 화형 당할 위기에 처했다가 런던으로 돌아왔다. 그가 고문과 프리메이슨의 비밀을 배신하지 않은 용기를 과장했음에도 불구하고(또는 과장했기 때문에) 이 고난을 묘사한 쿠스토스의 책은 베스트셀러가 되어 프리메이슨의 매력이 더욱 커졌다. 그 후 몇 년 동안 프리메이슨은 비밀주의와 불가해한 진리를 소유하고 있다는 주장을 트레이드마크로 삼아 국제적인 트렌드로 발전했다. 피타고라스주의자들의 비밀주의가 프리메이슨의 의식과 완벽하게 일치하는 것으로 밝혀졌으며, 피치노, 피코 델라 미란돌라와 커더스가 착상하고 뉴턴이 찾아낸 *고대 신학* 또는 *영원 철학*보다 프리메이슨 신화의 필수적인 부분으로 더 적합한 철학은 없었을 것이다.

따라서 18세기 대부분 동안 일원론은 이런 비밀 단체들의 닫힌 문 뒤에 숨어 있었다. 적어도 독일의 한 프리메이슨 단체가 자신들의 계몽주의 의제를 정치 활동으로 전환하면서 상황이 바뀌었다. 1780년 바이에른 일루미나티는 사람 위에 사람의 지배를 극복하고 자유 사회를 건설한다는 궁극적인 목표를 가지고 정부의 행정기관들에 침투하는 데 성공하기 시작했다. 이 단체의 회원들이 스파이 활동과 문서 절도에 연루되자 1785년경 이 단체가 불법화되었다. 불과 4년 후 프랑스 혁명이 발발하면서 유럽 전역의 절대주의 통치자들은 충격을 받았고, 단명한 바이에른 일루미나티의 존재는 이 단체와 다른 프리메이슨 단체를 비방하고 이들이 "새로운 세계 질서" 내에서 혁명을 선동하고 전 세계 지배를 추구한다고 비난하는 다양한 음모론에 영감을 주었다. 이러한 감정적으로 격앙된 분위기 속에서 보수적인 학자인 프리드리히 하인리히 야코비는 고트홀트 에프라임 레싱, 요한 고트프리트 헤르더와 요한 볼프강 폰 괴테와 같은 독일의 주요 지식인들 사이에 널리 퍼져 있는 범신론을 폭로하는 논쟁을 불러일으켰다.

독일의 국민적 우상이 된 박식가이자 문학가인 괴테는 어릴 적부터 범신론적 신념을 가지고 있었다. 그는 자서전에서 어린 시절 나뭇잎, 깃털, 화석, 흥미로운 모양의 돌과 꽃 같은 자연물을 모아 조립한 제단 위에 불을 붙이려다 아버지의 가구를 거의 태울 뻔했던 일을 회상했다. 이 아이템들은 괴테가 쓴 것처럼 세계를 상징하고, "별의 움직임, 나날과 계절, 동물과 식물"의 신, 즉 그의 창조물을 통해 "위대한 자연의 신"에게 경배하는 것이었다.[79] 젊은 시인이 스트라스부르의 대학에 다니며 사랑에 빠졌을 때, 그는 자신의 감정을 표현하기 위해 자연으로 눈을 돌렸다. "자연은 또 얼마나 아름다워 보이는가! 햇빛은 얼마나 밝은가! 평원은 어떻게 미소를 짓고 있는가!"라고 괴테는 칭송한다.[80] 비슷한 시기에 괴테는 신화 속 제우스에 대한 타이탄의 반란을 미화하는 시 〈프로메테우스〉를 지었는데, 이 시는 권위주의적이고 일신론적인 신에 대한 공격을 간신히 숨기고 있었다. 이 선동적인 작품은 15년이 지난 후에야 출판되었는데, 괴테의 친구 프리드리히 야코비는—저자에게 알리거나 동의 없이—스피노자 철학에 대한 공격에 이 작품을 이용했다. 5년 전인 1780년, 야코비는 동료 프리메이슨이자 유명한 작가이자 계몽주의 학자인 고트홀트 에프라임 레싱을 찾아가 괴테의 시를 보여줬다. 자코비는 레싱이 거부하지 않고 그 자신이 범신론자라는 것을 인정해서 놀랐다. 즉 "신성에 대한 정통적인 개념들은 더 이상 저를 위한 것이 아닙니다. 저는 그 개념들을 즐길 수 없습니다. 하나가 모두입니다! 저는 그 외의 다른 것을 알지 못합니다."[81] 1년 후 레싱이 사망하자, 야코비는 레싱의 범신론을 비난하여 독일 철학에 큰 변화를 가져온 스캔들을 일으켰다. 아이러니하게도 야코비의 목적과는 달리 '범신론 논쟁'으로 알려진 이 사건은 스피노자 부흥의 실질적이고 지속적인 계기가 되었다.

괴테의 〈프로메테우스〉의 마법에 걸린 유명한 독자 중 한 명은 항해가이자 자연주의자이며 훗날 혁명가가 된 게오르크 포르스터(1754~1794)로, 그는 10대 시절인 1772년부터 1775년까지 제임스 쿡의 두 번째 일주 항해에 참여했으며, 이 여행은 그를 일원론적 정신에 물들게 했다. "내가 어릴 때부터 내 인생의 진로를 결정한 자질—즉 내 생각들을 어떤 보편성으로 거슬러 올라가도록 애쓰고, 이들을 하나의 단일체로 묶어서, 자연 전체에 대한 인식을 부여하는 것—을 발전시킬 수 있었던 것은 이 항해 덕분이다."[82] 포르스터와 여러 차례 여행을 함께하며 그를 롤모델로 삼았던 젊은 알렉산더 폰 훔볼트와 동시대 인물인 괴테처럼, 포르스터는 "모든 것은 가장 미세한 변조를 통해 연결되어 있다" 그리고 "자연의 질서는 우리의 구분을 따르지 않는다"라는 확신을 가지게 되었다.[83] 포르스터는 또한 18세기 일원론과 진보적 정치 사이의 연결고리를 보여주는 대표적인 인물이기도 하다. 프랑스 혁명군이 고향을 정복하자 포르스터는 혁명군에 합류하여 독일 영토에 최초의 민주 국가인 단명한 마인츠 공화국을 세우는 데 힘썼다. 이 공화국은 프로이센 군대에 의해 마인츠가 탈환될 때까지 불과 4개월 동안만 지속했다. 협상을 위해 프랑스로 파견되었던 포르스터는 1년 후 파리에서 외롭고 가난하게 죽었다.

한편 일원론적 철학은 점점 더 인기를 얻고 있었다. 18세기 말에는 신비로운 진리와 진보적인 정치와 연관되었던 일원론이 다시 주류 문화로 돌아와 예술의 강력한 주제가 되었다. 일원론적 주제에 대한 언급은 미국의 독립선언문에서 "대지의 힘" "자연의 법칙"과 "자연의 신"에 대한 기원祈願을 통해 찾아볼 수 있다. 프리드리히 실러의 〈환희의 송가〉에서는 관습이 엄격하게 나누었던 것을 어떻게 "마법이 다시 하나로 묶는지", [만물이 환희를] 어떻게 "자연의 가슴에서" 마시며, 선한 자와 악한 자 모두 장미 꽃길을 걷는지 찬양하며, "온 누리에 입맞춤을" 바친다. 또는 볼프강 아마데우스 모차르트의 오페라 〈마술피리〉에서는 이집트 여신 이시스에게 기도하기도 한다. 실제로 이집트학자 얀 아스만은 18세기 마지막 4

분기에 "미스터리 열풍"과 "이집트 마니아"가 있었다고 진단한다. 즉 "이전에도 그 이후에도 그에 필적할 만한 관심을 끌지 못했던 고대 신비주의에 대한 텍스트가 홍수처럼 쏟아져 나왔다."[84] 실러의 〈환희의 송가〉를 훗날 유럽가로 채택된 음악 버전으로 만든 루트비히 판 베토벤은 실러의 에세이 〈모세의 사명〉에서 따온, 이시스를 일원론의 화신으로 간주하는 "나는 존재하는 모든 것이다"라는 문장을 책상 위 액자에 넣어 1827년 사망할 때까지 간직했다.[85] 엄청난 영향력을 지닌 괴테에게 일원론은 "모든 자연물은 서로 연관되어 있다"라고 강조한 1784년의 과학 에세이 〈화강암에 관하여〉로부터, 우주의 창조를 신과의 분리로, 그리고 그 분리를 사랑으로 극복할 수 있다고 묘사한, 또 어떻게 "영원한 것이 모든 것에서 분발하는지"를―플로티노스, 에리우게나, 피치노의 전통에 따라―묘사한 그의 시 〈재결합〉과 〈하나와 모두〉까지, 또 "이시스는 베일 없이 자신을 드러내지만, 인간은 백내장을 가지고 있다"라고 쓴 1827년의 《크세니아》까지 일생 내내 그의 작품에서 반복되는 주제로 남아 있다. 또한 박물학자이자 탐험가인 알렉산더 폰 훔볼트의 〈식물의 지리에 관한 에세이〉의 독일어판은 이 천재 시인이 이시스의 베일을 벗기는 모습을 그린 판화와 헌사로 괴테가 준 영감을 기리고 있다.

괴테는 주로 시로 유명하지만, 과학에도 깊은 관심을 가지고 직접 과학 연구를 수행하기도 했다. 예를 들어, 그는 프랑스 의사 펠릭스 비크 다지르와는 별개로 인간 배아가 다른 포유류와 마찬가지로 절치골을 가지고 있다는 사실을 발견했는데, 이것은 인간과 동물 사이의 잃어버린 연결고리를 제공하고 생물학적 진화의 증거로 해석될 수 있는 발견이다. 괴테와 낭만주의자들을 통해 드디어

일원론은 철학과 과학에 다시 영향을 미쳤고, 제2차 과학혁명에서 영감의 주요 원천으로 다시 부상했다. 이 과정의 핵심 인물 중에는 1790년대에는 아직 10대였지만 장차 큰 성공을 거둘 한 젊은 신동이 있었다.

"헨 카이 판"

"헨 카이 판Hen Kai Pan!—하나이자 전부!" 프리드리히 셸링과 그의 친구들에게 이 이상하게 들리는 중얼거리는 단어는 즉시 암호, 인사말, 좌우명 등 말 그대로 세상을 의미하는 모든 것이 되었다. 셸링이 튀빙겐 신학교에 입학했을 때 겨우 열다섯 살로, 룸메이트들보다 다섯 살이나 어렸다. 그의 룸메이트는 예민하고 독창적인 프리드리히 횔덜린과 성가시지만 진지하고 생각이 많아 젊은 시절부터 이미 '늙은이'라는 별명으로 불렸던 고트프리트 빌헬름 프리드리히 헤겔이었다. 그 무렵 셸링은 이미 히브리어와 아랍어를 포함해 8개의 언어를 독학으로 익혔다. 세 사람 모두 재능이 뛰어났고, 모두 유명해졌지만, 그 누구도 성직자가 되지 않았다. 그들이 부모님께 보낸 절망적인 편지에서 묘사했듯이, 그들은 이 "신학의 갤리선"에서의 엄격한 규칙으로 인해 함께 고통받았다. 그러나 그곳은 또한 독일에서 미래 개신교 성직자 교육의 가장 권위 있는 신학교로 여겨졌다. 정확히 200년 전, 그곳에서 요하네스 케플러가 교육을 받았다. 하늘에 오르는 꿈을 꾸며, 횔덜린은 태양 주위의 행성 궤도를 이해하고 이를 우주의 조화로 해석하여 뉴턴의 고전 역학에 영감을 준 그 사람을 기념하는 시를 지었다. "별이 빛나는 지역에서 내 마음은 천왕성의 들판 위를 거닐고 맴도네. 고독하고 대담한 나의 길은 활달한 발걸음을 요구하네. … 누가 알비온의 사상가를… 더 깊은 사색의 장으로 이끌었고, 누가, 길을 밝혀, 이 미궁으로 모험을 떠났나."[86]

그 세대의 많은 젊은이들처럼 세 친구도 불안감을 느꼈다. 신학교에 개성과 자유가 없는 것은 외부의 정치적 상황을 반영하는 것일 뿐이었다. 이런 상황에서 이들의 구호는 비밀의 낙원을 연상시켰다—그리고 1789년 이후 지각 변동이 일어났던 시기에는 비밀을 지켜야 할 충분한 이유가 있었다. 물론 튀빙겐은 반목조 주택들과 중세 성이 중앙에 있고 우거진 푸른 언덕과 슈바벤쥐라산맥 끝자락이 내려다보이는 조용하고 작은 마을이었다. 하지만 튀빙겐은 스트라스부르와 프랑스 국경에서 불과 70마일 떨어진 곳으로, 이 거리는 프랑스 혁명으로 유럽의 봉건 질서가 산산조각이 나고 있던 나라에서 빠른 말을 타고 몇 시간 만에 이동할 수 있는 거리였다.

세 친구가 학생 무리에 합류하여 마을 외곽 초원에 자유의 기둥을 세우고 "자유 만세!"와 같은 혁명적 구호가 적힌 팸플릿에 서명하자, 뷔르템베르크 공작 칼 오이겐이 직접 신학교에 찾아와 사건을 조사하기 시작했다. 다행히도 사건은 무리의 지도자가 스트라스부르로 탈출하는 것으로 끝났다. 한편 세 친구의 호기심은 정치에만 국한되지 않았다. 그들은 단체로 "바쿠스에게 제사를 지냈으며" 과음에 동참했다. 그리고 한밤중—매일의 커리큘럼이 시작되기 두 시간 전—에 일어나 철학에 관해 토론하기 시작했다. 돌이켜보면 이러한 논의는 정치만큼이나 혁명적이었다. 1781년 임마누엘 칸트는 《순수이성비판》을 발표하면서, 실재에 있는 그대로 접근하는 것이 불가능하다는 점을 지적했다. 칸트에게 '물자체Thingin-itself', 무제약적인 절대자는 여전히 파악하기 어려운 존재였다. 대신 우리는 항상 감각을 통해 실재를 간접적으로 경험한다. 예를 들어, 칸트는 공간과 시간을 우리가 세상을 인식하는 한 쌍의 안경이라고 묘사했다. 요한 고틀리프 피히테는 실재를 창조하는 것은 주체라고 주장함으로써 이러한 견해를 극단까지 가져갔다―이것은 200년 후 수수께끼 같은 'U'로 도해된 존 휠러의 '참여적 우주'에 근접한 개념이다. 이러한 견해는 창조적 자아를 전면에 내세운, 앞으로 다가올 낭만주의의 지적 운동과 잘 맞아떨어지는 것으로 판명이 난다.

낭만주의는 많은 것에 대한 개인의 반란을 상징했다. 즉 귀족, 왕과 왕비들에 의해 모든 것이 결정되는 국가와 사회에 대한, 기계적인 시계장치처럼 작동하는 자연의 패러다임에 대한, 개인의 꿈을 좇을 여지가 없는 지루한 회색빛 일상에 대한 반란 말이다. 개인의 자유를 요구한 프랑스 혁명과 경험의 창발에서 개인의 역할을 강조한 피히테의 철학에 의해 촉발된 낭만주의는 19세기 초에 지배적인 지적 운동으로 자리 잡았다. 낭만주의자들은 자연과 예술을 이상화하며, 거기서 일상에서 부족한 것을 찾았다. 자연 속에서 낭만주의 자아는 스스로 회복되기를 바랐다. 그러나 자연에서 자아를 찾으려면 자아와 자연이 공통의 근원을 가져야 했다. 낭만주의자들은 자아와 우주, 정신과 물질, 사고와 욕망을 조화시킬 수 있는 원칙이 필요했다. 그들은 '헨Hen', 모든 것을 포용하는 '하나'가 필요했고, 이 세 친구는 그것을 공급하는 중추적인 역할을 하게 되었다.

창의적인 프리드리히 횔덜린은 시인이 되어 자연과 하나가 되는 것에 대한 찬미가를 썼다. "모든 것과 하나가 되는 것―축복받은 자기 망각 속에서 전체 자연으로 돌아가는 것이… 신성한 삶이고 인간의 천국이네—그것이 생각과 기쁨의 정점이고, 그것이 성스러운 산의 정상이며, 영원한 안식의 장소이네."[87] 횔덜린은 당대 가장 중요한 시인 중 한 명이 되었지만, 서른다섯 살에 불치의 정신질환 진단을 받고 튀빙겐 신학교에서 불과 몇 걸음 떨어진 네카어강변의 탑에서 여생을 보냈다. 헤겔과 셸링은 처음에는 동지로서, 나중에는 격렬한 라이벌로서 진정한 '헨'의 철학을 위해 노력하는 데 평생을 바쳤다. 특히 셸링은 급부상하여 낭만주의 운동의 최고 철학자로 발전했다.

1798년, 스물세 살의 나이에 셸링은 괴테에 의해 "일름강의 아테네"로 알려진 바이마르 주변의 자유주의적 공국의 대학인 예나대학교의 교수로 채용되었다. 실러와 피히테는 이미 예나에서 가르치고 있었고, 나중에 피히테는 무신론을 사유로 해고되었다. 그러나 셸링의 일원론적 철학은, 몹시 횔덜린을 연상시키는 방식으로 자연의 통일성에 대해 글을 썼던 괴테의 신념과 더 잘 공명했다. 셸링이 곧 괴테의 측근이 되어 독일 낭만주의 시인들과 친분을 쌓게 된 것은 당연한 일이었다.

이 무렵 셸링은 미발표 시에서 참된 종교는 돌과 이끼, 꽃, 금속 및 모든 것에서 자신을 드러내어 누구나 "우주에" 또는 "연인의 고운 눈동자에" 빠져들 수 있도록 해야 한다고 요구했다.[88] 하지만 그가 언급한 연인은 다른 남자와 결혼했다. 낭만주의 비평가 아우구스트 슐레겔의 아내인 카롤리네는 그의 인생의 사랑이었을 것이다. 12살 연상의 그녀는 지적이고, 고등교육을 받았으며, 인습에 구애받지 않았다—그리고 이미 모험적인 삶을 살아왔다. 즉 서른여섯 살의 나이에 그녀는—남편과 함께—셰익스피어의 희곡 6편을 독일어로 번역했고, 네 명의 자녀를 낳았으며(그 가운데 한 명은 무도회 동안 하룻밤을 보낸 프랑스 혁명군 장교의 아들이었다), 남편과 사별 후 재혼을 했다. 마인츠 공화국에 거주할 때에는 당시 이 도시국가의 부통령을 맡고 있던 게오르크 포르스터의 절친한 친구였다. 프로이센 군대가 도시를 탈환했을 때 그녀는 투옥되었고, '민주주의자'이자 '행실 불량자'로서 그녀의 고향인 괴팅겐을 비롯한 여러 곳에서 출입이 금지되었다. 슐레겔과 결혼한 후, 부부는 예나로 이주하여 거기서 낭만주의자들이 모이는 중심지가 된 가정을 꾸렸다.

그녀가 셸링을 만난 것은 그때였고, 그녀는 셸링을 '원시인'으로 묘사하며 '화강암'에 비유했다. 곧 셸링과 카롤리네는 남편이 용인하는 불륜 관계를 시작했다. 아마도 예나에서의 세월은 셸링의 인생에서 가장 행복했던 시기였을 것이다. 괴테의 도움을 받아 그는 카롤리네가 이혼하고 자신과 결혼하도록 만들었지만, 부부는 6년 동안만 함께 살았다. 1809년 카롤리네가 죽자 셸링은 세상과 자신을 이어주는 마지막 연결고리가 끊겼다고 느꼈고, 그의 철학은, 모든 것의 기반에 있는 혼돈, 우연, 비합리적인 욕망을 이야기하며, 어두운 색조를 띠게 되었다. 그러나 이것은 아직 미래의 일이며, 1799년 셸링이 헤겔을 예나에 취직시켜주었을 때에는 두 오랜 친구는 누가 무엇을 썼는지 때로는 재구성하기 어려울 정도로 아주 긴밀하게 협업했다. 이 시기에 셸링은 당시의 과학과 현대물리학의 발전을 형성할 자연에 대한 철학인 '자연철학'을 개발했다.

셸링의 철학은 그의 갈등하는 성격을 상당 부분 반영했다. 그는 내면성과 외향성, 절대성과 구체성, 정신과 자연, 종교와 무신론 사이에서 갈등하는 사람이었다. 셸링은 평생 피히테와 스피노자, 자아와 세계, 모든 것을 포용하는 절대자와 자연에서 경험하는 다양성을 조화시키기 위해 고군분투했다. 셸링은 스피노자의 일원론을 받아들여 물질과 정신의 통합을 시도했다. 결정에서 나뭇잎까지, 나뭇잎에서 인간 본성에 이르기까지, 그에게 모든 것은 신과 같은 존재였다. 그리고 헤라클레이토스가 "모든 것에서 하나가 그리고 하나에서 모든 것이" "전쟁은 만물의 아버지"라고 썼던 것처럼, 셸링의 철학은 게오르크 포르스터의 아이디어들을 반영하며, 통합 및 남성과 여성, 전기와 자기처럼 통합된 전체를 형성하기 위해 서로를 보완하는 반대 극성의 원리를 중심으로 전개된다.

닐스 보어의 철학적 배경이 독일 관념론과 연결된다고 할 때, 이는 칸트, 피히테, 헤겔, 셸링의 철학을 말한다. 사실, 보어의 '상보성'의 원리, '입자'나 '파동' 같은 상반된 묘사는 모순적이 아니라 상호보완적이라는 개념은 셸링의 반대 극성과 매우 유사하며, 관찰자의 중요성에 대한 보어의 강조는 낭만주의자들의 창조적 자아를 떠올리게 한다.

그러나 이 이야기는 진실의 절반만 알려준다. 셸링과 달리, 보어는 결코 일원론자가 아니었다. 사실, 앞서 살펴본 바와 같이, 결합된 보완물에 해당하는 존재자를 실재의 일부로서 부정하는 것이 보어의 철학을 규정짓는 요소였다. 따라서 보어가 독일 관념론 철학을 진정으로 받아들였다면, 그는 이를 실증주의(즉 관찰 가능한 것만이 실재한다는 견해)와 강하게 혼합했을 것이다. 이와는 대조적으로, 에든버러대학교의 철학자 미켈라 마시미에 따르면, "셸링의 주요 공헌은 칸트의 무제약자 개념을 자연화하여 자연철학의 경험적 연구 대상으로 전환한 것이다. 이 과정에서 셸링은 인간 지식의 관점적 본질에 대한 칸트의 중요한 통찰을 가져와… 이를 뒤집어 놓았다."[89] 셸링의 말처럼 "무제약성을 포함하도록 확장된 경험주의가

바로 자연철학이다."⁹⁰

따라서 셸링은 자연에 대한 실험적 조사를 이론적 모델 구축으로 보완하며, 직접 관찰할 수는 없지만 여전히 실재의 일부이며, 항상 특정한 관점에 따라 달라지는 경험적 지식보다 훨씬 더 실재적인 추상적 개념을 허용한다. 이 과정에서 셸링은 양자역학과 놀라운 유사점을 보이는 개념을 개발했다. 셸링은 《자연철학 체계의 첫 번째 개요》에서 자연의 기초에 있는 "동적 원자"를 소개하는데, 이 원자는 공간에 존재하지 않으며 "물질의 일부로 볼 수 없고"⁹¹ 오히려 "물질의 구성요소"⁹²로서 그 효과와 산물이 "공간에 존재할 수 있다."⁹³ 동적 원자 자체는 "더 높은 관점에서 본 산물 자체에 지나지 않는다."⁹⁴

(1장에서 플라톤의 동굴의 우화로 그려진) 추상적인 힐베르트 공간에서 측정 이전의 물리학을 묘사하는 양자 물체들과의 유사성은 놀랍다―심지어 이것은 과학자들이 양자 영역의 물리학을 탐구하기 시작하기 100년 전의 일이다. 마시미가 묘사하듯이, "셸링은 대담하게도 [칸트의] 무제약자를 자연에 대한 과학적 지식이라는 형태로 이론적 이성의 영역에 재배치했다."⁹⁵ 또한 셸링의 일원론은 얽힘에 대한 놀라울 정도로 정확한 설명을 제공한다. 그리고 마지막으로 셸링은 '하나'로부터 얼마나 많은 것이 유래할 수 있는지 이해하기 위해 고군분투하면서, 이전의 괴테보다 더 구체적으로, 에리우게나의 말을 되풀이하며 결깨짐의 기본 아이디어를 앞서 이야기했다. 그가 "이전에 인간은 자연 상태에서 살았고, [그리고] 인간은 주변 세계와 하나였다"라고 설명할 때, 이는 여전히 원시적 일원론에 대한 막연한 헌신처럼 들리지만, 그가 계속해서 어떻게 "인간이 외부 세계와 대립하여 자신을 구별하자마자… 인간이 자연

이 통합했던 것을 분리하고, 대상과 관찰자를 분리하고… 최종적으로 (자신을 관찰함으로써) 자신을 자신으로부터 분리하는지"를 설명할 때, 이는 관찰자, 관측된 계 및 환경으로 양자 인수분해하는 것에 대한 놀랍도록 정확한 묘사로 귀결되며, 이로써 결깨진 개구리 관점이 탄생하게 된다.[96] 실제로 셸링에게 철학(또는 과학)은 "신의 관점"을 채택하여 전체 자연을 완전히 이해하는 것이다. 그리고 그의 친구이자 협업자였던 헤겔에 따르면, 우리가 자연에서 관찰하는 것은, 비록 내부가 아닌 외부에서 볼 때 '이질적인' 것으로 인식되기는 하지만, 신 자신이다.

분명히 셸링과 헤겔은 횔덜린과 비슷한 생각을 공유했는데, 횔덜린은 이를 좀 더 시적으로 표현했다. "그러나 한순간의 성찰이 나를 쓰러뜨리네. 나는 성찰하고, 이전의 나 자신을 발견하네—홀로, 죽음을 면할 수 없는 자의 모든 슬픔을 안고서, 내 마음의 피난처인 영원한 하나됨의 세계는 사라지네. 자연은 그녀의 팔을 닫고, 나는 그녀 앞에 외계인처럼 서서 그녀를 이해하지 못하네."[97]

프랑켄슈타인에서 장으로

셸링의 경력은 낭만주의의 승리 행진과 유사했다. 그는 기사 작위를 받았고, 프로이센의 왕은 "신이 선택한 당대의 스승"이라며 베를린대학교에 합류할 것을 권유했고, 마침내 바이에른의 왕은 그의 묘비에 "독일 제일의 사상가에게"라는 문구를 새겨넣었다. 결국, 불과 몇 년 지나지 않아 시인 하인리히 하이네가 "범신론은 독일의 비밀 종교"라고 선언한 것처럼, 셸링의 영향력은 널리 퍼져나갔다.[98]

영국의 시인 새뮤얼 테일러 콜리지와 윌리엄 워즈워스는 1798년 독일을 방문한 후, 낭만주의와 자연에 대한 일원론적 견해를 영국으로 가져와 세상을 변화시킬 시를 쓰기 시작했다. 이 시가 완성되지는 않았지만, 워즈워스는 그의 시에서 자신은 "자연의 숭배자"[99]로, 자연은 "신의 숨결"[100]로 묘사했다. 이러한 아이디어는 윌리엄 터너와 프랑스 인상파 화가들의 예술에 영감을 주었고, 클로드 모네, 오귀스트 르누아르, 빈센트 반 고흐가 화실을 떠나 자연에서 그림을 그리게 했으며, 과학자들이 실험실을 떠나게 했다. 알렉산더 폰 훔볼트는 이러한 정신으로 지구상에서 가장 높은 산으로 여겨지던 침보라소 등정에 착수하여 모든 것을 기록하고 측정하기 위해 노력했으며, 자연을 "전체의 반영"이자 "그물처럼 복잡한 직물"이라고 생각했다.[101] 월트 휘트먼, 랠프 월도 에머슨, 헨리 데이비드 소로, 존 뮤어, 앤설 애덤스, 잭 케루악과 다른 많은 사람들의 작품을 통해 전달된 자연에 대한 일원론적 영광은 미국 서부의 대자연을 보편적인 약속으로 여기는 "프론티어 신화"의 빠뜨릴 수 없는 요소가 되었다. 모든 것을 포괄하는 자연에 대한 이런 감각을 훌륭하게 표현한 것은 그리스-독일어 단어인 〈코스모스 *Kosmos*〉로 제목을 붙인 휘트먼의 시이다. "누가 다양성을 포함하고 있으며, 누가 자연인가⋯ 과거, 미래는 공간처럼 함께 공존하며 분리할 수 없구나."[102] 마침내 일원론적 우주는 다시 한 번 과학의 원동력이 되었고, 영국에서는 일원론에서 영감을 받은 물리학이 다음 혁명을 맞이하게 된다.

19세기 초 과학자들이 전기와 자기, 열, 유체 그리고 생명과 같은 현상을 연구하기 시작하면서, 뉴턴의 고전역학만으로는 설명할 수 없는 한계가 점점 더 분명해졌다. 이러한 상황에서 시계장치 우주라는 계몽주의적 개념은 점점 더 적합하지 않은 것처럼 보였다. 그 자리에 유기체로서의 우주에 대한 오래된 은유가 부활했다.

이러한 상황에서 셸링의 일원론적 철학은 낭만주의의 지적 경향과 밀접한 관계를 맺고 있던 전기화학 및 전자기학 분야의 초기 개척자들에게 주요 영감의 원천이 되었다. 이 철학의 핵심 요소는 통일성, 에너지 보존, 서로를 상호보완하는 상반된 극성들의 균형이라는 아이디어였으며, 이 모든 것이 우주를 바라보는 일원론적 관점 안에 녹아 있었다. 미국의 과학철학자 고 토머스 쿤에 따르면, "셸링은… '자기적, 전기적, 화학적 그리고 마침내 유기적 현상까지도… 자연 전체로 확장되는 하나의 거대한 연관성으로 엮일 것'이라는 태도를 유지했다."[103] 쿤의 설명처럼 이는 전기와 자기의 새로운 현상에 접근하는 방식에 구체적인 영향을 미쳤다. 즉 "배터리가 발견되기 전에도 [셸링은] '의심의 여지 없이 빛, 전기 등[의 현상들]에서는 다양한 변장을 한 단 하나의 힘만이 나타난다'라고 주장했다."[104] 실제로 쿤이 지적했듯이, "에너지 보존의 발견자 중 상당수는 모든 자연 현상의 근원에 파괴할 수 없는 하나의 힘이 있다고 보는 경향이 강했다."[105] 분명히 셸링의 전통에 속한 많은 자연철학자들이 "패러데이와 그로브가 19세기의 새로운 발견들에서 도출한 것과 매우 유사한 물리적 과정에 대한 견해를 그들의 철학에서 도출했다"라고 쿤은 결론지었다.[106] 19세기 영국 문헌에서 셸링이 어떻게 수용되었는지에 대한 전문가인 자일스 화이틀리는 다음과 같이 동의한다. "리터가 전기화학 분야를 발전시킨 것은 직접적으로 셸링에게서 영감을 받은 때문이었으며, 1820년 한스 크리스티안 외르스테드가 전자기학의 원리를 발견한 것은 데이비와 리터의 발견을 결합한 결과였다."[107]

요한 빌헬름 리터(1776~1810)는 괴테의 그룹에 속한 물리학자로, 자외선과 충전 배터리를 발견했다. 그러나 '동물전기 이론galvanism' — 전류가 개구리 다리나 사형수의 근육 수축을 유도할 수 있다는 관찰에서 촉발된, 전기에 의해 무생물로부터 생명을 창조한다는 아이디어 — 에 대한 리터의 연구는 결국 그를 잘못된 길로 이끌었다. 뮌헨으로 이주한 후 그는 연구에 점점 더 집착하게 되어 가족을 소홀히 하고 연구실로 들어갔으며, 1810년 젊은 나이에 가난하게 사망했는데, 그 주된 원인은 전기를 가지고 자신의 몸에 하는 실험에 몰두한 결과였다고 한다. 과학사학자 리처드 홈즈가 추측했듯이, 리터는 젊은 메리 셸리가 6년 후 쓴 소설의 주인공인 프랑켄슈타인 박사의 롤모델이었을지 모른다. 1816년 메리 셸리, 그녀의 의붓 여동생 클레어 클레어몬트, 그리고 그녀의 연인이자 훗날 남편이 된 시인 퍼시 셸리는 클레어의 연인이자 이복 오빠인 유명한 낭만주의자 바이런 경을 방문하여 "습하고 온화하지 않은 여름"을 보내고 있었다.[108] 늘어나는 빚, 막 딸을 낳았으며 남편이 미쳤다고 믿은 아내와 갈라섰다는 스캔들과 클레어와의 근친상간 소문으로 인해 강제로 영국을 떠나게 된 후, 바이런은 제네바 호수 근처의 저택에서 살고 있었다. 1816년은 "여름이 없는 해"로 알려지게 되었는데, 이는 바로 이전 해에 일어난 인도네시아 화산의 대규모 분화(1300년 만의 최대 규모였다)로 인한 화산재 때문이었다. 그 결과 홍수, 연중 내내 내리는 갈색 눈, 유럽 전역의 흉작, 기근, 폭동, 수십만 명의 사망자를 낸 전염병 등이 발생했다. 메리 셸리가 기억하는 것처럼, "끊임없는 비로 인해 며칠 동안 집 안에 갇혀 지내야 했던" 시절, 바이런은 누가 최고의 공포 소설을 쓸 수 있는지 경연을 제안했고, 열여덟 살의 메리가 우승했다.[109] 바이런은 영국으로 돌아오지 못했고, 딸도 다시는 보지 못했다. 그는 그리스 독립 전쟁을 지원하기 위해 그리스로 항해한 지 7년 후 사망했다. 그러나 바이런의 딸인 에이다 러브레이스는 바이런의 창의성을 이어받았고, 1843년 찰스 배비지의 기계식 해석기관에 구현할 알고리즘을 작성하면서 세계 최초의 컴퓨터 프로그래머가 되었다. 이 여담이 잘 보여주듯이, 셸링 이후 몇 년 동안 낭만주의와 과학은 밀접하게 얽히면서, 리처드 홈즈가 "낭만주의 과학" 또는 "경이의 시대"라고 정확하게 묘사한, "모든 비밀을 밝히기 위해 발견을 기다리거나 유혹하는 무한하고 신비로운 자연이라는 개념"이 특징인 시대가 태어났다.[110]

덴마크 물리학자 한스 크리스티안 외르스테드가 전기와 자기 사이의 관계를 찾도록 영감을 준 것도 셸링의 일원론이었다. 1820년 외르스테드는 나침반 바늘이 전류에 의해 휘어질 수 있다는 사실을 깨달았고, 이 발견은 마침내 전기와 자기의 통합과 장이론의 개념으로 이끌었다. 그러나 현대물리학을 향한 결정적인 진전은, 셸링의 철학에 적당히 근접하면서도 거리를 둔, 현실적인 경험주의와 고상한 이론 구축의 이상적인 조화를 통해서, 영국에서 일어났다.

독일에서 돌아온 후 시인 새뮤얼 콜리지는 일반인을 대상으로 과학을 가르치는 기관인 왕립연구소에서 독일 낭만주의와 셸링의 철학에 관한 강연을 했다. 왕립연구소의 또 다른 강사는—워즈워스 다음으로—친한 친구였던 화학자 험프리 데이비였다. 데이비는 자연을 사랑하는 사람이자 전기화학의 선구자로서 어떻게 자연에서 "아무것도 소실되지 않는지" 또 어떻게 "모든 계가 신성한지"에 대한 범신론적 시들을 썼다.[111] 전기분해로 최초로 여러 원소를 분리하고 발견하였으며 웃음 가스의 통증 완화 특성을 발견한 그는 나중에 왕립학회의 회장이 되었다. 콜리지는 데이비가 "모든 구성은 에너지의 균형으로 이루어져 있다"라는 그의 제안을 받아들였다고 주장했는데, 이는 콜리지 자신이 셸링으로부터 받아들인 것이다.[112] 하지만 데이비가 스스로 믿기로는, 자신의 가장 큰 발견은 그의 조수, 마이클 패러데이였다. 데이비가 패러데이를 처음 만난 것은 그 젊은이가 그의 강의를 들으러 왕립연구소에 왔을 때였다.

따라서 셸링은, 외르스테드와 콜리지를 통해, 자기를 전기로 역변환하려는 패러데이의 노력과 전자기학을 장으로 묘사하려는 패러데이의 아이디어에도 간접적으로 영향을 미쳤다. 후자는 양자역학의 발전과 최종적으로 양자장 이론의 발전에 결정적으로 중요한 단계가 되었다. 패러데이의 획기적인 발견을 알게 된 셸링은 화학도 결국 전자기학으로 환원될 것이라고 상상하기도 했다. 외르스테드와 패러데이의 발견은 제임스 클러크 맥스웰의 전기역학 이론에서 전기와 자기의 통합을 향한 중요한 발걸음이 되었고, 마침내 아인슈타인의 상대성이론으로 진화했다. 독학을 했기에 수학을 조금밖에 몰랐던 패러데이는 자신의 직관을 수학 방정식으로 요약할 수 없었다. 결국 이 일은 맥스웰이 그의 유명한 방정식들을 통해 이루었다.

셸링이 생물학과 복잡계의 과학에 미친 영향도 그에 못지않게 컸다. 즉 셸링의 신조—자연을 "기계"가 아닌 "유기체"로 이해하고, "자연을 통합적으로 파악한다"—는 박식가이자 박물학자, 지리학자, 탐험가인 알렉산더 폰 훔볼트 같은 연구자들에게 깊은 반향을 일으켰으며, 훔볼트는 셸링이 과학에 '혁명'이 일어나도록 자극했다고 평가했다.[113] 셸링을 따라서 훔볼트는 자연을 "그물과 같은 복잡한 구조"로 이해했으며, 이 패러다임에 영감을 받아 화산이

지하로 연결되어 지표면을 형성하고, 식물과 동물이 생태계를 형성하고, 예를 들어 기후에 영향을 미친다는 사실을 발견하였다.

셸링의 상반된 극성들에 대한 아이디어는 찰스 다윈의 생물학적 진화론에도 영향을 미쳤으며, 다윈과 에른스트 헤켈 모두 셸링의 영향력을 인정했다. 이미 다윈의 할아버지 이래즈머스 다윈이 1803년에 쓴 시 〈자연의 신전〉—플라톤적 주제와 초기 진화론적 사고로 가득 찬—은 어떻게 "불멸의 사랑! 태초의 아침 이전에 … 어린 자연에게 감탄스런 빛을 비추신 분! … 물방울과 물방울을 합치고, 원자와 원자를 결합하고, 성性과 성을 연결하거나, 마음과 마음을 사로잡는지"를 묘사했다.[114] 훔볼트와 다윈으로부터 영감을 받아 자연을 "하나의 통합된 전체"로 생각한 헤켈은 산봉우리에서 심해까지 자연을 탐험한 연구자였다.[115] (그가 의사가 되기를 바랐던 부모님께는 실망스럽게도) 한동안 예술가로서 경력을 쌓아야 할지 과학자로서 경력을 쌓아야 할지 확신하지 못했던 그는 꽃, 이끼, 해조류, 해파리, 특히 '방사충'으로 알려진 단세포 해양 미생물을 수집하여 아름다운 소묘와 수채화로 기록해 두었다. 그는 이러한 물체들을 "섬세한 예술 작품"과 "바다의 경이"라고 특징을 묘사했으며, 나중에 아르누보*의 출현에 영감을 주게 된다.[116] 또한 헤켈은 인류의 기원을 설명하기 위해 다윈의 진화론을 일반화하였고, 유인원과 인간 사이에 중간 종이 있을 것이라고 추론하였으며, 그의 제자들에게 당시 알려진 최초의 사람과hominid 중 하나인 자바 원인의 유골을 발견하도록 영감을 주기도 했다. 유전학의 가장 중요한 함의 중 하나는 생물 및 무생물 현상 모두 동일한 자연의 일부이며, "자

• 프랑스어로 '새로운 미술'을 뜻하며, 19세기 말에서 20세기 초에 성행했던 유럽의 예술 사조.

연의 통합"을 수반한다는 것이라고 헤켈은 주장했다.[117] 총 에너지는 보존되는 반면, 다양한 형태의 에너지가 서로 변환될 수 있다는 통찰을 바탕으로, 그는 저서 《우주의 수수께끼》에서 "모든 자연적인 힘의 단일체"를 추론해냈으며, 이것이 "우리의 일원론적 철학이 우주의 수수께끼라는 거대한 미로를 통과하여 최종적인 해결로 이끄는 길잡이 별"이 되었다고 여겼다.[118] 스피노자를 따라서 헤켈은 "우주에는 신이자 동시에 자연인 단 하나의 실체"만이 존재한다고 보았으며, 학자와 예술가들에게 "광대하고 전능한 경이"로서 "자연 또는 우주를 찬양"하도록 격려했다.[119] 헤켈은 일원론의 대중적 옹호자로 성장했고, 1904년 로마에서 열린 국제 자유사상가 모임은 그를 일원론의 '대립교황'으로 선포한 후, 캄포 데 피오리에 있는 조르다노 브루노 기념비까지 행진하여 월계관을 바쳤다.

축복과 저주

그러나 물론 셸링, 헤겔, 횔덜린, 괴테는 얽힘과 결깨짐에 대해 알지 못했다. 따라서 그것들의 의미를 설명하기 위해 은유를 사용했다. 즉 자연은 '살아 있는 유기체'로, 진화는 '창조성'으로 이해했다. 우주는 '신'과 동일시되고, 극성들의 통합은 '사랑'과 비교된다. 이러한 은유는 자연을 아름답고 시적인 이미지로 그려내며, 직관적이고 때로는 새로운 아이디어에 영감을 줄 수 있는 이해를 돕는 그림들을 제공한다. 그러나 너무 문자 그대로 받아들이면 분명히 잘못된 길로 이끈다. 괴테, 셸링 및 기타 낭만주의자들의 글에서 때때로 빛나고 있듯이, 이런 낭만화가 실험에 대한 경멸, 즉 실험적 탐구를 폭력과 생체 해부와 동일시하는 정서와 결합할 경우 더욱 문제가 된다. 따라서 셸링의 낭만적인 '자연철학'이 엄청난 영향을 미쳤을 때, 발전하는 현대 과학에게 그것은 저주와 축복을 동시에 의미했다.

마시미에 따르면, "셸링과 일반적인 '자연철학'은 너무 사변적이고, 너무 모호하며, 실험 방법과 너무 이질적이어서, 당시 과학에 진정한 영향력을 행사할 수 있는 위치에 있지 못하다는 비난을 받곤 했다."[120] 예를 들어, 독일의 물리학자 파울 에르만은 셸링의 철학을 "기만과 거짓말"이라고 묘사했고, 화학자 유스투스 폰 리비히는 이를 "역병, 즉 세기의 흑사병"에 비유했다.[121] 과학사학자 리처드 홈즈가 표현하듯이, "끊임없이 어리석음의 경계에 서 비틀거리고 있었다."[122]

현대의 관점에서 보면, 에르만과 리비히의 의견에 동의할 만한 충분한 이유가 있는 것처럼 보인다. 오늘날 모든 것을 포괄하는 단일체라는 개념은 반쯤 잊혀진 비밀스런, 심지어 이상하게 전체주의적으로 보인다. 예를 들어, 에른스트 헤켈은 다윈의 진화론을 순진하게 인류에게 적용하면서, 사회적 다윈주의와 생물학적 인종주의의 선봉이 되었고, 이것은 나중에 잔인한 생물학적 인종차별주의, 결국에는 나치 운동의 살인 이데올로기에 열정적으로 흡수되었다. 또한 나치 이념 신봉자들은 자연을 미화하는 것에 열광했다. 예를 들어, 자연에 대한 범신론적 성찰로 가득한, 노르웨이의 노벨 문학상 수상자 크누트 함순의 소설 《판》은 함순을 가장 좋아하는 작가 중 한 명으로 꼽은 나치 최고 선전가 요제프 괴벨스에 의해 영화로 각색되었다.

셸링의 친구이자 공동연구자인 헤겔은 훗날 극성들의 화해에 대한 두 사람의 공통된 아이디어를 역사와 정치에 적용했다. 헤겔의 제자 카를 마르크스에 의해 유물론적 관점에서 해석된 이 개념은 마르크스주의 이론의 초석이 되었다. 따라서 20세기의 가장 파괴적인 전체주의 운동의 이념적 배경 역시 셸링의 철학과 관련이 있다. 더 일반적으로, 객관적 사실보다 창조적 주체의 우위를 강조한 낭만주의자들의 신조는 대체 사실과 사이비 과학—점성술에서 동종요법, 예방접종에 반대하는 신념 및 기후 변화의 부정에 이르기까지—을 조장하는 발전을 지지하는 것으로 보인다. 오늘날에도 여전히 '하나'가 논의되는 곳에서 그것은 곧바로 "뉴에이지 헛소리"라고 퇴출되거나 밀교에 이용당한다. 그것은 분석철학의 성공적인 패러다임과는 맞지 않는 것처럼 보인다.

　이러한 부정적인 영향을 부정할 수는 없지만, 한편으로는 이러한 사이비 과학과 전체주의 이념들의 중심에는 자연을 *실제의* 모습이 아닌—지지자들의 눈에 비친—*본래의* 모습으로 바라보려는 시각이 자리 잡고 있다. 이러한 사고방식은 '하나'를 여러 사물의 눈부신 배열로 정직하게 재구성하려고 시도하는 대신, 미리 정해진 '하나'의 이미지를 세계에 강요하는 데 기반한다. 하인리히 하이네가 "경건하고 잘난 척하는 야코비"를 "첩자"라고 일축했을 때 단언했듯이 그에게 '하나'는 여전히 이성의 개념이었지만, 이 개념은, 20세기 독재 정권들에 의해 시작된 끔찍한 범죄 및 재앙과의 연관성으로 인해 불신을 받게 되면서, 망각 속으로 가라앉았다.[123]

✧ ✧ ✧

　일원론적 패러다임에서 남은 것은 자연을 포용하고 통합과 아름다움을 추구하는 것이다. 현대 과학이 발전하는 과정 내내 경험적 방법 못지않게 이 과정에 영향을 미친 것이 바로 이러한 생각들이다. 계몽주의 시대에 과학혁명이 전개될 수 있도록 동기를 부여한 이야기와 질문들을 인도한 것은 바로 다빈치와 피치노의 르네상스 철학이었다. 마찬가지로, 20세기의 위대한 과학혁명인 상대성이론과 양자물리학의 발판을 마련한 것은 19세기 괴테와 콜리지의 낭만주의와 전기역학과 열역학 같은 '낭만주의 과학'이었다. 사실, 통합과 수학적 아름다움에 대한 탐구는 현대물리학에서 필수적인 부분이 되었다. 노벨상 수상자인 프랭크 윌첵이 그의 저서 《아름다운 질문》에서 단호하게 선언한 것처럼 "'세상은 아름다운 아이디어를 구현하고 있는가?'라는 질문에 대한 유일한 적절한 대답은… 큰 소리로 그렇다이다!"[124] 하지만 수학적 아름다움과 통합에 대한 이러한 개념들은 자연의 일부일까 아니면 단순히 희망사항일까? 그것들이 과학자들이 자신들의 연구에 투영한 개인적 선호—우리가 가짜 현실을 믿도록 만드는 패턴과 대칭을 식별하도록 배선된 우리 뇌가 만든 단순한 결과—는 아닐까? 그것들이 자연에서 실제로 일어나는 일과는 동떨어진 곳으로 우리를 이끄는 것은 아닐까?

우주의 일원론적 조화에서 영감을 얻은 개념들이 모두 옳은 것으로 판명되지는 않았지만—케플러의 천체의 음악이나 뉴턴의 연금술에 대한 추측이 대표적인 예이다—케플러와 뉴턴이 자연에 대한 조화롭고 통합된 설명을 위해 노력하지 않았다면 획기적인 발견을 할 수 없었을 것이다. 실제로 역사에 따르면 일원론이 번성할 때마다 예술과 과학이 번성했다. 돌이켜보면 이는 놀라운 일이 아니다. 창의성은 결국 지금까지 별개의 영역으로 여겨졌던 것들 사이에서 미지의 연결고리와 유사점을 발견하는 것으로 귀결되는 경우가 많다. 자연을 단일체로 받아들이는 사고방식은 특히 그러한 상관관계를 발견하고 활용하는 경향을 가진다.

반면에 일원론이 결국 양자역학을 따른다면, 자연의 아름다운 패턴을 찾는 것과는 어떤 관련이 있을까? 이 질문은 자연에 대한 근본적인 설명을 식별하는 문제와 자연의 속성이 덜 근본적인 설명 계층에 어떻게 각인되는지 파악하는 문제로 우리를 안내한다. 앞으로 살펴보겠지만, 이러한 근본적인 실재의 징후는 실재의 패턴과 대칭으로 나타날 수 있다. 물론 이것은 구상된 모든 미적 이상이 자연에서 실현된다는 것을 의미하지는 않지만, 그러한 패턴을 찾는 것에 대한 정당성을 제공한다. 3000년이나 된 일원론 개념은 현대물리학자들이 블랙홀, 힉스 입자, 초기 우주를 이해하기 위해 고군분투하는 데 실제로 도움이 될 수 있다.

6 구원의 하나

이제 우리 탐구의 핵심 지점에 도착할 준비가 되었다. 자연에 대한 이론으로 진지하게 간주된 양자역학에서 일원론이 나온다는 것을 고려하고, 우리의 일상 경험에서 사물의 복수성이 어떻게 창발하는지를 이해하며, 이런 함의가 과거의 과학 실천에 아로새겨졌음에도 오랫동안 무시되어온 이유를 파악했다면, 우리는 이제 물리학이 현재와 미래에 직면한 문제와 도전에 이러한 통찰이 어떤 결과를 수반할 것인지 물을 수 있다. 우리는 과학의 새로운 토대를 발견할 준비가 되었다.

곤경에 처한 물리학

2017년 10월 18일, 잔 주디체는 입자물리학이 곤경에 처해 있다고 발표했다. "과학혁명이 되풀이하는 패턴을 따라가며 우리가 현재 위기 국면의 시작을 목격하고 있다는 징후가 여럿 있다. … 지금은 과학 연구의 가장 복잡하고 강렬한 순간으로, 진정한 패러다임의 변화를 위해 혁명적이고 편견 없는 아이디어들이 필요한 시기이다."¹ 물리학계에서 주디체의 의견은 그 누구보다 무게감이 있다. 그는 대형강입자충돌기LHC를 운영하는 제네바에 있는 CERN 즉 유럽입자물리연구소에서 이론물리학 부서의 책임자로 근무하고 있다. CERN은 가능한 한 단순하고 기본적인 구성요소로 전체 우주를 재구성하려는 전 세계적인 노력의 선두에 서 있다. 그리고 입자물리학자에게 더 단순하다는 것은 항상 더 작다는 것을 의미한다.

입자물리학자들이 건설한 거대한 가속기는 중세 시대의 웅장한 성당에 비유되기도 한다. 이는 단지 그 규모뿐만 아니라 신은 아니더라도 적어도 우주를 지배하는 근본적인 실재와 조화로운 법칙을 찾는 거의 신성한 공간으로서의 역할에 대한 언급이다. 가속기들 가운데 CERN의 LHC는 역사상 가장 큰 가속기이다. 즉 프랑스와 스위스 국경을 네 번이나 가로지르는 길이 27킬로미터의 가속기이다. 이것은 인류가 건설한 기계 가운데 가장 큰 기계로 입자물리학의 현재 지식을 요약한 표준모형을 완성하고 그 너머에 있는 것을 발견하기 위해 건설되었다. LHC는 과학계 전체를 통틀어 최고의 이론이 연필심 끝으로 균형을 잡고 서 있는 연필처럼 보이는 어색한 우연의 일치라는 특징을 가진 이유를 설명할 것으로 기대되었다. 그리고 실제로 2012년에 힉스 입자가 발견되었는데, 힉스 입자는 표준모형에서 자신과 자연의 다른 무거운 성분들에 질량을 제공하는 데 필요한 마지막 빠진 조각이었다. 하지만 그 후 흥분이 서서히 사그라들었다. 표준모형이 완성되고 나서, 표준모형의 결점의 이유를 알리는 새로운 물리학의 기미가 보이지 않았다. 10년 이상 가동된 후에도, LHC는 여전히 시동을 시작했을 때 했던 일을 하고 있다. 즉 계속해서 표준모형을 확인하고 있지만, 그 이상의 것을 발견하지 못하고 있다.

이 상황의 문제점은 표준모형을 넘어서는 새로운 물리학이 절실히 필요하다는 것이다. 천체물리학자와 우주론학자들이 발견한 것에 따르면, 우주 물질의 약 85퍼센트는 중력 당김을 통해서만 관측되는 빛이 나지 않는 암흑물질로 이루어져 있다. 그러나 이 누락된 질량을 설명할 수 있는 입자 후보가 존재하지 않는다. 게다가 물질 자체는 우주 에너지 예산의 3분의 1도 채 되지 않는다. 우주 에너지의 주요 부분은 진공(즉 빈 공간)에 할당된 신비한 암흑에너지로, 우주가 멀어지고 가속 팽창하게 만든다. 암흑에너지는 암흑물질보다 표준모형이나 표준모형의 단순한 확장으로 설명하기가 훨씬 더 어렵다. 그리고 우연의 일치도 있다. 즉 왜 일반 물질, 암흑물질과 암흑에너지 모두 우주의 에너지 예산에 비슷한 양(10배 또는 20배 이내에서)을 기여하는 것일까? 우리가 아는 한, 강력은 스핀 방향이 다른 입자와 반입자에 대해 똑같이 강한데, 이것은 왜일까? 힉스 입자의 질량은 왜 그렇게 작은가? 그리고 우주의 암흑에너지의 양은 왜 그렇게 적은가?

이러한 관찰, 그중에서도 가장 중요한 마지막 두 가지 관찰이 입자물리학 이론가들의 골머리를 앓게 했다. 힉스 질량의 단순한 추정 — 진공 요동(즉 진공에서 존재했다가 사라지는 가상 입자들)의 기여를 포함한 — 은 10의 17제곱 정도로 아주 큰데, 알려진 진공 에너지의 원천으로부터 추정된 우주의 암흑에너지의 예상값은 10의 120제곱 — 1 뒤에 0이 120개나 뒤따른다 — 정도로 터무니없이 크다. 표준모형이, 다른 곳에서는 성공적이지만, 실재의 중요한 부분을 놓치고 있는 것이 분명하다.

물리학자들은 LHC를 건설할 때 새로운 입자가 해결책이 될 것이라고 믿었다. 예를 들어, 초대칭성SUSY은 표준모형의 입자 목록을 쉽게 두 배로 늘릴 수 있으며, 암흑물질의 매력적인 후보와 더 불어 힉스 입자가 왜 그렇게 작은지에 대한 해답을 제공할 수 있으리라 여겼다. 초대칭성은 물질과 힘 사이의 대칭성을 가정한다. 따라서, 알려진 각각의 물질 입자(물리학자들이 말하는 쿼크나 렙톤과 같은 '페르미온')에는 아직 발견되지 않은 힘 운반 입자(물리학의 전문용어로 '보손')가 존재하며, 그 반대의 경우도 마찬가지이다. 두 종류의 입자 모두 반대 부호를 가진 힉스 입자의 진공 요동에 기여하기 때문에, 이들의 기여는 단순히 상쇄될 수 있다. 우주의 암흑에너지를 작게 유지하기 위해 비슷한 메커니즘이 작동하고 있을 수도 있지만, 그다지 잘 작동하지는 않는다. 물리학자들은 SUSY가 표준모형을 다시 자연스럽게 보이게 하는 데 중요한 역할을 할 수 있다는 사실을 깨달았다. 따라서 그 이후로 점점 더 많은 입자물리학자들이 사라진 SUSY 파트너를 찾을 수 있기를 기대했다—아직 그 기대는 실현되지 않았다. 이러한 상황은 기초 물리학에 엄청난 위기를 불러일으켰고, CERN의 수석 이론가인 잔 주디체는 동료들에게 대안을 모색할 것을 촉구했다. 주디체는 "새로운 패러다임의 변화가 필요해 보인다"라고 말한다. "우리는 물리적 세계에 대한 가장 근본적인 질문을 해결하기 위해 수십 년 동안 사용되어온 지침 원리들을 재고해야 할 필요성에 직면해 있다."[2] 그렇다면 재고해야 할 지침 원리들은 무엇일까? 입자물리학자들이 세상을 이해하는 데 도움이 되기를 바라는 표지는 무엇일까?

다중우주 대 어글리 우주

"우주에 대해 가장 이해하기 어려운 점은 우주를 이해할 수 있다는 것이다"라고 아인슈타인이 이야기한 적이 있다.³ 입자물리학이 겪고 있는 위기의 가장 명백한 증상은 아마도 최근 우주를 실제로 이해할 수 있다는 것이 더 이상 합의의 문제가 아니라는 점일 것이다. 우주를 여전히 단순하고 우아한 것으로 간주할 수 있을까, 아니면 이런 겉으로 드러난 우아함이 근본적인 것이 아니라 우연에 불과한 것일까, 아니면 우주는 지저분하고, 아름답다는 우리의 인식은 단지 편견에 근거한 것일까? 과거에는 입자물리학자들이 단순한 법칙과 대칭성에 의해 지배되는 독특한 우주에 살고 있을 것이라는 기대를 따랐지만, 지금은 이러한 전망에 대한 논란이 점점 더 커지고 있다. 이러한 견해에 도전하는 '다중우주multiverse'와 '어글리 우주uglyverse'라는 유행어로 명확히 특징지어지는 두 가지 인기 있지만 논란의 여지가 많은 개념들이 논쟁의 대상이 되고 있다.

다중우주 옹호자들은 무수히 많은 다른 우주가 존재할 수 있으며, 이것들 중 일부는 뚜렷한 입자와 힘들을 가지고 있고 공간 차원의 수도 다를 수 있다는 것을 지지한다. 이 다중우주는 휴 에버렛이 해석한 대체 실재들이 아니라, 가능한 우주들의 광대한 '풍경'을 허용하는 것으로 보이는, 끈 이론에서 나온 완전히 다른 물리법칙에 의해 지배되는 다른 시공간을 의미한다. 대부분의 물리학자들이 우주를 탄생시켰다고 믿는 가속 우주 팽창 단계인 인플레이션이 충분히 오래(또는 많은 모형이 예측하는 것처럼 영원히) 지속된다면, 인플레이션은 많은(또는 무한히 많은) 수의 거품 우주 또는 아기 우주를 생성하고 있으며, 그중에서 끈 이론의 모든 잠재적 우주가 실현될 수 있다. 이러한 이론적 근거에 따르면, 앞에서 언급한 우연이 복잡한 구조나 생명 또는 의식의 창발을 선호하는 것처럼 보인다면, 애초에 우리가 존재하는 것을 허용한 우주에 있는 우리 자신을 발견하고는 놀라지 않아야 한다. 물고기가 왜 물속에 사는지 궁금해할 이유가 없는 것처럼, 우리가 작은 힉스 입자의 질량과 작은 암흑에너지를 관측한다는 사실이 우리 존재의 전제 조건일 수 있다. 이는 우리가 더 이상 우리 우주의 이상한 우연에 대해 걱정할 필요가 없다는 것을 의미한다. 이 '인간 중심적 주장anthropic argument'은 우리가 생명 친화적인 지점에 있다는 것을 의미한다. 그렇지 않았다면 우리가 애초에 존재하지 않았을 것이고 이 척박한 우주를 관찰할 사람도 없었을 것이기 때문이다.

우리가 이미 에버렛의 다세계를 받아들였다면, 끈 이론 풍경의 문제점은 무엇일까? 결국, 에버렛의 다세계 해석에서 양자역학은 매우 자연스럽게 다중우주를 생성한다. 두 개의 슬릿을 가진 스크린에 개별 전자들을 발사하면, 스크린 뒤의 검출기에 간섭 패턴이 생긴다. 각 경우에 전자는 매번 두 슬릿 모두를 통과하는 것처럼 보인다. 3장에서 논의했듯이, 결깨짐은 이러한 잠재적 궤적을 평행 실재 또는 에버렛 가지로 변환할 수 있다. 따라서, 비슷한 방식으로, 끈 이론 다중우주도 물리학에서 완전히 자연스럽지만 낯선 부분일 수 있다.

그러나 에버렛에 따르면 양자역학은 모두 동일한 물리법칙들의 집합의 지배를 받는 여러 대안적 실재들의 다중우주를 낳는 반면, 끈 이론 — 만물의 근본 이론이라고 주장하는 — 은 전혀 다른 물리법칙들의 지배를 받는 우주들로 이루어진 다중우주를 예측하는 것처럼 보인다.

따라서 다중우주의 가정이 자연스러워 보이는 것처럼, '인간 중심적 논법'은 결국 우리가 더 이상 아무것도 예측하기 어려울 수 있다는 것을 암시하기 때문에 심각한 문제를 야기할 수 있다. 과학의 초창기부터 있음직하지 않은 우연의 일치를 발견하면, 설명을 하려는 충동, 즉 그 뒤에 숨은 이유를 찾고자 하는 동기를 자극했다. 끈 이론의 다중우주가 등장하면서 상황이 달라졌다. 우연의 일치처럼 보일 가능성이 거의 없이, 다중우주를 구성하는 수조 개의 우주들 가운데 이런 일치가 어딘가에 존재할 것이다. 새로운 입자를 찾는 CERN 물리학자들에게는 명확한 지침 원리가 없다. 그리고 우주의 우연한 속성 뒤에는 발견할 수 있는 근본적인 법칙이 없다. 따라서 "다중우주는 물리학에서 가장 위험한 아이디어일 수 있다"라고 남아프리카의 우주론학자이자 스티븐 호킹의 유명한 공동 연구자인 조지 엘리스는 주장한다.[4]

완전히 다르지만 덜 위험하지는 않은 또 다른 도전이 있다. '어글리 우주'는 이론물리학자 자비네 호젠펠더의 제안에 《뉴사이언티스트》 잡지가 붙인 신조어이다. 그녀의 인기 저서 《수학에서 길을 잃다》에 따르면, 현대물리학은 '아름다움'에 대한 편견으로 인해, 실험과의 어떠한 접촉도 없이 수학적으로 우아하고 사변적인 환상을 불러일으키며, 길을 잃었다. "내가 아름답다고 생각하는 것을 자연법칙이 왜 신경 써야 할까? 나와 우주 사이의 이러한 연결은 매우 신비주의적인 것 같다"라고 호젠펠더는 정당하게 반대한다.[5]

물론 자연은 복잡하고 지저분하며 이해할 수 없을 수도 있다. 하지만 물리학자들이 '아름다움'이라고 부르는 것은 구조와 대칭이다. 우리가 이러한 개념에 더 이상 의존할 수 없다면, 이해와 단순한 실험 데이터 맞추기 fitting 사이의 차이가 모호해질 것이다. 과학이 단순함과 미적 매력에 대한 의존을 포기해야 한다면, 컴퓨터가 관찰을 가장 잘 설명하는 수학 방정식들의 집합을 찾아내어 결과를 만들어낼 수 있지만, 그 결과는 자의적으로 복잡하고 무슨 일이 일어나고 있는지 직관적으로 파악할 수 없을 것이다.

다중우주와 마찬가지로, 아름답지 않은 과학은 우주를 이해하는 우리의 능력을 희생시킬 수 있다. 오늘날 가장 영향력 있는 이론물리학자 중 한 명인 뉴저지주에 있는 프린스턴 고등연구소의 니마 아르카니하메드에 따르면, 우주의 우연의 일치에 대한 자연스러운 설명을 찾을 수 있을지에 대한 도전에 직면함으로써 우리는 "기초 물리학의 극적인 분기점"에 도달했다.[6] "우주가 말이 안 될 수도 있다"라고 걱정하는 과학작가 나탈리 월코버는 "자연은 부자연스러운가?"라고 묻는다.[7]

이제 한 걸음 물러나서 물어보자. 물리학자들은 물리적 세계에 대한 가장 근본적인 질문들을 전통적으로 어떻게 다루는가? 그리고 무엇이 잘못되었을까? 이러한 질문들에 대한 답은 우리가 우주를 이해하는 방식과 밀접하게 얽혀 있다. 그리고 어떻게 우리가 주변 세계를 처음으로 이해하기 시작하였는지, 우리가 어린아이였을 때 어떠했는지, 언제 삶이 놀이였는지를 기억할 때 가장 분명해진다. 많은 면에서 물리학자들은 여전히 어린아이와 같다.

블록을 가지고 놀기

아이들은 블록 놀이의 매력에 푹 빠져 있다. 블록들은 모든 것이 될 수 있다. 즉 다리, 성, 사랑하는 가족을 위한 집, 인형을 위한 미용실, 해적선이나 우주선 등 아이의 활기찬 공상이 떠올릴 수 있는 것은 무엇이나 가능하다. 그리고 이러한 것들을 해체하면 같은 블록을 재배열하여 다음 장난감을 만들 수 있다. 우리는 상상력에 대한 매혹에서 벗어나지 못한다. 어쩌면 그것이 결국 우리를 인간답게 만드는 것인지도 모른다.

블록과, 블록을 배열하여 만들 수 있는 많은 것들은 어떤 관련이 있으며, 이는 실재에 대해 우리에게 무엇을 말해줄까? 이 맥락에서 중요한 측면은 언어이며, 우리가 정확히 똑같은 것에 대해 이야기할 수 있는 다양한 방식이다. 이스라엘의 역사학자 유발 노아 하라리는 그의 베스트셀러 《사피엔스: 인류의 간략한 역사》에서 "우리 언어의 진정한 독특한 특징은 인간과 사자에 대한 정보를 전달하는 능력이 아니다"라고 주장한다. 하라리는 그보다 "전혀 존재하지 않는 것에 대한 정보를 전달하는 능력"이라고 말한다.[8] 하라리는 "호모 사피엔스만이 실제로 존재하지 않는 것에 대해 말할 수 있고, 아침 식사 전에 여섯 가지 불가능한 것을 믿을 수 있다"라고 주장한다.[9] 하라리에 따르면 우주선이나 인형의 집은 환상으로 가득 찬 블록에 불과하다. 그리고 이런 종류의 놀이는 아이들만을 위한 것이 아니다. 그것은 인간 본성의 진정한 일부이다. 하라리는 "법, 돈, 신, 국가" "모든 대규모 인간 협력—현대 국가, 중세 교회, 고대 도시 또는 고대 부족, 어느 것이든—은 사람들의 집단적 상상력 속에만 존재하는 공통의 신화에 뿌리를 두고 있다"라고 이야기한다.[10] 하라리가 주장하는 것처럼, "말로 상상의 실재를 만들어내는 이 능력은 수많은 낯선 사람들이 효과적으로 협력할 수 있게 해주었고" 결국 "유전적 진화의 교통 체증을 우회하여 문화적 진화의 빠른 길을 열었다."[11]

이것은 흥미로운 가설이다. 하지만 돈, 주식회사나 법과 같은 존재가 실재의 일부라는 것을 부정할 수 있을까? 결국 돈이 부족하거나 주식 시장이 폭락하거나 법을 위반하면 우리는 심각한 문제에 봉착할 수 있다. 더욱이 이러한 "허구, 사회적 구성물 또는 상상된 실재"가 사람들의 상상 속에서만 존재한다면, 우리는 동일한 비판 정신을 사람과 생명체 자체로 확장해야 한다.[12] 그것들 역시 실제로 존재할까?

에르빈 슈뢰딩거가 여기서 등장한다. 양자역학의 올바른 해석을 놓고 베르너 하이젠베르크와 경쟁하던 이 양자 선구자에게 아돌프 히틀러의 집권은 오디세이의 시작을 의미했다. 먼저, 나치를 경멸한 슈뢰딩거는 1933년 독일을 떠나 옥스퍼드로 자리를 옮겼지만, 이 전통적인 고지식한 대학 도시는 아니 및 다른 여성과의 3인 동거를 받아들이지 않았다. 그래서 그는 1936년 고국인 오스트리아로 돌아가기로 결심했지만, 1938년 오스트리아가 나치에 의해 점령당했다. 그 결과 "정치적으로 신뢰할 수 없는 사람"으로 여겨지던 슈뢰딩거는 해고당했다. 슈뢰딩거는 다시 짐을 싸서 아일랜드의 더블린에 정착했고, 그곳에서 '생명'이란 과연 무엇인가에 대한 질문을 던지는 일련의 대중 강연을 했다.

생명에 대한 정의를 내리기 위해 노력하다가 그는 생명의 과정을 물질의 속성으로 묘사했다. "생명의 특징은 무엇일까? 언제 물질 조각이 살아 있다고 할 수 있을까?" 슈뢰딩거는 이렇게 질문하고 "무언가를 하고, 움직이고, 환경과 물질을 교환하는 일 등등을 계속할 때, 그리고 생명이 없는 물질 조각이 비슷한 상황에서 계속할 것으로 우리가 예상하는 것보다 훨씬 더 오랜 기간 계속할 때"라고 말했다.[13] 슈뢰딩거는 나중에 자신의 강연을 영향력 있는 저서로 발전시켰으며, 이 저서에서 그는 놀라운 안정성을 통해 생명의 특성을 규명하여 분자생물학 분야라는 길을 여는 데 도움을 주었다. 제임스 왓슨과 프랜시스 크릭은 모두 슈뢰딩거의 책에서 독립적으로 영감을 받아 DNA 구조를 해독했다고 밝혔다.

그러나 여기서 가장 중요한 것은 슈뢰딩거가 생명을 물질적 기반이 아닌 기능으로 정의했다는 점이다. 슈뢰딩거에게 생명체는 공간과 시간에 존재하는 물체가 아니라 정보를 처리하는 루틴으로 이해되어야 했다. 실제로 슈뢰딩거의 개념은 통상적인 인간의 수명이 다하는 동안 인체의 대부분의 원자가 개인의 정체성을 바꾸지 않고 교체된다는 사실로 뒷받침된다.

물론 슈뢰딩거의 논지 배후의 기본 정신은 생명에 대한 설명에 국한되지 않고 모든 종류의 거시적 현상에 일반화될 수 있다. 예를 들어 18세기 탐험가, 박물학자이자 혁명가였던 게오르크 포르스터의 여행기에서 이러한 관점에 대한 아름다운 설명을 찾아볼 수 있다. 그는 시적인 언어로 바다의 파도가 어떻게 "일어나고 솟아오르며 거품을 일으키고 사라지는지"를 묘사하고 "파도는 다시 광활함에 휩싸인다. 자연의 법칙이 가차 없이 엄격하게 적용되는 이곳보다 더 끔찍한 곳은 없다"라고 이야기한다. 동시에 포르스터는 "물질 전체에 맞서서, 파동은, 무에서 다시 비존재로, 분리된 존재의 한 지점을 통과하는 유일한 것으로, 하지만 전체는 불변하는 단일체로 앞으로 나아간다는 것을 우리가 더 분명하게 느낄 수 있는 곳은 없다"라는 것을 느끼고 깨달았다.[14] 다시 이 철학은 플라톤으로 거슬러 올라간다. 플라톤은 저서 《티마이오스》에서 자연을 구성하는 기본 요소를 물질적 기반 또는 토대에 각인된 정보 패턴, 즉 "존재의 산파"로 이해했다. 《티마이오스》를 플라톤의 《파르메니데스》와 비교하면, 이 존재의 산파를 우주의 하드웨어인 '하나'와 쉽게 동일시할 수 있다. 이런 의미에서 파동이나 생물학적 유기체는 물질 자체보다는 하라리가 "사회적 구성물"이라고 부르는 것과 더 유사하다. 그러므로 결국 기업이 실재의 일부라는 사실을 부정한다면, 쓰나미와 우리 자신에 대한 실재도 부정해야 한다.

어쩌면 하나의 배타적인 실재보다는 다양한 실재들의 관점에서 세상을 인식하는 것이 더 합리적일 수 있다. "단 하나의 세계, 자연계만이 존재한다." 그러나 "이 세계에 대해 이야기하는 방법에는 여러 가지가 있다. … 지금 우리의 목적이 최선의 대화 방식을 결정한다"라고 캘리포니아 공과대학교의 우주론학자 숀 캐럴은 그의 저서 《빅 픽처》에서 강조하고 있다.[15] 어린아이들처럼, 우리는 어떤 놀이를 하고 싶은지에 따라, 블록들을 미용실이나 성이라고 이야기한다. 반면에 다양한 실재들이라는 개념을 받아들이면 새로운 질문이 생긴다. 이러한 모든 실재들이 동등하게 존재할까, 아니면 다른 묘사 방식보다 더 근본적이거나 '선행prior'하는 묘사 계층layer이 존재할까?

하나의 세계… 많은 이야기 방식

그렇다면 숲과 나무 중 무엇이 더 실재적일까? 살아 있는 유기체일까, 아니면 그 유기체를 구성하는 원자일까? 2010년경, 미국의 철학자 조너선 셰퍼는 이러한 문제에 대해 고민하던 중 깨달음을 얻었다. 즉 이러한 질문들은 말이 되지 않는다!

이러한 개념들 사이의 실제 차이점은 더 실재적인가 덜 실재적인가가 아니라, 더 근본적인가 덜 근본적인가 하는 것이다. "원과 그 반원들의 한 쌍을 생각해보자"라고 셰퍼는 제안하며 스스로에게 물었다. "전체와 부분 중 어느 것이 먼저인가? 이 반원들은 그들의 전체에 대한 추상화에 의존하는가, 아니면 원은 부분으로부터 파생된 구조인가?"[16] 다음으로, 셰퍼는 자신의 문제를 우주 전체로 일반화했다. "이제 원 대신 우주 전체(궁극의 구체적인 전체)를 고려하고, 한 쌍의 반원 대신 무수한 입자들(궁극의 구체적인 부분들)을 고려해보자. 하나의 궁극적인 전체와 그 수많은 궁극적인 부분들 중 궁극적으로 어느 것이 먼저일까?" 그는 예상하지 못한 결론에 도달했다. 즉 실재의 기초 계층은 구성요소가 아니라 우주 자체 위에 지어졌다―우주를 구성하는 것들의 합이 아니라 얽혀 있는 하나의 양자 상태로 이해해야 한다. 셰퍼는 일원론의 입장을 취하며 "일원론자는 전체가 부분보다 우선한다는 입장을 가지고 있으며, 따라서 하나에서 아래로 내려오는 형이상학적 설명과 함께 우주를 근본적인 것으로 본다"라고 설명한다. 예를 들어 하이젠베르크의 친구이자 제자인 카를 프리드리히 폰 바이츠제커도 비슷한 생각을 일찍이 표명했다. 셰퍼와 바이츠제커에 따르면, 가장 근본적인 수준의 묘사로, 단 하나의 물체, 즉 양자우주만이 존재한다.

하지만 그렇다면 기업, 쓰나미 그리고 우리 자신도 실재가 아니라고 말하는 것이 이치에 맞지 않는다는 오래된 문제로 또다시 되돌아가지 않을까? 셰퍼가 쉽게 인정했듯이, "이러한 관점에서는 입자, 조약돌, 행성 또는 그 밖의 어떤 부분도 세상에 존재하지 않는다. 오직 하나만이 존재할 뿐이다. 이런 해석을 고려할 때, 아마도 일원론은 명백한 거짓으로 간주할 수 있을 것이다"라고 사람들이 주장할 수 있다.[17] 그러나 셰퍼는 이러한 일원론의 개념이 근본적인 오해에 근거하고 있기 때문에, 이에 동의하지 않는다. "역사적 일원론의 핵심 교리는 전체가 부분을 가지고 있지 않다는 것이 아니라 오히려 전체가 부분보다 먼저라는 것이다."[18] 우리는 반복해서 물질, 공간, 시간을 '환상'이라고 표현해왔다. 하지만 '환상'이란 실제로 무엇을 의미할까? 이것은 우리가 공간, 시간, 물질이 지배하는 우주에서 살 것인지 아닌지를 단순히 결정할 수 있는 선택의 문제라는 의미가 아닌 것이 분명하다. 사실 물리학자들이 시간을 '환상'이라고 엉성하게 표현할 때는 보통 시간이 우주의 근본적인 속성이 아니라 우주를 바라보는 우리의 관점의 속성이라는 의미이다. 그것은 물론 시간이 실제 결과를 가지고 있지 않다는 의미가 아니며, '환상'이라는 단어가 적절하지 않다고 우리는 주장할 수도 있다. 카를로 로벨리는 시간 대신 '관점'이라고 부르는 것을 선호한다고 나에게 편지를 보내온 적이 있다. 그러나 파타 모르가나*는 사진으로도 찍을 수 있는 실제 지각이다. 따라서 파타 모르가나의 경우, 환상은 실제 지각이 눈앞에 있는 풍경의 존재하지 않는 속성과 연관되어 있다는 것이다. 7장에서 살펴볼 시간의 경우, 환상이란 우리의 시간 경험이 근본적인 우주의 틀림없이 존재하지 않는 속성과 연관되어 있다는 것이다. 셰퍼가 이해하는 것처럼, '선행'이라는 것은 설명의 일부가 아니다.

그러므로 '선행'은 여기서 실제로 어떤 의미일까? 어린이들에게는 답이 간단하다. 즉 블록이 기본 구성요소이다. 블록이 만들 수 있는 것은 배나 집 모양의 더 복잡한 배열들이다. 마찬가지로, 입자물리학자의 관점에서 보면, 이러한 기본 블록들은 쿼크, 전자, 중성미자, 그리고 이들이 상호작용할 수 있도록 하는 몇 가지 양자와 이들에게 질량을 부여하는 힉스 입자이다. 물론 이 설명은 지나치

• fata morgana. 공기 밀도로 인한 빛의 굴절로 멀리 떨어진 배가 수평선 위에 떠 있는 것처럼 보이는 현상.

게 단순화되어 있다. 현대 입자물리학에서는 입자들을 블록과 같은 물체들이 아니라 양자장의 여기excitation로 이해한다. 우주의 기본 구성요소를 제공하는 것은 입자가 아니라 양자장이다. 현재 유력한 패러다임에서는 여전히 더 높은 에너지에서 더 근본적인 양자장들이 등장할 것을 예상하고 있다. 이것이 바로 입자물리학자들이 물리학의 기초를 탐구하기 위해 가속기를 사용하는 이유이다. 물리학의 근본이 가능한 가장 작은 거리 스케일에 해당하는 가장 높은 에너지에서 발견될 것으로 예상된다. 입자물리학자의 철학에 따르면, 더 근본적이라는 것은 더 단순하다는 것을 의미하고, 더 단순하다는 것은 더 작다는 것을 의미한다.

아이들은 원하는 대로 변하는 블록의 가변성에 즐거워하지만, 보통 왜 반대로는 안 되는지 궁금해하지 않는다. 하지만 여러분은 블록으로 만든 성이나 해적선을 해체하여, 예전과 똑같은 블록들로 되돌릴 수 있다. 바비 인형이나 매치박스 자동차 세트로 끝나지 않을 것이다. 하지만 얽힌 양자 상태의 경우 이야기가 다르다. 왼쪽과 오른쪽으로 회전하는 입자 두 개를 함께 삽입하면, 이들을 다시 동일한 두 입자로 분해할 수 있을 뿐만 아니라 수직축을 중심으로 회전하는 입자와 반대 방향으로 회전하는 또 다른 입자로도 똑같이 잘 분해할 수 있다. 이 경우 무엇이 정말 근본적인지, 즉 구성요소인지 화합물인지 판단하기가 모호해진다. 이 경우 이 문제를 해결하는 것이, 무엇이 환상이고 무엇이 실재인지 구분하는 것이 가능할까?

철학자들은 자연에 대한 다소 근본적인 묘사들 사이의 이러한 관계를 '창발emergence'이라는 용어로 묘사한다. 약한 창발 또는 강한 창발은 (생물학이나 해적선과 같이) 한 가지 수준의 묘사를 하는 자연법칙들이 ─실제적으로 또는 근본적으로 ─ (원자물리학이나 블록과 같이) 더 근본적인 수준의 법칙으로부터 도출될 수 없는 경우를 나타낸다. 약한 창발의 존재는 도전을 받지 않지만 ─관여된 소립자들의 행동을 계산하여 주식 시장을 설명하려는 사람은 아무도 없다─ 반면에 강한 창발을 받아들이는 것은 기적을 믿는 것과 크게 다르지 않다. 결국, 더 높고 더 복잡한 수준의 현상을 원리적으로 더 근본적인 수준에서 설명할 수 없다면, 또한 근본적인 수준은 더 높은 수준의 가능성의 공간을 제한하지 않는다. 예를 들어, 아인슈타인의 상대성이론에 따르면 입자가 빛보다 빠르게 전파할 수 없다는 사실이 또한 생물학적 유기체가 초광속으로 달릴 수 없다는 것을 의미하지 않는다면, 아무것도 예수가 물 위를 걷는 것을 막을 수 없다. 새로운 상황에 알려진 물리법칙들을 적용하는 것을 의미하는 이런 법칙들의 외삽extrapolation이 의심스럽게 될 것이다. 이 경우 과학적 노력 전부가 더 이상 의미가 없게 된다. 사실, 이러한 통찰력은 과학이 안정적인 기반에 의존하는 것이 얼마나 중요한지를 명확하게 보여준다.

 강한 창발의 가능성을 배제하면, 모든 실재가 똑같이 근본적인 것은 아니라는 것이 분명해진다. 오히려 더 근본적인 실재는 더 높은 수준의 가능성의 공간을 제약한다. 즉 더 근본적인 실재들 또는 자연법칙들은 더 높은 수준에서도 여전히 유효하지만, 더 복잡하거나 더 높은 수준의 설명은 더 근본적인 구성요소로 외삽할 때 적용 범위가 제한된다. 분명히 사회학은 생물학적 유기체의 존재를 전제로 받아들이는 관점에서만 의미가 있는 반면, 입자물리학은 대조적으로 그러한 전제에 의존하지 않는다.

 이러한 견해는 프랑스 철학자 오귀스트 콩트가 가정한 것과 유사한 과학의 계층구조를 암시한다. 이 계층구조에서 물리학은 기초를 정의하고, 화학은 외부 원자 궤도의 물리학이며, 생물학은 복잡한 유기 분자들의 화학을 다루고, 심리학은 신경계의 생물학을 설명하며, 사회학과 경제학은 수많은 개인의 심리학을 논의한다. 순진하게도 실재들을 정의하는 구성요소가 작을수록 실재들이 더 근본적이라는 것은 당연해 보인다. 하지만 실제로 여기서 중요한 것은 크기가 아니다.

자세히 들여다보면 볼수록 환원주의에 대한 우리의 기존 개념을 수정해야 한다는 사실을 깨닫게 된다. 사회학과 심리학을 생물학으로 환원하면 환원주의를 더 이상 유물론적 접근이 아니라 정보 이론의 개념으로 이해해야 한다는 것이 분명해진다. 즉 축구팀은 선수가 팔려도 같은 팀이고, 국민 국가는 외무부 장관이 해고되더라도 같은 국가이다. 그 이유는 축구팀이나 국가의 기능이 개별 선수나 정치인의 모든 특성에 의존하는 것은 아니기 때문이다. 예를 들어, 한 개인이 일반 초콜릿보다 토피 과자를 선호한다고 해서 그것이 보통 그의 체력이나 외교 능력에 영향을 미치지는 않는다.

여기서 중요한 것은 물리학자들―또는 일반적으로 과학자들―이 자연을 다양한 수준의 정확도로 설명하는 대가들이라는 것이다. 가능한 한 이들은 해결하고자 하는 문제와 관련된 정보만을 고려한다. 예를 들어, 물리학자가 포탄의 궤적을 계산하고자 할 때, 대부분의 경우 작은 변형이 있더라도 대포알을 구형으로 채택하는 것으로 충분하다. 이러한 작은 변형을 무시하면, 물리학자들의 삶이 더 편안해지고 포탄이 어디에 떨어질지를 설명하는 방정식을 풀 수 있다. 이 경우 미시적인 물리학은 구형 포탄의 물리학보다 더 근본적이다. 또한 그것은 덜 유용하다. 변형된 포탄의 예에서 환원주의는 기능(이 경우 예측된 궤적을 따라 목표물에 명중하여 파괴하는 것)에 의해 설명의 더 높은 계층들을 정의한다. 복잡한 물체들을 성공적으로 설명하는 것은 그들의 특정한 목적과 가장 관련성이 높은 정보를 식별하고 나머지는 모두 무시하는 방법에 따라 달라진다. 이와는 대조적으로 설명의 더 근본적인 계층은 어떤 정보도 버리지 않는다.

따라서 실재에 대한 설명(또는 단순히 '실재')은 실재가 버리는 정보가 적을수록 더 근본적이다. 캐럴이 쓴 것처럼, 정보를 무시하는 것이 "최선의 대화 방식을 결정하는" "그 순간의 우리의 목적"에 의해 합리적으로 결정된다는 것을 고려하면, 더 근본적인 실재는 또한 실제 목적이나 관점에 덜 의존한다. 반대로, 설명의 더 높은 계층들은 일반적으로 실제 구성요소의 성질들보다 정보 처리에 더 많이 의존하는, 더 기반 독립적인 개념들 위에 구축되며, 이러한 의미에서 이 계층들은 또한 더 이상화되어 있다.

무지의 정량기

물리학자들은 심지어 '엔트로피'라고 불리는, 그들이 무시하는 정보의 양을 측정하는 척도를 개발하기도 했다. 엔트로피는 종종 지저분함의 정량기quantifier로 오해되기도 한다. 그런 데는 이유가 있다. 깨지지 않은 컵은 엔트로피가 낮은 상태에 있는 반면, 테이블에서 떨어진 컵의 깨진 조각들은 엔트로피가 높은 상태에 있다. 그러나 엔트로피의 정확한 정의는 '거시 상태'에 해당하는 '미시 상태'의 수에 의해 주어진다. 이게 무슨 뜻일까? 간단히 말해, '미

자동차가 고장날 수 있는 방법은 여러 가지가 있지만, 자동차가 온전한 상태는 단 하나뿐이다. 따라서 '고장난' 거시 상태는 많은 미시 상태에 해당하며 큰 엔트로피를 의미하는 반면, '온전한' 거시 상태는 작은 엔트로피를 가진 하나의 미시 상태에 해당한다.

시 상태'는 완전히 알려져 있고 특정된 상태이고, '거시 상태'는 그렇지 않은 상태이다. 자동차를 예로 들어보겠다. 자동차는 온전하거나 고장이 날 수 있다. 그러나 자동차가 온전한(모든 부품이 제 위치에 있는 상태) 것은 단 하나의 상태만 존재하는 반면, 자동차가 고장날(휠이 사라지거나 앞 유리가 깨지거나 차체가 파손되는 등) 수 있는 방법은 다양하다. 이 예에서 '온전한' 거시 상태는 낮은 엔트로피를 가진 반면, '고장난' 거시 상태는 엔트로피가 높다. 이것이 지저분함과의 관계를 설명한다. 즉 깔끔한 방에서는 모든 것이 어디에 있는지(낮은 엔트로피)—다시 말해 그것들이 어디에 있어야 하는지—우리가 정확히 알 수 있다. 하지만 지저분한 방에서는 사물들이 어디에 있는지 우리가 알 수 없고, 그저 사물들이 있어야 할 곳에 없다는 것만 알 수 있다. 따라서 지저분한 방은 사물들의 위치 정보가 손실되기 때문에 엔트로피가 높다.

　이 점을 밝히기 위해, 창발 이론의 전형적인 예를 들어볼 수 있다. 그것은 통계역학으로 구체화된 열역학이다. 열역학에서 기체나 액체와 같은 상태는 온도, 압력 또는 부피와 같은 매개변수들로 묘사한다. 이러한 양들은 흔하지만, 이 양들이 구성 원자 또는 분자들의 특정한 구성(즉 미시 상태)에 해당하지 않는다는 점에서 이 양들은 근본적이 아니다. 대신, 이 양들은 미시 상태의 통계적 평균인 거시 상태를 특정한다. 예를 들어, 기체의 온도는 구성 원자의 평균 에너지와 관련이 있을 수 있다.

　엔트로피의 개념은 주어진 거시 상태에 대해 얼마나 많은 구체적인 미시 상태들이 해당되는지를 설명한다.[19] 화씨 200도[섭씨 93도]로 가열한 물이 가득 담긴 냄비가 있다면, 그 엔트로피는 물 분자들이 정확히 동일한 평균 200도에 해당하는 특정 에너지를 가지는 다양한 구성이 얼마나 많이 존재하는지 알려준다. 따라서 엔트로피는 주어진 거시 상태에서 정확한 미시 상태를 식별하기 위한 실종된 정보로 이해할 수 있다. 이제 우리는 버려지는 정보가 없다는 특징으로 실재에 대한 기본적인 설명을 정의했음을 기억하라. 따라서 엔트로피의 개념은 전통적인 환원주의의 망가진 구성요소의 개념보다 더 일반적인 근본성fundamentality의 개념을 찾을 수 있게 해준다. 미시 상태는 근본적이지만 거시 상태는 그렇지 않다.

　결과적으로 우주의 기본 상태는 엔트로피가 0이다. 다시 양자역학으로 돌아가서, 얽힌 양자계에서 한 구성요소를 식별할 때, 구성요소와 환경 사이의 현재 무시된 연결에 해당하는 정보 손실의 결과로 소위 '폰 노이만' 엔트로피가 증가한다는 것은 잘 알려진 사실이다. 구성요소들을 식별한다는 것은 우주를 전체로 통합하는 것을 버린다는 것을 의미하며, 정보를 버린다는 것은 근본적인 관점보다는 거친coarse-grained 관점을 채택한다는 것을 의미한다. 결과적으로 우주의 기본 상태는 구성요소가 될 수 없다. 그것은 또한 양자우주 그 자체로 알려진 모든 것—관찰자, 측정계와 환경—을 포함한 총체적인 얽힌 계여야 한다. 과학의 기초는 가장 근본적인 설명에 기반해야 한다는 것과 물리학이 일원론과 관련이 있다는 것을 암시한다는 것이 바로 이 개념이다. 이는 또한 높은 에너지에서 자연

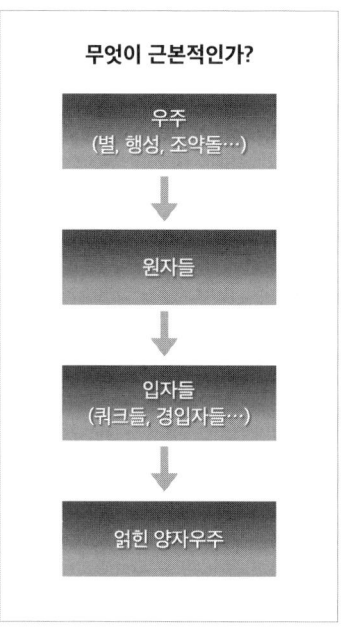

근본성의 계층구조: 우주를 구성하는 많은 것들은 원자로 이루어져 있으며, 원자는 다시 더 근본적인 입자로 이루어져 있다. 그러나 입자 자체는 가장 근본적인 양자우주에서 추상화된 것이다.

의 기초를 찾거나 점점 더 작은 구성요소들을 식별하는 전통적인 접근방식이 잘못되었다는 것을 의미한다.

이 결함은 작은 빌딩 블록으로 우주를 설명하는 가장 급진적인 접근방식인 끈 이론에서도 분명해지고 있다. 끈 이론의 선구자 레너드 서스킨드가 지적한 것처럼, "끈 이론에서… 기본 '구성요소'가 무엇인지… 아무도 모른다."[20] 연구하는 이론의 구체적인 해법에 따라, 때로는 이름의 시조인 1차원 끈들이 기본인 것처럼 보이기도 하고, 다른 때에는 '브레인brane'으로 알려진 고차원의 대상이 기본인 것처럼 보이기도 한다. 서스킨드는 끈 이론의 가능한 해법

들의 영역인 '풍경landscape'을 "우리가 움직일 때, 벽돌과 집이 점차 그 역할을 바꾸는 꿈의 풍경이다. 모든 것이 근본적이며 근본적인 것은 없다. … 대답은 우리가 순간적으로 관심을 가지는 풍경의 영역에 따라 달라진다"라고 묘사한다.[21]

우리가 왜 애초에 입자물리학이나 끈 이론을 추구했는지 떠올린다면, 이러한 발견은 큰 문제가 된다. 입자물리학은 수십억 달러가 투입되는 노력이지만 실질적인 이익은 거의 없다. 입자물리학이 과학의 기초를 정의하거나 적어도 과학의 기초를 탐구하는 데 기여를 할 때에만 정당화된다. 이러한 토대가 흔들린다면, 이 분야에 돈과 인력을 투자할 명분도 사라진다. 그러나 끈 이론가들이 끈 이론의 근본적인 구성요소를 규명하는 데 실패했다는 사실이 근본성의 개념을 모두 포기해야 한다는 것을 암시하지는 않는다. 그것은 점점 더 작은 거리와 높은 에너지로 확대해 들어감으로써 우리가 전체를 보지 못했다는 것—세상을 조각냄으로써 우리가 우주를 하나로 묶는 연결고리를 버렸다는 것—을 의미한다.

사실 입자나 끈은 양자이므로 우리가 양자물리학을 이해하는 방식에 따라 입자와 끈을 이해하는 방식이 직접 결정된다. 입자물리학과 끈 이론이 물리학의 기초를 규명한다고 주장한다면, 이들은 양자가 실재의 일부임을 부정하는 코펜하겐 해석에 의존할 수가 없다. 양자물리학이 고전적인 물체에 대한 예측을 만들어내는 레시피에 지나지 않는다면, 입자물리학이나 끈 이론도 마찬가지인 것이 분명하다. 절망적으로 이러한 철학은 과학은 말할 것도 없고 물리학 전체를 탄탄한 토대 위에 세우는 데 실패한다. 반면에 양자역학을 자연에 대한 이론으로 진지하게 받아들인다면, 얽힘 현상은 딸림계subsystem가 근본이 될 수 없음을 의미한다. 근본적인 것은 얽힌 양자우주이다.

입자물리학과 끈 이론이 조금이라도 유용하려면, 양자역학의 이 단순한 결과와 일치하도록 재해석되어야 한다. 입자와 끈 모두 더 근본적인 수준인 양자우주를 기반으로 해야 한다. 명백히 이러한 재해석은 쉬운 일이 아니다. 입자와 끈이 전체 우주에 대한 양자적 묘사와 어떻게 관련되어 있고, 어떻게 출현하는지 자세히 연구할 필요가 있다. 그러나 이러한 노력은 입자물리학과 끈 이론이 그들이 잘하는 일(즉 물리학의 기초를 정의하는 것)을 하기 위해 필요하며, 오늘날 입자물리학과 입자우주론이 직면하고 있는 문제와 모순을 해결하는 데 도움이 될 수 있다.

"자연스러운 자연"과 양자우주

그렇다면 과학의 일원론적 토대가 오늘날 기초 물리학에서 직면한 도전에 어떻게 도움이 될 수 있을까? 이제부터 논증하겠지만, 오늘날 입자물리학과 우주론의 실존적 위기를 구성하는 골치 아픈 우연의 일치는 부분이 아닌 전체에 초점을 맞추는 관점에서 고려할 때 해결될 수 있을지 모른다.

대칭과 수학적 아름다움이라는 논쟁적인 개념의 잊혀진 기원을 밝히는 것부터 시작해보자. 역사가 우리에게 반복해서 보여주듯이, 현대물리학을 탄생시킨 통일성과 수학적 아름다움에 대한 탐구는 일원론적 철학의 유산이다. 통합의 승리의 행진은 아이작 뉴턴과 제임스 클러크 맥스웰에서 그치지 않았다. 19세기에 전기, 자기, 광학이 모두 전자기 현상의 다른 측면이라는 사실이 밝혀진 후, 20세기에 전자기학은 원자핵의 베타 붕괴를 일으키는 새로 발견된 약력과 통합되었다. 중성자와 양성자 안에 쿼크를 가두고 중성자와 양성자를 원자핵 안에 함께 가두는 강력은 전기역학의 양자 버전을 묘사하는 이론의 일반화를 통해 설명되었다. 마지막으로 1970년대에 처음 개발되었으나 지금까지 실험으로 확인되지 않은 대통일이론grand unification theory은 쿼크와 경입자들(즉 자연의 다양한 구성 블록)을 단일 유형의 입자의 다른 상태로, 중력을 제외한 알려진 힘들을 단일 힘의 다른 측면으로 설명하려고 노력한다. 이 프로그램의 핵심 요소는 대칭이며, 대칭은 보통 과학자들이 물리학의 아름다움에 열광할 때 호출된다. 괴팅겐에서 그레테 헤르만의 천재적인 지도교수였던 에미 뇌터에 따르면, 어떤 이론이 특정한 대칭성을 지킬 때, 즉 정상적인 공간에서든 추상적인 수학적 공간에서든 이론의 요소들이 이동하거나 회전하는 동안 물리학이 변하지 않을 때마다, 이것은 보존되는 양이 존재한다는 것을 의미한다. 예를 들어, 공간의 다른 위치에서 동일한 물리학이 적용되기 때문에 운동량이 보존된다(즉 공간 이동에 대해 대칭적이다). 평면을 따라 일정한 속도로 움직이는 물체가 어떤 방향으로든 차이 없이 이동하는 것을 직관적인 예로 들 수 있다. 하지만 물체가 가속 또는 감속되는 경사면, 움푹 들어간 곳, 과속 방지턱이 있는 평면이 이동할 때 평면이 변화되고, 그 결과 더 이상 운동량이 보존되지 않는다. 마찬가지로, 예를 들어 에너지도, 동일한 물리학이 다른 시간에서도 성립하기 때문에(즉 시간 이동에 대해 대칭적이기 때문에), 보존된다. 1932년 하이젠베르크는 이러한 공간 및 시간 이동을 힐베르트 공간에서 입자 종류 간의 회전에도 일반화했다. 우리가 양성자와 중성자의 다른 전하를 무시한다면, 양성자와 중성자가 상호교환해도 거의 동일하게 행동한다는 사실을 깨닫고, 그는 이 두 종류의 입자를 하나의 물체의 서로 다른 상태들로 이해했다. 이 논리는 대통일 이론에서 극단적으로 받아들여진다. 이 이론에서 알려진 모든(또는 주요 부분) 유형의 입자들을 서로 교환해도 물리학이 동일하게 성립한다. 비슷한 맥락에서 1980년대 입자물리학자들 사이에서 인기를 끌었던 초대칭성은 힘과 물질을 통합하는 것을 목표로 하며, 끈 이론은 중력을 포함한 모든 알려진 힘을 '만물 이론'으로 통합하려는 시도이다. 이 접근방식이 어떻게 정당화되는지에 대해 회의적이고 과거에 왜 그것이 그렇게 성공했는지 의아하다면, 이 패러다임이 원래 어디에서 왔는지 우리가 잊었기 때문일 수 있다.

현대물리학에서 통합을 추구하는 것은 일원론의 반쪽짜리 메아리일 뿐이라는 사실을 깨닫는 것이 중요하다. 즉 왜 동일한 물리법칙이 모든 부분과 우주의 전체 역사를 주관하는 것처럼 보이는지에 대한 심오한 퍼즐은 보통 우주의 모든 것이 쿼크와 경입자로 알려진 동일한 입자 집합으로 구성되어 있다는 주장으로 설명된다. 액면 그대로 받아들이고 면밀히 조사해보면, 이것은 전혀 설명이라 할 수 없다. 결국 입자들 스스로 우주의 다른 위치와 시간에서 동일한 방식으로 행동하는 이유를 설명할 수 있는 것은 아무것도 없다. 양자장 이론은 이러한 입자들을 개별적인 물체가 아니라 우주를 채우고 있는 양자장의 여기로 이해하는데, 이는 더 나은 설명일 뿐만 아니라 입자가 서로 독립적인 것이 아니라 모두 통합된 장의 일부라는 의미에서 일원론의 방향으로 나아가는 큰 진전이다. 실제로 동일한 쿼크나 경입자의 다른 복사본은 말 그대로 구별할 수 없다. 대통일과 초대칭성과 같이 현대 입자물리학에서 널리 사용되는 개념들은 한 걸음 더 나아가 자연에서 마주치는 다양한 종류의 양자장이 실제로는 하나의 양자장의 다른 상태들일 뿐이라고 추측한다. 여전히, 플라톤의 원자와는 달리, 이 통일된 장은 공간과 시간 속에서 진화하는 것으로 이해된다. 양자장 이론에서 얽힘의 중요성이 지금까지 충분히 인식되지 않았으며, 이것이 공간과 시간이 실제로 무엇인지에 대한 우리의 이해에 광범위한 결과를 초래할 수 있다는 사실이 최근에야 밝혀졌다.

나에게, 실험적 조사에 근거하지 않은 통합이나 수학적 아름다움과 같은 지도 원리의 성공이 양자역학의 일원론적 암시에 근거할 수 있다고 가정하는 것은 비합리적이지 않은 것 같다. 이것은 우리를 이해할 수 있는 유일한 우주와 그 대안에 대한 절박한 제안인 다중우주와 어글리 우주의 두드러진 딜레마로 되돌린다. 어글리 우주에 대해 이야기하자면, 자연이 복잡하고 지저분하며 이해할 수 없는 것이 사실이다—만약 자연이 고전적이었다면. 하지만 자연은 그렇지 않다. 자연은 양자역학적이다. 그리고 고전물리학은 물체를 분리할 수 있는 개별적인 사물로 보는 일상생활의 과학인 반면, 양자역학은 다르다. 예를 들어, 여러분의 자동차 상태는 아내 옷의 색상과 관련이 없다. 그러나 양자역학에서는 한번 인과적인 접촉이 있었던 것들은 얽힘의 명령에 따라 상관관계를 유지한다. 이러한 상관관계가 구조를 구성하고, 구조는 아름다움이다. 따라서 물리학에서 아름다운 것은 우리가 개구리의 관점에서 숨겨져 있는 유일한 '하나'를 엿볼 수 있도록 해준다는 것이다.

하지만 다중우주는 어떨까? 우리는—물리학의 아름다움을 정당화하기 위해 양자역학에 호소하고 수많은 에버렛 세계들로 이루어진 다중우주를 받아들임으로써—우주의 유일함을 희생해야 할까? 3장에서 이미 지적했듯이, 그렇지 않다. 양자역학을 진지하게 받아들이면, 에버렛과 H. 디터 체가 이미 보여준 것처럼, 다중우주의 기저에 있는 독특한 단일 양자 실재를 예측할 수 있다. 이러한 맥락에서 흥미로운 점은 이러한 결론이 '끈 이론 풍경'의 다양한 '계곡' 또는 영원한 우주론적 팽창에서 튀어나오는 다른 '아기 우주들' 안에 존재하는 다양한 물리법칙들과 같은 다른 다중우주 개념들로 확장된다는 점이다. 양자 일원론을 채택할 때, 여러분이 어떤 다중우주를 선택하든 그들은 모두 통합된 전체의 일부이다. 결과적으로 다중우주 안의 수많은 우주들의 기저에는 항상 더 근본적인 실재의 계층이 존재하며, 이 계층은 유일하다.

지금까지 살펴본 바와 같이, 일원론과 에버렛의 다세계는 모두 양자역학을 진지하게 받아들인 예측이다. 이 두 견해를 구별하는 것은 관점뿐이다. 국소 관찰자의 개구리의 관점에서 '다세계'처럼 보이는 것이 실제로는 (외부에서 전체 우주를 바라볼 수 있는 사람의 관점과 같은) 전역적 새의 관점에서는 하나의 독특한 우주이다. 이러한 통찰력은 다중우주에 대해 다시 생각해보려는 최근의 노력에 반영되어 있다. 2010년에 앤서니 아귀레와 맥스 테그마크는 무한 우주에서의 양자역학을 탐구한 논문을 저술했다. 그들은 무한한 공간에서는 어쨌든 모든 잠재적 가능성이 실현되므로 이러한 시나리오는 양자역학적 확률을 자동으로 튀어나오게 하는 "양자역학의 통계적 해석을 위한 자연스러운 맥락"을 제공하는 동시에 "에버렛의 해석의 다세계를… 하나로" 통합하는 "양자 이론의 우주론적 해석"을 제공한다고 결론지었다.[22] 1년 후, 노무라 야스노리와, 그와는 독립적으로 연구한 라파엘 부소와 레너드 서스킨드는 이러한 아이디어를 더욱 발전시켜, 노무라가 쓴 것처럼 "영원히 급팽창하는 다중우주와 양자역학의 다세계는 같다"[23] 또는 부소와 서스킨드에 따르면

"양자역학의 다세계와 다중우주의 많은 세계는 같은 것이다"라는 결론을 내렸다.[24] 양자역학의 맥락에서 다중우주의 다양한 개념들은 통합된 하나로 쉽게 합해진다.

우주에 대한 근본적인 설명이 '하나'로 인식되는 우주 그 자체라면, 이것은 과학이 양자우주론에 기초해야 한다는 것을 의미한다. 물리학은 우주의 양자역학적 상태 벡터에서 시작해야 하며, 공간, 시간과 입자물리학의 표준모형은 결깨짐을 통한 이런 근본적인 설명에서 도출되어야 한다. 내가 결깨짐의 선구자이자 체의 제자였던 에리히 요스에게 이 접근법을 제안했을 때, 그는 마지못해 동의했다. "그렇다, 원칙적으로는 이 프로그램이 맞다. 유일한 문제는 '무엇을 더 넣어야 하는가'이다. 표준모형이 '도출'될 수 있다는 개념을 나는 매우 낙관적인 것이라고 판단한다."[25] 이러한 맥락에서 양자중력 분야의 선도적인 연구자들이 보통 입자물리학의 중추로 여겨지는 대칭성의 더 깊은 의미와 근본적인 역할을 면밀히 조사하기 시작한 것은 매우 흥미로운 일이다. 대표적인 끈 이론가이자 흔히 세계 최고의 이론물리학자로 꼽히는 에드워드 위튼은 "입자물리학의 현대적 이해에서, 전역적 대칭성[운동량, 에너지 또는 전하와 같은 양이 보존되는 이유]은 근사적인 것이며, 게이지 대칭성[힘 배후의 원리]이 창발할 수 있다는 것"을 알아냈다.[26]

그러나 무엇이 게이지 대칭성을 창발하게 할 수 있을까? 끈 이론, 루프loop 양자중력에 대한 대안적 접근법의 옹호자이자 베스트셀러 작가인 카를로 로벨리는 게이지 대칭성이 "시스템이 결합하는 손잡이"를 구성하며 "물리량들의 관계적 구조"를 반영한다고 주장한다.[27] 실제로 게이지 대칭성은 힘의 존재를 시공간의 다른 영역에서 물리학을 다르게 재정의할 수 있는 자유와 연관시켜주며,

따라서 시공간의 결맞음coherence을 드러낸다. 케임브리지대학교의 이론물리학자이자 철학자인 엔리케 고메스는 로벨리 및 다른 연구자들의 연구를 바탕으로, "전체론holism을 대칭성의 경험적 중요성으로" 파악한다.[28] 이러한 고려는 결국 근본적 대칭 패턴들을 일원론적 양자우주와 연결하고 최종적으로 거기서 이 패턴들을 파생시키려는 첫 번째 노력이 될 수 있다. 한편, 점점 더 많은 물리학자들이 기초적인 양자 관점에서 출발해 물리학을 탐구하기 시작하고 있다. 이 프로그램을 맥스 테그마크는 "무에서 출발하는 물리학physics from scratch,"[29] 러시아계 이스라엘 사람인 양자물리학자 레브 바이드만은 "모든 것은 파동함수All is Psi,"[30] 그리고 애쉬밋 싱과 숀 캐럴은 "미친개 에버렛주의Mad-Dog Everettianism"[31]라고 부른다. 체 자신도, 갑작스럽게 사망하기 불과 이틀 전인 2018년 4월 13일에 작성한 이메일에서, 나 자신이 옹호하는 이러한 접근방식을 "최대한 인정"하며 이 방식이 "완전히 새로운 철학적 측면을 포함하고 있는 것이 분명하다"라고 확인해주었다.[32]

결국 일원론에 기반한 접근방식이 또한 입자물리학과 우주론에서 발생하는 미세조정 문제도 해결할 수 있을까? 나는 이것이 가능하다고 생각한다. 물리학에서 일원론이 얽힘으로 드러난다는 것을 기억하라. 얽힘은 양자물리학에서 전체가 부분보다 더 큰 이유이다. 아인슈타인-포돌스키-로젠 역설의 데이비드 봄 버전에서, 공통의 얽힌 스핀이 없는 상태의 부분이기 때문에 항상 반대 방향을 가리키는 개별 스핀들처럼, 얽힘은 전체의 맥락에서 관련된 딸림계들을 이해하지 않으면, 터무니 없이 가능성이 낮은 우연의 일치, 즉 기적처럼 보이는 상관관계를 만든다. 얽힌 상태 전부를 알지 못한 채 이러한 구성요소들만을 본다면, 입자물리학자들이 힉스 입자 질량에 대한 기여도 중 미세조정된 상쇄에 대해 당황하는 것처럼 여러분도 이러한 반상관관계에 대해 당황할 수 있다.

이러한 관점에서 보면 우리는 미세조정된 힉스 입자의 질량이나 우주의 암흑에너지와 같은 우연의 일치에 놀라지 말아야 한다. 우리는 그것들을 예상해야 한다. 예를 들어, 우리가 관측할 수 있는 우주가 보통 원시 급팽창을 일으키는 양자장으로 알려진 단일 양자 상태로 거슬러 올라갈 수 있음을 나타내는 우주 마이크로파 배경 복사의 균질성과 미세한 온도 요동은 실제로 이러한 견해를 뒷받침한다. 이를 바탕으로 우리는, 예를 들어 힉스 입자 질량의 당혹스러울 정도로 작은 값을 이해하는 데 얽힘이 어떻게 도움이 될 수 있는지 추측해볼 수 있다. 우리는 원래 많은 입자로 구성된 양자계에서 일어나는 현상으로 얽힘을 접했다. 그러나 봄의 회전 성분들과 달리 힉스 입자의 경우 우리는 단일 입자를 다루고 있다. 이런 상황에서 얽힘이 어떤 역할을 할 수 있을까? 단일 입자에 대해 얽힘의 개념이 존재할까?

실제로 2005년경 양자정보과학 분야의 여러 연구자들, 그중에서도 스티븐 반 엔크와 블라트코 베드랄이 지적한 것처럼, 빔가르개beam splitter를 사용한 예가 있다. 빔가르개는 입사 광선을 두 개의 성분으로 나누어 서로 다른 방향으로 보내는 기술적 장치이다. 단일 광자만을 가진 광선의 경우, 이 광자는 두 개의 다른 위치로 보내지는데, 이러한 상황을 보통 양자중첩이라고 한다. 그러나 반 엔크, 베드랄과 다른 연구자들이 지적했듯이, 이 상황은 수학적으로 얽힘과 유사하다(이것을 "여기에 있는 입자"와 "거기에 없음" 그리고 "저기에 있는 입자"와 "여기에 없음" 상황으로 구성된 '복합' 상태의 중첩으로 이해할 수 있다). 또한 이 상태는 얽힌 다입자계를 준비하는 데 사용될 수 있어 원래 의미의 얽힘을 일으킬 수 있다. 즉 "한 입자 얽힘은 두 입자 얽힘만큼이나 좋다"라고 베드랄과 그의 공저자들은 결론을 내린다.[33] 얽힌 스핀에 대한 봄의 예에서, 구성요소 수준에서 완전히 놀라운 상관관계를 설명하는 것은 전체 상태의 대칭성 또는 비대칭성(정의된 전체 스핀을 가지는 속성)이다. 힉스 입자 질량에 기여하는 겉보기에 미세조정된 진공 요동을 서로 얽혀 있는 것으로 이해할 수 있다면, 유사한 어떤 것이 작용하고 있는 것은 아닐까? 개별적인 기여가 아닌 힉스 입자 질량의 모든 기여를 합산한 후에야 드러나는 숨은 대칭성이 존재할 수 있을까?

코로나바이러스 감염증COVID-19 대유행 기간인 2021년 4월 온라인 세미나에서 젊은 세대의 입자물리학 이론가 중 한 명인 니마 아르카니하메드가 미세조정된 힉스 입자 질량을 설명하기 위해 이러한 숨은 대칭성을 고민하는 모습을 보면서, 나는 그에게 얽힘이 이러한 맥락에서 결정적인 역할을 할 수 있는지 물었다. "당신이 하는 말은 그것들이 잠재적으로 흥미로울 수 있는 것처럼 들리지만, 나는 얽힘은 양자역학의 너무나도 일반적인 특징이고, … 얽힘이 (어디에서나) 역할을 하는 것처럼 보이지만, 자연스러움이 완벽하게 작동하는 다른 많은 상황이… 존재한다는 것이 어려운 점이라고 생각한다"라고 아르카니하메드는 대답했으며, "나는 그러한 아이디어들이 관련되어 있다면, 이 아이디어들은 힉스 입자… 상황—아마도 중요하게는 중력을 포함한—을 특별히 활용할 필요가 있다고 생각한다. 그러나 그것은 얽힘에 대한 '단순한' 진술을 넘어서는 것이다"라고 덧붙였다.[34]

내 질문에 대한 최종적인 해답은 아직 나오지 않았지만, 점점 더 많은 물리학자들이 고에너지와 저에너지에서의 물리학이 예상치 못한 방식으로 결합하여 관측된 작은 힉스 입자 질량을 만들어 낼 가능성을 탐구하기 시작했다. "자외선/적외선 혼합"은 이러한 이론들을 묘사하는 유행어로, 나탈리 월코버의 설명에 따르면 "큰 물질은 더 작은 물질로 구성되어 있다는 오랜 가정을 재검토하는 것"이다.³⁵

사실 힉스 입자의 작은 질량 문제는 더 기술적인 방식에서는 흔히 저에너지 물리학이나 큰 규모의 물체들이 고에너지 물리학이나 작은 규모의 구성요소들의 세부적 내용들과 독립적이어야 한다는 문제로서 논의된다. 캐나다 온타리오주에 있는 페리미터 연구소의 입자물리학 이론가인 클리프 버지스는 "우리는 이들 각각을 개별적으로 이해할 수 있으며, 모든 규모를 한꺼번에 이해할 필요는 없다. 이것은 단거리 물리학의 세부적 내용 대부분이 장거리 현상의 설명과는 무관하다는 자연의 기본적인 사실 때문에 가능하다"라고 설명한다.³⁶ 이 개념은 힉스 입자 질량에 기여하는 고에너지 양자 요동의 정확한 세부적 내용들이 언젠가는 무관해져서 그들을 무시할 수 있다는 것을 의미한다. 하지만 정말 그럴까?

양자장은 용수철 매트리스와 유사하게 양자역학적 용수철들이 배열된 것에 비유할 수 있다. 이러한 용수철들은 저장된 에너지의 양에 따라 다소 격렬하게 진동한다. 원리적으로 서로 다른 위치에 있는 입자들이 서로 얽힐 수 있는 것처럼, 고에너지 및 저에너지 진동 모드에 해당하는 서로 다른 에너지를 가진 장 또는 매트리스 상태도 서로 얽힐 수 있어야 한다. 이 논리에 따라 고에너지와 저에너지 장 모드 사이의 얽힘이 고에너지와 저에너지 또는 작은 물체와 큰 물체 사이의 일종의 비분리성을 양자장 이론에 넣을 수 있는지 궁금해할 수 있다. 최근에 주장된 것처럼, 유한한 관측 가능한 양을 계산할 때 나타나는 무한대를 제거하는 기술인 '재규격화 renormalization'가 이 문제도 해결하고 고에너지 모드와 저에너지 모드를 일관되게 분리하는 데 충분할 수 있다.[37] 재규격화는 지금까지 측정한 유한한 값들에 무한대들이 포함되어 있다고 가정하고 무한대들을 가진 문제를 숨기는 일종의 속임수이다. 그러나 이 절차는 놀라울 정도로 잘 작동한다. 그러나 이러한 종류의 주장이 중력과 관련이 있을 정도로 큰 에너지에서도 여전히 유효한지는 확실하지 않다. 어쩌면 이 시점에서 다양한 에너지에서 양자장을 다루는 방법에 대한 전체 패러다임을 재고해야 할지도 모른다. 예를 들어, 아르카니하메드는 강연에서 어느 시점에서는 더 높은 에너지가 더 짧은 거리를 탐사하는 것을 멈출 것이라고 강조하길 좋아한다. 그 이유는 입자들이 블랙홀로 붕괴할 수 있을 만큼 관련된 에너지가 커지고 에너지가 증가함에 따라 블랙홀의 크기가 커지기 때문이다. 따라서 이 시점부터는 더 높은 에너지로도 더 짧은 거리에 접근할 수 없다. 입자들은 블랙홀 내부에 숨겨져 있으며, 더 높은 에너지를 가지고 더 작은 거리를 식별하는 기존의 통념을 재고할 필요가 있다.

✤ ✤ ✤

결국 물리학의 기초가 입자나 끈이 아니라 일원론적 전체(즉 양자우주 전체)에 기반해야 한다고 주장하고, 이러한 접근방식이 어떻게 입자물리학자들이 구성요소에 기반한 이론에서 직면하는 명백한 부자연스러움과 골치 아픈 우연의 일치를 해결하고, 수학적 아름다움과 대칭성에 기반한 이러한 이론들이 지금까지 이루었던 성공을 설명할 수 있었는지를 추측함으로써 우리는 양자중력 문제에 도달했다. 실제로 뉴턴의 중력을 양자역학과 어떻게 조화시킬 수 있는지는 기초 물리학의 핵심에 있는 거대한 블랙박스이며, 결국 암흑에너지, 힉스 입자 또는 기타 미세조정 문제들보다 더 골치 아픈 문제이기도 하다. 얽힘과 중력의 관계를 들여다봄으로써 우리는 양자중력 연구의 최전선에 도달하게 된다. 이것은 아르카니하메드가 21세기의 "중심 드라마"라고 부르는 것이다.[38] 그리고 그것은 공간과 시간에 대한 우리의 이해에 정말로 극적인 결과를 가져올 것이다.

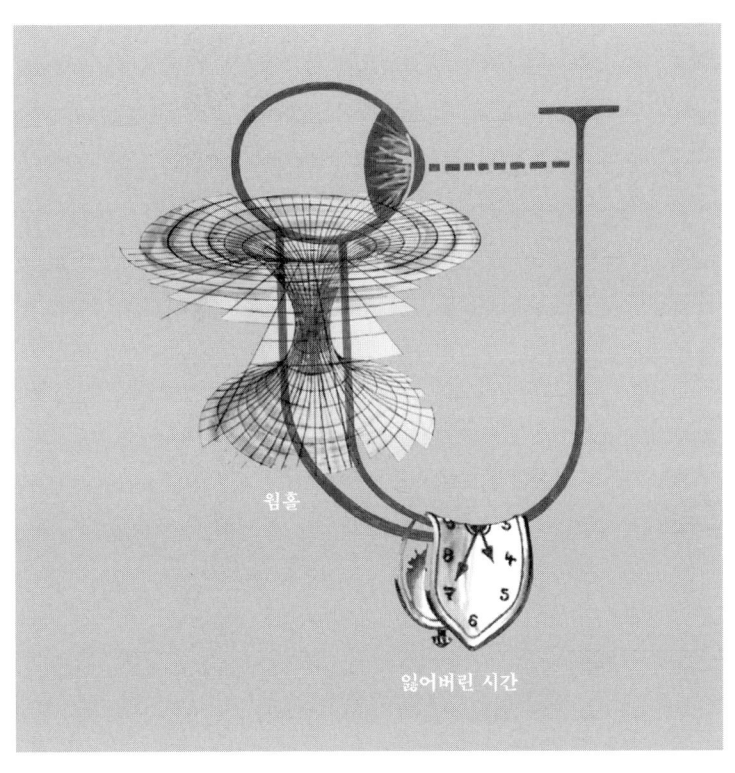

7 공간과 시간을
　 초월한 하나

양자 얽힘이 수반하는 자연의 일원론적 토대는 우리에게 광활하고 완전히 새로운 탐구 영역을 보여준다. 그것은 새로운 과학의 토대를 정의하고, 만물 이론을 찾는 우리의 탐구를 뒤집어 놓는다―입자물리학이나 끈 이론이 아닌 양자우주론 위에 구축하기 위해. 그러나 물리학자들이 이러한 접근방식을 추구하는 것이 얼마나 현실적일까? 놀랍게도 이 일은 그저 실현 가능할 뿐이 아니다―물리학자들은 실제로 이미 그렇게 하고 있다.

양자중력의 최전선에 있는 연구자들은 시공간을 얽힘의 결과로 다시 생각하기 시작했다. 점점 더 많은 과학자들이 우주의 비분리성에 그들의 연구의 근거를 두고 있다. 이 접근방식을 따라가다 보면 물리학자들이 마침내 토대가 되는 깊은 곳에서 공간과 시간이 실제로 무엇인지 파악할 수 있을 것이라는 기대가 높다.

개미와 신의 관점

중력의 문제는 중력이 다르다는 것이다. 알베르트 아인슈타인이 남긴 가장 중요한 유산은 중력이 다른 어떤 힘과도 같지 않고 공간과 시간의 내부 작용과 밀접하게 연결되어 있다는 사실을 밝혀낸 것이다. 결국 물리학이 일어나는 고정된 배경으로서 공간과 시간에 대한 고전적 개념이 완전히 청산된 것은 그의 특수상대성이론에서 이미 나타났다. 위대한 수학자이자 아인슈타인의 스승이었던 헤르만 민코프스키는 플라톤의 동굴 우화를 언급하며 제자의 이론을 다음과 같이 요약했다. "이제 공간 자체와 시간 자체는 단순한 그림자로 사라질 운명에 처해 있으며, 일종의 이 둘의 결합만이 독립적인 실재성을 보존할 것이다."[1] 실제로 아인슈타인은 서로 다른 속도로 움직이는 두 관찰자가 두 사건 사이의 거리나 시간 간격, 심지어 어떤 경우에는 어떤 사건이 먼저 일어났는지에 대해서도 일치하지 않는다는 사실을 발견했다. 시간과 공간은 개별적으로 축소되거나 늘어날 수 있다. 시공간 거리, 즉 시간 범위와 거리의 제곱 사이의 차이만 관찰자와 무관하게 유지된다.

　상대성이론의 정의에 의한 이러한 특징 때문에 물리학자와 철학자들은 우주를 4차원의 '블록' 우주로 상상하게 되었다. 이러한 맥락에서 시간은 4번째 차원으로 이해될 수 있으며, 우리가 공간에서는 왔다 갔다 할 수 있지만, 시간에서는 항상 전진해야 한다는 중요한 차이점이 있다. 옥스퍼드의 철학자 사이먼 손더스는 "상대성이론이… 시간에 대한 공간적 관점을 정립하여 시간과 공간이 하나의 4차원적 실재의 모습들로 보인다는 것은 의심의 여지가 없다"라고 확인시켜준다.[2] 그 결과―독자가 주인공의 전기에서 다양한 사건을 한 번에 볼 수 있도록 해주는 만화의 패널 시퀀스처럼―공간과 시간을 함께 묘사할 수 있다. 내부에서 (주인공이) 시간적으로 경험하는 것이 (독자와 같은) 가상의 외부 관점에게는 시공간을 통과하는 변하지 않는 경로로 이해될 수 있다.

자연이 일시적인지 영원한지에 대한 논쟁은 새로운 것이 아니다. 그것은 고대에 그 기원을 두고 있다. 기원전 520년경, 파르메니데스와 헤라클레이토스는 바로 이 주제에 대해 경쟁적인 세계관을 발전시켰다. 헤라클레이토스는 "어느 누구도 같은 강에 두 번 발을 담글 수 없다"라고 주장한 반면, 파르메니데스는 "변화는 환상"이라고 주장했다. 이처럼 상반되어 보이는 세계관에도 불구하고, 두 철학자는 우주가 모든 것을 포괄하는 통합체라는 데—가장 근본적인 수준에서 "모든 것은 하나"라는 데 동의했다.

따라서 헤라클레이토스와 파르메니데스의 세계관은 서로 모순되는 존재론이라기보다는 상호보완적인 관점에 해당한다고 볼 수 있다. 노벨 물리학상 수상자인 프랭크 윌첵은 이러한 서로 다른 관점을 "신의 눈"(시공간 전체를 바라보는 외부의 시각)과 "개미의 눈"(시공간을 통과하는 특정 경로를 따른 개별적인 경험)이라고 묘사했다. 윌첵은 "자연철학에서 반복되는 주제는 실재를 전체적으로 이해하는 신의 눈 관점과 시간 속에서 사건의 연속성을 감지하는 인간 의식의 개미의 눈 관점 사이의 긴장이다"라고 설명한다. "아이작 뉴턴 시대부터 개미의 눈 관점이 기초 물리학을 지배해왔다. 우리는 세계에 대한 묘사를, 역설적이게도, 시간 외부에 존재하는 동역학 법칙들과 그 법칙들이 작용하는 초기 조건들로 구분한다." 윌첵은 이제 이러한 관점을 바꿔야 할 때라고 믿는다. "이 구분은 실용적으로 매우 유용하고 성공적이었지만, 우리가 알고 있는 세계에 대한 완전한 과학적 설명에는 훨씬 미치지 못한다." 2016년 물리학의 미래를 예측하면서 윌첵은 "나에게는 물리적 실재를 바라보는 관점이 개미의 눈 관점에서 신의 눈 관점으로 올라가는 것이 향후 100년 동안

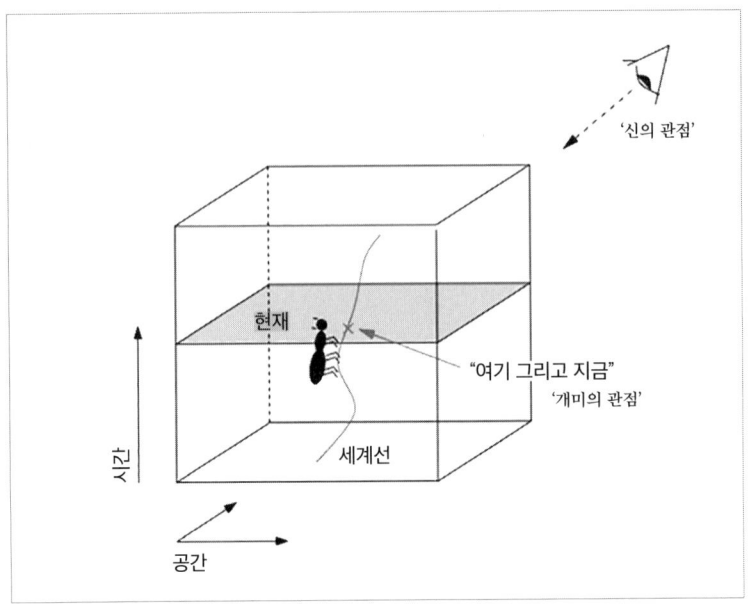

개미는 자신의 생명선을 따라 이동하면서 시간이 흘러가는 것을 경험하지만, 외부에서 시공간을 바라보는 '신의 관점'에서는 개미의 일생 전체가 드러난다.

기초 물리학의 가장 심오한 과제가 될 것이다"라고 썼다.[3] 몇 달 전 브라운대학교에서 행한 같은 주제에 대한 강연에서, 윌첵은 파르메니데스와 플라톤의 영원 철학을 신의 관점과, 헤라클레이토스를 개미의 관점과 연관지었다.[4] 그리고 그는 이 개념의 의미에 대해 에르빈 슈뢰딩거의 친구인 헤르만 바일이 묘사한 것을 인용했다. "객관적인 세계는 단순히 그런 일이 일어나지 않는다는 것이다. 내 몸의 생명선을 따라 기어가는 내 의식의 시선에 의해서만 이 세계의 일부가 시간에 따라 끊임없이 변화하는 공간에서 찰나의 이미지로 살아난다."[5]

윌첵의 개미와 신의 관점은 매사추세츠 공과대학교MIT 동료인 맥스 테그마크의 개구리와 새 관점을 떠올리게 하는데, 이는 국소 양자 관찰자의 준고전적 경험을 외부에서 전체 양자우주를 바라보는 가상의 관찰자와 대조하는 것이다. 새의 관점에서는 결깨짐을 유발하는 환경이 존재하지 않는다. 따라서 아마도 우주는 하나의 양자 물체로 경험될 것이다. 개미를 개구리의 관점과, 새를 신의 관점과 연관짓고 싶은 유혹을 받는다. 그러나 공간과 시간은 어떻게 양자역학과 관련될까? 이 수수께끼는—아직—완전히 풀리지 않았지만, 대부분의 물리학자에게는 아인슈타인의 공간, 시간 및 중력에 관한 이론인 일반상대성이론의 양자 버전을 개발하는 매우 도전적인 과제와 관련이 있는 것이 분명하다.

안타깝게도 민코프스키는 아인슈타인의 이 두 번째 성공, 즉 공간과 시간을 경직된 무대라고 여겨 완전히 버리고 그 자체로 시공간을 경기자로 만든 이론을 볼 때까지 살지 못했다. 아인슈타인은 중력이 전통적인 의미의 힘이 아니라는 것을 깨달았다. 자유낙하 중인 관찰자에게는 중력의 영향이 없지만—그는 무중력을 느낀다(물론 땅에 닿기 전까지는)—위로 가속하는 컨테이너에 있는 관찰자는 중력과 같은 느낌으로 땅을 향해 당기는 힘을 경험하게 된다. 아인슈타인은 회전할 때 원심력이 관찰자를 바깥으로 밀어내는 것처럼 보이지만 실제로는 관찰자가 직선 궤도를 유지하려는 관성의 결과일 뿐인 것처럼, 중력이 가짜 힘에 불과하다는 것을 발견했다. 그러나 중력이 그 자체로 힘이 아니라면, 무엇이 달을 지구 주위로 공전하게 하고 지구가 태양 주위로 공전하게 할까? 아인슈타인에 따르면, 질량과 에너지는 시공간을 뒤틀고, 그 결과 시공간의 곡률은 달이 평평한 공간에서 직선 궤적에 해당하는 것을 따르게 하지만, 이것이 지구 주위의 뒤틀린 기하학에서는 원처럼 보인다. 결과적으로 공간과 시간은 이제 북의 막처럼 구부러지고 휘어지며 진동할 수 있다. "시공간은 물질에게 어떻게 움직여야 하는지 알려주고, 물질은 시공간에게 어떻게 휘어야 하는지 알려준다"라고 존 휠러는 아인슈타인의 추상적이고 복잡한 이론을 요약한 유명한 명언을 남겼다. 휠러의 재치 있는 표현이 지적하고 있듯이, 시공간과 물질은 서로 독립적이지 않다. 휠러의 재담의 첫 번째 부분은 질량과 에너지가 어떻게 시공간을 구부리고 그 기하학을 결정하는지를 설명하는 일반상대성이론의 근간인 아인슈타인의 방정식을 묘사하고 있다.

그러나 중력을 공간과 시간의 뒤틀림으로 환원할 수 있다는 아인슈타인의 견해에는 여전히 문제가 있다. 이 관계에 대한 적절한 양자역학적 설명이 발견되지 않았기 때문이다. 우리는 이것이 이야기의 전부가 아니라는 것을 알고 있는데, 시공간을 뒤틀고 있는 것은, 아인슈타인에 따르면, 별과 행성의 질량과 에너지이기 때문이다. 이러한 물체들은 궁극적으로 입자와 장 또는—더 적절하게는—양자장과 그들의 입자와 유사한 여기들로 구성되어 있다. 그러므로 한편으로는 양자역학적 질량과 에너지를, 다른 한편으로는 고전적인 공간과 시간의 기하학과 연관시키는 아인슈타인의 방정식은 유용한 근사이지만, 시공간 기하학이 양자적이지 않은 한 완전히 올바를 수는 없다. 중력, 공간, 시간에 대한 양자 이론이 필요하며, 휠러는 무엇보다도 이 문제에 집착했다. 그는 자서전에서 이렇게 회상했다. "1953년 봄 일반상대성이론을 가르치기 위해 일반상대성이론을 처음 공부하면서, 나는 일반상대성이론과 양자 이론의 연관성에 대해 고민하고 있었다."[6]

우주 파동함수

1965년 존 휠러가 롤리-더럼 공항에서 비행기를 갈아타야 했을 때, 인근 노스캐롤라이나대학교에서 근무하던 브라이스 디윗에게 전화를 걸어 공항에서 만나자고 요청했다.[7] 디윗은 1957년 물리학에서의 중력의 역할에 관한 학술대회를 공동 조직했는데, 이 학회에서 휴 에버렛의 다세계 해석이 처음으로 공개적으로 논의되었으며, 그는 훗날 에버렛의 최고 옹호자가 되었다. 디윗은 휠러의 양자중력에 대한 집착을 공유했다. 휠러와 함께 환승 비행기를 기다리던 디윗은 1925년 슈뢰딩거가 수소 원자를 다루었던 것처럼 중력을 다루자고 제안했다. 그의 유명한 제자 리처드 파인만의 양자전기역학quantum electrodynamics에 비유하여, "양자중력역학quantum gravidynamics"(또는 오늘날 더 흔히 사용하는 "기하역학geometrodynamics") 이론을 개발하려고 필사적이었던 휠러는 디윗에게 그렇게 하도록 열정적으로 격려했다. 그리고 얼마 후, 디윗은 프린스턴에 있는 휠러의 대학과 인접한 프린스턴 고등연구소에서 시간을 보내면서 자신의 아이디어와 진행 상황에 대해 휠러와 논의할 기회를 더 가졌다. 그 결과 우주의 양자역학적 파동함수에 대한 슈뢰딩거 유형의 방정식—한 가지 주목할 만한 차이를 가진—이 만들어졌다. 차이는 슈뢰딩거 방정식은 전자의 파동함수가 시간에 따라 어떻게 발전하는지를 결정하지만, 휠러-디윗 방정식으로 알려진 디윗의 버전에서는 0이 존재한다는 것이었다. 우주의 파동함수는 변하지 않거나 정적인, 시간을 초월한 우주를 설명하는 것처럼 보였다. 즉 "양자중력역학에서는 아무 일도 일어나지 않는다"라고 디윗은 결론지었다.[8] "양자 이론은 결코 정적인 세계 그림 외에는 아무것

도 내놓지 않는다."⁹

　시간이 사라진 이유는 이미 헬골란트에서의 서사시적인 투쟁에서 베르너 하이젠베르크를 괴롭혔던 보통의 양자역학에서 전자 궤도가 사라진 것과 유사했다. 전자의 파동성으로 인해 전자의 위치와 운동량을 동시에 임의의 정확도로 결정할 수 없었다. 이제 중력(즉 시공간의 곡률)을 정량화해야 했기 때문에, 공간과 시간 자체에 파동성을 부여해야 했다. 일반상대성이론의 양자 버전에서는, 휠러가 10년 전에 추측했듯이, 시공간이 "제한 없이 나타났다 사라지는 단순한 입자들이 아니라, 왜곡된 기하학적 거품으로 바뀌는 시공간 자체로 만들어진" 거품 구조로 분해되어버릴 수 있다.¹⁰ 이것은 극적인 결과를 수반할 것이다. "요동이 너무 커서 말 그대로 왼쪽과 오른쪽, 이전과 이후가 없어질 것이다. 길이에 대한 평상적인 개념이 사라질 것이다. 시간에 대한 평상적인 개념이 증발할 것이다"라고 휠러는 예상했다.¹¹ 이러한 맥락에서 위치와 운동량 역할을 하는 무언가를 얻기 위해 디윗은 4차원 시공간을 카드 무더기stack처럼 3차원 공간들의 무더기로 분해했다. 표준 양자역학에서 위치는 공간의 내부 곡률(카드의 그림이 뒤틀린 것처럼)이 되고, 운동량은 4번째 차원에서의 외부 곡률(카드가 구부러진 것처럼)이 된다. 시간은 이 무더기에서 가능한 공간의 연속을 나타내는 계수기 또는 저울과 같았다.¹² 이제 표준 양자역학에서 입자의 위치 또는 사건들이 순서대로 연속되는 것을 설명하는 전자 궤적은 사라지고 개별 위치 또는 사건들만이 남는다는 점을 기억하라. 마찬가지로 양자중력에 대한 디윗의 접근 방식에서 공간들의 무더기가 개별 공간들로 분해되고, 공간들의 질서정연한 연속을 의미(또는 '매개변수화')하는 시간도 사라진다. 결과적으로 "시공간이 양자 거품으로 바뀌면서 공간과 시간은 사실상 의미를 잃게 된다. 20세기의 가장 위대한 두 이론인 양자 이론과 일반상대성이론을 종합해보면 시간은 부차적인 개념, 즉 파생된 개념이라는 결론을 내릴 수밖에 없다"라고 휠러는 설명한다.[13]

닐스 보어가 슈뢰딩거의 파동함수에 대한 해석을 개발할 때, 그는 기존의 고전적인 측정 장치를 채택했다. 디윗은 중력을 정량화하려고 노력하면서 이 전략을 사용할 수 없다는 것을 곧 깨달았다. "여기서는… 우주 전체가 관찰의 대상이며, 고전적 관점이 존재하지 않는다. 따라서 해석의 문제가 처음부터 다시 제기되어야 한다."[14] 이로 인해 디윗은 에버렛의 해석으로 다시 돌아갔다. "에버렛의 견해는 매우 자연스러운 것이다. … 에버렛의 견해는 자연스러운 것일 뿐만 아니라 본질적인 것일 수도 있다."[15] 그러나 명백한 문제가 남아 있었다. 시간이 없는 우주를 어떻게 이해할 수 있을까? 그리고 그 문제와 관련하여 시간을 되찾을 수 있을까?

잃어버린 시간을 찾아서

시간의 비실재성에 대한 줄리언 바버의 계시는 두통과 함께 찾아왔다. 10월 초 이른 아침 바이에른 알프스의 별이 쏟아지는 하늘 아래에서 깨어난 그는 곧바로 정상에 오르지 못한다는 것을 알았다. "나는 10월 동이 트기 전 하늘 높이 떠 있던 오리온자리와 다른 겨울 별자리의 찬란한 별빛을 아직도 생생하게 기억한다. 하지만 별이 있든 없든 그 두통을 안고 등반을 할 수는 없었다."[16] 대신 친구 위르겐이 바츠만산 등반을 떠나는 동안, 바버는 아스피린 두 알을 먹고 침대로 돌아갔다.

한두 시간 후 그가 잠에서 깨어났을 때, 그의 사고는 전날 기차 여행 중에 읽었던 폴 디랙―양자역학의 상대론적 버전을 개발한―의 논문으로 되돌아가 있었다. 그 논문에서 디랙은 아인슈타인의 시공간 개념의 근본적인 타당성에 의문을 제기했다. "이것은 훨씬 더 근본적인 질문, 즉 '시간이란 무엇인가?'라는 질문을 촉발시켰다. 위르겐이 돌아오기 전에 나는―그리고 여전히 지금도― 이 질문의 포로였다"라고 바버는 회상한다.[17]

바버가 의문을 품기 시작한 것은 "시간이란 아무 일도 일어나지 않을 때 일어나는 것"이라는 파인만의 말이 맞는지 여부였다.[18] 대신, 바버가 생각한 것처럼, 시간은 "변화일 뿐"일 수 있으며, 이는 "시간은 전혀 존재하지 않으며, 운동 자체는 순수한 환상이라는 것"을 의미한다.[19] 고전물리학에서도 시간은 이미 불필요하지 않았을까? 물체의 특정 위치와 시곗바늘의 특정 위치가 일치하는 것처럼 다른 운동과의 관계로 운동을 설명하는 것으로 충분하지 않았을까? "우리는 운동으로부터 시간을 추상화한다"라고 바버는 깨달았다.[20] 바버는 35년 동안 이러한 시간의 비실재성이라는 개념에 대해 고민했고, 마침내 자신의 생각을 대중적인 책으로 집약해냈다. 그는 알맞게도 자신의 영원한 우주를 '플라토니아Platonia'라고 부르며 그 과정에서 엘레우시스 밀교를 언급했다. 옥스퍼드의 철학자 사이먼 손더스는 [바버의]《시간의 종말》을 '황금'이자 '걸작'이라고 평가한다.[21] 그러나 그는 여전히 의아해한다. "그러므로 시간은 존재하지 않는다. … 그러나 시간이 존재하지 않는다면, 시간이 존재하는 것처럼 보인다는 사실은 어떻게 설명할 수 있을까? … 나는 이것이 정말 말이 되는지 모르겠다."[22] 휠러-디윗 방정식은 이 어려움을 해결할 수 있는 열쇠를 제공한다.

처음에 바버는 양자역학에 대해 별다른 생각 없이 자신의 생각을 발전시켰다. 1971년 당시에는 "양자역학에 응용할 생각은 전혀 하지 않았다"라고 바버는 쓰고 있다.[23] 마침내 그가 그 일을 끝냈을 때, 그는 자신의 "독일인 물리학자 친구"인 H. 디터 체와 체의 제자 클라우스 키퍼가 완전히 다른 방향이지만 매우 유사한 결론에 도달했다는 사실을 알게 되었다.[24] 체와 키퍼는 시간을 초월한 휠러-디윗 방정식으로 시작한 다음 시계의 바늘 상태와 유사하게 "내부 시간"으로 이해할 수 있는 매개변수를 파악하려고 했다. "먼저, 가장 중요한 것은 휠러-디윗 방정식에서 시간의 표준 개념을… 시간의 대략적인 개념으로 도출해야 하는 필요성"이라는 것을 키퍼는 깨달았다.[25] 하지만 어떻게 정확히 시간을 되찾을 수 있을까?

3장에서 우리는 고전성의 대리인이자 물질의 생성자로서의 결깨짐에 대해 알게 되었다. 같은 방식으로 결깨짐은 이제 시간의 생성자가 된다. 사실 이 작업에서 체는 이미 수년 전에 시간과 무관한 원자핵이 시간에 의존적인 성분들로 구성된 것으로 근사화될 수 있다는 사실에 당혹감을 느꼈을 때, 이미 결깨짐을 발견하는 데 도움을 주었던 그의 놀라움을 다시 활용할 수 있었다. 키퍼와 체가 디윗의 시간을 초월한 우주에 비슷한 접근방법을 적용했을 때, 관찰자가 근본적으로 시간을 초월한 전체의 일부에만 초점을 맞추면 시간이 실제로 창발한다는 사실을 발견했다. 관련이 없는 작은 밀도의 요동이나 중력파를 무시할 때, 결깨짐의 과정이 대략적인 창발 시간을 생성할 수 있다. 그들은 관측자를 포함한 나머지 우주가 새로운 시간 매개변수를 특징으로 할 것임을 발견했다. 게다가 이 '시간 환상time illusion'이라고 부르는 것은 필연적으로 우주 팽창의 방향을 가리킬 것이며, 어떤 이유로 우주 팽창이 멈추면 시간 환상조차 멈추게 될 것이다. 이런 의미에서, 비록 특정 관점에서 경험되는 창발적이고 비본질적인 현상으로서지만, "우주는 자신의 시간을 정의한다."[26] "그 결과들 가운데는 양자중력의 근본적인 영원성, 준고전적 시간의 근사적 본질, 엔트로피와 우주의 크기와의 상관관계를 들 수 있다"라고 키퍼는 설명한다.[27] 키퍼는 "우리는 시간을 초월한 세계의 근본적인 그림을 통해 우리의 통상적인 시간 개념의 출현과 한계를 모두 이해할 수 있다"라고 강조하며, "휠러-디윗 방정식은… 기본적인 플랑크 수준에서 성립할 수도 있고 그렇지 않을 수도 있다"라고 덧붙인다.[28] 플랑크 수준은 양자중력 효과가 커진다고 가정한 곳으로 엄청난 에너지를 갖게 된다. "그러나 양자 이론이 보편적으로 유효한 한, 이것은 적어도 근사 방정식으로서 유효할 것이다. … 이런 의미에서 이것이 가장 근본적인 방정식은 아니더라도 양자중력에 대한 가장 신뢰할 수 있는 방정식이다."[29]

우리는 기괴한 양자 세계를 만나게 된다. 키퍼는 "양자중력에서 세계는 근본적으로 시간을 초월하며 고전적인 부분을 포함하지 않는다"라고 요약한다.[30] 바버도 동의한다. "양자우주는 정적이다. 아무 일도 일어나지 않는다. 존재는 있지만 생성은 없다. 시간의 흐름과 움직임은 환상에 불과하다."[31] 또한 베스트셀러 《7가지 간단한 물리학 수업》의 저자이자 양자중력이론에 대한 끈 이론의 주요 경쟁자인 '루프 양자중력'의 아버지 중 한 명인 카를로 로벨리는 "시간을 잊어버려라"라고 격려한다.[32] 시간은 우리에게 기본적인 경험임에 틀림없지만, 더 이상 우주의 근본적인 속성으로 이해되지는 않는다. 대신 시간은 보는 사람의 눈 속, 즉 우주를 바라보는 우리 관점이 가진 특징이다. 로벨리는 "시간 개념은 우리에게 지극히 자연스러운 것이다"라고 인정하면서도 "절대적인 동시성, 절대

속도 또는 평평한 지구와 절대적인 상하의 아이디어"가 우리의 직관에 뿌리를 두고 있는 것처럼, "다른 직관적인 아이디어들도 우리가 살아가는 데 익숙한 작은 정원의 특징이기 때문에 이들 아이디어도 같은 방식으로 직관에 뿌리를 두고 있는 한" 그것이 성립한다고 강조한다.[33]

시간을 초월한 우주라는 개념은 이 개념을 창안한 사상가들조차도 쉽게 받아들이기 어려웠다. 철학자 손더스는 바버, 키퍼, 체와 로벨리가 도달한 시간을 초월한 우주의 개념을 처음 접했을 때 "미친 소리처럼 들렸다"라고 썼다.[34] 그리고 실제로, 체가 지적했듯이, 양자중력의 직설적인 의미는 주로 무시되었다. 즉 "양자중력의 발전에 기여한 거의 모든 과학자들은 (양자 이론의 다른 많은 측면처럼) 시간을 초월하는 이 측면을 완전히 형식적인 것으로 이해한 것처럼 보인다."[35] 하지만 우주에 대한 근본적인 설명을 추구하는 양자우주론이 시간을 초월한다는 것이 정말 놀라운 일일까? 이제 이 질문에 답하기 위해 '근본적'이 실제로 무엇을 의미하는지에 대한 지난 장의 논의로 돌아가 보겠다. 엔트로피로 돌아가 보겠다.

엔트로피와 시간의 씨앗

우리가 엔트로피를 처음 소개했을 때, 우리는 엔트로피가 무지의 척도와 같은 것이라고 지적했다. 또는 이를 반대로 표현하자면, 자연에 대한 묘사에서 엔트로피가 적게 발생할수록 그 내부 작용에 대한 정보가 덜 버려지고 묘사가 더 근본적이 된다. 엔트로피의 부족은 근본성을 나타내는 정량적 지표로 이해할 수 있다.

이 시점에서 우리가 언급하지 않은 것은 엔트로피와 시간의 밀접한 관계이다. 유명한 열역학 제2법칙에 따르면, 엔트로피는—이미 최대이거나 다른 곳에서 엔트로피를 더 증가시킴으로써 엔트로피를 강제로 감소시키지 않는 한—시간이 지남에 따라 증가하게 되어 있다. 예를 들어, "열역학 제2법칙은 일반적으로 시간의 화살의 주요한 물리적 표현으로 간주되며, 이로부터 다른 많은 결과를 도출할 수 있다"라고 체는 〈시간의 화살에 관한 열린 질문들〉이라는 제목의 에세이에서 강조한다.[36]

따라서 시간의 방향은 일반적으로 엔트로피의 증가로 확인할 수 있다. 컵이 테이블에서 떨어져 바닥에서 분해되는 것을 볼 때, 우리는 놀라지 않는다(짜증이 날 수는 있지만). 반대로 바닥에 쌓여 있던 컵 파편이 합쳐져 하나의 컵이 되어 테이블 위로 튀어 오르는 것을 볼 때, 그 과정이 원리적으로는 가능하지만 우리는 보통 우리가 영화를 거꾸로 보고 있는 중이라고 가정한다. 깨진 컵 주위의 공기 분자들의 운동량이 파편에 부딪혀 컵이 먼저 재조립된 다음 다시 테이블 위로 밀려 올라가는 방식으로 공모할 가능성은 터무니없이 희박하다. 그 이유는 또다시 사물이 파손될 수 있는 방법(또는 '미시 상태')이 손상되지 않는 방법보다 훨씬 더 많기 때문이다. 즉 여러분이 자동차를 절벽 아래로 밀면, 나사, 찌그러진 금속과 깨진 유리의 엉망인 상태로 끝날 것을 예상할 수 있다. 하지만 나사와 찌그러진 금속과 깨진 유리를 떨어뜨려 손상되지 않은 자동차를 만들려면 많은 시도가 필요할 것이다. 시간이 지남에 따라 우리가 보통 경험하는 것은 가능성이 낮은 거시 상태에서 가능성이 높은 거시 상태로 진화하는 것인데, 이는 일반적으로 파괴와 평형에 해당한다.

이 맥락에서 종종 간과되는 것은 엔트로피가 거시 상태의 정의에 따라 달라지기 때문에 다소 자의적일 수 있다는 점이다. 6장의 그림에 묘사된 자동차가 가질 수 있는 다양한 조건들을 살펴보면, 일반적으로 왼쪽 상단 이미지의 상황을 "파손되지 않은 상태"로 파악하는 것이 일반적이다. 그러나 이것은 대부분의 사람들이 자동차와 연관 짓는 목적, 즉 자동차를 운전하고 싶다는 욕구에서 비롯된 결과이다. 자동차 바퀴로 축구를 하고 싶거나 파편으로 무언가를 자르고 싶다면, 다른 미시 상태를 "파손되지 않은 상태"로 (더 적절하게) 정의할 수도 있다.

이제 엔트로피의 증가가 시간의 흐름을 특징짓기 때문에 이것은 시간 자체가 엔트로피 증가 외에 아무것도 아니라는 것을 암시한다. 이러한 관점에서 엔트로피는 우리가 시간의 화살로 인식하는 것을 구성한다. 앞에서 주장한 것처럼, 엔트로피가 우주에 대한 거칠고 다소 자의적인 관점의 특징이고, 자연의 근본적인 설명인 양자우주의 엔트로피가 사라진다면, 양자우주 전체가 시간을 초월할 가능성이 높아 보인다. 이것이 정확히 양자우주론에서 발견한 사실이다.

개구리의 관점에서 우주를 관찰하면 (이 관점에서는) 엔트로피가 사라지지 않으므로 시간의 화살이 생겨난다. 키퍼와 체가 공동 저술한 논문에서 썼듯이, "파동함수에서 (시공간을 포함한) 준고전적 특성의 창발은… 모든 '비가역적' 과정 중 가장 근본적인 과정… 즉 결깨짐에 의존한다." 이들은 "결깨짐이" "파동함수가 명확한 시공간 기하학을 가진 것들과 같은 특정한 '세계의 구성 성분들'로 분기되는 형태로… 어떤 종류의 속성이 나타나는지를 결정한다"라고 설명한다.[37] 양자우주에서 시간은 근본적인 것이 아니라 환경에 대한 우리의 거친 관점의 결과이다. 실제로 이러한 연관성은 에버렛에 의해 이미 제안된 바 있다. 에버렛의 전기작가 피터 번이 에버렛의 아들 마크 에버렛의 지하실에서 발견한 친필 초안에서 에버렛은 "자연 과정의 명백한 비가역성은 본질적인 방식으로 정보를 잃어버리는 관찰자에 대한 주관적인 현상으로도 이해되지만, 여전히 전체적으로 가역적인 결정적인 틀 안에서 이해된다"라고 강조했다.[38] 그의 논문의 원본에서 그는 이러한 "돌이킬 수 없는 현상은… 계의 내재된 행동이 아니라 계에 관한 우리의 불완전한 정보에서 생겨난다"라고 뚜렷하게 밝혔다.[39]

지금까지 시간의 창발은 결깨짐을 통해 실제로 실현된 고전적인 우주의 표면상의 기본 속성이 유일하게 구체적으로 도출된 것이다. 따라서 이것은 대칭성 및 보존법칙과 같은 다른 기본 속성의 창발에 대한 유사한 접근방식에 영감을 주는 적절한 예가 될 수 있다. 그러나 아인슈타인의 이론에서 공간과 시간 사이의 밀접한 관계는 어떨까? 일원론이 옳고 우주에 단 하나의 것만 존재한다면, 그 위치에 대해 말하는 것이 어떤 의미가 있을까? 무엇과 관련된 위치일까? 실제로 양자중력에 대한 최첨단 연구는 이제—우주에서 가장 기이한 야수인 블랙홀을 이해하려는 노력에서 얻은 통찰력에 근거해—공간도, 시간과 물질과 마찬가지로, 근본적인 것이 아니라 창발한다고 암시하는 것처럼 보인다.

블랙홀의 정보 처리에 관한 신비

블랙홀은 일반상대성이론의 가장 엉뚱한 예측 중 하나이다. 이것은 블랙홀이 드물다고 이야기하고자 하는 것이 아니다. 질량이 태양 질량의 3배보다 큰 별은 블랙홀로 일생을 마치며, 은하수를 포함한 우주의 거의 모든 은하는 중심부에 태양 질량의 수백만 배에서 수십억 배의 질량을 가진 거대한 블랙홀들을 갖고 있다.

그러나 블랙홀은 무엇인가? 그리고 왜 아인슈타인의 이론이 블랙홀의 존재를 암시하고 있을까? 아인슈타인이 1915년 일반상대성이론의 방정식들을 발표했을 때, 처음에 그는 이 방정식들을 풀 수 없으리라 믿었다. 그러나 두 달도 채 지나지 않아 독일의 유대인 물리학자 카를 슈바르츠실트가 해법을 내놓았다―당시 슈바르츠실트가 제1차 세계대전의 독일-러시아 전선에서 자원병으로 참전하고 있었기 때문에 더욱 놀랍게 보이는 성과였다. 독일 유대인이자 공무원으로서 슈바르츠실트는 자신이 진정한 애국자임을 증명하고 싶었다. 안타깝게도 불과 몇 달 후 슈바르츠실트는 희귀한 자가 면역 질환에 걸려 상이군인으로 입원했고, 몇 주 만에 사망했다. 더 안타까운 것은, 지금 생각해보면, 슈바르츠실트의 희생이 제대로 예우받지 못했다는 것이다. 20년 후 그의 자녀들은 독일에서 추방당했고, 그의 아들 중 한 명은 나치 독일의 유대인 박해 중에 자살했다.

슈바르츠실트의 해법은 별이나 행성과 같은 구형 질량체 주위의 중력장을 설명했다. 하지만 이 해법은 흥미로운 특징을 가지고 있었다. 즉 구형 질량체가 특정 값, 일명 슈바르츠실트 반지름보다 작으면 블랙홀을 형성한다는 것이었다. 블랙홀을 특별하게 하는 것은 블랙홀의 특징인 공간과 시간의 극심한 뒤틀림이다. 즉 슈바르츠실트 반지름에서는 중력이 너무 강해져 모든 것, 심지어 빛조차도, 이 블랙홀 내부로 빨려 들어간다. 블랙홀에 빠진 것은 되돌아갈 수 없으며, 블랙홀은 슈바르츠실트 반지름에서 시작하여 일방통행이 된다. 이 관측으로부터 블랙홀은 내부로 빨려 들어간 모든 잡동사니로 구성된 다소 복잡한 물체처럼 보인다. 하지만 놀랍게도 그 반대의 경우도 있다. 슈바르츠실트의 블랙홀은 질량으로만 특징지어진다. 나중에 전하와 회전을 가진 변종 블랙홀들이 발견되었지만, 거기까지이다. 블랙홀들은 질량, 전하와 각운동량으로 완전히 규정된다. "블랙홀은 머리카락을 가지고 있지 않다"라고 존 휠러와 그의 제자 찰스 미스너와 킵 손은 그들의 유명한 중력에 관한 교과서에서 이 발견을 은유적으로 썼다.[40]

결과적으로 블랙홀에 빠지는 것은 사라진다―적어도 1970년대에는 사람들이 그렇게 생각했다. 그리고 적어도 원리적으로 이 사라진 정보는 엔트로피로 이해할 수 있다. 실제로 1973년 휠러의 박사과정 학생이었던 야코브 베켄슈타인은 "블랙홀 물리학과 열역학 사이에 많은 유사점이 있다"라는 사실에 주목했다.[41] 예를 들어, 베켄슈타인은 엔트로피가 블랙홀 지평선의 면적과 연관될 수 있다고 생각했다. 이 가설은 3년 전 스티븐 호킹의 결과를 기반으로 한 것이다. 즉 열역학 제2법칙에 따라 엔트로피와 마찬가지로 "블랙홀 지평선의 면적은 감소할 수 없다."[42] "블랙홀이 다른 것과 상호작용할 때 그 면적은 항상 증가할 것이다"라고 호킹은 설명했다.[43] 호킹은 여전히 엔트로피와 블랙홀의 표면적 사이의 비유를 문자 그대로 받아들이기를 꺼려 했다. 결국 엔트로피를 가진 블랙홀은 또한 온도를 가져야 하고 따라서 복사를 해야 하는데, 이는 터무니없다고 여겨졌다. 호킹은 "베켄슈타인이 내 발견을 잘못 사용했다"라고 느꼈다.[44] 호킹은 블랙홀 지평선 부근의 양자장을 분석하고, 예상과 달리, 블랙홀이 실제로 복사를 방출한다는 사실을 발견한 후에야 생각을 바꿨다. 호킹의 결과는 3장에서 언급한 더 일반적인 언루 효과의 특수한 경우이다. 1976년 휠러의 제자 윌리엄 언루가 발표한 논문에서 이름을 딴 이 현상은 가속 관찰자가 진공 상태에서 입자들을 볼 수 있다는 것을 암시한다. 일반상대성이론에 따르면, 중력은 가속도로 이해할 수 있기 때문에, 블랙홀을 탈출하려는 관찰자는 블랙홀로부터 쏟아져 나오는 입자들의 흐름을 볼 수 있다. 이러한 입자들은 양자장 이론에서 진공에서 비롯되며, 진공은 텅 비어 있는 것이 아니라 '가상' 입자가 존재했다가 사라지는 뜨거운 수프와 같은 것으로 생각된다. 블랙홀 지평선에 가까운 극한 중력장에서는 이러한 양자 요동이 블랙홀로부터 에너지를 빨아들이고, 이로 인해 가상 입자들을 실제 복사로 변환할 수 있다.

그러나 호킹의 발견은 블랙홀을 더욱 신비롭게 만들었을 뿐이다. 별과 다른 천체를 말처럼 먹어치운 은하 괴물은 이제 복사로 융해되어 결국 사라질 것으로 예상되었다. 이것은 블랙홀에 떨어진 모든 정보, 블랙홀의 지평선 뒤로 사라진 모든 별과 다른 것들의 특정한 속성 및 특성이 어떻게 될지에 대한 의문을 불러일으켰다. 호킹은 정보가 단순히 사라질 것이라고 믿었다—그러나 그것은 양자역학과 상충되는 해법이다. 즉 물리학에서 원인 없이 일어나는 일이 없듯이, 정보도 단순히 허공으로 사라질 수는 없다.

1990년대 중반이 되어서야 헤라르뒤스 엇호프트와 레너드 서스킨드가 이 딜레마에 대한 해법을 제안했다. 이 제안은 종종 무시되곤 했던 블랙홀의 특징에 기반한 것이었다. 블랙홀은 보통 자신의 방향으로 떨어지는 모든 것을 집요하게 삼키는 것으로 묘사되며, 이것이 실제로 블랙홀에 떨어지는 관찰자가 경험하는 것이지만, 블랙홀 외부에 정지해 있는 관찰자는 완전히 다른 이야기를 증거한다. 그녀의 관점에서 보면 블랙홀의 지평선에서의 강한 중력장이 시공간을 너무 강하게 구부려 시간이 멈춘다. 따라서 이 관찰자의 관점에서는 아무것도 블랙홀로 떨어지지 않으며, 블랙홀을 향해 떨어지는 것으로 보이는 물체는 대신 이 지평선에서 정지한다.

그렇다면 누가 맞을까? 엇호프트와 서스킨드가 내놓은 답은 보어의 상보성 개념에서 영감을 받은 솔로몬식 답이었다. 즉 둘 다 맞을지 모른다. 보어를 따라 어떻게 전자를 관찰하는지에 따라 전자가 입자이자 파동일 수 있다면, 사물들이 어쩌면 블랙홀 내부와 지평선 모두에 존재할 수 있을지 모른다. 외부 관찰자에게 정보는 절대로 블랙홀로 들어올 수 없고 블랙홀이 증발하는 과정에서 방출하는 호킹 복사를 통해 다시 블랙홀을 떠날 수도 없다. 그러면 블랙홀의 내부는 홀로그램과 비슷한 것이 될 것이다. 즉 2차원의 지평선에 저장된 정보로부터 생성된 3차원의 이미지로 이해될 수 있다.

18년 동안 '블랙홀 상보성'과 '홀로그래피 원리'에 대한 이야기는 기존의 통념으로 남아 있었다. 1997년에 이 아이디어가 끈 이론의 예상치 못한 지지를 받으면서 더욱 강화되었다. 당시 연구자들은 양자중력이론의 유일한 후보로서의 끈 이론의 지위를 위협하는 그때까지 발견된 다양한 버전의 끈 이론들 간의 관계를 이해하려고 노력했다. 이를 위해 연구자들은 다양한 이론을 서로 변환하거나 매핑할 수 있는 관계를 찾았다. 아르헨티나의 후안 말다세나가 제안한 이런 관계 중 하나는 중력이 있는 우주와 없는 우주, 서로 다른 개수의 공간 차원을 특징으로 하는 두 장난감 우주 사이의 대응관계였다. 그의 동료들의 마음을 놀라게 한 것은 말다세나의 추측이 중력을 가진 완전한 공간적인 우주를 이 우주의 부피 경계면에서 정의된 양자장 이론에 의해 생성된 홀로그램과 동등하게 볼 수 있음을 암시하는 것처럼 보였다는 것이었다. 좀 더 구체적으로, 말다세나는 반더시터르Anti-de Sitter(AdS)로 알려진 기하학을 암시하는 음의 진공 에너지를 가정하고, 이를 등각장이론conformal field theory(CFT)으로 알려진 특정한 양자장 이론과 연관시켰다. 부작용으로, 이 관계를 통해 물리학자들은 두 설명 사이를 오갈 수 있었고, 한 설명에서는 다루기 힘든 것으로 여겨지던 문제들이 다른 설명에서는 가능한 것으로 밝혀졌다. 말다세나의 발견은 블랙홀과 마찬가지로 우주를 홀로그램으로 이해할 수 있다고 제안했다. 블랙홀은 (즉 훨씬 덜 복잡한 방식으로) 우주를 모델링하는 데 사용될 수 있었다. 말다세나의 논문은 곧 홀로그래피 원리의 대표적인 사례로 채택되었고, 2020년까지 2만 건 이상의 인용 횟수를 기록하며 빠르게 고에너지 및 입자물리학 역사상 가장 인기 있는 논문이 되었다. '블랙홀 정보 역설'로 알려진 문제가 해결된 것처럼 보였다. 블랙홀은 블랙홀의 지평선으로 정의할 수 있고, 블랙홀 내부에서 일어나는 일은 무시할 수 있을 것처럼 보였다.

그러던 중 2012년에 양자역학의 또 다른 문제가 나타났다. 아메드 알르메이리, 도널드 매롤프, 조지프 폴친스키와 제임스 설리는 호킹 복사로 정보를 전송하려면 양자들끼리 서로 얽혀 있어야 하지만, 블랙홀로 빨려 들어간 원래 양자 요동들의 일부와도 얽혀 있어야 한다는 사실을 깨달았다. 그러나 양자물리학자들은 얽힘이 '일부일처제'여야 한다는 사실을 발견했다. 즉 입자들은 두 개 또는 그 이상의 파트너가 아닌 한 파트너와만 완벽하게 상호 연관될 수 있다는 것이다. 폴친스키는 이 문제를 명확히 밝히기 위해 블랙홀의 증발을 광자에 의해 조사된 열을 발생시키는 석탄의 연소와 비교했다. "초기 광자들은 남은 석탄과 얽혀 있지만" 궁극적으로 타고 있는 조각에 관한 모든 정보는 복사와 함께 외부로 나온다.[45] 폴친스키가 지적했듯이, "연소는 초기 정보를 뒤섞어 해독하기 어렵게 만들지만, 연소는 원리적으로 가역적이다."[46] 폴친스키가 설명하는 것처럼, 이제 "호킹의 주장에 대한 공통적인 초기 반응은 블랙홀이 다른 열적 계와 같아야 한다는 것이다." "그러나 차이점이 있다. 석탄은 지평선을 가지고 있지 않다."[47] 폴친스키가 강조하였듯이, "석탄에서 나온 초기 광자는 내부 여기 상태들과 얽혀 있지만, 후자는 나중에 나오는 광자에 양자 상태를 각인시킬 수 있다. 블랙홀에서는 내부 여기 상태들이 지평선 뒤에 있어 나중에 나온 광자의 상태에 영향을 미칠 수 없다."[48] 따라서 블랙홀로 들어가는 정보를 다시 빼내어 정보를 보존하려면, 들어가는 양자 요동과 나가는 양자 요동 사이의 얽힘을 어떻게든 잘라내야 한다. 그 결과는 저자들이 묘사하였듯이 '드라마drama'였다. 즉 지평선에서 '방화벽'으로 번역되는 엄청난 에너지 방출을 말한다. 하지만 이러한 지평선 위 방화벽은 아인슈타인의 원래 출발점을 완전히 무효화할 수 있다. 즉 자유낙하 중에 중력을 감지할 수 없다는 관측을 말이다. 블랙홀 정보 처리의 물리학은 다시 원점으로 돌아간 것처럼 보였다.

새로운 아이디어들이 필요했으며, 이 아이디어들은 시공간과 양자역학 사이의 관계를 재고함으로써 나올 것이다.

ER＝EPR？

방화벽 역설은 블랙홀 시공간에서의 입자의 위치와 양자 얽힘이 충돌하는 현상에서 비롯된다. 따라서 연구자들은 최근에 통상적으로 독립적인 개념으로 이해되는 시공간과 얽힘에 숨은 관계가 있을 수 있다는 추측을 하기 시작했다. 만약 이것이 사실이라면, 양자 얽힘에 내재된 비국소성은 시공간에 의해 계승될 수 있으며, 이는 공간 자체에 대한 우리의 이해에 극적인 결과를 가져올 수 있다.

블랙홀과 양자 비국소성 사이의 이러한 연관성 중 하나는 'ER=EPR'이라는 유행어로 알려진 아이디어이다. 여기서 'EPR'은 양자 얽힘에 관한 유명한 아인슈타인-포돌스키-로젠의 논문을 가리킨다. 'ER'은 같은 해인 1935년 아인슈타인과 네이선 로젠이 일반상대성이론에서 웜홀과 유사한 해법을 논의한 논문을 가리킨다.

웜홀은 일반화된 블랙홀 시공간에서 발생한다. 블랙홀 바깥에 정지해 있는 관찰자는 블랙홀로 떨어지는 것을 절대로 볼 수 없지만, 자유낙하하는 관찰자는 지평선을 아무 문제 없이 통과할 수는 있지만 다시 되돌아갈 수 없다. 블랙홀을 묘사하는 슈바르츠실트 시공간은 특정한 시간 방향을 지정하지 않기 때문에 이것은 놀라운 일이다. 따라서 시간 방향(관찰자가 블랙홀 속으로 떨어지지만, 블랙홀로부터 탈출할 수 없는 경우와 같은)을 지정하는 각각의 특정한 해법에는 그에 상응하는 시간이 반전된 해법이 존재해야 한다. 다시 말해, 블랙홀 외부에서 슈바르츠실트 반지름을 가로지르는 블랙홀로 들어가는 일방통행로가 존재한다면, 내부에서 슈바르츠실트 반지름을 가로지르는 또 다른 일방통행로도 존재해야 한다. 실제로 지평선을 넘은 후에는 누구도 블랙홀을 벗어날 수는 없지만, 블랙홀을 묘사하는 시공간은 임의의 관찰자가 슈바르츠실트 지평선을 바깥 방향으로 가로지르는 것을 허용하는 방식으로 확장될 수 있다. 이제 지평선만이 블랙홀 외부 영역을 가상의 화이트홀(탈출은 가능하지만 절대 들어갈 수 없는 것)에 또는 평행우주로부터의 포털에 연결한다. 아인슈타인과 로젠이 EPR 역설을 제시한 직후에 보여주었듯이, 이 평행우주는 '아인슈타인-로젠 다리' 또는 — 현대 용어로 — '웜홀'을 통해 우리 우주와 연결되어 있다. 나중에 웜홀은 공상과학소설에서 빛보다 빠른 성간 여행을 위한 장치(일종의 자연적인 순간이동teleportation 장치)나 과거로의 시간여행을 위한 장치로 인기를 얻었다. 하지만 원래 웜홀은 통과할 수 없었다. 그 누구도, 심지어 입자조차도, 실제로 웜홀을 통과할 수 없다.

웜홀과 얽힘은 실제로 한 가지 공통점을 가지고 있다. 말다세나와 서스킨드가 주장하듯이, "국소성은 양자역학과 일반상대성이론 모두에 의해 도전받는 것처럼 보인다."[49] 하지만 후안 말다세나가 레너드 서스킨드에게 보낸 이메일에서 처음 사용된 'ER=EPR' 항등식은 — 언뜻 보면 — 말이 안 되는 조합처럼 보인다. 얽힘이 구성요소 간의 비국소적 상관관계에서 비롯된 양자계의 전체론적 특성을 묘사하는 반면, 웜홀은 우주의 멀리 떨어진 영역들을 연결하는 시공간의 손잡이를 묘사한다. 전자는 빛보다 빠른 정보 교환을 허용하지 않는 일반적인 양자 현상이다. 후자는 초광속여행과 시간여행의 도구로 주장되어왔으며 보통 물리학 법칙에 맞지 않거나 불안정한 것으로 간주되는 순전히 가상의 이색적인 시공간 기하학이 가진 속성이다. 에버렛과 보어의 양자역학 해석이 절대적으로 모순되는 실재 개념에 기반하고 있다는 점을 무시한 채, 서스킨드는 'ER=EPR'이 '에버렛=코펜하겐'을 의미한다고 주장함으로써 상황을 개선하지 못한다.

그러나 에버렛의 다세계와 우주의 급팽창에서 예측되고 끈 이론의 풍경과 결합된 다중우주 사이의 유사성에서 접근한다면 ER=EPR 추측이 타당성을 얻는다. 6장에서 언급했듯이, 앤서니 아귀레, 맥스 테그마크, 노무라 야스노리, 라파엘 부소, 레너드 서스킨드를 비롯한 연구자들은 에버렛의 평행 실재들과, 영원한 우주 급팽창에서 나타날 것으로 예상되며 끈 이론이 허용하는 물리학 법칙의 가능한 모든 변종을 수용한다고 추측되는 '거품' 또는 '아기' 우주들이—둘 다 가능한 실재들의 공간을 소진한다는 점에서—동일한 것이라고 주장했다. 이제 서로 다른 아기 우주들 사이의 연결은 웜홀(즉 시공간의 지름길)의 도움이 있어야만 실현될 수 있지만, "반은 여기 있고" "반은 저기 있는" 입자들이나 슈뢰딩거의 좀비 고양이와 같은 양자 중첩은 실제로 서로 다른 에버렛 가지들 또는 '세계들'을 연결한다. 그리고, 우리가 보았듯이, 중첩은 특정한 형태의 얽힘, 즉 점유 공간에서의 얽힘으로 이해될 수 있다. 그러므로 웜홀이 서로 다른 아기 우주들을 연결하고 얽힘이 서로 다른 에버렛 가지들을 연결하며 둘 다 동일하다면, 웜홀과 얽힘은 실제로 관련이 있을 수 있다.

말다세나와 서스킨드는 "얽힌 블랙홀 쌍은 아인슈타인-로젠 다리에 의해 연결될 것"이라는 대담한 주장을 했다.[50] 또한 말다세나와 서스킨드에게 웜홀은 "얽힘의 표현"으로, 이는 웜홀로 연결된 블랙홀은 얽혀 있고, 얽힌 블랙홀은 웜홀로 연결되어 있다는 것을 의미한다.[51] 그들은 "한 걸음 더 나아가, 양자중력이론에서는 심지어 얽힌 입자 쌍의 경우에도, 고전적인 기하학으로는 설명할 수 없는 매우 양자역학적인 다리이기는 하지만, 입자 사이에 플랑크 다리가 존재해야 한다고 주장한다."[52] 아주 일반적인 용어로, 얽힌 양자계는 웜홀에 의해 연결된 것으로 이해될 수 있으며 그 반대의 경우도 마찬가지이다. 이런 웜홀들은 블랙홀 내부와 외부의 호킹 복사를 연결하기 때문에, 블랙홀 지평선의 악명 높은 방화벽을 피하는 데 도움이 될 수 있다. 한 번은 직접, 한 번은 웜홀을 통해 별을 두 번 볼 수 있는 것처럼 블랙홀 내부와 외부의 입자들을 하나의 동일한 입자로 간주할 수 있다. 말다세나와 서스킨드는 "ER=EPR 원리에 의해" 블랙홀이 "많은 출구가 있는 복잡한 아인슈타인-로젠 다리에 의해 밖으로 방출되는 복사에 연결되어 있다"라고 설명한다―이 그림은 문어에 비유되어왔다. 즉 "출구는 다리를 블랙홀과 복사 양자들에 연결한다."[53]

서스킨드는 여기서 멈추지 않는다. 그는 이 발견을 일반상대성이론과 양자역학 사이의 일반적인 관계로 일반화한다. 서스킨드는 다른 곳에서 "이 모든 것이 나에게 시사하는 점과 내가 여러분에게 제안하고 싶은 점은" "양자역학과 중력이 우리(또는 적어도 내)가 상상했던 것보다 훨씬 더 밀접하게 관련되어 있다는 것이다. 양자역학의 본질적인 비국소성은 일반상대성이론의 비국소적 잠재성과 유사하다"라고 쓴다.[54] 말다세나와 서스킨드에 따르면, 얽힘과 웜홀은 동일한 것이다. "양자중력에 대한 최근 연구에서 얻을 수 있는 교훈이 있다면, 기하학과 양자역학은 서로 분리할 수 없을 정도로 밀접하게 결합되어 있어 각각이 서로 없이는 이해되지 않을 수 있다는 점이다"라고 서스킨드는 결론을 내린다.[55]

물리학자들은 웜홀을 얼마나 문자 그대로 받아들여야 하는지에 대해 의견이 갈린다. 하지만 웜홀이 시공간의 비국소적 속성을 나타낸다는 점에는 동의하는 것 같다. 2020년 현재 물리학자들은 웜홀과 블랙홀 내부에서 나타나는 아기 우주를 이용해 블랙홀 정보 역설이 거의 해결될 것이며 근본적으로 정보가 손실되지 않을 것이라고 다시 낙관하고 있다.[56] 마지막으로, ER=EPR 추측은 2009년과 2010년에 발표된 여러 저자의 논문들과도 잘 맞아떨어진다. 이 연구들은 완전히 독립적으로 시작된 것처럼 보이지만, 적어도 두 가지 공통점을 가지고 있다. 첫째, 모든 논문이 너무 억지스럽다고 여겨져 저자들이 출판 승인을 받는 데 어려움을 겪었고, 둘째, 모든 논문이 시공간이 근본적인 것이 아니라 얽힘에 의해 서로 엮여 있다고 제안했다.

얽힘으로 인한 시공간

2010년 1월, 네덜란드 암스테르담대학교의 에릭 베를린데는 블랙홀의 중력 당김을 엔트로피에 의해 액체가 막을 통과해 확산되는 삼투현상osmosis에 비유했다. 그의 접근방식은 1995년 메릴랜드대학교의 미국인 테드 제이콥슨의 연구에 기반을 두고 있다. 제이콥슨은 블랙홀 열역학의 논리를 뒤집어 놓았다. 제이콥슨은 1970년대 호킹, 베켄슈타인과 다른 연구자들이 발전시킨 관계에서 출발하여, 이 천체물리학의 괴물들을 열과 증기의 물리학에 연결시키며, 일반상대성이론의 근간이 되는 아인슈타인 방정식을 열역학에서 도출해낼 수 있었다. 15년 후 베를린데는 한 걸음 더 나아가 중력을 전적으로 엔트로피에 의해 생성되는 힘인 '엔트로피적 힘'으로 이해할 수 있다고 주장했다.

이러한 엔트로피적 힘은 미시적으로 동등한 대상이 없는 엔트로피를 극대화하려는 경향으로 인해 발생하는 거시적 효과이다. 예를 들어, 삼투현상은 액체에 용해된 물질의 농도 균형을 맞추기 위해 막을 통해 중력에 대항하여 액체를 끌어당긴다. 이제 중력은 그 자체로 엔트로피적 힘일 수 있다고 베를린데는 제안했다. 베를린데에 따르면, 중력은 "그 존재에 대해 알지 못하는 미시적 설명에서 나올 수" 있다.⁵⁷ 자신의 제안을 뒷받침하기 위해 베를린데는 두 가지 관찰로 시작한다. 첫째, "자연의 모든 힘 중에서 중력은 분명히 가장 보편적이다." 왜냐하면 중력은 "에너지를 전달하는 모든 것에 영향을 미치고 또한 영향을 받으며, 시공간의 구조와 밀접하게 연결되어 있고" 둘째, 중력의 법칙은 "열역학 법칙과 매우 유사하기" 때문이다.⁵⁸ 열역학은 19세기에 정보와 엔트로피의 측면에서 이해되었다. 따라서 베를린데는 정보로부터 중력을 도출하기 시작했다. "물질이 이동할 때 엔트로피의… 변화는 엔트로피적 힘으로 이어지며, 이 힘은… 중력의 형태를 취한다. 따라서 중력은 엔트로피를 최대화하려는 미시적인 이론의 경향에 기원을 두고 있다."⁵⁹ 베를린데가 블랙홀 물리학과 끈 이론의 홀로그래피 원리에서 채택한 중요한 가정은 주어진 공간의 부피에 해당하는 정보는 한정된 양만 존재한다는 것이다. "공간은 애초에 입자들의 위치와 움직임을 설명하기 위해 도입된 장치이다. 따라서 공간은 문자 그대로 정보를 저장하는 공간일 뿐이다"라고 베를린데는 설명한다.⁶⁰

이러한 성분들을 통해 블랙홀의 지평선은 그 막이 삼투현상을 위한 것과 같이 될 수 있으며, 약간의 정보가 블랙홀의 지평선과 합쳐질 때의 엔트로피 증가로부터 중력 법칙을 도출할 수 있다. "홀로그래피 원리는 뉴턴과 아인슈타인의 법칙에서 추출하기가 쉽지 않았고 이 법칙들 안에 깊숙이 숨겨져 있다"라면서도 "반대로 홀로그래피에서 시작하면 우리는 잘 알려진 이 법칙들이 직접적이고 필연적으로 나온다는 것을 발견하게 된다"라고 베를린데는 요약한다.⁶¹ 그 결과 "근본적인 힘으로서의 중력의 종말"과 "중력이 창발하면 시공간 기하학도 창발한다"라고 베를린데는 결론을 내린다.⁶²

한편 캐나다 밴쿠버에 있는 브리티시컬럼비아대학교의 마크 반 람스동크도 비슷한 아이디어를 생각하고 있었지만, 자신의 연구 결과를 발표하는 데 어려움을 겪고 있었다. 문제는 그의 논문이 주요 저널에서 그가 미친 사람에 지나지 않는다는 것을 암시하는 심사 보고서와 함께 계속 거절당했다는 점이다.[63] 결국 그는 중력연구재단에서 주최하는 연례 논문경연대회에 그의 원래 논문의 짧은 버전을 제출하여 수상하는 데 성공했다. 2010년 5월에 수여된 1등상은 이전에 그의 논문을 거절했던 학술지 중 하나인《일반상대성이론과 중력》에 게재되는 것과 함께 주어졌다.

반 람스동크는 베를린데와 마찬가지로 홀로그래피 원리, 정확히 말하자면 말다세나의 추측을 바탕으로 자신의 주장을 펼쳤다. 그러나 그는 블랙홀의 엔트로피에 의해 가해지는 중력 당김을 연구하는 대신 두 입자가 얽혀 있는 상태에서 시작했다. 순진하게도, 중력이 작용하는 AdS 공간과 비중력 양자장 이론 즉 CFT를 연결해주는 AdS/CFT 추측에 따르면, CFT에서 이러한 상태는, 입자들이 구대칭성을 가지고 있기 때문에, 두 개의 단절된 시공간 중첩—정확히 말하자면, 1915년 슈바르츠실트가 발견한 기하학을 특징으로 하는 시공간들의 중첩—에 해당한다. 그러나 반 람스동크가 도달한 표현은 웜홀로 연결된 두 개의 블랙홀이 있는 하나의 시공간이었다. 입자들 사이의 얽힘이 각각의 시공간을 연결하는 것처럼 보인다. 이 예상치 못한 결과가 나온 이유는 중첩된 원래의 두 시공간 중 어느 하나에 있는 관찰자가 외부에서 볼 때 평평한 시공간에 다른 시공간을 무시하는 데서—양자역학에서 결깨짐에 해당한다—비롯한 호킹 복사가 일어나는 하나의 블랙홀이 있는 것을 보게 될 것이다. 반 람스동크는 그가 "놀라운 결론"이라고 부른 것에 도달한다. "단절된 시공간들의 양자 중첩을 명확하게 나타내는… 상태를 고전적으로 연결된 시공간과 동일시할 수 있다."[64] 그는 흥분하여, "우리가 상응하는 기하학들을 서로 붙였다!"라는 것을 깨닫는다.[65] 달리 말하자면, "고전적으로 연결된 시공간들의 창발은… 양자 얽힘과 밀접한 관련이 있다." 또는 "고전적인 연결은 얽힘에 의해 발생한다."[66]

그 후 반 람스동크는 양자장 이론에 상응하는 얽힘을 조율하여 연결된 시공간을 분리하는 정반대의 작업을 수행하기 시작했다. 이를 위해 그는 2006년 류 신세이와 타카야나기 타다시 두 사람이 캘리포니아대학교 샌타바버라 캠퍼스에서 박사후연구원일 때 발견한 블랙홀 면적과 엔트로피의 관계에 대한 일반화에 의존했다.

류와 타카야나기는 블랙홀의 지평선에 국한하지 않고, AdS/CFT 대응을 사용하여 면적과 얽힘에 관련된 엔트로피 사이의 관계를 더 보편적으로 탐구했다. 특히 그들은 상응하는 양자장 이론들 사이의 얽힘이 서서히 감소할 때 두 공간의 경계면에 어떤 일이 일어나는지 연구했다. 그들은 경계면의 면적이 줄어드는 것을 발견했다. 또한, 반 람스동크는 두 공간이 서로에게 전달하는 상호 정보도 조사했다. 그는 얽힘을 줄이기 위해 이 정보가 마치 먼 거리에서 전파되는 무거운 입자에 의해 전달되는 것처럼 억제된다는 사실을 발견했다. 얽힘은 근접성에 해당하며, 두 양자장 이론 사이의 얽힘이 0이 되면 해당 시공간 영역들 사이의 연결이 효과적으로 끊어진다고 반 람스동크는 결론지었다. 즉 "우리는 자유도를 얽힘으로써 시공간을 연결하고, 얽힘을 풀어서 시공간을 분리할 수 있다. 얽힘이라는 본질적으로 양자적인 현상이 고전적인 시공간 기하학의 출현에 결정적인 것처럼 보인다는 사실이 매우 흥미롭

다"라고 그는 결론을 내린다.⁶⁷

반 람스동크가 인터넷 플랫폼 아카이브$_{arXiv}$의 고에너지 이론 섹션에 논문을 올리기 몇 주 전, MIT 박사과정생인 브라이언 스윙글은 아카이브의 "강하게 상관된 전자" 섹션에 올린 논문에서 본질적으로 동일한 결론에 도달했다. 스윙글은 고체물리학에서 일반적으로 사용되는 방법을 사용하여 "얽힘은 시공간의 직물$_{fabric}$"이라는 결론을 내렸으며, 과학작가 제니퍼 울레트에게 그렇게 말했다.⁶⁸ 다시 말해, "여러분은 시공간이 얽힘으로부터 만들어졌다고 생각할 수 있다."⁶⁹ 그리고 반 람스동크도 이에 동의한다. "시공간은⋯ 양자계 안의 물질이 어떻게 얽혀 있는지에 대한 기하학적 그림에 불과하다."⁷⁰

반 람스동크와 스윙글의 연구는 분명히 정곡을 찔렀다. 2015년, 시몬스 재단은 "두 분야[기초 물리학과 양자정보이론]의 일부 선도적인 연구자들이 두 분야 간의 소통, 교육 및 협력을 촉진하여 두 분야를 발전시키고 궁극적으로 물리학의 가장 심오한 문제를 해결하기 위한 대규모 노력"이라고 설명한 "큐비트에서 나온 그것$_{It\ from\ Qubit}$"이라는 프로젝트를 출범했다.⁷¹ 이 접근방법에서는 우리가 알고 있는 공간을 얽힘의 결과라고 이해하며, 양자정보과학은 끈 이론가와 다른 연구자들이 중력에 대해 발견한 것을 설명하는 데 사용된다. 비슷한 시기에 "큐비트에서 나온 그것"의 제안에서 지적했듯이, 제목에 '얽힘'이라는 용어가 포함된 아카이브의 고에너지 이론 섹션의 출판 전 논문$_{preprint}$의 수가 지수함수적 성장처럼 보이는 것을 따라 폭발적으로 증가했다. 노르웨이의 물리학자이자 철학자인 라스무스 작슬란드는 얽힘—하나됨에서 비롯된 상관관계—이 길이를 "세상을 만드는 관계로" 대체했다고 말한다.⁷²

공간이 없는 물리학을 위한 더 많은 아이디어

얽힘과 창발하는 비기본적 시공간 사이의 연결고리들을 점점 더 많이 밝혀내는 것처럼 보이는 이러한 광범위한 발전은 물리학에서 시공간에 대한 집착을 제거하려는 아이디어들의 일부일 뿐이다. 이 아이디어들은 공간과 시간을 초월한 일원론적 기초에 대한 증거를 쌓아가는 데 기여하고 있다.

2013년 니마 아르카니하메드와 야로슬라프 트른카가 제안한 아이디어 중 하나는 입자물리학에서 유래했다. 저자들은 "고차원의 보석"을 닮았다고 묘사되는 추상적인 기하학적 물체인 '진폭다면체amplituhedron'를 사용하여 입자 상호작용을 효율적으로 설명하는 참신한 방법을 발견했다.[73] 이 방법은 양자장 이론에서 일반적으로 사용되는 파인만 다이어그램 접근법에 대한 대안을 제공한다. 파인만 다이어그램은 입자 산란을 시공간을 통해 전파되는 입자들의 나무와 같은 다이어그램으로 묘사한다. 다이어그램은 내부선에 있는 입자들은 관찰할 수 없지만 초기 상태에서 시작하여 최종 상태에 도달할 수 있는 잠재적 가능성을 나타낸다. 대신 저자들은 입자 반응의 확률을 결정하는 기초가 되는 "그 '부피'가 산란 진폭을 직접 계산하는 새로운 수학적 물체"인 진폭다면체를 소개한다.[74] 이 접근방법은 단위성unitarity의 개념—허공으로 사라지는 것은 없다는 개념—과 공간과 시간이 해체되는 우주에서 더 이상 의미가 없는 양자장 이론의 초석인 국소성 개념을 모두 포기한다. 진폭다면체가 아직 중력을 설명하지는 못하지만, 아르카니하메드는 공간과 시간을 초월한 설명에서 어떻게 공간과 시간이 생겨나는지 밝히는 데 진폭다면체가 도움이 될 수 있을 것으로 낙관하고 있다. 이러한 그의 접근방법에 대해 아르카니하메드는 과학작가 나탈리 월코버에게 "우리는 물리학을 묘사하는 통상적이고 익숙한 양자역학적 시공간 그림에 의존할 수 없다. … 우리는 그것에 대해 이야기하는 새로운 방법을 배워야 한다. 이 작업은 그 방향으로 나아가는 첫걸음이다"라고 말한다.[75]

다른 관점에서 잠재적인 양자 가능성을 활용하는 또 다른 아이디어는 옥스퍼드 물리학자 데이비드 도이치와 키아라 말레토가 주장하는 "할 수 있는 것과 할 수 없는 것의 과학"이다.[76] 이 연구 그룹의 웹사이트에 설명된 대로 "생성자 이론constructor theory"은 "물리학의 기본 법칙을 공식화하는 새로운 접근방식이다. 궤적, 초기 조건과 동역학 법칙으로 세계를 설명하는 대신, 생성자 이론에서 법칙들은 어떤 물리적 변환이 가능하고 어떤 변환이 불가능한지, 그리고 그 이유는 무엇인지에 관한 것이다."[77]

따라서 생성자 이론은 가능한 것과 불가능한 것에 대한 진술의 관점에서 물리법칙을 다시 쓰는 것을 목표로 한다. 여기서 '생성자'라는 용어는 말레토도 동의한 설명인 "모든 물리적 물체를 만들 수 있는 다목적 3D 프린터"에 비유되는 보편적인 생산 과정을 의미한다.[78] 그녀는 이 뼈대를 어떻게 계산 이론이나 생명에 대한 정의로 확장할지 계획한다. "보편적인 생성자는 자체 레퍼토리에 물리적으로 허용되는 모든 계산을 가지고 있으며, 이는 이것이 또한 보편적인 컴퓨터라는 것을 의미한다." 그리고 "생명에 관한 물리학은 보편적인 생성자라는 더 일반적인 이론의 하위 부분으로 간주될 수 있다"라고 말레토는 설명한다.[79]

이 아이디어는 에버렛의 보편 파동함수가 가능한 모든 것의 집합을 나타내는 양자역학에서 영감을 받은 것이 분명하다. 에버렛의 해석의 초기 옹호자인 도이치에게 가능성의 특징을 물리학과 그 이상의 것의 기본 원리로 승격시킨 생성자 이론을 생각해낸 것은 따라서 당연한 수순이었을 것이다. 도이치가 이전에 강조했듯이, "확률, 시간, 존재와 비존재의 본질, 그리고 자아, 인과관계, 자연의 법칙, 수학과 물리적 실재의 관계―이들 가운데 어느 하나를 이해하려면 여러분은 다중우주를 이해해야 한다." "그런 관점에서 생각하는 것을 배우고, 그 이해를 바탕으로 다른 모든 것을 배우는 데 그것을 적용하라"라고 그는 2010년에 격려했다.[80]

마지막으로, 더 직접적인 일원론적 접근방식이 흔히 수학자들의 대리 노벨상이라고 불리는 1986년 필즈 메달을 수상한 수학자 마이클 프리드먼에 의해 제안되었다.

"'왜 무가 아닌 무언가가 있는가?'라는 가장 순수한 질문은 답을 구할 수 없는 것처럼 보인다. 대신에 우리는 '왜 많은 사물이 존재하는 것처럼 보이는가?'에 대해 답을 하려고 한다." 프리드먼은 2021년 7월 15일 권위 있는 아스펜 물리학 센터에서 "단일 입자에서 나온 우주"라는 제목의 콜로키움 강연을 통해 이같이 밝혔다.[81] 이 시나리오에서 프리드먼과 그의 공동연구자 모디 쇼크리안 지니는 단일 입자 양자역학의 대칭성을 깨고 상호작용하는 성분들로 이루어진 우주에 도달하려고 시도한다. 프리드먼과 지니는 2020년의 출판 전 논문에서 "그 단일 입자는… 이 이야기의 시작이… 될 수 있다"라고 쓴다.[82]

✤ ✤ ✤

공간이 얽힘에 의해 함께 꿰매어 있든, 물리학을 공간과 시간을 초월한 추상적인 물체로, 또는 에버렛의 보편 파동함수로 대표되는 가능성의 공간으로 설명하든, 또는 우주의 모든 것이 단일 양자 물체로 거슬러 올라가든—이 모든 아이디어는 뚜렷한 일원론적 풍미를 공유한다. 현재로서는 이러한 아이디어 중 어떤 것이 물리학의 미래를 알려줄지, 어떤 것이 결국 사라질지 판단하기 어렵다. 흥미로운 점은 원래 AdS/CFT와 같은 아이디어들이 끈 이론의 맥락에서 개발되었지만, 홀로그래피와 비국소 양자중력에 대한 아이디어는 끈 이론을 뛰어넘은 것으로 보이며, 최근 연구에서 끈은 더 이상 아무런 역할을 하지 않는다는 점이다. 이제 공간과 시간은 더 이상 기본으로 간주되지 않는다는 공통점을 가지고 있는 것처럼 보인다. 현대물리학은 기존의 배경에 놓인 사물을 계속 설명하기 위해 공간과 시간에서 시작하지 않는다. 대신 공간과 시간 자체를 더 근본적인 영사기 실재의 산물로 간주한다. 프린스턴 고등연구소의 선도적인 끈 이론가인 나탄 자이베르그가 "나는 공간과 시간이 환상이라고 거의 확신한다. 이들은 더 정교한 개념으로 대체될 원시적인 개념이다"라고 말할 때, 그와 같은 생각을 가진 사람은 그만이 아니다.[83] 또한, 창발하는 시공간을 제안하는 대부분의 시나리오에서 얽힘은 근본적인 역할을 한다. 라스무스 작슬란드가 지적했듯이, 이것은 결국 우주에 더 이상 개별적인 물체가 존재하지 않고 모든 것이 다른 모든 것과 연결되어 있다는 것을 의미한다. "얽힘을 관계를 만드는 세계로 채택하는 것은 분리 가능성을 포기하는 대가를 치른다. 그러나 이 단계를 밟을 준비가 된 사람들은 아마도 이 세계를 구성하는 근본적인 관계(그리고 아마도 다른 모든 가능한 관계)를 얽힘에서 찾아야 할 것이다."[84] 그러므로 공간과 시간이 사라질 때, 통합된 하나가 나타난다.

반대로, 양자 일원론의 관점에서 보면 이와 같은 양자중력의 상상을 초월한 결과는 그리 멀지 않았다. 이미 아인슈타인의 일반상대성이론에서 공간은 더 이상 정적인 무대가 아니고 물질의 질량과 에너지에 의해 좌우된다. 독일 철학자 고트프리트 W. 라이프니츠의 견해와 마찬가지로, 이것은 사물들의 상대적 질서를 묘사한다. 양자 일원론에 따라 이제 남은 것이 단 하나뿐이라면, 배열하거나 지시할 것이 아무것도 남지 않으며 결국 가장 근본적인 수준의 설명에서 공간 개념이 더 이상 필요하지 않게 된다. 그것은 공간, 시간, 그리고 물질을 발생시키는 것은 단 하나의 양자우주인 '하나'이다.

레너드 서스킨드는 양자정보과학 연구자들에게 보내는 공개서한에서 'GR=QM'이라고 대담하게 주장했다. 즉 일반상대성이론은 양자역학―모든 종류의 사물에 매우 성공적으로 적용되었지만 결코 실제로 완전히 이해되지 않은 100년 된 이론―에 불과하다는 것이다.[85] 숀 캐럴이 지적했던 것처럼, "중력을 정량화한 것은 실수였고, 시공간은 양자역학 속에 계속 숨어 있었을지도 모른다."[86] 미래에는 "중력을 양자화하기보다는 양자역학을 중력화해야 할지도 모른다. 또는 더 정확하지만 덜 연상시키는 '양자역학 내부에서 중력을 찾아라'"라고 캐럴은 그의 블로그에서 제안한다.[87] 사실 양자역학을 처음부터 진지하게 받아들였다면, 공간과 시간에서 일어나는 일이 아니라 더 근본적인 영사기 실재 안에서 일어나는 이론으로 이해했다면, 양자중력 탐구의 많은 막다른 골목을 피할 수 있었을 것으로 보인다. 만약 우리가 양자역학을 도구로 축소한 보어의 실용주의적 해석을 고수하는 대신 에버렛과 체가 일찍이 지적한 대로 양자역학의 일원론―고대에는 환영받았고, 중세에 박해

받았으며, 르네상스에서 부활하고 낭만주의에서 변조된 3000년 된 철학 유산—이 가진 숨은 의미를 받아들였다면, 우리는 실재의 토대를 밝히는 데 더 진전된 길을 걷게 되었을 것이다.

 하지만 이것이 이 여정의 끝이 아니다. 현대 입자물리학과 양자 중력에 대한 잠재적 숨은 의미를 확인했지만, 우리는 여전히 질문을 해야 한다, 우리 자신은 어떻게 되는가? 결국 우리는 하나인 우주에 어떻게 적응해야 할까?

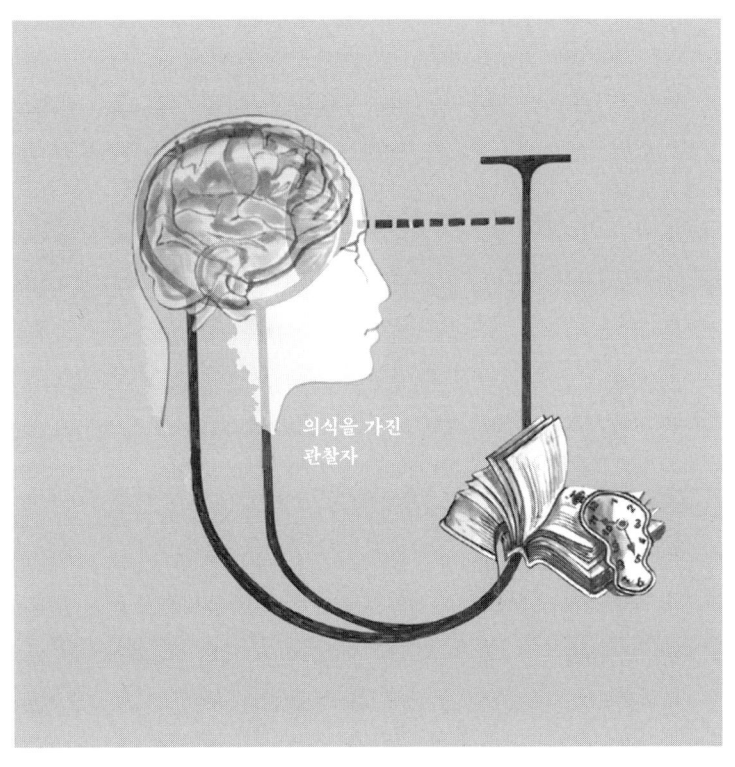

8   **의식을 가진 하나**

우리는 이제까지 물질과 시공간이 근본적인 하나로부터, 관찰자의 관점에서 바라본 원근법적 인상으로서, 어떻게 창발할 수 있는지 살펴보았다. 하지만 지금까지 우리는 관찰자 자신에 대해서는 침묵을 지켜왔다. 이제 이를 바꿔야 할 때이다. 단순히 우주를 바라봄으로써 어떻게 우리 자신이 우주를 창조하고 있는지 알아내기 위해서는, 어떻게 우리가 우주를 의식적으로 경험하는지 논의할 필요가 있다.

화면 설정하기

"나는 당신이 적절한 이미지들을 많이 찾을 것이라고 믿는다. 나는 종종 플라톤의 동굴의 우화를 떠올렸다—우리는 현실의 투영만을 본다"라고 H. 디터 체의 전 제자이자 결깨짐 이론의 선구자인 에리히 요스가 나에게 양자에서 고전으로의 전이를 묘사하는 법을 설명하는 편지를 보냈다.[1]

요스의 말이 맞다면, 우리는 우주에서 가장 위대한 쇼의 관객이며, 매 순간 눈앞에서 공간, 시간, 물질, 그리고 우주 역사 전체가 펼쳐지는 것이다. 존 휠러의 U가 우화적으로 표현한 것처럼, 우주를 관찰하는 것만으로 우주를 창조하는 것은 바로 우리이다—여기서 '창조'는 의도적인 행위를 의미하지는 않는다. 우리가 일상에서 경험하는 것, 더 나아가 우리가 경험할 수 있는 것은 기저에 있는 양자 실재에 대한 우리의 특정한 관점을 보여주는 화면 위 실재이다. 우리가 살면서 보는 이야기는, 바로 우리의 안락한 의자에서부터 우주의 필름 롤에 저장된 것에 이르기까지, 우리만의 독특한 관점이 반영된 산물이다. 팝콘을 즐겨라.

하지만 정확히 어떻게 그런 일이 일어날까? 공간, 시간, 물질은 근본적인 '하나'에서 어떻게 생겨날까? 우리는 이 과정에서 결깨짐이 중요한 역할을 한다는 것을 알고 있다. 한 관찰자—우리 자신, 반려동물, 측정 장치, 또는 멀리 떨어진 외계인일 수도 있다—가 무언가를 관찰하고 있을 때, 그, 그녀 또는 그것은 관측된 물체와 얽히게 된다. 거시적 존재인 우리는 우주의 나머지 부분과 끊임없이 상호작용하기 때문에 관측된 물체의 양자 중첩에 대한 정보가 순식간에 우리 환경으로 새어 들어온다. 그 결과 우리가 관찰하고 있는 구체적인 속성에 대해 명확하게 정의된 사양을 가진 준고전적 물체가 탄생한다.

물론 우리가 양자 물체의 위치를 살펴본다면, 우리는 그 물체를 실제로 구체적인 장소에서 찾게 된다. 하지만 닐스 보어의 상보성을 기억하라. 즉 양자 물체는 국소화된 입자 또는 확장된 파동(또는 그 사이의 어떤 것)으로 볼 수 있다. 만약 우리가 이 물체의 속도를 찾았다면, 구체적인 운동량이나 파장에 의해 지정된, 우주에 퍼져 있는 평면파를 발견할 것이다.

그렇다면 우리가 무엇을 보고 어떤 세상에 살고 있는지는 우리의 선택일까? 그렇다면 왜 우리 모두는 객관적인 실재에 대해 동의하는 것처럼 보일까? 그리고 왜 우리 주위의 모든 물체는 정해진 장소에 존재하는 것처럼 보일까? 왜 우리의 주소는 속도나 파장이 아닌 위치를 나타내는 것일까? "고전적인 물체는 여기 또는 저기에 있을 수 있지만, 여기와 저기에 모두 있을 수는 없다. 하지만 중첩의 원리는 국소화가 양자계에서 드문 예외일 뿐 규칙은 아니라고 말한다"라고 1980년대부터 누구도 따라올 수 없을 정도로 결깨짐 이론의 발전에 기여해온 보이치에흐 주렉은 강조한다.[2]

양자물리학자들은 이 딜레마를 '선호 기저 문제preferred basis problem'라고 부른다. 즉 우리가 입자를 볼지 또는 파동을 볼지를 무엇이 결정할까? 결깨짐을 이해하는 것이 여기서 어느 정도 도움이 되지만, 이 딜레마를 해결하지는 못한다. 간단히 말해, 결깨짐은 우주의 나머지 부분과의 상호작용의 결과이다. 이러한 상호작용이 국소적이고, 특정 장소에서 일어난다면, 결깨짐이 생성하는 준고전적 실재도 역시 국소적일 것이다.

우리가 주위의 사물들을 구체적인 장소에서 경험하는 이유는 우리 자신과 우리의 감각과 측정 장치들이 구체적인 장소에 존재하기 때문이다. 내 눈, 내 귀 또는 실험실 장비가 구체적인 장소에 있다면, 그것은 관찰된 양자 물체와 국소적으로만 상호작용할 수 있으며, 따라서 이러한 물체의 국소적인 화면 위 실재를 생성할 수 있다. 실제로 속도나 파장을 측정할 때마다 우리는 이러한 특성을 어떻게든 공간 정보로 변환하여 그것을 간접적으로 측정한다. 결국, 측정 장치의 바늘은 여전히 잘 정의된 위치에 있다. 하지만 이것은 정답의 절반에 불과하다. 우리는 계속해서 왜 이런 일이 발생하는지 물어볼 수 있다. 즉 왜 우리 자신과 우리의 감각 및 실험실 장비들은 한꺼번에 모든 곳에 존재하지 않고 정해진 장소에 존재할까? 그리고 결깨짐 이론과 관련된 다른 미해결 질문들도 있다. 예를 들어, 환경이란 무엇일까? 우주를 어떻게 양자계, 관찰자, 환경으로 나눌지 누가 결정할까?[3] 다른 나누는 방법도 가능할까? 예를 들어, 공간에 위치하지 않고 파장과 주파수로만 존재하며, 국소적인 물체가 아닌 퍼져 있는 파동들의 집합체로 우주를 경험하는 '양자 외계인'이 존재할 수 있을까? 선호 기저 문제와 밀접한 관련이 있으며 '양자 인수분해 문제'로 알려진 이 질문은 맥스 테그마크가 지적한 것처럼 "양자역학의 핵심에 있는 미해결 문제"이다.[4]

결깨짐의 주관적 요소를 제거하려는 이론가들이 있다. "결깨짐—파동함수 붕괴의 현대 버전—은 모니터링되지 않는 자유도들의 집합인 '환경'의 선택에 의존한다는 점에서 주관적이다"라고 레너드 서스킨드와 버클리의 물리학자 라파엘 부소는 공동 집필한 논문에서 설명한다.[5] 이 문제를 해결하기 위해 저자들은 '인과적 다이아몬드'라는 개념을 제안한다. 이 개념은 빛의 속도가 정보 흐름의 유한하고 제한적인 속도를 정의한다는 사실을 가정하여 국소 관찰자가 시공간의 어느 부분에 접근할 수 있는지에 대한 기하학적 설명을 제공한다. 이 아이디어에 따르면, '환경'은 최소한 원리적으로 관찰할 수 없는 것을 의미한다. 즉 "인과적 다이아몬드는 인과적으로 조사할 수 있는 가장 큰 시공간 영역"이며 "관찰자와 무관한 자연스러운 환경의 선택으로 이어진다"라고 부소와 서스킨드는 주장하며, 결국 "결깨진 인과적 다이아몬드들의 패치워크*로

• 크고 작은 헝겊 조각을 모아 붙여 큰 조각을 만드는 작업.

서의 전역적인 다중우주"에 도달하게 된다.[6] 그러나 국소 관찰자의 중심에는 개별적인 인과적 다이아몬드가 있다.

국소 관찰자를 정의하는 것은 무엇이며, 왜 애초에 국소적인 관찰자인지에 대한 질문은 아직 답이 나오지 않았다. "우주를 바라보는 우리의 관점은 어디에서 결정될까?" 그리고 "무엇이 관찰자의 자아를 정의할까?"와 같은 근본적인 질문은 여전히 해결되지 않은 채로 남아 있다.

이기적인 양자

우주 자체가 화면을 구성하고 우리의 관점을 결정한다는 것이 한 가지 잠재적 해답이다. 이것이 바로 보이치에흐 주렉의 입장이며, 그의 주장이 맞다면, 결깨짐은 양자가 고전적—주렉에게는 '실재적'과 같은 의미이다—이 되는 과정의 일부일 뿐이다. 주렉은 '실재적'이란 양자계의 특정 속성에 대해 다른 관찰자들이 동의할 것을 의미한다고 주장한다. 이것은 양자 상태에 대한 정보가 한 번 이상 기록된 경우에만 가능하다. "우리 모두는 간접적으로 세상을 모니터링하며 환경을 도청하고 있다. 예를 들어, 여러분은 지금 이 페이지에서 산란된 광자들의 일부를 가로채고 있는 중이다. 다른 부분들을 가로채는 사람이라면 누구나 동일한 이미지를 보게 된다"라고 주렉은 설명한다.[7] 그의 계획에서 환경은 양자계의 '모니터'가 되고 이 양자계에 대한 정보는 환경의 메모리에 중복 저장된다.

이것이 무엇을 의미하는지 이해하기 위해서는 결깨짐이 어떻게 작동하는지 다시 한 번 상기해야 한다. 먼저, 우리는 우주를 양자 물체, 관찰자 또는 장치, 환경으로 나눈다. 그런 다음 장치 또는 관찰자에 대해 개구리 관점을 채택하는데, 그것은 그, 그녀 또는 장치가 환경의 정확한 상태에 대해 무지하다는 것을 암시한다. 이것은 그, 그녀 또는 그것의 관점에서, 양자 중첩(한 개의 입자가 동시에 다른 장소에 존재하는 것과 같은)이 억제되고 관찰된 양자 물체가, 예를 들면, 특정 위치를 갖는 잘 정의된 상태로 인식된다는 것을 의미한다.

주렉의 시나리오에 따르면, 우주를 양자 물체, 관찰자, 환경으로 나누는 것은 양자계와 여러 하위계들로 구성된 환경으로 나누는 것으로 대체된다. 주렉은 "환경은 계의 상태에 대한 증인이다"라고 쓰고, 그의 시나리오는 이 환경을 "결깨짐에서 그것이 가졌던 정보 하수구sink라는 평범한 역할에서 통신 채널로" 정확히 업그레이드하는 것으로 정의한다.[8] 관찰자 또는 장치는 이제 환경의 일부로 이해되며, 환경의 하위계들이 속성을 더 많이 기록할수록 속성은 더욱 '객관적'이거나 '실재적'이 된다. "반복성이 핵심이다. 총체적으로 환경의 조각들은 장치처럼 행동한다"라고 주렉은 강조한다.[9] 달리 말해, 주렉은 어떤 정보가 가장 효율적으로 복제될 수 있는지에 대한 선택 과정을 도입하는 실재 개념을 옹호하면서 "계에서 환경의 많은 파편들로 전달되는 정보의 중복성은 객관적인 고전적 실재에 대한 인식으로 이어진다"라고 말한다.[10] 다른 극단적인 상황에 대해 생각하며 주렉은 "사건에 대한 기록이 없다면 정말 그런 일이 일어났을까?"라고 궁금해한다.[11]

그 결과 주렉이 양자 다윈주의라고 부르는 시나리오가 탄생한다. 그는 "적자생존이 분명히 존재하며, 적합성은 자연선택에서와 같이 — 생식 능력을 통해 — 정의되기" 때문에 그것을 그렇게 묘사한다.¹² 주렉에 따르면, 이러한 생존 메커니즘은 자연이 퍼져 있는 파동 대신 국소성을 선택하는 이유와 적합한 환경의 특성을 설명한다. "모든 환경이 좋은 증인들은 아니다. 하지만 광자는 탁월하다. 즉 광자는 공기나 다른 광자들과 상호작용하지 않으며, 따라서 광자는 정보를 충실하게 전달한다. 광자 환경의 작은 부분만으로도 관찰자가 알아야 할 모든 것을 알 수 있다"라고 주렉은 설명한다. 이것이 위치에 대한 정보가 기록되고 관찰자가 이용할 수 있게 되는 방법이다. "관심 있는 물체는 공기와 광자를 산란시키므로 두 환경 모두 위치에 대한 정보를 획득하고 유사한 국소화된… 상태를 선호한다"라고 주렉은 지적한다.¹³ 주렉이 쉽게 인정하듯이, 관찰자가 여전히 필요하고 "붕괴를 설명하는 것은 지각과 관련되어 있기 때문에 수학을 넘어서는 일"이며, "이는 양자물리학이 개인적이 되는 곳"이지만, 주렉이 쓰듯이, 복사본의 중복은 이러한 인식을 "우리가 한때 우리가 살고 있다고 생각했던 고전적 세계의 경우에서처럼… 객관적으로, 우리의 호기심에 영향을 받지 않고 간접적인 모니터링을 의식하지 않고" 존재하는 일반적인 진실로 진전시킨다.

주렉의 접근방식에서 가장 중요한 것은 기록의 안정성과 신뢰성이다. 하지만 언제 기록이 안정적이고 신뢰할 수 있을까? 숀 캐럴이 주장했듯이, 기록은 엔트로피가 증가하는 우주, 즉 시간이 지남에 따라 팽창하는 우주에서만 안정적이다. 엔트로피가 감소하는 가상의 우주에서는 기록이 우발적인 요동에서 비롯될 가능성이 더 높다. 예를 들어, 캐럴은 그의 저서 《영원에서 여기까지》*에서,

---

• 한국어판 제목: 《현대물리학, 시간과 우주의 비밀에 답하다》.

엔트로피가 증가하는 한 전년도 생일 파티 사진은 실제로 생일 파티에 대한 신뢰할 수 있는 기록이지만, 엔트로피가 감소하는 세계에서 사진을 구성하는 원자의 우연한 요동에 의해 똑같이 잘 또는 더 유사하게 생성될 수 있다고 주장했다. 그렇다면 양자 다원주의를 사용하기 위해서는 열역학적 시간의 화살을 생성하기 위해 시공간, 더 나아가 우리 우주처럼 팽창하는 시공간을 전제해야 한다. 그러나 그때, 근본적인 묘사에서 거친 관점이란 없으며 아마도 시공간도 없다. 그리고 애초에 엔트로피와 시간이 어떻게 정의되는지도 의문이다.

양자 다원주의는 우리가 왜 매일 경험하는 화면 위 실재에서 살아가는지를 설명하는 설득력 있는 메커니즘을 제공한다. 또한 기저에 있는 양자 실재에서 공간, 시간 및 나머지 물리학을 도출하기 위해 우리가 어떻게 진행해야 하는지도 제시한다. 즉 숀 캐럴이 이 접근방법을 묘사한 것처럼, "힐베르트 공간 속 양자 상태로부터 출발한다. … 힐베르트 공간을 조각들로 나눈다. … 상호 정보— 이들 사이의 '거리'를 정의하기 위해—로 측정된 양자정보—특히 이 상태의 다른 부분들 사이의 얽힘의 양—를 사용한다." "가장 극적으로 들리는 주장은 이것이다. 중력(에너지/운동량으로 인한 시공간 곡률)은 양자역학에서 구하기 어려운 것이 아니다—그것은 자동이다! 또는 적어도 예상할 수 있는 가장 자연스러운 일이다"[14]라고 그는 2016년 자신과 공동연구자들이 저술한 연구 논문에서 설명했다.[15]

그러나 그것이 정말 효과가 있을까? 오비디우 '크리스티' 스토이카에 따르면 그렇지 않다. 그가 2021년에 발표한 논문에서 지적했듯이, "상태 벡터만 존재하고 3D 공간, 선호 기저, 힐베르트 공간의 선호 인수분해 및 그 밖의 모든 것이 독특하게 나타나는" 모든 모델에서, 스토이카가 "힐베르트 공간 근본주의"라고 부르는 시나리오에서, "이렇게 나타나는 구조들은 독특하면서도 물리적으로 관련성이 있을 수 없다."[16] 사실, 양자역학의 대칭성의 결과로 "정확히 동일한 유형의 물리적으로 구별되는 구조가 무한히 많이" 존재할 것이다.[17] 달리 말해, "고전적인 수준의 실재는 최소한의 양자 구조로부터 독특하게 나타날 수 없다."[18]

하지만 우주가 우리가 사는 세상을 고치지 않는다면 누가 고칠 수 있을까? 한 가지 가능한 대답은 아무도 없다는 것이다. 각각 여러 우주 또는 에버렛 세계들로 구성된 다른 기지에 평행 다중우주가 있을 수 있다. 그러나 그렇다면 왜 우리가 살고 있는 것으로 보이는 하나의 다중우주에서 우리 자신을 발견하게 되는지는 불분명하다. 다른 대안으로, 우리 자신의 역할이 그저 쇼를 즐기는 무관심한 관찰자의 역할보다 더 중요할 수도 있다. 우리 마음의 작용이 양자역학의 작동 방식이나 우리가 사는 할리우드 영화의 제작 방식과 어떻게든 관련이 있지 않을까? 맥스 테그마크는 적어도 그렇게 생각한다. 그는 2014년 논문 〈물질의 상태로서의 의식〉에서 "의식은… 양자 인수분해 문제를 푸는 것과 관련이 있다"라고 썼다.[19] 작고한 옥스퍼드의 철학자 마이클 록우드도 1989년 저서 《마음, 뇌, 양자》에서 "나는 특정 근거에 대한 선호가 일반적으로 물리적 세계의 본질보다는 의식의 본질에 뿌리를 둔 것으로 본다"라고 썼다.[20] 이 말이 사실이라면, 그것은 우리가 양자역학과 우주를 제대로 이해할 수 있기 전에 먼저 우리 자신을 이해해야 한다는 것을 암시한다.

관찰자 안의 나

우주는 단순히 '거기' 있는 것이 아니라 경험되는 것이다. 그러나 의식은 공간, 시간 및 물질과 어떻게 연관되어 있으며, 양자우주를 지탱하는 근본적인 하나와는 어떻게 연결되어 있을까?

위스콘신대학교의 수면 및 의식 센터 소장인 줄리오 토노니는 "누구나 의식이 무엇인지 알고 있다"라고 주장한다. "의식은 매일 밤 우리가 꿈도 꾸지 않고 잠에 빠질 때 사라졌다가 깨어나거나 꿈을 꾸면 다시 나타나는 것이다."[21] 하지만 호주의 철학자 데이비드 차머스는 의식이 없는 물질에서 의식이 어떻게 발생하는지에 대한 질문을 '어려운 문제'라고 불렀다. 시간, 공간, 또는 물질이 없는 세상을 상상하기 어렵다면, 의식 없는 세상을 상상하는 것은 사실상 불가능하기 때문이다. 차머스가 쓴 것처럼, "우리가 의식적인 경험보다 더 친밀하게 알고 있는 것은 없지만, 설명하기 더 어려운 것도 없다. … 왜 물리적 처리가, 풍부한 내면의 삶을 만들어야 할까? 그렇게 해야 한다는 것은 객관적으로 불합리해 보이지만, 실제로 그렇게 한다."[22]

설상가상으로, '하나'인 우주에서는 이 '어려운 문제'가 새로운 수준의 어려움으로 올라간다. 일원론적 관점에서 의식, 정신 또는 마음을 단순히 물질, 공간 및 시간과 밀접한 관계가 없는 어떤 다른 것으로 생각할 수 없다. 모든 것이 모든 것을 포괄하는 하나로 합쳐진다면, 의식 역시 공간, 시간 및 물질과 마찬가지로 거기서부터 이해되고 이해되어왔다.

양자물리학이 의식과 어떤 의미 있는 관련이 있을까? 대부분의 물리학자들은 이러한 추측을 거부하겠지만, 양자역학과 의식을 연결 짓는 가설은 오랜 전통을 가지고 있다―물리학에서나 사이비 과학에서나 마찬가지이다. 이미 닐스 보어는 양자물리학의 명백하고 비결정론적인 본질이 우리의 자유의지 경험을 설명할 수 있는지 궁금해했다.[23] 존 폰 노이만과 유진 위그너는 양자역학이 우리 자신을 인식하는 방식을 설명하는 것이 아니라, 우리의 의식이 양자역학을 경험하는 방식을 설명할 수 있다는 반대의 생각을 주장했다. 휠러의 이 헝가리 출신 친구들이자 프린스턴 동료들이 주장한 것처럼, 의식은 양자역학적 파동함수의 붕괴에 책임이 있을 수 있으며, 따라서 우리 마음의 내용이 분명한 경험을 만들어낼 수 있게 한다. 폰 노이만은 이 가설이 그가 '심신평행론psycho-physical parallelism'이라고 부른 문제를 해결하는 데 도움이 될 수 있을지 모른다고 생각했다. 즉 우리의 의식적 경험은 왜 사물이 잘 정의된 위치에 있고 고양이는 살아 있거나 죽어 있지만 그 사이 상태는 존재하지 않는 세계를 보여줄까?

이 추론은 '폰 노이만 사슬von Neumann chain'과 '하이젠베르크 컷 Heisenberg cut'으로 알려진 것을 기반으로 한다. 측정하는 동안 주체는 측정할 객체와 얽히게 된다. 다음으로, 휴 에버렛에 따르면, 세계가 갈라지고, 객체의 가능한 각 상태를 관찰할 수 있는 관찰자가 여러 명 존재하게 된다. 그런데 이제 객체와 첫 번째 관찰자 둘 다를 바라보는, 흔히 '위그너의 친구'라고 불리는, 외부의 관찰자를 생각해보자. 이 두 번째 관찰자가 첫 번째 관찰자에 더해 양자 중첩된 객체를 관측하는 것은 가능한가? 그렇지 않다면, 왜 그럴까? 그렇다면, 다른 관찰자들을 관찰하는 관찰자들의 이 연속, 즉 '폰 노이만 사슬'은 정확히 어디에서 끝나고, 하이젠베르크 컷이라고 불리는 것이 어디에서 확실한 고전적 실재로 창발하는지를 정의할 수 있을까?

폰 노이만이 제시한 해답은 의식에 책임이 있다는 것이다. 막시밀리안 슐로스하우어가 쓴 것처럼, "그[폰 노이만]에게 유일한 확실한 사실은 관찰자로서 우리는 측정이 끝날 때 항상 확실한 결과를 인식한다는 것"이며, "관찰자의 수준에서만 명백히 명확한 결과에 대한 우리의 인식에 대한 설명은 명백한 경험적 제약에 의해 실제로 강제로 나오게 된다."[24] 그래서 한편으로 의식은 우리가 여러 세계가 하나로 합쳐진 것을 확실히 경험하는 유일한 곳인 것 같고, 다른 한편으로 의식이 독특한 실재를 경험한다는 것이 의식의 특징인 것 같다. 이러한 고려로부터, 폰 노이만과 위그너가 그랬던 것처럼, 파동함수를 붕괴시키는 것은 의식―물리적 설명에서 이질적인 요소인―이라고 가정하는 것이 분명해 보였고, 위그너는 결깨짐에 대한 체의 초기 연구를 통해 양자 측정을 이해하는 데 붕괴나 하이젠베르크 컷이 필요하지 않다는 것을 알게 된 1970년대 후반에 와서야 이런 확신을 포기했다.[25]

스티븐 호킹과 함께 블랙홀의 여러 속성을 밝혀낸 2020년 노벨상 수상자 로저 펜로즈는 의식과 양자역학 사이의 또 다른 연결고리를 설명한다. 펜로즈는 마음 자체가 양자 현상이며 양자역학이 우리의 마음을 특별하게 만든다고 주장한다. 펜로즈는 1989년 저서 《황제의 새 마음》에서 인간의 마음은 컴퓨터가 할 수 없는 작업을 수행할 수 있는 것처럼 보이기 때문에, 그 설명은 고전물리학을 넘어서는 분야에 있어야 하며, 유일하게 가능한 후보가 바로 신비한 양자역학이라고 주장했다. 그러나 또다시, 결깨짐은 흥을 깨뜨리는 것으로 작용할 수 있다. 의식의 잠재적 신경 상관체들은 "생물학적 규모로는 작지만, 양자물리학에서 고려하는 전형적인 규모에서는 여전히 거시적이고 매우 복잡한 대상이다"라고 슐로스하우어는 지적하고, 더 나쁜 것은 이들이 "거시적인 '따뜻하고 습한' 환경에 내재되어 있어" 이들이 빠르고 효율적인 결깨짐을 거쳐야 한다는 기대가 정당화된다는 것이다.[26] 실제로 맥스 테그마크가 계산한 뉴런의 결깨짐 시간은 10^{-19}초 정도로, "정상적인 뉴런 발화와⋯ 관련된⋯ 시간 척도보다 훨씬 짧다"라고 테그마크는 쓴다.[27] 이러한 결과를 고려할 때, 뇌의 처리과정들이 어떻게 진정한 양자 특성을 유지할 수 있는지 상상하기란 쉽지 않다.[28] 더 중요한 것은 오늘날 양자역학이 소우주의 기묘한 법칙들에 국한된 예외가 아니라 우주 전체를 지배하는 규칙이라고 어느 정도 권위를 가지고 말할 수 있다는 것이다. 따라서 양자역학은 마음의 놀라운 능력과 같은 예외적인 특징을 설명할 수 없다. 또한, 결깨짐을 사용하면 양자 붕괴가 더 이상 필요하지 않으며, 양자 붕괴의 명백한 존재를 우리의 특정한 관점의 특징으로 설명할 수 있으며, 우주에 대한 우리의 관점을 특정한 단일 에버렛의 가지로 제한할 수 있다.

하지만 양자역학과 의식이 어떻게 관련될 수 있는지에 대한 또 다른 선택이 가능하다. 결깨짐은 세상을 바라보는 우리의 특정한 관점의 산물이다. 어딘가에서 이러한 관점이 결정되어야만 한다. 자아, 대상, 환경이 무엇인지가 정의되어야 한다. 명백한 양자 붕괴와 자유의지, 공간, 시간 및 물질의 경험이 우주를 바라보는 우리의 관점의 산물이라면, 그리고 이 관점이 어떻게 정해지는지 설명할 수 없다면, 우리의 관점이 의식의 작동 방식에 의해 결정되는 것일 수도 있지 않을까? 의식이 어떻게든—인수분해 문제의 뒷문을 통해—다시 논쟁에 끼어들 수 있을까?

관찰자의 자아

과학작가 필립 볼은 어떻게 에버렛의 "다세계 해석이 많은 문제를 가지고 있는지"에 대해 이야기하면서, 그것을 의식 그리고 '자아'를 갖는 감정과 어떻게 조화시킬 것인가 하는 문제에 집중하여 풀고자 애쓴다. "이전에는 관찰자가 하나였다면, 지금은 두 가지(또는 그 이상)의 관찰자 버전이 존재한다. … 갈라짐들이 나의 복사본을 생성한다고 말하는 것은 무엇을 의미할까? 다른 복사본들은 어떤 의미에서 '나'일까?"라고 볼이 묻는다.[29] 그는 어떻게 에버렛의 해석이 우리의 개인으로서의 경험을 설명할 수 있는지 질문을 던진다. "의식은 경험에 의존하며 경험은 순간적인 속성이 아니다. … 나노초마다 미친 듯이 무수히 갈라지는 우주에서 여름을 하루에 맞추는 것 이상으로, 의식의 '위치를 알아낼' 수는 없다"라고 볼은 쓰며, 다세계 해석은 "자아에 대한 개념 전체를 해체하고 있다. 그것은 '당신'의 진정한 의미를 부정하고 있다"라는 결론을 내린다.[30]

에버렛을 옹호하는 입장에서, 여러분은 양자역학의 다른 해석에서도 우리가 의식을 이해하지 못한다고 반박하고 싶을 수 있다. 게다가 의식은 개별 원자 수준에서는 존재하지 않는 현상이다—그렇다면 왜 다른 에버렛 가지들의 수준에서는 의식이 존재해야 하는가? 우리가 알고 있는 모든 것에서 볼 때, '자아'라는 감정은 근본적인 것이 아니라 '결깨진' 개구리 관점에서 나타나는 고전적 경험에 기반한 구성물이다. 이런 의미에서 이 문제는 물리학이 결정론적인 것처럼 보일 때 자유의지가 존재하는지 또는 숲이 나무로 구성되어 있을 때 숲이 존재하는지에 대한 미해결 논쟁과 유사하다. 마지막으로, 근본적인 양자 묘사에 시간과 공간이 존재하지 않는다면, 이러한 전제 조건에 분명히 의존하는 '자아'라는 개념이 왜 존재해야 할까? 아나카 해리스가 최근 저서 《의식》에서 적은 것처럼, "의식의 신비는 시간의 신비와 관련이 있다. 즉 우리가 인지하는 것은 시간을 통해 경험되며 시간과 분리될 수 없다."[31] 그러나 우리가 보았듯이 시간이 양자중력에서는 사라지는 것처럼 보인다. 철학자 마이클 록우드는 이러한 견해를 확인하면서 "시간적 흐름은 물리학자의 세계관에는 존재하지 않으므로 우리는 그것을 마음에 맡겨야 한다"라고 말하지만, 다른 한편으로는 시간적 흐름은 "의식의 본질인 것처럼 보이며, 의식 자체와 마찬가지로 우리 존재의 피할 수 없는 특징인 것 같다"라고 덧붙인다.[32]

실제로 다세계 해석에 따르면 의식적 자아와 준고전적 세계(시간을 포함한)가 함께 나타난다고 가정하는 것이 타당해 보인다. 얽힌 양자우주는 국소 관찰자의 관점에서 볼 때 다세계(또는 더 나은 의미에서 다세계 중 하나)처럼 보일 뿐이라는 점을 명심해야 한다.[33] 이러한 이유로 체와 데이비드 앨버트, 배리 로워, 마이클 록우드 같은 철학자들은 '다세계'보다는 '다심many minds'이라고 말하는 것을 선호해왔다. 캘리포니아대학교 어바인 캠퍼스의 철학자 제프리 A. 바렛이 설명하듯이, "우리는 에버렛의 가지들을 다른 세계가 아니라 다른 마음의 상태를 설명하는 것으로 이해할 수 있다. 이런 종류의 이론에 따르면 관찰자의 확고한 경험과 신념은 그가 항상 확고한 정신 상태를 가지고 있다는 사실로 설명된다."[34] 이것은 본질적으로 볼의 문제를 뒤집는 것으로 귀결되며, 심신평행론의 문제를 해결하고 우리가 독특한 실재를 경험하게 하는 것이 정확히 자아 개념이라고 주장한다. 그 이유는 철학자 데이비드 앨버트와 배리 로워가 〈다세계 해석의 해석〉에서 쓴 것처럼 "우리가 원하는 것은 어떻게 우리가 항상 거시적 대상을 중첩 상태에 있지 않은 것으로 '보고'(다세계 해석이 옳다면 실수로 그렇게 볼 수 있다), 절대 우리 자신을 중첩 상태에 있는 것으로 경험하지 않는지 설명하는 '해석'이기 때문이다."[35]

사실 에버렛은 이미 볼의 문제에 대해 고민했다. 그는 양자 관찰자와 분열하는 아메바를 비교하면서 "시간이 흐른 후 두 아메바가 동일하냐 동일하지 않느냐는 질문은 다소 모호하다. 우리는 언제든지 두 아메바를 고려할 수 있으며, 두 아메바는 어느 시점(공통의 부모)까지는 공통의 기억을 갖고 있다가, 그 이후에는 각자의 삶에 따라 그들은 갈라질 것이다"라고 썼다.[36] 체는 나중에 분열이 일어난 후 관찰자의 관점에서 이 문제를 논의했다. "의식이 이 세계 중 하나에서만 실현된다는 것을 경험을 통해 받아들여야 한다. 이 경험은 의식이 항상 한 번에 한 사람에게서만 실현된다는 것을 우리에게 말해주는 것과 유사하다"라고 체는 1967년 〈양자 이론의 문제들〉의 초안에 썼다.[37] 체의 주장은 많은 에버렛 세계에 존재함에도 불구하고 우리가 왜 자아 감각을 유지할 수 있는지에 대한 타당성을 더할 수 있지만(그리고, 다시, ER=EPR 추측에서처럼 최근 논의된 시공간과 대체 양자 실재들의 서로 다른 위치들 사이의 연관성을 예상하는 것처럼 보인다), 심신평행론을 의식의 본질과 다시 연관시킴으로써 벌집을 건드린 셈이 되었다.

불행하게도 공간, 시간, 물질의 기원보다 더 이해하기 어려운 것이 있다면 그것은 바로 의식의 본질이다. 물리학자들에게 "의식이 있는 사람은 단순히 음식을 재배열한 것"이라고 맥스 테그마크는 2014년 TEDx 강연에서 강조했다.[38] 그렇다면 입자들의 집합체인 물질이 — 우리가 잘 알고 있는 입자들이 오이나 사과로 배열될 때는 전혀 무의식적으로 보이는데—어떻게 갑자기 생각하고 느끼기 시작할 수 있을까? 또한 동일한 뇌가 어떤 때는 의식적일 수 있지만 어떤 때는 무의식적일 수 있다는 관측은 의식이 새로운 물질이나 원리가 아니라 물질이 조직되고 기능하는 방식이라는 가정을 뒷받침하는 강력한 증거이다.

이 문제에 대한 흥미로운 해결책을 위스콘신대학교의 신경과학자 줄리오 토노니가 제안했다. 그에 따르면 의식은 충분히 복잡하고 고도로 교차 연결된 특정 유형의 정보 처리의 부산물로 발생할 수 있으며, '통합 정보' 또는 Φ로 알려진 계산 가능한 양으로 정량화할 수 있다. "계가 더 통합될수록 시너지 효과가 커지고 더 의식적이 된다. 개별 뇌 영역들이 서로 너무 고립되어 있거나 무작위로 연결되어 있으면 Φ가 낮아진다. 유기체에 뉴런이 많고 시냅스 연결이 풍부하면 Φ가 높아진다"라고 토노니와 긴밀히 협력해온 신경과학자 크리스토프 코흐는 설명한다. 그는 "기본적으로, Φ는 의식의 양을 포착한다"라고 요약한다.[39] 토노니 자신은 "의식은 통합된 정보이다"라고 간단히 쓴다.[40] 그리고 양자 인수분해 문제에 대한 해결책을 찾기 위해 의식을 연구하는 맥스 테그마크도 이 철학에 공감한다. "나는 의식이 파동이나 계산과 똑같기 때문에 의식이란 비물리적으로 느껴지는 물리적 현상이라고 생각한다." 다시 말해서, "나는 정보를 어떤 복잡한 방식으로 처리했을 때 정보가 느끼는 방식이 의식이라고 생각한다"라고 그는 2014년 TEDx 강연에서 제안했다.[41] 통합된 정보를 양자역학에 연결하기 위해 테그마크는 토노니와 코흐가 신경망에 대해 개발한 요구 사항들을 임의의 물질 상태로 일반화했으며, 그것은 주위 환경과 충분히 독립적인 통합된 방식으로 정보를 저장하고 처리할 수 있는 능력을 포함하고 있다. 이를 통해 테그마크는 다른 것보다 의식의 발달에 더 도움이 될 수 있는 선호되는 양자 기반을 식별하고자 하며, 그것은 본질적으로 인간 중심적 주장이다. 그러나 이 과정에서 테그마크는 잠재적으로 선호되는 양자 기반들 사이의 기존의 차이에 의존해야 한다―그렇지 않으면 어떤 양자 기반도 다른 양자 기반보다 더 유익할 수 없다.

대안으로, 우주의 선호 기저를 전제하지 않는 두 번째 가능성이 하나 이상 존재한다. 이 시나리오는 근본적인 수준에서 선호 기저가 존재하지 않을 가능성을 진지하게 고려한다. 그러면 우리의 의식이 우주를 표현하는 특정한 방식이나 관점에서만 선호하는 틀 frame이 나타날 수 있다.

이러한 관점에서는 의식이 우선이다. 마이클 록우드는 "의식과 뇌의 물질과의 관계를 고찰할 때, 철학자들은 철학적으로 문제가 되는 것은 물질이 아니라 마음이라고 가정하면서, 물질을 당연시하는 경향을 가지고 있었다"라고 설명하며, 이러한 태도가 "본질적으로 뉴턴의 선상에 따라 물질을 생각하는 데" 익숙해져 있던 우리의 태도로 거슬러 올라간다고 말한다. 그러나 이것은 막다른 골목이라고 록우드는 믿는다. "그러나 물질에 대한 뉴턴의 개념은 잘못이며, 철학자들이 이를 대체한 개념을 제대로 받아들이기 시작할 때가 되었다. … 이 문제, 즉 양자역학의 문제는 심각한 문제이며, 철학적으로도 잘 이해되어 있지 않다."[42] 스티븐 호킹의 전 제자이자 블랙홀 열역학 및 시공간 창발 프로그램의 선구자로서 록우드와 유사한 해석을 옹호하는 돈 페이지는 "무의식적 양자 세계에 대한 적절한 해석을 제공하기 위해 의식을 고려해야 한다는 생각은… 오히려 의식적 경험 자체의 속성을 설명하고자 할 때 의식

을 정확하게 고려해야 한다는 것이다"라고 덧붙인다.[43]

이 경우 선호되는 기반(공간, 시간, 물질의 창발을 포함하여 그에 수반되는 모든 것을 가진)은 우주 자체보다는 우리의 관점 또는 우리가 우주를 인식하는 방식의 특징이 될 것이다. 토노니, 코흐와 테그마크가 묘사한 통합 정보 처리와 같이 특정한 방식으로 정보를 처리하는 물리적 물체가 무작위로 발견될 때마다 의식이 생겨나고, 그 특정한 각도에서 우주를 인식하는 마음이 생겨날 것이다. "만약⋯ 특별한 하위계를 골라 그 계의 가능한 어떤 상태를 선택한다면—다시 말하지만, 그런 상태가 존재하지 않기 때문에⋯ 그 계가 '실제로 머무는' 상태가 아니다—우리는 다른 하위계에 원래 하위계의 선택된 상태에 비해 명확한 양자 상태를 할당할 수 있다"라고 록우드는 설명하며, "의식적인 주체는, 언제든, 나머지 우주 전체로부터 그 아래에 이르기까지, 이this[즉 '그의his'] 지정된 상태에 비해 명확한 양자 상태를 가진 것 같은 다른 하위계를 생각할 수 있는 권리를 가지고 있다"라고 강조한다. 이 절차는 또다시 선호 기저가 우리 관점의 산물임을 밝혀줄 것이다. 즉 록우드는 "주어진 시간에 어떤 것의 상태라고 일반적으로 생각하는 것을 실제로는 주어진 자신의 지정된 상태에 대한 상대적인 상태일 뿐이라고 생각해야 하며, 이는 우주 전체의 상태에도 해당한다"라고 설명한다.[44]

한편, 우주 자체에 대한 근본적인 설명은 여전히 일원론적이다. 록우드는 "하위계들 사이에 상관관계가 있는 한, 어떤 하위계도 주어진 시간에 어떤 명확한 양자 상태에 있다고 생각할 수 없다"라는 것에 반하여, "우주는 슈뢰딩거 방정식에 따라 원활하고 결정론적으로 진화하는 매끄러운 전체로 생각해야 한다"라고 쓰고 있다.[45]

의식의 물리적 상관 대상이 사람의 뇌에 위치한 뉴런들인 우리의 경우, 이 사람의 의식은 외부 세계와 국소적으로 상호작용할 것이며, 결깨짐은 고양이와 조약돌, 별과 행성이 잘 정의된 조건과 장소에 존재하는 우주를 생성할 것이다. 나의 견해로는, 이것은 우리의 "우주 자체를 존재하게 하는 관찰 행위"를 통해 우리가 얻게 되는 개념인 휠러의 U에 최대한 가깝게 다가간 것이다.

자아의 사라짐?

그러나 이제 실제로 의식적인 자아의 경험이 우선시되고, 양자 실재가 고전적이 되는 방식을 구성하는 것이 우리의 의식이며, 이러한 반석 위에 우리가 세계를 건설하는 것처럼 보인다면, 신경과학은 우리에게 닥쳐올 불편한 소식을 가지고 있다. 오늘날 많은 신경과학자와 철학자들이 믿는 바에 따르면, 의식적인 자아는 존재하지 않는다. 즉 "우리가 대부분의 시간 동안(전부는 아니더라도) 살고 있는 것처럼 보이는 자아—국소적이고 변하지 않는 견고한 의식의 중심—는 환상이다"라고 아나카 해리스는 과감하게 선언한다.[46] 더 정확하게 말하면, 자아는 일관된 틀에 구속하고 동기화하는 과정에서 비롯된 단순한 구조라고 요약할 수 있다.

이 문제들은 우리 자아의 경계를 표시하려고 하는 순간부터 시작된다. 철학자 토마스 메칭거는 그의 저서 《자아 터널》에서 자아에 대한 우리의 감각이 어떻게 조작될 수 있는지에 대한 여러 가지 예를 이야기한다. 그중 하나가 1998년 피츠버그대학교의 정신과 의사 매튜 보트비닉과 조너선 코헨이 수행한 고무손 환상 실험이다. 메칭거는 이 불안한 경험을 다음과 같이 설명한다. "피실험자들은 그들 앞에 있는 책상 위에 놓인 고무손과 그에 대응하는 자신의 손이 스크린에 가려져 있는 것을 보았다. 그런 다음 실험자가 눈에 보이는 고무손과 피실험자의 보이지 않는 손을 동시에 쓰다듬었다." 이 상황에서 보는 손과 느끼는 손이 왠지 모르게 머릿속에서 뒤섞이게 되고, 그 결과 "갑자기 고무손이 자신의 손처럼 느껴지고, 고무손에서 반복해서 쓰다듬는 손길이 느껴진다. 또한, 본격적인 '가상 팔'—즉 어깨에서 앞 테이블에 있는 가짜 손까지 연결되는 것—을 느끼게 된다."[47] 고무손 환상보다 더 인상적인 실험은 메칭거가 그의 저서 후반부에서 설명한 유사한 실험이다. 피실험자는 자신의 등이 긁히는 동안 뒤에서 촬영된 자신을 생방송에서 보게 되고, 결국 피실험자는 자신 앞에 있는 화면에서 자신의 위치를 찾아낸다. 이러한 발견들은 자아에 대한 우리의 감각이 얼마나 취약한지를 설득력 있게 보여주며, 따라서 메칭거는 "자아라는 것은 존재하지 않는다. 대부분의 사람들이 믿는 것과는 달리, 아무도 자아를 가져본 적이 없거나 가진 적이 없다. … 현재 우리가 아는 한, 뇌에도 또 이 세상 너머의 형이상학적인 영역에도 우리라는 것, 나눌 수 없는 실체는 존재하지 않는다"라는 결론에 도달한다.[48]

물론 설명한 이런 환상들은 의식의 신경 상관체에서 일어나는 국소적인 과정에 의해 생성될 수 있지만, 이 환상들은 이러한 물리적 과정이 우선이며, 우리의 경험이 실재의 근원은커녕 표상이 아닌 구성물임을 나타내는 것 같다. 우리가 도달한 것은 양자 의식의 닭-달걀 문제이다. 고전적 세계가 양자우주에 대한 의식의 관점에서 창발하는 환상이라는 개념은 선호 기저와 양자 인수분해 문제를 해결하는 데 도움이 될 수 있다. 그러나 신경과학에 따르면 의

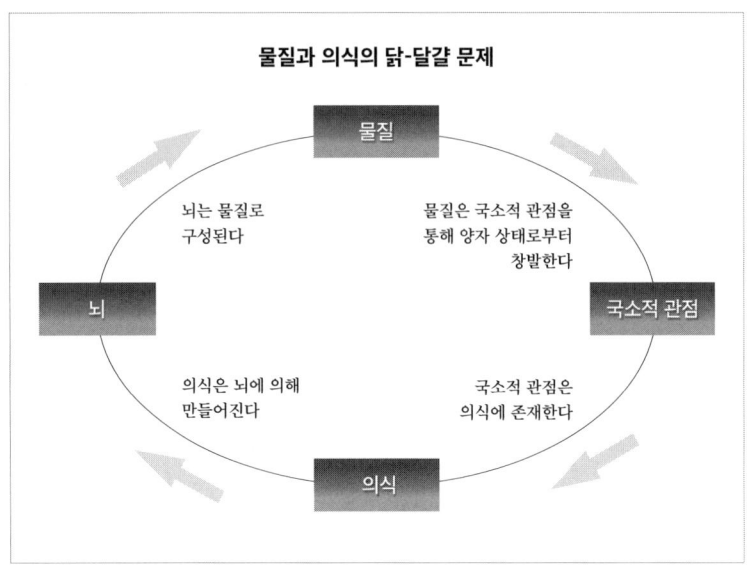

물질과 의식의 닭-달걀 문제: 물질과 의식 중 무엇이 먼저일까? 물질은 사람의 의식에 존재하는 우주에 대한 국소적 관점으로부터 창발하며, 의식은 다시 물질로 이루어진 뇌에서 만들어진다.

식을 가진 자아는 고전적 뇌가 만들어낸 환상이다.

그래서 어쩌면 '자아'의 출현과 '고전적 세계'는 절망적으로 얽혀 있는 자기 강화 과정일 수 있다. 우리가 《괴델, 에셔, 바흐》의 저자 더글러스 R. 호프스태터를 믿는다면, 이러한 피드백 루프는 실제로 '의식' 현상의 필수적인 구성요소이다. "마치 '의식'이라고 불리는 이 파악하기 어려운 현상은, 마치 무에서 유를 창조하였던 것처럼, 혼자 힘으로 자신을 일으켜 세운 것 같았다"라고 호프스태터는 그의 저서 《나는 이상한 루프이다》에 적고 있다.[49] 물론 이러한 생각은 매우 추측에 가깝지만, 만약 일부의 진실을 담고 있다면, 자아가 해체되는 것처럼 보이는 상황에서 양자에서 고전으로의 전이가 어떻게 진행되는지 조사해보는 것도 흥미로울 수 있다.

LSD에 취한 슈뢰딩거 고양이

1969년 3월 1일경, 베르나르 무아트시에는 자신의 범선 조슈아 호의 항로를 북쪽에서 동쪽으로 변경했다. 최초의 세계일주 요트 경주인 《선데이 타임스》 골든 글로브 경주의 규칙에 따라 무아트시에는 희망봉, 케이프 리윈, 케이프 혼을 차례로 돌며 폭풍우가 몰아치는 바다에서 혼자서 논스톱으로 무동력 세계일주를 하였다. 마침내 대서양의 잔잔하고 얼음이 없는 바다에 도착했을 때, 처음 9명의 참가자 중 4명만이 경주에 남았다. 나중에 두 명이 더 기권했는데, 한 명은 난파되어, 다른 한 명은 자살로 인해 기권했다. 무아트시에는 이 경주에서 우승할 가능성이 매우 높았지만, 유럽으로 돌아가 언론의 과대 선전을 마주하는 대신 항해를 포기하기로 결정했다. 아내와 아이들을 남겨둔 채, 그는 또다시 희망봉을 돌아 타히티로 향하는 4개월간의 항해를 선택했다. 6개월 동안 바다에 홀로 떠돌아다니면서 그는 독특한 정신 상태에 빠졌다. "자신도 잊고, 모든 것을 잊고, 배와 바다의 놀이, 배 주변의 바다의 놀이만 보고, 그 게임에 필수적이지 않은 모든 것을 제쳐둔다." 시카고대학교의 심리학자 미하이 칙센트미하이는 이러한 강렬한 몰두 상태를 '몰입flow'이라고 묘사했다. "바람이 머리카락을 스칠 때, 배가 망아지—선원의 혈관 속에서 진동하는 하모니를 흥얼거리는 돛과 선체, 바람과 바다—처럼 파도를 뚫고 돌진할 때 빡빡한 항로를 잡고 있는 선원이 느끼는 감정이다."[50]

그리고 물론 몰입은 항해에만 국한된 것이 아니다. 몰입은 여러분이 완전히 열중한다고 느끼는 모든 종류의 활동에서 발생할 수 있으며, 창작 과정의 중요한 부분이다. "캔버스 위 색채가 서로 자기 장력을 형성하기 시작하고 새로운 것, 살아 있는 형태가 놀란 창작자 앞에서 구체화될 때 화가가 느끼는 감정이다."[51] 칙센트미하이에 따르면, '몰입 상태'는 가능한 최대의 행복에 해당하며, 몰입의 순간들은 건강하고 만족스러운 삶의 필수적인 부분으로 홍보되고 있다. 하지만 더 일반적인 용어로 몰입은 심리학자들이 "의식의 변화된 상태"—LSD, 실로시빈, 또는 아야우아스카 같은 향정신성 약물, 명상, 유체이탈이나 임사 체험과 같은 극적인 사건에 의해 더 극단적인 변형을 유발할 수 있는 정신 상태를 포괄적으로 지칭하는 용어—라고 부르는 것의 '보통 사람 버전'이다. 의식의 변화된 상태는 육체적 자아의 이미지 왜곡을 훨씬 뛰어넘어 자아 및 시간 감각이 완전히 사라지는 경험으로 절정에 이를 수 있다. "예를 들어, 저 의자의 다리는… 나는 몇 분—또는 몇 세기였을까?—동안 그 대나무 다리들을 바라보는 데 그치지 않고 실제로 그 다리들이 되었다—또는… 더 정확하게… 말하자면('나'는 그 사건에 관여하지 않았고, 어떤 의미에서 '그들'도 관여하지 않았기 때문에) 의자라는 비자아 안에서 나의 비자아가 되어 있었다"라고 올더스 헉슬리는, 예를 들면, 메스칼린에 대한 자신의 경험을 서술하면서 "자아가 없는 마지막 단계에서는 모든 것이 모든 것 안에 있다는 '모호한 지식'—모든 것이 사실은 각각이라는 것—이 존재한다"라는 점을 강조했다.[52] "이것은 유한한 마음이 '우주 어디에서나 일아나는 모든 일을 지각하게' 되는 것에 가깝다"라고 그는 암시한다.[53] 심리학자 마르크 비트만은 그의 저서 《의식의 변화된 상태》에서 "시간을 초월하고 영원하다는 이러한 의식 상태는… 종종 물리적, 공간적 경계가 사라지고 우주와 하나가 되는 행복감을 동반한다"라고 확인시켜준다.[54] 그는 "시간적, 공간적 직관이 사라지는 데 결정적인 것은 포괄하는 것과 하나가 되는 자아의 해체"이며 "자아 개념이 없으면 시간은 존재하지 않는다"라고 강조한다.[55]

이러한 경험은 보통 중독의 결과로 시상視床에서 진행되는 정보 필터링이 억제되어 발생하는 것으로 제안되었다. 메칭거는 뇌에서의 정보 처리가 변경될 때 우리가 '자아'와 '실재'로 인식하는 구조물들이 손상된다는 데 동의한다. 메칭거에 따르면, "의식적인 경험은 터널과 같다. 우리가 보고 듣는 것, 느끼고 냄새 맡고 맛보는 것은 실제로 외부에 존재하는 것의 극히 일부에 불과하다. 실재에 대한 우리 의식의 모델은" "우리를 둘러싸고 지탱하는 상상할 수 없을 정도로 풍부한 물리적 실재를 저차원에 투영한 것이다"라고 그는 설명한다.[56] 변화된 의식 상태에서 이 터널은 구멍이 숭숭 뚫린 다공성 터널이 된다. 영국의 심리학자 수전 블랙모어도 이에 동의한다. 메칭거의 "'주관성의 자아 모델 이론'은 내가 내린 다른 결론—주관적인 경험을 하는 것은 물리적 인간이나 고양이, 개나 박쥐가 아니라 그들이 스스로 만들어낸 모델이라는 것—에 근접한다."[57] 이러한 견해는 칠레의 면역학자이자 신경과학자인 프란시스코 바렐라의 "유기체는 가상 자아의 그물망으로 이해해야 한다"라는 개념과 일맥상통한다.[58] 가상 자아에는 '면역 자아' '의식적 자아' 등이 포함된다. 이 경우, 양자역학의 관찰하는 자아는 우리의 의식을 가진 자아와 동일할까? 그렇지 않다면, 둘은 어떤 관련이 있을까? 메칭거와 블랙모어에 따르면, '의식을 가진 자아'는 우리 뇌 내부의 세계 모델 구축 루틴과는 다르며, 이는 '관찰자의 자아'와 동일시되어야 한다. 그러나 그러면 우리 자아에 대한 국소적 관점이 접혀서 결깨짐이 나타나기 전까지, 근본적인 외부 실재는 양자역학적이다. 관찰하는 자아에 의존하는 이러한 국소적 관점 없이는 고전적 대상인 뇌가 어떻게 존재할 수 있는지 불분명하다.

환각적 경험의 이러한 측면들에 대해 주목할 만한 점은 주관적으로 이것들이 국소적 개구리 관점의 채택이 양자에서 고전으로의 전이를 촉발하는 것과 정반대되는 것처럼 보인다는 것이다. 개구리 관점에서는 환경에 대한 정보에 무지한 결과로 고전적이고 국소적 자아, 그리고 심지어 시공간까지 등장하지만, 반대로 양자역학의 새 관점과 약물에 의한 황홀경 모두에서는 더 완전한 지식이 "모든 것은 하나"라는 시대를 초월한 비국소적 경험을 유발하는 것처럼 보인다. 이러한 우연의 일치를 감안할 때, 우리는 의식을 가진 자아를 구성하는 국소 알고리즘이 환각제 중독으로 인해 환경과 너무 강하게 결합되어 덜 국소적인 관점으로 승격되고, 이러한 방식으로 일종의 '양자 전일론'을 경험할 수 있을지 고민할지 모른다. 그러나 의식을 가진 자아와 관찰자의 자아의 관계가 무엇이든 간에, 우리가 실재라고 인식하는 것이 어떻게 창발하는지 완전히 이해하기 위해서는 물리학자와 신경과학자들이 이러한 관계를 풀기 위해 협의할 필요가 있는 것 같다. 물론 이러한 현상들 사이에 실제 연관성이 있는지 여부는 아직 밝혀지지 않았다. 명백한 유사성은 자연을 설명하는 제한된 수의 개념, 문화적 용어를 과학적 모델 구축에 활용하는 것, 근본적으로 다른 두 과정의 구조적 유사성, 그리고 마지막으로 의식과 양자에서 고전으로의 전이 사이의 어떤 종류의 직접적인 관계에서 비롯된 것일 수 있다.

2016년에 나는 이러한 관계를 조사할 수 있는 실험 설정을 제안했다. 이듬해에 나는 마르크 비트만과 함께 근본적 질문 연구소 Foundational Questions Institute의 논문경연대회에 제출한 논문에서 이 가능성을 더욱 발전시켰다.[59] 기본 아이디어는, 예를 들어, LSD와 같은 환각제의 영향을 받은 피실험자 그룹을 고용하여 컴퓨터 화면에서 양자 측정(스핀 업 대 스핀 다운과 같은)을 수행하게 하고, 반면 똑같이 준비된 대조 그룹은 난수 생성기random number generator를 기반으로 하는 고전적인 시뮬레이션에 연결된 동일한 모양의 인터페이스를 처리하도록 하는 것이다. 고전적 관찰자에게는 측정 과정의 결과가 난수와 똑같이 보일 것이다. 따라서 양자 측정을 보면서 무작위 결과를 보는 것과 다른 경험은 비고전적 관점을 나타내고 있다. 결과적으로 이러한 유형의 실험을 통해 첫 번째 그룹은 양자 중첩을 경험하고 대조 그룹은 그렇지 않은지 검증할 수 있다.

하지만 의식이 뇌 외부의 어떤 것과 얽힐 수 있다는 것이 적어도 원리적으로 가능할까? 록우드는 분명 이러한 추측을 일축하지 않았다. "나는 경험이 뇌에 국한된 것으로 간주되어야 하는지, 아니면 신체에 국한된 것으로 간주되어야 하는지에 대해 전적으로 편견을… 갖고 싶지 않다"라고 말했는데, 이는 휴 에버렛의 어머니인 캐서린 케네디가 단편 소설 중 하나에서 생각해낸 아이디어와 잘 어울리는 시나리오이다.[60] 즉 "우리의 마음이 다른 섬의 마음들과 지하로 연결된 섬과 같다는 것을 믿습니까…? 예를 들어, 여러분 자신의 개별적인 마음은 일종의 집단적인 마음과 분리되어 있다고 믿는 한에서만 분리되어 있다는 것을 여러분은 믿습니까?"[61] 반면에 H. 디터 체는 회의적이다. "1970년대에 나도 양자역학과 얽힘을 이용해 의식계의 물리적 제약이나 국소화에 대해 더 많이 알아보고자 노력했다. … 그러나 양자역학적 측정 장치와 관찰자의 의식 사이에는 테그마크의 신경 상태를 포함하는 거의 준고전적인 세계가 존재하기 때문에 이러한 노력을 포기했다."[62]

✣ ✣ ✣

결국, 우리가 설명한 사고 실험은 너무 단순했을 수도 있다. 분명히 인간의 의식은 양자계와 직접적으로 의미 있는 방식으로 상호작용하고 있지 않다. 의식은 측정 장치에서 시작하여 소용돌이치는 분자들의 매질을 통해 빛으로 전달되며 거시적 감각 기관으로 전달된 후 신경계를 통해 최종적으로 전달되는 사슬의 끝에서 사전 처리된 정보를 수신한다. 하지만 기술이 발전함에 따라 양자 측정 과정에 더 직접적으로 노출되는 것이 가능해질 수 있다―예를 들어, 신경 보철물을 사용하는 피실험자들을 활용하여. 이러한 시나리오들은 지극히 추측에 불과하지만, 당분간, 양자 실재에 대한 가상의 새 관점이 의식의 변화된 상태들로 알려진 심리적 조건들과 놀라운 유사성을 보인다는 결론을 내릴 수 있다. 현재로서는 이러한 유사성들이 어디에서 비롯된 것인지, 양자 개구리들과 새들의 관점과 관련이 있는지, 관련이 있다면 어떻게 관련이 있는지는 명확하지 않다. 이러한 질문들은 필름 롤 실재에서 화면 위 실재로의 전이가 관찰자와 어떤 관련이 있는지, 그리고 결깨짐, 관점, 의식 및 자아의 다양한 계층들이 어떻게 결합하여 우리가 일상적인 삶에서 경험하는 것을 만들어내는지에 대한 흥미로운 새로운 연구 분야를 열어줄 수 있다.

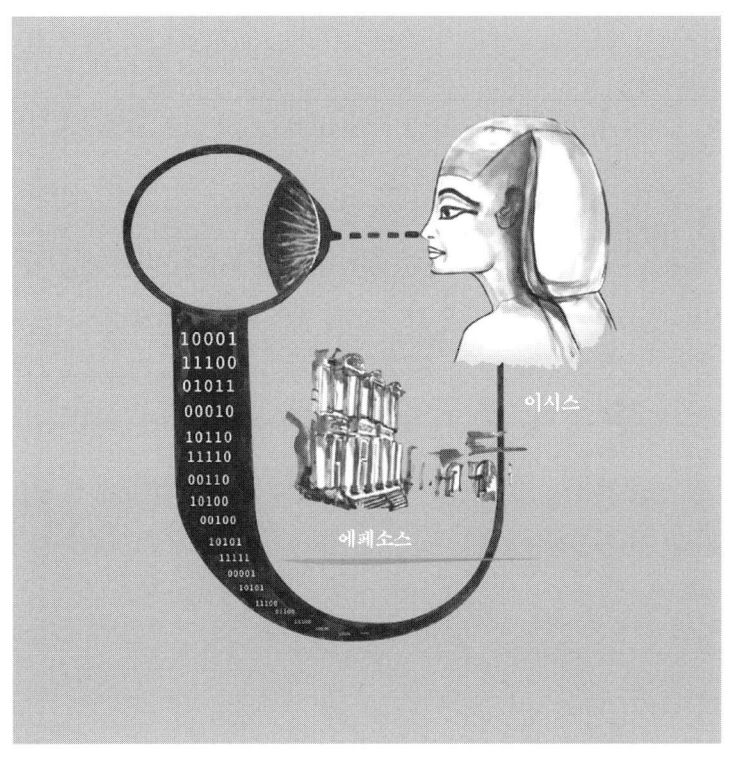

결론

미지의 하나

추정컨대, 인간이 처음으로 자신을 '나'라고 생각하자마자, '너'에 대한 생각이 암시되었다. 그리고 그 암시와 함께 어디서 '나'가 끝나는지에 대한 질문이 생겼고, '나 아닌 사람' '타자'가 시작되었다. 물론 이것은 죽음에 대한 생각도 불러일으켰을 것이 분명하다. 즉 내가 존재하지 않게 되면 무슨 일이 일어날까? 인류의 가장 오래된 신화인 대략 4000년이 된 수메르의 《길가메시 서사시》와 이집트의 《사자의 서》는 사랑과 이별, 죽음과 불멸, 그리고 따라서 통합과 분열, 시간과 영원을 다루고 있다.

이러한 생각은 나중에 일원론적 철학으로 발전했다. 개별화와 시간성은 불완전한 관점의 환상적인 특징, 즉 우리가 인식하는 화면 위 실재의 산물로 이해되기 시작했다. 우리의 찰나적인 경험 뒤에 숨은 진짜로 근본적인 실재는 이시스나 판과 같은 여신과 신으로 상징되는 시대를 초월한 통합된 전체로 여겨졌다. 모든 존재를, 주체와 객체 모두를, 통합하는 것과 분리하는 것이 무엇인지에 대한 질문은 인류의 시작부터 인류를 사로잡은 것처럼 보인다. 그리고 사실 이 질문에 대한 분명한 대답은 '없다'이다. 즉 개별적인 대상이나 주체는 없다. 모든 것과 모든 사람은 통합된 전체의 일부라는 것이다.

놀라운 사실은 가장 진보된 과학 이론에서 동일한 답이 나온다는 것이다. 즉 우주에 적용한 양자역학에서 나온다. 현대 과학은 인류의 기원과 밀접하게 연결되어 있다—그리고 우리는 수천 년 동안 이 유산이 어떻게 현대 과학의 발전에서 영감의 원천이자 부담으로 작용했는지 보았다.

그러나 양자역학이 일원론적 토대를 밝힌 후, 또 과학자들이 물질, 공간과 시간을 이해하기 위한 연구에 양자역학을 활용하기 시작한 이후에도 여전히 풀리지 않는 의문이 남아 있다. 즉 우리가 자연의 토대라고 주장하는 이 '하나'는 무엇일까? 하나는 고대인들의 일원론적 믿음과 어떤 관련이 있을까? 우주를 입자나 끈으로 분해하는 전통적인 접근방식에 하나는 어떤 의미를 가질까? 일원론적 우주에 살고 있다는 것은 인간인 우리에게 어떤 의미일까? 그리고 마지막으로, 우리는 그것이 옳다고 확신할 수 있을까? 아니면 틀릴 수도 있을까?

'하나'는 무엇인가?

'양자 우월성'—양자컴퓨터가 기존 컴퓨터를 능가하는 순간—을 목전에 두고 있는 지금, 양자컴퓨팅의 실제 하드웨어는 여전히 미스터리로 남아 있다. 막스 플랑크가 최초의 양자 가설을 발표한 지 120년이 지난 지금도 양자역학이 실제로 무엇인지에 대한 합의가 이루어지지 않고 있다. 이 책이 옳다면, 양자역학은 일어날 수 있는 모든 것을 통합하는 고대 철학적 개념인 '하나'—인류의 초기 단계부터 과학 부정과 종교적 박해의 암흑기를 거쳐 현대 과학과 양자중력의 발전까지의 인류의 가장 위대한 문화적 업적에 이르기까지 인류와 함께한 3000년 된 아이디어―를 다루고 있다.

그러나 정확히 '하나'는 무엇일까? 우주의 필름 롤에는 무엇이 기록되어 있을까? 이 필름 롤이 일어날 수 있는 모든 가능성을 저장한다면, 그 가능성은 논리적 가능성, 즉 '하나'의 속성들이 자명하게 드러나는 것, 아니면 더 제한된 물리적 가능성의 집합을 의미하는 것일까? 필름 롤 또는 영사기 자체는 무엇인가? '하나'는 물질인가? 정신인가, 정보인가? 수학인가? 위의 어느 것도 아닌가? 아직 쉬운 해결책은 없다. 이 모든 입장은 옹호자들을 가지고 있다.

우리는 곤란한 상황에 처해 있다. 양자컴퓨팅의 선구자인 데이비드 도이치가 간곡히 호소했던 것처럼, "우리는 양자컴퓨팅을 이해해야 한다. … 그렇지 않으면 물리학의 모든 기초 분야에서 지구가 평평하다고 생각하면서 달 탐험을 계획하는 것과 마찬가지이기 때문이다."[1] 그러나 다른 한편으로, 철학자 갈렌 스트로슨이 《뉴욕타임스》에서 한탄했듯이, 물리학은 "물리적 실재의 수학적으로 설명 가능한 구조, 즉 그것이 숫자와 방정식으로 표현된다는 사실에 대해 아주 많은 사실을 알려준다. … 하지만 이 구조를 구성하는 물질의 본질적인 성질에 대해서는 우리에게 전혀 말해주지 않는다."[2] 스트로슨은 "물리학이… 이 질문에 대해 침묵하고 있다"라고 단언하고, "물리적 실재의 근본적인 물질, 즉 물리학이 나타나는 과정에 구축된 물질은 무엇일까?"라고 계속 압박한다.[3] 적어도 현재는 스트로슨의 이런 불평이 완전히 옳다.

우주가 정보로 이루어져 있다는 가설의 적극적인 지지자 중 한 명이 바로 양자정보과학의 선구자이자 매사추세츠 공과대학교의 기계공학 및 물리학 교수인 세스 로이드이다. 로이드는 우주를 양자 컴퓨터로 적절하게 특징지을 수 있다고 믿는다.[4] "우주는 비트로 이루어져 있다"라고 로이드는 그의 저서 《우주 프로그래밍하기》에서 썼다.[5] "사실상 모든 것은 컴퓨팅이다"라고 로이드는 인터뷰에서 설명하고 있다.[6] "실제 컴퓨터에서 우리는 하드웨어와 소프트웨어로 부르는 데 사회적으로 익숙해져 있다. 하지만… 이 구분은 사실 우리가 생각하는 것만큼 정확하지 않다. … 입자는 바코드이다."[7]

우주에 대한 로이드의 사고방식은 계산 이론의 기본 개념에 기반을 두고 있다. 1936년 영국의 수학자 앨런 튜링은 범용 컴퓨터를 위한 추상적인 수학적 모델인 '튜링 머신'을 발명했다. 튜링의 삶은 비극적이다. 제2차 세계대전에서 암호해독가로 활약한 튜링은 나치와 연합군 간에 감청된 암호화된 통신을 해독하여 연합군의 승리에 결정적인 기여를 했다. 그럼에도 불구하고 전쟁이 끝난 후 튜링의 동성애 사실이 알려지면서, 범죄로 기소되었고, 강제 호르몬 치료를 받아야 하는 판결을 받았으며, 그로 인해 결국 자살을 하게 되었다. 2013년이 되어서야 엘리자베스 2세 여왕은 스티븐 호킹의 지지를 바탕으로 사후 사면을 허가했다.

튜링은 다른 많은 업적 중에서도 정보과학의 기초를 다지는 데 크게 기여했다. 현대 컴퓨터와 마찬가지로 튜링 머신은 실행 중인 소프트웨어에 의해 실제 동작이 결정되는 다목적 장치를 제공했다. 몇 년 후, 독일의 공학자 콘라트 추제―나치 군부의 지원을 받아 1941년 최초의 프로그래밍이 가능한 컴퓨터를 만든 인물―는 한 걸음 더 나아가 우주를 '컴퓨팅 공간'으로 이해할 수 있다고 제안했다. 이후 독일의 카를 프리드리히 폰 바이츠제커와 미국의 존 휠러는 이 아이디어를 더욱 발전시켰고, 휠러의 슬로건인 "그것은 비트로부터 나왔다It from Bit"로 절정에 이르렀다. 이 슬로건이 옹호하는 바는 "모든 입자, 모든 장이나 힘, 심지어 시공간 연속체 자체는 그 기능, 의미, 존재 자체를—간접적인 맥락에서라고 할지라도—예 또는 아니오의 질문, 즉 이항 선택, 비트에 대해 장치가 도출한 답으로부터 이끌어낸다"라는 것이었다.[8]

실제로 컴퓨터 과학자들은 복잡한 동작을 시뮬레이션하거나 특성화할 수 있는 방대한 양의 정보를 인코딩하기 위해 0과 1로 이루어진 문자열, 일명 비트를 사용한다. 양자컴퓨팅에서 고전적인 비트는 위나 아래를 가리키는 입자의 스핀에 저장된 정보로 생각할 수 있는 '큐비트Q-Bit'로 대체된다. 지금까지 이 정보 개념은 여전히 물질 자체의 정체성이 아니라 물질이 어떻게 구성되어 있는지를 묘사하고 있다. 그러나 어떤 경우에는 입자의 스핀에 대한 큐비트 묘사를 일반화하여 입자 자체를 결정할 수 있다. 6장에서 이미 언급했듯이, 베르너 하이젠베르크는 1932년에, 예를 들면, 원자핵을 구성하는 양성자와 중성자가 매우 유사하게 행동하므로 단일 입자의 두 가지 상태—양자 스핀 또는 큐비트와 완벽히 닮았다—로 이해할 수 있다고 지적하였다. 흥미롭게도 이러한 방식으로 양성자와 중성자의 명백한 물질적 차이가 큐비트에 저장된 정보로 축소된다. 전자와 중성미자의 차이에 대해서도 비슷한 주장을 할 수 있다.[9] 1970년대 이후 입자물리학 이론가들이 우주의 모든 물질을 궁극적으로 통합하기 위해 개발한 가상의 대통일 이론에서는 이 개념을 극단적으로 받아들여 이제는 알려진 모든 입자를 단일 입자(또는 양자장)의 서로 다른 상태로 이해한다. 이 경우 우주의 하드웨어가 정확히 무엇인지에 대한 질문은 점점 더 무의미해진다. 왜냐하면, 우주가 우리에게 어떻게 보이는지는 하드웨어 자체가 아니라 이 하드웨어에 저장된 정보에 의해 결정되기 때문이다. 동일한 USB 스틱에 서로 다른 영화나 노래를 저장해 전혀 다른 경험과 감정을 불러일으킬 수 있는 것처럼, 또는 서로 다른 제조사의 컴퓨터가 같은 영화를 재생해도 컴퓨터의 내부 구조에 관계 없이 동일한 경험이나 감정을 불러일으킬 수 있는 것처럼, 기본 하드웨어는 무의미해지고 의미 있는 것은 이 하드웨어가 어떻게 구성되어 있고 실제로 어떤 정보를 저장하고 처리하는가 하는 것이다.

이는 플라톤이 그의 저서 《티마이오스》에서 이야기한 것과 매우 유사하다. 거기서 이 철학자는 우리가 외부 실재로 경험하는 모든 것은 "존재의 산파"에 각인된 정보 패턴에 의해 생성된다는 개념을 전개했다. 로이드는 "양자컴퓨터는 모든 국소 양자계를 시뮬레이션할 수 있다"라고 강조한다. 이것은 실제로 "표준모형과 (아마도)… 양자중력" — 달리 말하자면, 모든 것 — 을 "양자… 오토마타 automata에 의해 직접 재생산할 수 있다"라는 의미이다.

로이드에 따르면, 이러한 그림은 실제 물리학 법칙은 매우 단순한데도 우주가 왜 그렇게 복잡해 보이는지 설명할 수 있다. "그 이유는 많은 복잡하고 질서 정연한 구조들이, 비록 계산에 시간이 오래 걸리더라도, 짧은 컴퓨터 프로그램으로 만들어질 수 있기 때문이다"라고 로이드는 적고 있다.[10] "처음에 비트가 있었다"라고 로이드는 설명하며 다음과 같이 자신의 아이디어를 구체화한다. "우주는 시작되자마자 계산을 시작했다. 처음에, 생성된 패턴은 단순했고, 기본 입자로 구성되었고 물리학의 기본 법칙을 확립했다. 시간이 지나면서 점점 더 많은 정보를 처리하면서 우주는 점점 더 난해하고 복잡한 패턴을 만들어냈다."[11] 로이드에 따르면, "은하, 별과 행성. 생명, 언어, 인간, 사회, 문화―이 모두는 정보를 처리하는 물질과 에너지의 고유한 능력 덕분에 존재한다."[12] 수많은 복잡한 구조를 만들어내는 간단한 컴퓨터 프로그램의 유명한 예로 망델브로 집합이 있다. 여기서는 출력물로 생성된 프랙탈 그림을 확대하면 새롭고 미학적인 패턴이 계속해서 드러난다. 1996년에 쓴 논문에서 맥스 테그마크는 이 아이디어를 극단적으로 발전시켜 우주가 "사실은 거의 정보를 가지고 있지 않다"라는 제안을 했다.[13] 테그마크가 주장하듯이, "특정 비선형계의 표준적인 카오스적 행동과 함께 결깨짐은, 우주가 빅뱅 직후에 매우 단순한 상태에 있었다고 하더라도, 현재 우주에 서식하는 자각적 부분집합에게 우주가 매우 복잡하게 보이게 만들었을 것이다."[14] 사실 우리가 플라톤의 동굴로 다시 한 번 돌아간다면, 사물의 그림자는 태양 빛에 무언가를 더한 결과가 아니라 빛이 동굴 벽에 부딪히지 않도록 차단한 결과이다. 마치 나무에 새긴 조각 작품이 어떤 것을 추가한다기보다 나무를 제거하는 것처럼. 이것이 단순히 느슨한 비유 이상이라면, '하나'는 빈 캔버스나 어떤 영화도 상영하지 않은 영사기에 가깝다고 할 수 있다.

하지만 이러한 주장이 정말 "정보가 우선한다"라는 것을 의미할까? 결국 정보는 하드웨어에서 추출하여 그것을 처리할 수 있는 적절한 소프트웨어와 운영체계를 보유하고 있을 때만 그 의미를 갖는다. 메모리 스틱에서 최신 블록버스터 영화나 레너드 코헨의 노래를 재생할 수 있다고 해서 메모리 스틱이 '정보'가 되는 것은 아니다. 메모리 스틱은 여전히 금속 조각이며, 그 배열은 스틱을 구성하고 있는 입자들의 정확한 상태에 의해 주어진다. 적절한 소프트웨어와 이를 재생할 수 있는 다른 하드웨어 장치의 도움이 있어야 우리는 이 배열을 우리가 즐기고 싶은 정보(즉 영화 또는 노래)로 해석할 수 있다. 마찬가지로 중성미자나 전자가 어떻게 행동하는지 알려면 이들의 효과를 매개하기 위해 힘 운반입자 또는 '게이지' 양자장과 같은 다른 양자장이 필요하다. 정보가 효과를 발휘하려면 물리적으로 통합되어야 한다. 극단적인 예를 들자면, 베토벤 교향곡에 맞아 죽은 사람은 아무도 없다. 교향곡을 바위 조각에 낙서한 경우를 제외하고는.

우주가 정보에 불과하다는 생각의 가장 급진적인 버전은 아마도 맥스 테그마크가 제안한 것일 것이다. "나는 이 아이디어를 극단적으로 밀어붙여 우리 우주가 잘 정의된 의미에서 수학이라고 주장할 것이다"라고 테그마크는 썼다.[15] 그는 "물리학 교재들의 관습적인 용어로는 외부 실재란 수학에 의해 기술되는 것"이라고 설명하지만, 그는 (적어도) 한 걸음 더 나아가 "그것은 수학이다"라고 말한다.[16] 테그마크의 주장은 튜링의 범용 컴퓨터를 기반으로 한 로이드의 주장과 유사하다. "두 구조가 [일대일 대응을 갖는다면], 그것들이 동일하지 않다는 것은 아무 의미가 없다"라고 테그마크는 썼다.[17] 물질, 정신, 공간 및 시간과 같은 그 밖의 것들을 그는 '짐'으로 치부한다. 테그마크는 "어쨌든 우리 우주는 수학적 구조로 완벽하게 설명할 수 있는 물질로 구성되어 있지만, 수학적 구조로 설명할 수 없는 다른 속성도 가지고 있어 추상적인 짐이 없는 방식으로 묘사할 수 없다고 주장할 수도 있다"라고 인정하지만, "우주를 정의상 비수학적으로 만드는 추가적인 특성들은 관찰할 수 있는 어떠한 현상도 가지고 있지 않다"라고 주장한다. 하지만 이 주장이 맞을까? 우주를 비수학적으로 만드는 이러한 '특성들'은 정말 관찰할 수 없는 것일까? 우주를 묘사하는 수학적 구조의 물리적 실현이 애초에 우주를 관찰할 수 있게 하는 것이라고 주장할 수 있으며, 테그마크의 제안이 실재와 그것을 설명하는 모델을 혼동하여 철학자들이 '범주 오류category mistake'라고 부르는 대표적인 예가 될 수 있다는 우려를 제기한다.

따라서 정보가 우선이 아니라 기본 하드웨어인 '하나'가 어떻게 구성되어 있는지에 대해 이야기할 수 있는 편리한 방법이라고 생각하는 것이 더 정확한 것처럼 보인다. 하지만 이 이야기에는 또 다른 반전이 있다. 즉 세상에 대해 우리가 알고 있거나 경험하는 모든 것은 우리의 의식 속에 존재하거나 표현되는 한에서만 우리가 알고 있거나 경험한다는 것이다. 우리에게는 우리가 의식하는 것만 존재하며, 의식은 가공된 정보임이 분명하다. 그렇다면 모든 것이 오로지 우리의 마음속에만 존재하고 우리의 마음이 정보에 불과하다면, 이는 다시 모든 것이 정보라는 것을 의미하지는 않을까? 마치 우리가 실제 경험과 관찰에서 점점 더 멀어지면서 원을 그리며 달리는 것처럼 보인다. 의식과 물질의 우선순위를 논의할 때와 마찬가지로, 물질과 정보 중 무엇이 우선인지 알아내려고 할 때 우리는 닭-달걀 문제에 부딪히게 된다.

그러나 어쩌면 이것은 잘못된 질문일지도 모른다. 영사기 실재가 화면 속 책이나 메모리 스틱 또는 하드 디스크에 저장된 정보인지, 아니면 화면 속 벽돌, 의자 또는 집과 같은 물질인지 궁금해하지 말아야 할지도 모른다. 우리는 반대로 해야 할지도 모른다. 즉 고전적인 화면 위 실재를 양자 영역에 대한 정보로 이해하고, 필름 롤을 화면에서 펼쳐지는 이야기에 대한 정보로 이해하기보다, 화

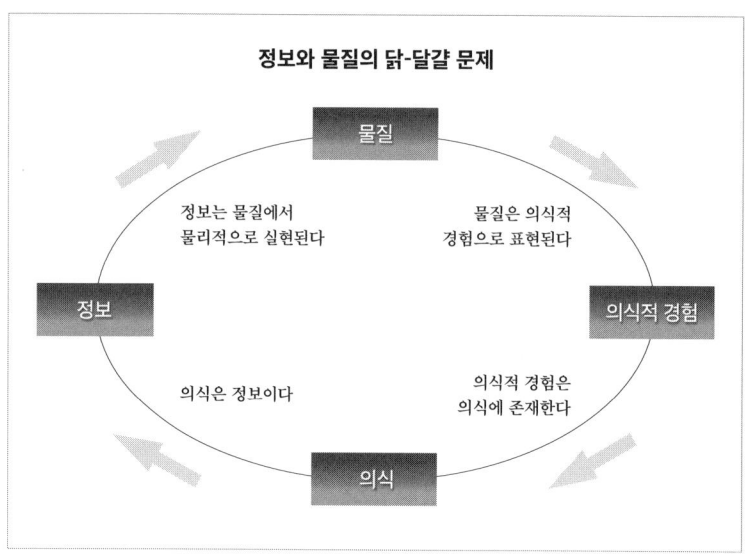

물질과 정보의 닭-달걀 문제: 물질과 정보 중 무엇이 더 근본적일까? 물질은 뇌의 정보 처리에서 비롯된 의식적 경험으로 표현된다. 하지만 정보는 물질에서 물리적으로 실현된다.

면에서 경험하는 영화 줄거리를 영사실 안에 존재하는 것에 대한 정보로 이해해야 할지도 모른다. 이러한 문제들을 디터 체와 논의했을 때, 그는 "이러한 맥락에서 나는 ['실재를'] '물리적인 실재'로만 간주한다. … 따라서 내게, 예를 들면, 헌법은 실재하는 것이 아니라 종이나 물질적 뇌 속에서 '실현'되는 것일 뿐이다."[18] 하지만 양자역학적 파동함수를 '물질'로 묘사할 수 있냐고 묻자, 그는 아니라고 말했다. 즉 "파동함수를 '물질'이라고 부르지는 않겠지만, '실재'라고 부르고 싶다. … 이것은 '오로지 수학'이나 '오로지 정보'와는 완전히 다른 것이다."[19]

체가 존 휠러의 아흔 번째 생일을 기념하는 책의 초청 논문 〈파동함수: 그것 또는 비트〉에서 밝힌 것처럼, "만약 '그것'(실재)을 연산주의적 의미로 이해하고 파동함수를 '비트'(잠재적 연산 결과에 대한 일원론적 관점에서 볼 때, 일상생활에서 경험하는 물질과 정보 모두, 즉 화면 위 실재는 숨겨진 실재, 근본적인 '하나'에 대한 정보를 드러낸다.

하나
(양자 실재, 불을 뿜는 용, 베일에 가려진 이시스, 영사기 실재)

↑ 화면 위 세계는 하나에 대한 정보이다

화면 위 세계:
물질 & 정보

불완전한 지식)로 간주한다면, 하나 또는 다른 종류의 '그것'이 실제로 '비트에서' 나올 수 있다." 체는 이러한 사고방식이 실용적인 측면에서 유용하다고 인정했다. "그것은 앞으로도 한동안 물리학자들이 실험을 설명하는 실용적인 언어로 남아 있으리라 예상한다." 그러나 그는 이러한 실용적인 태도를 실재의 토대를 묻는 접근방식과 계속해서 대조했다. 즉 "그러나 '그것'을 반드시 연산적으로 접근 가능한 것이 아니라 보편적으로 유효한 개념으로 묘사해야 한다면, 파동함수는 '그것'에 대한 유일한 후보로 남는다. … 어떻게 바꾸든 태초에 파동함수가 있었다."[20]

체를 따라 우리는 결국 닐스 보어의 견해와는 완전히 반대되는 양자역학에 대한 이해에 도달했다. 파동함수를 일상생활에서 고전적인 물체의 잠재적 동작에 대한 정보를 제공하는 도구로 생각하는 대신, 이 새로운 관점은 정반대의 관점을 제시한다. 즉 고전적인 물체, 공간, 시간과 물질을 근본적인 양자 실재에 대한 정보로 생각해야 한다. 고전적인 물체의 행동을 통해 우리는 이 근본적인 실재를 특징짓는 가능성의 공간을 제한할 수 있으며, 우리가 양자 우주론에 대해 더 많이 배울수록 '하나'가 실제로 무엇인지 더 잘 이해할 수 있다. 다시 한 번 진리에 이르는 길을 동굴에서 나와 힘겹게 올라가는 것으로 상상했던 플라톤이나 그 아래에 무엇이 숨겨져 있는지에 대한 제한된 정보를 제공하는 베일에 가려진 이시스의 은유와의 유사점을 강조할 수 있다.

입자와 우주

"모든 것이 하나"라면 우주를 입자들로 구성된 것으로 생각하는 것이 더 이상 의미가 없다는 것을 깨닫고 이 책을 쓰기 시작했다. 오히려 그 반대의 경우가 옳다. 즉 어떤 입자들의 집합체이든 모든 것을 포괄하는 하나에 대한 특정한 관점에 불과하다. 이러한 관점은 물리학의 기초에 대한 탐구를 거꾸로 뒤집는 것과 다름없다. 이 책의 주장을 논리적 결론으로 받아들이면, 물리학은 입자나 끈 대신 양자우주론 위에 구축해야만 앞으로 나아갈 수 있다. 어느 시점—그리고 연구자들이 직면하는 지속적인 미세조정 문제가 이 시점에 도달했음을 알려줄지 모른다—에서는 계속해서 더 짧은 거리와 더 높은 에너지를 조사하는 것은 물리학의 기초에 더 가까이 다가가는 데 도움이 되지 않는다.

이것은 입자물리학이 미래에 어떤 역할을 할 수 있는지에 대한 명백한 의문을 불러일으킨다. 미래의 입자가속기에 수십억 달러를 투자하는 것이 여전히 합리적일까, 아니면 이 돈을 다른 과학 분야에 투자하는 것이 더 나을까? 입자물리학이 여전히 중요하게 남게 될 것이라는 점을 강조해야 한다. 입자물리학이 우주의 본질을 밝히고 암흑에너지와 힉스 질량에 대한 자연스러운 설명을 제공하지 못하는 이유와 방법을 완전히 이해하지 못하는 한, 정확히 무엇이 잘못되었고 "더 작은 것이 더 근본적"이라는 논리가 한계에 도달하는지에 대한 조사는 "아래에서 실제로 일어나는 일"을 이해하는 데 없어서는 안 될 기여를 하게 될 것이다. 그러나 입자물리학자들은 이러한 노력에서 새롭고 겸손한 역할을 받아들여야 할 것이다. 입자물리학은 더 이상 우주를 이해하는 만능 해결책이라고 주장할 수 없게 될 것이다. 대신 입자물리학은 입자 접근법의 순진한 환원주의가 왜 그리고 어디에서 실패하는지에 점점 더 집중할 것이다.

이 새로운 역할에서 입자물리학은 기초 물리학의 중요한 기둥으로 남을 것이지만, 우주론은 물론이고 양자정보와 양자 토대에 대한 연구를 강화하여 보완해야 할 것이다. 지금까지는 본질적으로 서로 관련이 없는 것으로 여겨졌던 물리학의 다양한 하위 분야들이 자연의 토대를 밝히기 위해 긴밀히 협력해야 할 것이다. 이러한 노력의 여러 단계에서 어떤 구체적인 실험이 핵심적인 역할을 할 수 있을지는 조사가 필요한 구체적인 공개 질문과 정직한 비용편익분석을 바탕으로 평가해야 한다.

그들은 어떻게 알 수 있었을까?

고대의 아이디어가 정말 물리학의 미래에 대한 열쇠를 쥐고 있다면, 고대 사상과 현대물리학은 어떤 관련이 있을까? 유능한 그리스 철학자들, 동아시아 현자들, 동양의 신비주의자들과 중세 사상가들이, 현대물리학에 놀라울 정도로 근접한 아이디어를, 이를 가능하게 한 실험적 진전에 대한 일말의 단서 없이도, 내놓을 수 있었던 이유는 무엇이었을까? 엉뚱한 추측을 허용한다면, 양자 실재에 대해 우리가 알고 있는 것과 현재 변화된 의식 상태 사이의 놀라운 유사점이 설명의 실마리가 될 수 있다.

어쩌면 피험자가 태초부터 "신비로운 경험"으로 이해되어온 것을 포함하여 변화된 의식 상태에서 양자 전일론quantum holism을 경험하는 것이 완전히 불가능한 것은 아닐 수도 있다. 또는 인류는 개성이 완전히 발달하지 않았던 원시 시대부터 "자연과 하나"라는 무의식적 기억—인간의 타락에 대한 해석에서 제시되고 요하네스 스코투스 에리우게나나 프리드리히 셸링의 작품에서 논의된 것과 같은 천국의 상태에 대한 기억—을 어떻게든 보존하고 있을지도 모른다. 이러한 기억은 이후 이교도 종교, 신비주의 밀교와 비밀 단체에서 조장되었을 수 있다. 또는 변화된 의식 상태에서 경험할 수 있는 해체된 자아의 느낌이 이 기억을 살아 있게 하거나 때때로 되살리는 데 기여했을 수도 있다.

하지만 어쩌면 이 주장은 반대로 생각하면 훨씬 더 타당할 수도 있다. 아마도 우리 조상들이 양자역학에 대해 전혀 몰랐기 때문에 다수의 개별적인 동인들을 기반으로 하는 존재론이 애초에 등장하기 시작했을지도 모른다. 아마도 가장 오래된 조상들에게는 모든 것이 하나라는 것이 그들의 경험에서 분명했을 것이며, 세상에 많은 자아가 있다는 개념은 인간이 점점 더 자신을 개인으로 이해하고, 그러한 자아 개념이 인간 사회가 점차 자연에서 벗어나 분업이 특징인 문화 중심의 근대 국가로 진화하면서 일상생활에서 일어나는 일을 설명하고 예측하는 데 점점 더 성공하게 된 후에야 등장했을 것이다.

물론 수천 년 동안 인류가 그 핵심 내용이 양자역학이 제안하는 것과 놀라울 정도로 유사한 일원론적 철학을 숙고해온 이유에 대한 더 평범한 설명도 존재한다. 예를 들어, 하와이대학교의 이론 입자물리학자인 나의 친구 크세르크세스 타타가 다른 맥락에서 제안한 것처럼, 인류는 자연을 이해하는 데 사용할 수 있는 개념들이 한정되어 있을 수 있다. 이것이 사실이라면, 종교, 이론물리학, 그리고 추상 수학과 같이, 전혀 다른 맥락에서 비슷한 아이디어가 나타난다는 사실에 놀라지 않아도 된다. 나의 친구이자 멘토인 밴더빌트대학교의 입자물리학 이론가인 톰 웨일러는 이 주장의 급진적인 버전을 만들어냈다. "선택은 두 가지뿐이다. 모든 것은 하나이거나 모든 것은 하나가 아니다. 당신이 옳을 확률은 50퍼센트이다."[21] 톰은 내가 만난 사람 중 가장 유머러스한 사람 중 한 명이기 때문에 상대적인 가능성에 대해 전혀 진지하지 않았을 수도 있다. 하지만 말할 필요도 없이, 구체적인 가능성이 무엇이든지 나는 동의하지 않는다. 예를 들어, 알베르트 아인슈타인의 천재성에 의문을 제기할 때도 비슷한 주장을 할 수 있다. 즉 "시공간 기하학이 아인슈타인 방정식에 의해 결정되거나 결정되지 않는다." 그리고 아인슈타인이 일반상대성이론을 발견하기 위해 일상적인 경험에서 추상화라는 큰 도약이 필요했던 것처럼, 일원론도 마찬가지이다. 더군다나 우주 전체의 단일성에 대한 관측 증거가 없는 상황에서 이런 단일성을 주장할 만큼 용감한 생각이 어떻게 생각될 수 있었는지가 나에게는 깊은 미스터리로 남아 있다. 이것은 왠지 이 멋진 우주의 의식을 가진 거주자로서 우리 자신에게 깊이 뿌리내리고 있음을 암시하는 것 같다.

하나와 우리

의심할 여지 없이 향후 수십 년 동안 우리는 점점 더 큰 양자 시스템의 실현을 보게 될 것이며, 우리 자신도 양자정보기술의 새로운 통찰력을 꾸준히 활용하는 기술 장치에 점점 더 많이 의존하게 될 것이다. 양자역학은 우리의 일상생활에 침투하여 일상이 점점 더 '양자' 그 자체가 될 것이다. '하나'가 우리가 곧 맞이하게 될 양자 세계의 하드웨어라면, 또한 우리에게 더 중요하고 의미 있는 존재가 될 것이다. 가장 근본적인 수준에서 '하나'인 우주에서 살아간다는 것은 우리에게 어떤 느낌일까? 우주에 대한 이러한 이해의 혁명은 우리의 일상생활에 어떻게 반영될까? 어떤 의미에서 우리를 더 나은 인간으로 만들 수 있을까?

우리는 새로운 팬데믹, 전례 없는 전 세계적인 기후 변화, 그리고 세계 인구의 증가를 포함한 전 세계적인 도전에 직면한 시대에 살고 있다. 이러한 문제를 개별적인 사회 집단이나 국가가 단독으로 해결하기란 불가능해 보인다. 하지만 인류는 이러한 도전에 맞서기 위해 단결하는 것 같지 않다. 오히려 사회는 점점 더 분열되고 양극화되고 있다. 이런 상황에서 일원론이 도움이 될 수 있을까? 일원론이 개별 주체라는 개념은 환상이며, 대신 자연은 상호작용하는 네트워크에 의해 지배된다는 것을 의미한다면, 그러한 철학이 우리를 덜 이기적이고 서로와 우리의 자연환경을 더 의식하게 만들 수 있을까? 우리가 서로 대립하는 대신 협력하는 데 일원론이 힘이 돼줄 수 있을까?

일원론의 종교적 변형을 믿는 사람들을 대표하는 협회인 세계범신론자운동의 대표이자 설립자인 영국의 환경운동가 폴 해리슨은 그렇게 생각한다. "범신론자의 '신'은 모든 존재의 공동체이다. 신은 그도, 그녀도, 그것도 아니다. 그것은 '우리'이며, 바위와 해조류로부터 나비와 인간을 거쳐 태양과 행성에 이르기까지 모든 것을 포용하는 가장 광범위하고 포괄적인 의미의 우리이다"라고 해리슨은 그의 저서《범신론의 요소들》에 쓰고 있다.[22] 해리슨은 범신론이 "이 지구만이 우리가 천국을 찾거나 만들 수 있는 유일한 장소"라고 확신시키고 그에 따라 행동하도록 우리를 설득할 수 있기를 희망한다.[23]

이러한 희망이 완전히 근거 없는 것은 아니다. 앞서 살펴본 바와 같이, 역사적으로 일원론은 진보적인 사상과 인권을 촉발하는 역할을 했다. 일원론은 계몽주의 이후의 과학혁명과 18세기 이후의 일부 정치 혁명과 마찬가지로 르네상스 시대의 관용적이고 창의적인 지적 풍토에 영감을 주었다. 하지만 일반적으로 과학이나 자연과 마찬가지로 일원론은 우리에게 도덕적 나침반을 제공하지는 못했다. 우리는 자연이 아름다우며 배려심이 많고 자비로운 만큼이나 얼마나 잔인하고 무자비할 수 있는지 잘 알고 있다. 우리는 자연에서 서로를 돕는 개체와 강한 개체가 번성하고 약한 개체가 멸망하는 사례를 똑같이 잘 찾을 수 있다. 역사가 증명했듯이 일원론적 아이디어들과 자연에 대한 호소는 또한 인종주의와 사회적 다원주의를 정당화하는 데 악용되기도 했다. 이러한 왜곡을 피하기 위해, 우리는 역사 속에서 사회적 관계를 조율하기 위해 등장하고 시험대에 올랐던 도덕적 가치에 의존해야 한다.

또 자연이 아닌 것은 아무것도 없기 때문에 자연은 특정 윤리를 지지하지 않는다. 과학적 관점에서 보면 무성한 초원이 고속도로나 발전소보다 더 자연스럽지는 않다. 유전공학, 원자력 발전, 교향

악단도 나무, 바다, 딱정벌레와 마찬가지로 자연의 일부이다. 사실, 인간은 환경을 변화시키는 경향이 있으며, 그렇다고 해서 항상 더 살기 좋은 환경이 되는 것은 아니다. 하지만 다른 생물 종과 바이러스, 홍수, 해류, 지진과 화산 활동 같은 생명을 갖지 않은 자기조직화 과정들조차 환경을 변화시킨다. 우리가 아는 한, 우주는 애초에 우리, 우리의 문제나 인류의 존재에 관심이 없다. 그럼에도 불구하고, 과학적 개념들은 우리의 감정과 행동 방식을 좋든 나쁘든 바꿀 수 있다.

일원론은 다른 사람들이 항복하거나 멸망할 것으로 예상되는 유일한 진리로서 통합보다는 배제의 수단으로 사용되어온 것도 사실이다. 종교적 근본주의자들과 정치적 극단주의자들은 이러한 논리를 악용하여 일원론을 이원론으로, 결국에는 대량학살의 이념으로 바꾸었다. 마찬가지로 일원론은 사이비과학적 밀교에 남용되어왔다. 자연을 존중한다는 것은 우리가 가능한 모든 일을 다 해서는 안 되며, 더 나아가 자연을 있는 그대로 받아들여야 한다는 것—즉 자연에 자신의 선입견을 투영해서는 안 된다는 것을 의미한다는 점을 명심하는 것이 중요하다. 과학을 부정하는 사람들은 때때로 괴테의 자연에 대한 감성적 접근방식에 호소하는데, 이는 그것이 그들의 개인적인 의제를 선하거나 '자연스러운' 것으로 식별할 수 있게 해주는 것처럼 보이기 때문이다. 사실은 그렇지 않다. 과학과 기술은 자연을 이해하고 자연을 있는 그대로 받아들일 수 있는 유일한 방법이다. 일원론이 다양성에 대한 편견 없는 개방성, 통합적 관점을 유지할 수 있을 때만, 인류의 미래를 위한 철학적 지침 원리가 될 수 있다. 그렇다고 해서 일원론이 우리를 덜 이기적이고 더 개방적이며 관용적으로 만들 수 있다고 생각하는 것이 완전히 절망적이라는 의미는 아니다. 결국 일원론은 초점을 개인에서 개별 존재들의 상호 의존적 네트워크로 바꾼다. 특히 대부분의(전부는 아니라도) 종교와 과학에 똑같이 영향을 미치는 일원론적 정신은 서로 다른 배경과 믿음을 가진 개인이 공유하는 공통점을 찾는 데 도움이 될 수 있으며, 이는 종교적 이해와 관용, 평화를 위한 촉매로 발전할 수 있다. 이러한 사고방식은 정말로 우리가 지구를 위해 협력하고 지구를 지속시키는 것을 지지한다―만약 이것이 일반적 동의를 얻게 된다면, 인류 문화의 필수적인 부분이 될 것이다.

그러나 이러한 노력은 일원론과 과학 일반이 전체 인구의 대부분에 설득력 있게 전달될 수 있을 때만 성공할 수 있다. 인류의 많은 부분이 경제적으로나 지적으로 일원론이나 과학 일반의 통찰력과 혜택에서 배제되었다고 느낀다면, 이는 불안을 촉발할 것이다. 인류 역사의 상당 기간 동안, 일원론은 우리의 정신적 유산에 깊이 뿌리내렸지만, 이집트의 파라오와 사제, 아테네, 알렉산드리아, 로마의 철학자, 르네상스 피렌체의 메디치 가문 주변의 학자와 예술가, 계몽주의 철학자, 네덜란드 황금시대의 과학자, 런던의 왕립학회 회원, 괴테의 바이마르의 시인과 사상가 등 소수의 특권층에게만 허락된 사치로 남아 있었다. 계속해서 역사는 보편타당성을 주장하는 철학에서 배제되었다고 느끼는 사회 집단들이 종교적 광신주의, 극단주의 이념, 그리고 일반적으로 이원론적 세계관으로 돌아섰음을 보여주었다. 이 세계관은 일신교 종교의 기원과 고대의 몰락에서부터 르네상스 피렌체의 근본주의 설교자 사보나롤라의 등장을 거쳐 20세기 및 21세기의 정치적 극단주의까지의 사례에 예시되어 있다. CERN에 근무하는 입자물리학자들을 위한 도구로 개발되어 전 세계 인류를 그 어느 때보다 효율적으로 연결해주는 월드와이드웹은 최근 모든 사람에게 열려 있는 중요한 지식과 정보의 원천이 되었을 뿐만 아니라 동시에 사이비과학과 음모론의 온상이 되고 있다.

인류가 일원론의 혜택을 누리기 위해서는 일원론이 더욱 포용적이어야 한다. 과학이 비과학자 주류에게도 투명하고 그럴듯하게 다가갈 수 있어야만 인류가 힘겨운 위협에서 벗어나는 데 도움이 될 수 있다. 일원론은 이러한 노력에서 한 줄기 희망이자 위험이 될 수 있다. 우리 모두가 우리가 당면한 생태 환경, 그리고 궁극적으로는 전체 우주와 우리 자신이 연결된 근본적인 단일체의 한 측면이라는 사실을 깨달음으로써 이 도전의 시험에 맞설 수 있어야만, 우리는 실제로 우리의 행성을 지속하고 미래의 위기에 함께 대처할 수 있도록 더 나은 준비를 할 수 있다.

하지만 누구도 그것이 쉬울 것이라고 말하지 않는다. 우주를 근본적인 단일체, 즉 '하나'로서, 그리고 우리에게 우주가 담고 있는 것으로 보여지는 다양성으로서 포용하는 것은 과학이나 삶에서 결코 간단한 일이 아니다. 그러나 그것은 우리의 가장 창의적이고 고귀한 생각에 영감을 준 과제이기도 하다. 이 과제는 시도해볼 만한 가치가 있다.

틀릴 수도 있을까?

하지만 다시 과학으로 돌아가자. 일원론이 실제로 우주에 충만하고 우주를 연결하는 보편적인 원리라면, 우리는 과학적인 질문을 던져야 한다. 즉 일원론이 틀릴 수 있을까?

물론 그럴 수 있다! 일원론을 다시 과학적 개념으로 간주한다면, 일원론은 취약해지게 된다. 모든 과학 이론은 실험과 직면하게 되는 예측을 해야 한다. 그리고 모든 이론은 반대되는 실험적 증거가 있거나 적용 범위에서 중요한 사실을 지속적으로 설명하지 못한다면—결실을 맺지 못한다면—대체될 수 있다. 이 책의 주요 메시지는 일원론이—실제로—과학에 풍부한 결실을 줄 수 있다는 것이다. 즉 일원론은 진지하게 받아들인 양자역학에서 곧바로 나온다. 일원론은 양자중력에서의 최신 연구에 대한 철학적 틀과 입자물리학과 우주론의 근본적인 문제들에 접근하는 데 필요한 새로운 관점을 제공한다. 일원론이 적어도 유망한 가설이라는 확실한 증거가 존재하며, 내가 이를 지적하는 데 성공했기를 바란다. 과학자로서 나는 일원론이 옳은지 그른지 확실하게 말할 수 없다—누구도 그럴 수 없다. 그러나 나는 일원론이 현재 물리학의 토대를 정의하는 원리 중 가장 잘 동기 부여가 되고 가장 유망한 후보라고 생각한다.

의식, 시간, 그리고 우리가 고전적 환경이라고 인식하는 것의 창발뿐만 아니라 물질, 정보, 관점 사이의 구체적인 관계는 전혀 정립되어 있지 않다. 이것들이 21세기의 과학적이고 철학적인 문제들을 정의할 것이다. 고전물리학을 초월하지만 동시에 완벽하게 자연주의적이고 최대로 관찰자와 무관하며 우리의 가장 소중한 경험에 가까운 3000년 된 철학적 개념인 '하나'가 이제 막 구체적인 과학적 의미를 얻고 있다. 그것은 이 모험에서 중요한 역할을 할 것이다. 기초 물리학이 심각한 위기에 직면하고, 다중우주 개념이 "물리학에서 가장 위험한 아이디어"라고 주장되고 있으며, 과학적 노력 전체가 위태로워질 수 있는, 또 물질, 공간, 시간이 실재의 기본 요소로서 쉽게 버려지는 이때, 새롭고 동시에 오래된 우주에 대한 다른 관점은—독일 철학자 프리드리히 셸링의 말처럼—"물리학에 다시 한 번 날개를 달아주는 데" 도움이 될 수 있다. 이제 과학을 위해 '하나'를 되찾아야 할 때이다.

감사의 말

이 책에 요약된 생각은 수년 동안 나와 함께 하였으며, 많은 동료 과학자, 철학자, 작가, 친구들과의 토론을 통해 형성되었다.

무엇보다도 여러 해에 걸쳐 이메일을 주고받으며 자신의 통찰력과 연구를 아낌없이 나누고 토론해준 고 디터 체에게 큰 빚을 지고 있다. 나는 그가 얼마나 많은 면에서 시대를 앞서나갔는지 서서히 깨달았다(그리고 지금도 여전히 깨닫고 있다). 마찬가지로 나에게 중요한 것은 클라우스 키퍼와의 많은 토론이었는데, 그는 나에게 양자역학, 결깨짐과 양자우주론의 기본적이거나 기본적이지 않은 많은 사실과 특징을 인내심을 가지고 설명해주었다.

또한 이 책에서 다루는 다양한 측면에 대해 데이비드 앨버트, 니마 아르카니하메드, 짐 배것, 필립 볼, 로라 바우디스, 애덤 베커, 요하네스 브라흐텐도르프, 피터 번, 숀 캐럴, 앨런 콜드웰, 클라우디오 칼로시, 데이비드 도이치, 사빈 에르만-헤르포르트, 조지 엘리스, 베른트 팔케, 브리지트 팔겐부르크, 쿠르트 플라시, 켄 포드, 그웬 그리피스-딕슨, 에릭 호엘, 자비네 호젠펠더, 에리히 요스, 한스 클로프트, 장-마르크 레비-르블롱, 안드레이 린데, 벨라 마요로비츠, 닉 마브로마토스, 아니카 뮐렌베르크, 조지 머서, 노무라 야스노리, 토르스텐 올, 돈 페이지, 데이비드 파로치아, 휴 프라이스, 요르치 라마체르스, 카를로 로벨리, 조시 로잘러, 사이먼 손더스, 조너선 셰퍼, 막시밀리안 슐로스하우어, 오비디우 '크리스티' 스토이카, 조헨 쟁고리스, 피터 탤락, 크세르크세스 타타, 레브 바이드만, 크리스토프 완드, 토머스 웨일러, 마르크 비트만, 마이클 요크, 지그리트 체, 보이치에흐 주렉 및 내가 기억하지 못하는 다른 많은 사람들과 논의하면서 큰 도움을 받았다. 두말할 필요도 없겠지만, 이것이 모두가 나의 결론을 지지한다는 의미는 아니다. 모든 실수는 전적으로 나의 책임이다.

일부 주요 캐릭터에 생명을 불어넣는 데 도움을 준 멋진 그림들은 내 어머니, 프리가가 그린 그림들이 바탕이 되었다. 그리고 자신의 아버지 존 아치볼드 휠러의 유명한 'U'를 사용할 수 있도록 친절하게 허락해준 제임스 E. 휠러 의학박사께도 깊은 감사를 표한다.

원고 초고의 많은 부분을 읽어주고 귀중한 피드백을 준 카리 케파르트, 벨라 마요로비츠, 마르크 비트만과 얀 지에르에게도 고마움을 표한다. 내 어머니 프리가는 COVID 팬데믹으로 모두가 집에 갇혀 있을 때 나에게 맛있는 음식과 조용한 글쓰기 장소를 제공해주셨다. 내 장모와 장인 바바라와 타데우스는 항상 집안일을 도와주었으며, 내 아들을 사랑스럽게 돌봐주었다. 그 누구보다도 사라와 헤미는 나를 사랑으로 지지해주었고 나의 변덕스러운 기분을 참아 주었다.

이 책은 내 에이전트인 자일스 앤더슨과 브랜던 프로이아, 매들린 리와 토머스 'T. J.' 켈러허와 이 책이 실제로 출판되는 일에 핵심 역할을 한 베이직 북스 현장의 모든 사람의 노력이 없었다면 나올 수 없었을 것이다. 우주를 '하나'로 생각하는 것이 어떻게 그리고 왜 정당화될 수 있는지, 또 그 아이디어의 역사와 현대물리학의 최첨단 연구의 결과를 전달하려고 노력하면서 때때로 길을 잃은 느낌이 들기도 했다. 이 책은 많은 흥미로운 소사건을 포함하여 시대와 장소, 주제와 이론에 관한 거친 모험을 하는 것 같았다. 내가 이러한 실타래를 흥미진진한 이야기로 엮어내는 데 조금이라도 성공했다면, 이들이 있었기에 가능할 수 있었다.

옮긴이의 말

잠시 여러분 주위를 둘러보라. 사람뿐만 아니라 온갖 사물이 여러분 주위를 둘러싸고 있다. 또 사람들의 행동, 사람들이 모여 사는 사회와 국가의 행위, 사회 활동이나 경제 활동 등이 앞으로 어떻게 될지 짐작을 하기 어렵다. 세상은 이해할 수 없는 개별적인 존재들로 이루어져 있다고 생각하는 것이 우리의 상식이라 할 수 있다. 의식을 가진 생물들의 행동을 이해하고 예측하는 것은 고사하고 자연을 구성하는 우주, 천체, 원자와 분자 같은 무생물의 행동을 예측하는 현대 과학도 그간의 많은 발전에도 불구하고 완벽함과는 거리가 있다. 이 같은 어려움은 모든 것이 개별적으로 행동하는 것처럼 보이는 것에서 비롯한다. 만약 우주의 모든 것이 실은 하나인데 겉보기에만 수많은 구성요소들로 이루어진 것처럼 보이는 것이라면, 무생물은 물론 생물을 포함한 우주 전체를 온전히 이해할 수 있지 않을까 하는 희망을 가질 수 있을 것이다. 이런 아이디어의 역사는 고대 그리스로 거슬러 올라가고, 이를 일원론 또는 일원론적 철학이라고 부른다.

독일 도르트문트 공과대학교의 이론물리학자인 하인리히 페스는 이 책에서 고대의 일원론을 우주의 본질에 대한 정확한 과학적 설명으로 읽어야 한다고 주장하고 있다. 페스는 우리가 경험하는 모든 것의 근간에는 모든 것을 포괄하는 단일한 존재인 '하나'가 있다는 철학적 사상인 일원론에 대한 놀랍고 설득력 있는 주장을 펼치며 일원론의 명성을 되찾고 과학의 영역으로 되찾아 오고 싶어 한다. 하지만 언뜻 보기에 모든 것은 하나라는 아이디어는 터무니없어 보인다. 파스는 양자역학의 원리인 결깨짐을 이용해 어떻게 하나가 모든 것이 될 수 있는지 설명하며, 이를 우주 전체에 적용하면 일원론이 논리적으로 따라온다는 사실을 밝힌다.

페스는 일원론이 과학적 관점에서 실현 가능한 이론일 뿐만 아니라 현대물리학의 정체된 사고에 대한 잠재적으로 강력한 해결책이 될 수 있음을 보여주며, 물리학이 발전하려면 물리학자들이 실험 지식의 좁은 틀을 벗어나야만 얻을 수 있는 통찰력을 수용하는 법을 배워야 한다고 주장한다.

페스는 과학 이론으로서의 일원론을 전파하기 위해 플라톤, 갈릴레오, 스피노자, 괴테 등 다양한 위대한 사상가들의 삶과 일원론에 맞서 싸웠던 신학자, 철학자, 물리학자들의 삶을 통해 그동안 묻혀 있던 일원론의 3000년 역사를 추적해 나간다. 그 결과 수천 년에 걸친 인류의 사고와 현실의 본질에 대한 장대하고 방대한 여정이 펼쳐진다.

이 책은 순수한 의미의 물리학 도서는 아니다. 양자역학 및 양자역학의 코펜하겐 해석, 에버렛의 다세계 이론, 다중우주 이론 등의 이야기가 많이 등장하지만, 어디까지나 이 책의 중심은 철학적 사상인 일원론에 있다. 또 다른 과학 도서들처럼 확실하게 결론을 맺고 있지 않다. 저자는 과학자로서 일원론이 옳은지 그른지 확실하게 말할 수 없다고 이야기하지만, 양자역학에서 일원론이 직접 나오고, 시공간, 양자중력, 입자물리학, 우주론 등에 대한 새로운 관점을 제공할 수 있을 것이라고 이야기한다.

마지막으로 이 책은 물리학, 철학, 사상의 역사를 모두 아우르고 있어 물리학에 관심을 가진 독자에게는 경이로움을, 물리학을 잘 알고 있는 독자에게는 새로운 우주관을 제공하는 보기 드문 책이라고 생각하며 강력하게 추천한다.

아주대 물리학과 명예교수
김영태

더 읽어보기

양자역학의 초기 및 아주 초기는 아닌 시기의 역사에 대해서는 (적어도) 두 권의 뛰어난 책이 있다. 만지트 쿠마르의 《양자》와 짐 배것의 《퀀텀 스토리》가 그것이다. 쿠마르의 책은 20세기 전반의 양자역학 발전에 대한 일관된 이야기를 전달하는 반면, 배것의 책은 중요한 발견의 순간을 기술하고 있으며 또한 현대 입자물리학, 호킹 복사와 휠러-디윗 방정식과 같은 주제도 포함하고 있다. 두 책 모두 읽기에 매우 즐겁다. 이 줄거리는 정통 코펜하겐 해석에 과감히 의문을 제기한 양자 반란군의 이야기로 이어진다. 애덤 베커의 최근 저서 《실재란 무엇인가?》는 이 드라마에 대한 훌륭하고 재미있는 설명을 제공한다. 좀 더 학술적이지만 여전히 위대한 책으로는 올리발 프레이레 주니오르의 《양자 반체제 인사들》이 있다. 이 책의 주요 주인공에 대한 전기로는 나에게 없어서는 안 될 정보원이 된 피터 번의 주저인 《휴 에버렛 3세의 다세계》와 존 휠러가 켄 포드와 함께 쓴 멋진 자서전인 《게온, 블랙홀, 양자 거품》이 있다. 휠러와 리처드 파인만의 관계에 대한 자세한 내용은 폴 핼펀의 놀라운 저서 《양자 미로》에서 확인할 수 있다. 미국의 양자 반체제 인사들을 집중적으로 다룬 데이비드 카이저의 《히피가 물리학을 구한 방법》은 놓칠 수 없는 재미있는 책이다.

실재에 대한 모델로서 양자역학이 갖는 의미는 데이비드 도이치의 《실재의 구조》와 더 최근에 나온 숀 캐럴의 《다세계》에서 훌륭하면서도 명쾌하게 논의되고 있다. 또한 《사이언티픽 아메리칸》의 《양자 100년》(2001년 2월, 존 휠러와 공저)과 《평행우주》(2003년 5월)에 실린 맥스 테그마크의 조명 기사도 추천한다. 에버렛의 연구에 비판적인, 양자역학을 해석하는 다른 방법을 설명하는(그리고 몇 가지 일반적인 오해를 파헤치는) 필립 볼의 《기이함을 초월한》과 존 그리빈의 《이토록 기묘한 양자》라는 두 권의 훌륭한 책이 있다.

시간을 초월한 우주에 대한 선구적인 작품으로는 줄리안 바버의 고전 《시간의 종말》이 있으며, 시간 문제 전반에 대한 탁월한 입문서로는 숀 캐럴의 《시간과 우주의 비밀》이 있다. 독일어(또는 폴란드어)를 읽을 수 있는 독자라면 클라우스 키퍼의 주저 《양자우주》를 강력히 추천한다. 얽힘 현상과 그것이 공간과 시간을 초월한 물리학에 미치는 영향이 조지 머서의 뛰어난 저서 《기괴한 원격작용》의 주제이며, 머서 및 머서의 동료인 나탈리 월코버, K.C. 콜, 제니퍼 울레트 등 가장 추상적이고 최신의 연구를 접근하기 쉬운 방식으로 훌륭하게 다루는 위대한 작업을 하고 있는 《퀀타 매거진》의 훌륭한 기사들도 함께 읽으면 좋다. 각각 끈 이론이나 양자 루프 중력의 관점에 초점을 맞춘 훌륭한 책으로는 브라이언 그린의 《우주의 구조》와 카를로 로벨리의 《보이는 세상은 실재가 아니다》가 있다. 대부분의 책과 기사에서 일원론에 대한 논의는 거의 없지만, 양자역학에는 입문서에서 일반적으로 가르치는 확률 예측보다 더 많은 것이 있으며, 빠진 부분이 첨단 과학과 실재에 대한 우리의 개념에 중요한 의미를 가질 수 있다는 데는 대체로 동의한다.

얀 아스만의 놀라운《이집트인 모세》와 피에르 아도의《이시스의 베일》에서 일원론의 역사를 가장 완벽하고 아름답게 다루고 있다. 캐서린 닉시의《암흑의 시대》는 일원론과 초기 기독교의 갈등으로 가득 찬 관계에 대해 불안하면서도 매혹적인 이야기를 들려준다. 근대 초기 종교와 과학의 갈등은 잉그리드 롤런드의《조르다노 브루노: 철학자/이단자》와 알베르토 A. 마르티네스의《산 채로 화형당하다》의 주제이다. 롤런드의 책은 브루노의 삶과 사상에 대한 경이로운 기록을 제공하는 반면, 마르티네스의 책은 브루노와 갈릴레이의 재판과 피타고라스적 신념이 이런 맥락에서 어떤 역할을 했는지에 초점을 맞추고 있다. 플라톤주의와 피타고라스주의가 밀접하게 얽힌 철학의 역사는 키티 퍼거슨의 멋진《피타고라스》와 좀 더 학술적인 저서들인 크리스토프 리드웨그의《피타고라스》와 찰스 H. 칸의《피타고라스와 피타고라스학파, 플라톤과 소크라테스 이후의 대화》에 서술되어 있다.

르네상스 시대의 고대 철학 일반 및 특히 일원론의 재탄생을 다룬 아주 흥미로운 책으로는 스티븐 그린블랫의《빗나감》, 월터 아이작슨의《레오나르도 다빈치》, 폴 스트래던의《메디치가》가 있다. 그리고 나는 낭만주의 과학과 제2차 과학혁명에 관한 책을 두 권 이상 추천하고 싶다. 영국을 중심으로 과학과 낭만주의의 상호작용을 다룬 리처드 홈즈의《경이의 시대》와 알렉산더 폰 홈볼트의 전기와 주로 아메리카 대륙에서 그의 모험과 영향력을 자세히 다룬 안드레아 울프의 환상적인《자연의 발명》을 추천한다. 이 책들은 주로 역사적 발전에 초점을 맞추면서도, 각자의 방식으로 최고의 과학은 자연 전체를 설명하려는 통일된 세계관을 동반한다는 정신을 설득력 있게 전달한다.

물리학의 아름다움 대 인류학적 추론, 그리고 헛소리가 아닌 데이터 중심의 접근방식에 대한 논의를 이해하려 한다면, 나는 프랭크 윌첵의 《아름다운 질문》, 레너드 서스킨드의 《우주의 풍경》, 자비네 호젠펠더의 《수학에서 길을 잃다》를 포함한 각 챔피언의 입장을 다룬 책을 읽어볼 것을 추천하며, 모두 그 자체로 매우 흥미롭고 즐거운 책이다. 마지막으로, 우주가 물질, 정보 또는 수학으로 이루어져 있는지에 대해 더 자세히 알고 싶다면, 세스 로이드의 장엄한 《우주 프로그래밍하기》와 맥스 테그마크의 멋진 《우리의 수학적 우주》가 아마도 여러분이 시작하기 원하는 책일 것이다. 또 의식과 자아 사이의 복잡한 관계를 더 깊이 파헤치고 싶다면, 마르크 비트만의 흥미진진한 《의식의 변화된 상태》, 토마스 메칭거의 놀라운 《자아 터널》, 수전 블랙모어의 놀라운 《나 자신 바라보기》가 있으며, 아나카 해리스의 최근 저서 《의식》은 일반적인 주제에 대한 간결하고 매우 재미있는 소개를 제공하고 있다.

만약 여러분이 언어를 초월하기 원하는 물리학 또는 STEM 학생이거나 양자역학에 대한 낡은 개념을 수정하고 싶은 성인 물리학자라면, 출발점은 레너드 서스킨드와 아트 프리드먼의 《양자역학: 최소의 이론》이다. 이 책은 고등학교 수준의 수학 정도를 요구하면서도, 양자역학을 공간과 시간에서 전개되는 파동함수가 아닌 짜임새 공간에서의 상태 벡터의 물리학으로 이해할 수 있도록 준비시켜주는 현대적이고 최신의 입문서이다. 그 후에는 결깨짐의 모든 측면을 다룬 막시밀리안 슐로스하우어의 《결깨짐과 양자에서 고전으로의 전이》를 이어서 읽으면 좋다. 이 책은 실험적 증거로부터 이론 모델을 거쳐 해석과 철학적 의미까지를 다루고 있다. 슐로스하우어의 책에서 특히 보석 같은 부분은 저자가 양자역학과 의식 사이의 잠재적 연관성에 대해 논의한 9장이다. 그 이후부터는 여러분의 관심사가 무엇인지에 따라 어떻게 진행할지가 결정된다. 결깨짐 이론의 고전 도서는 에리히 요스와 H. 디터 체, 클라우스 키퍼 등의 공저자가 쓴《결깨짐과 양자 이론에서의 고전 세계의 출현》이다. 물리학에서 시간 문제에 대한 표준적인 참고문헌은 H. 디터 체의《시간 방향의 물리적 기초》이다. 이제 여러분은 휴 에버렛이 쓴 논문 및 그에 관한 연구 논문의 모음집인 제프리 바렛과 피터 번이 쓴《양자역학의 에버렛 해석》(에버렛의 원본 논문을 담고 있다), 사이먼 손더스와 공저자가 쓴《다세계? 에버렛, 양자 이론과 실재》, 데이비드 월리스의《창발하는 다중우주》, 제프리 바렛의《마음과 세계의 양자역학》, 또는《피직스 투데이》에 실린 〈결깨짐과 양자로부터 고전으로의 전이〉(1991)와 〈양자 다윈주의, 고전적 실재와 양자 도약의 무작위성〉(2014)을 포함한 보이치에흐 주렉 및 H. 디터 체의 원본 논문들을 읽을 준비가 되었다. 내가 여기서 전달하고자 하는 논거에 가장 근접한 아이디어를 발전시킨 체의 논문들은 그의 웹사이트(현재 하이델베르크대학교의 원래 위치에서 액세스할 수 있으며[http://www.rzuser.uni-heidelberg.de/~as3], 쾰른대학교의 클라우스 키퍼 그룹이 호스팅[http://www.thp.uni-koeln.de/gravitation/zeh]하고 있다)에 모여 있다. 이 중 많은 부분이 그의 재미있고 도발적인 저서《실재가 없는 물리학: 심오함 또는 광기?》에 독일어로 번역되어 있다.

용어 해설

개구리 관점: 양자우주에 대한 국소 관찰자의 관점으로, 결깨짐이 일어난 고전적 경험을 불러일으킴.

개미 관점: 시간이 지남에 따라 공간을 이동하는 경험을 설명하는 시간적 관점.

거시 상태: 근본적이지 않은, 흔히 거시적인 묘사로 정의되는 물리계의 상태. 거시 상태는 미시 상태들을 대충 골라내어 만들어지기 때문에 하나의 거시 상태가 여러 미시 상태에 대응하는 경우가 많음.

거시적: 큰. 흔히 고전물리학에 의해 묘사됨.

결깨짐: 양자계가 미지의 환경과 상호작용할 때 국소 관찰자의 관점에서 중첩이 어떻게 억제되는지를 설명하는 양자 효과.

결정론: 과거가 미래를 결정한다는 원리.

경험주의: 지식은 주로 경험이나 실험을 통해서만 얻을 수 있다고 주장하는 철학.

계층구조 문제: 미세조정 또는 자연스러움의 문제라고도 함. 과학 이론에서의 강력한 계층구조 및 미세조정의 존재.

고전물리학: 양자역학과 상대성이론이 발견되기 이전의 물리학. 우리가 일상에서 경험하는 것과 거의 동일하다.

국소성: 물체는 정해진 장소를 가지며, 이 장소에서만 다른 물체와 상호작용한다는 개념.

끈 이론: 양자중력이론의 후보로, 입자를 9차원 또는 10차원에서 진동하는 작은 끈들의 여기로 묘사함.

네이트: 이집트의 어머니 여신으로, 나중에 이시스와 동일시됨.

뉴턴 물리학: 아이작 뉴턴이 고안한 물리학. 고전물리학과 거의 동일함.

다세계 해석: 양자 상태를 실재로 이해하는 양자역학의 해석으로, 수많은 평행하고 고전적인 실재를 발생시킴.

다신론: 자연에 대한 일원론적 개념의 특정한 측면을 특징짓는 여러 신에 대한 종교적 믿음. 일신론의 반대 개념.

다중우주: 예를 들면 인플레이션이나 에버렛의 다세계 이론에서처럼, 많은 우주가 존재한다는 개념.

대칭성: 성질이 특정한 방식으로 변화하는 물리계가 어떻게 여전히 동일한 방정식을 따르는지를 설명하는 물리학의 중요 원리.

도: 도교의 일원론적 개념으로, '브라흐마' 및 '하나'와 비교가 된다.

루프 양자중력: 양자중력이론의 후보.

말다세나의 추측: 'AdS/CFT'를 참조.

미시 상태: 근본적인, 흔히 미시적인 묘사로 정의되는 물리계의 상태.

미시적: 작은. 흔히 양자물리학으로 묘사.

범신론: 일원론에 대한 종교적 해석으로, 우주를 신과 동일시함.

브라흐마: 힌두교에서의 일원론적 개념. '도'와 '하나'에 비교됨.

블랙홀: 중력이 너무 강해서 아무것도(빛조차) 빠져나갈 수 없고 그 수평선에서 시간이 흐르지 않는 무겁고 다 타버린 별의 잔해.

비트: 0과 1의 변형으로 양자화된 정보 단위.

상대성이론: 공간과 시간 개념에 혁명을 일으킨 아인슈타인의 이론.

    특수상대성이론: 관찰자에 따라 시간이 달라지게 하고, 공간과 시간을 시공간으로 통합한 아인슈타인의 이론.

    일반상대성이론: 시공간의 왜곡을 허용하여 중력을 설명하는 아인슈타인의 특수상대성이론의 일반화.

상보성: 물리적 물체가 입자와 파동과 같은 서로 다른 특성을 동시에 가질 수 있다는 양자역학의 원리.

새 관점: 외부에서 전체 우주를 바라보는 가상의 관점으로, 결깨짐을 피하여 우주를 양자적 대상으로 경험할 수 있게 함.

(수학적) 아름다움: 자연이 단순하고 우아한 수학적 묘사를 따른다는 아이디어. 흔히 물리학에서 추상적인 대칭이 수행하는 것처럼 보이는 근본적인 역할이 동기가 되었음.

슈뢰딩거 방정식: 단순한 (비상대론적) 양자계에 대한 양자역학적 파동함수의 시간 진화를 설명하는 방정식.

스핀: 입자의 고유한 회전.

신 관점: 외부에서 공간과 시간을 바라보는 가상의 관점으로, 시간적 과정을 시간을 초월한 블록 우주 내에서 시간과 공간 좌표의 정적 배치로 묘사함.

신플라톤주의: 플라톤 이후의 플라톤주의로, 플라톤주의의 일원론적 경향을 강조한다. 플로티노스가 가장 중요한 대표자.

양자: 양자 파동 또는 양자장의 여기와 관계된 에너지.

양자장: 전자기장의 양자 버전과 같은 비국소적 양자 물체.

양자중력: 중력장을 양자 물체로 묘사하는 이론. 지금까지는 가설적인 후보 이론만 존재함.

얽힘: 구성요소는 그렇지 않지만, 전체 양자계는 잘 알려져 있고 잘 정의된 상태에 있을 수 있다고 묘사하는 복합 양자계가 가진 속성.

에버렛 해석: '다세계 해석'을 참조.

엔트로피: 주어진 거시 상태의 미시 상태를 식별하는 데에서 누락된 정보.

웜홀: 우주의 먼 곳들을 연결하는 지름길.

이시스: 이집트의 어머니 여신. 고대 이집트에서 자연의 화신이자 일원론적 개념.

이신론: 종교는 권위나 계시가 아닌 합리적 논증에 근거해야 한다는 철학적 견해.

이원론: 우주의 역사를 '선' 대 '악'과 같이 서로 경쟁하는 두 가지 원리의 싸움으로 이해할 수 있다는 믿음. 일원론의 반대.

인간 중심적 주장: 우리 우주가 다중우주의 수많은 우주 중 하나일 수 있으며, 생명체에 적합하도록 미세조정되지 않은 대체 우주는 관찰자들이 궁금해하지 않을 것이기 때문에 우주가 인간의 삶에 적합하도록 미세조정된 것처럼 보인다고 해서 놀라지 말아야 한다는 주장.

인과관계: 원인 없이는 어떤 일도 일어나지 않는다는 원칙.

인플레이션: 우주의 가속 팽창을 설명하는 이론으로, 종종 우주의 시작과 동일

시되며 이 이론의 일부 버전에서는 다중우주가 나타날 수도 있음.

일신론: 단일한 신에 대한 종교적 믿음. 일신론은 흔히 신과 악마, 천국과 지옥 등을 대립시키는 이원론적 철학을 지지하기 때문에 일원론과 혼동하지 말아야 한다. 다신론과 반대되는 개념.

일원론: 모든 것이 하나이며, 하나가 모두라고 주장하는 철학. 이원론의 반대 개념.

   존재 일원론: 단일한 하나만 존재한다는 주장.

   물질 일원론: 모든 것이 하나의 물질로 이루어져 있다는 주장.

   우선순위 일원론: (이 책에서 주장하는 것처럼) 근본적인 것은 단 하나로서 전체이며, 다른 모든 것은 그것으로부터 파생된다는 주장.

자연스러움: 과학 이론에서 강력한 계층구조나 미세조정이 없음.

전체론: 전체가 부분의 합 그 이상이라고 주장하는 철학.

정보: 양자화된 지식.

중첩: 양자계가, 정의된 속성을 갖는 대신, 해당 확률에 따라 서로 다른 속성을 가진 상태들로 존재할 수 있는 방법을 묘사하는 양자역학의 원리.

창발: 자연에 대한 더 근본적인 묘사와 덜 근본적인 묘사 사이의 관계. 더 근본적인 묘사에는 존재하지 않지만, 덜 근본적인 묘사에서는 존재하는 속성 및/또는 현상을 이 관계가 특징지움.

   약한 창발: 창발 현상이 원칙적으로 더 근본적인 묘사 속 개념으로 환원될 수 있지만, 이는 일반적으로 실현 가능하지 않거나 실제로 유용하지 않다.

   강한 창발: 새로운 현상이 원칙적으로 더 근본적인 수준의 묘사에서 일어나는 일과 무관하다.

코펜하겐 해석: 양자역학을 고전적인 물체에 대한 확률적 진술을 위한 단순한 도구로 이해한 보어의 해석.

큐비트: 양자정보의 단위로, 위 또는 아래를 가리키는 스핀으로 양자화됨.

풍경: 우주 인플레이션의 일부 버전에서 생성된 다중우주에서 실현될 수 있는 끈 이론의 해법 영역.

플라톤주의: 플라톤이 설립한 철학 학교인 '아카데미아'를 지배했던 일원론적 철학.

피타고라스주의: 피타고라스로 거슬러 올라가는 일원론적 철학으로, 자연이 음악과 수학의 지배를 받는다는 믿음을 옹호한다. 플라톤주의와 밀접한 관련이 있음.

하나: 고대 그리스 철학, 특히 플라톤주의와 피타고라스주의에서의 일원론적 개념.

환원주의: 덜 근본적인(보통 거시적인) 묘사가 더 근본적인(보통 미시적인) 묘사로부터 도출될 수 있다는 원리.

휠러-디윗 방정식: 우주의 양자역학적 파동함수를 변하지 않는 영원한 상태라고 기술하는 방정식.

휠러의 U: 우주는 의식을 가진 관찰자의 관찰을 통해 만들어지며, 관찰자 자신도 우주의 일부로 창발된다는 아이디어를 특징짓는 스케치.

힉스: 근본적인 대칭을 깨고 다른 입자의 질량을 생성하는 입자 또는 양자장.

AdS/CFT: 특수한 유형의 중력(AdS는 음의 진공 에너지를 의미)을 가진 우주와 그 경계에 정의된 특정 양자장 이론(CFT) 사이의 대응 관계를 추측한 것. '말다세나의 추측'이라고도 알려져 있음.

주

서론: 별을 바라보며

1 Humboldt 1860, pp. 35-36.
2 Barnes 1987, p. 71.

1. 숨은 하나

1 Thorne 2008, p. 5.
2 Feshbach, Matsui & Oleson 1988, p. 9.
3 Wheeler & Ford 1998, p. 17.
4 같은 책. p. 303.
5 같은 책, p. 104.
6 같은 책, p. 287.
7 Wheeler 1996, p. 1. 또 Halpern 2017, p. 22를 보라.
8 Misner, Thorne & Zurek 2009, p. 45.
9 "나는 그림 없이 생각하는 방법을 모른다"라고 휠러는 한 인터뷰에서 고백했다. Halpern 2017, p. 22.
10 John Wheeler, Ken Ford와의 인터뷰, "John Wheeler-heeler's Drawing of the Big U: Concept of Observer Participancy (109/130)," 다음 유튜브 영상 참조: Web of Stories-Life Stories of Remarkable People, October 6, 2017, https://www.youtube.com/watch?v=ttestU-obkw. Accessed December 28, 2019.
11 같은 곳.
12 여기서는 이 일반적인 용어를 사용하겠지만, 사실 "양자 실재"라는 용어는 입자와 같은 양자 자체의 창발하는 실재라기보다 양자 너머의 파동 실재를 가리키기 때문에 다소 오해의 소지가 있다.
13 아인슈타인이 마르셀 그로스만에게 보낸 편지, Kumar 2009, p. 129.
14 Baggott 2011, p. 62.
15 Heisenberg 1972, p. 59.
16 Kumar 2009, p. 200.
17 Heisenberg 1972, p. 61.
18 Kumar 2009, p. 193.
19 같은 책 p. 201.
20 Baggott 2011, p. 66.
21 같은 책, p. 65.
22 같은 책, p. 212.
23 더 정확하게 말하면, 확률을 산출하는 것은 파동함수 진폭의 모듈러스 제곱이다.
24 Max Born, 알베르트 아인슈타인에게

보낸 편지, Baggott 2011, p. 87.
25 같은 책, p. 73.
26 Heisenberg 1972, p. 68.
27 같은 책, p. 227.
28 Bohr 1949, p. 209.
29 Kumar 2009, p. 244.
30 같은 책, p. 221.
31 Heisenberg 1958, p. 42.
32 Heisenberg 1972, p. 77.
33 같은 책, p. 63.
34 같은 책.
35 Kumar 2009, p. 238.
36 같은 책, p. 248-249.
37 Baggott 2011, p. 100.
38 Hovis & Kragh 1993.
39 Bohr 1949, pp. 210-211.
40 Kumar 2009, pp. 246, 241.
41 같은 책, p. 246.
42 Baggott 2011, p. 93.
43 이 수직적 상보성(이 성질에 따라 인과 관계와 시공간이 상보적이다)은 보어가 1927년 코모 강연에서 주장한 것이다. 이것의 프로시딩 버전은 Bohr 1928이다. 또, 예를 들어, Baggott 2011, p. 105; Kiefer 2015, p. 13을 보라.
44 Kumar 2009, p. 279.
45 같은 책, pp. 352, 251.
46 Zeh 2018, p. 7.
47 Baggott 2011, p. 94.
48 Bohr 1949.
49 Petersen 1963, p. 12: "'기저가 되는 양자 세계에 [대해]…물었다면, 보어는 '양자 세계는 존재하지 않는다. 추상적

인 양자물리적 설명만 있을 뿐이다. 물리학의 임무가 자연이 어떻게 존재하는지 알아내는 것이라고 생각하는 것은 잘못된 것이다. 물리학은 자연에 대해 우리가 무엇을 말할 수 있는지에 관한 것이다'라고 대답할 것이다." 그러나 이 인용문이 보어의 철학을 실제로 충실히 대변하는지에 대해서는 논란이 있어왔다. 예를 들어, Mermin 2004를 비교해보라. 어쨌든 검증된 보어의 인용문은 "일반적인 물리적 의미에서 독립적인 실재는 현상이나 관찰 기관에 기인할 수 없다"이다. (Baggott 2011, p. 419).
50 Kumar 2009, p. 274.
51 Susskind & Friedman 2015, p. xi.
52 Albert 2019, p. 1.
53 Schlosshauer 2008b.
54 Schrodinger 1935c.
55 Heisenberg 1930, p. 65.
56 켄 포드와 휠러의 인터뷰.
57 Wheeler & Ford 1998, p. 323.
58 Wheeler 1990, p. 5.
59 Ken Ford, 저자에게 보낸 이메일, April 18, 2019.
60 Wheeler & Ford 1998, p. 338.
61 같은 책, p. 354.

2. 모든 것이 하나

1 Schrodinger 1935a, p. 555.
2 Sean Carroll, Lecture 1 of "Quantum

Mechanics III (Physics 125c)," Sean Carroll, April 3, 2017, https://www.preposterousuniverse.com/wp-content/uploads/125c-2017-1.pdf (accessed March 22, 2020).
3 Kiefer 2015, p. 77.
4 Gilder 2008.
5 Kumar 2009, p. 291.
6 같은 책, p. 293.
7 Isaacson 2008, p. 410.
8 Wheeler 2000.
9 아인슈타인이 제롬 로스슈타인에게 보낸 편지, May 22, 1950, in Kumar 2009, p. 353.
10 Kiefer 2015, p. v.
11 Kumar 2009, p. 303.
12 Baggott 2011, p. 104.
13 Kumar 2009, p. 312.
14 같은 책, p. 341.
15 Kiefer 2015, p. 77.
16 같은 책, p. 74.
17 같은 책.
18 Schrodinger 1935a, p. 555.
19 같은 책.
20 Susskind & Friedman 2015, p. xii.
21 Weizsacker 1971, pp. 469, 486.
22 Bohm 1951, p. 140.
23 Einstein, 로버트 S. 마커스에게 보낸 편지, Einstein Archives Online, http://alberteinstein.info/vufind1/Record/EAR000028196 (accessed March 29, 2020).
24 Diamond 2013, p. 9.
25 Bragdon 2002, p. 18.
26 예를 들어, Lane 1990를 보라.
27 Griffith-Dickson 2005, Location 4064.
28 예를 들어, Parrinder 1970를 보라.
29 York 2003, p. 6.
30 Carter 2014, p. 182-183.
31 Pinch 2002, p. 170.
32 Assmann 1997, Location 1556.
33 Assmann 2014, p. 110.
34 Brihadaranyaka Upanishad, Chapter 5, 15, in Roebuck 2003, Location 1454.
35 Mahadevan 1957, p. 59-60.
36 Maitri Upanishad, Book 4, 2, in Roebuck 2003, Location 6252.
37 Schopenhauer 2010, p. 28.
38 Lau 1963, pp. 5-6.
39 같은 책, p. xv.
40 Huxley 1945.
41 Albert 2008, p. 50.
42 D'Espagnat 1995.
43 Zeh 2004.
44 Heisenberg 1972, p. 213.
45 Berenstain 2020, p. 113.
46 Bohr 1953, p. 388.
47 이것은 하이젠베르크(1972)의 원래 독일어 제목을 영어로 번역한 것이다.
48 Fritjof Capra, "Heisenberg and Tagore," Fritjof Capra, July 3, 2017, https://www.fritjofcapra.net/heisenberg-and-tagore (accessed March 2, 2020).
49 Heisenberg 1972, p. 87.
50 같은 책, p. 83.
51 같은 책.
52 Pauli 1961, p. 195.

53　Jordan 1971, p. 227.
54　King James Bible, Exodus 20:4.
55　Kumar 2009, p. 352.
56　Mermin 1989, p. 9.
57　Petersen 1963, p. 11.
58　Cassidy 2010, p. 178.
59　Heisenberg 1972, p. 118.
60　같은 책.
61　헤르만이 막스 야머에게 보낸 편지, Herrmann 2019, p. 607.
62　헤르만이 하이젠베르크에게 보낸 편지, 같은 책, pp. 525-526, 저자의 번역.
63　같은 책.
64　하이젠베르크가 헤르만에게 보낸 편지, Herrmann 2019, p. 531, 저자의 번역.
65　Heisenberg 1982.
66　"Urgent Call for Unity," Wikipedia, https://en.wikipedia.org/wiki/Urgent_Call_for_Unity (accessed September 8, 2021)를 보라.
67　같은 책.
68　Hermann 1935.
69　"[헤르만]에게 양자역학적 현상은 관찰의 실험적 틀에 대해 상대적일 뿐만 아니라 관찰의 구체적인 결과에…대해서도 상대적이다. 이러한 상대화 개념은…1957년 에버렛이 제안한 양자역학 이론의 핵심적인 특징이다"라고 룸마는 쓰고 있다. 그는 헤르만이 "고전적 관찰자가 양자계와 상호작용하는 초기 보어와 관찰자가 양자역학적 용어로 완전히 설명되는 에버렛의 틀 사이의 사라진 연결고리를 형성한다"라고 결론짓는다. Lumma 1999를 보라.
70　Barrett & Byrne 2012, p. 308.

3. 하나가 모두

1　Planck 1950, pp. 33-34.
2　Byrne 2010, p. 153.
3　Barrett & Byrne 2012, p. 197.
4　Byrne 2010, p. 91.
5　Hugh Everett III, in DeWitt & Graham 2015, p. 149.
6　Byrne 2010, p. 142.
7　Harvey Arnold, in 같은 책, p. 58.
8　Jammer 1974, p. 517.
9　Byrne 2010, p. 25.
10　같은 책, pp. 289-290.
11　같은 책, p. 26.
12　같은 책, p. 38.
13　Bohm 1951, pp. 583, 624, 625.
14　Byrne 2010, p. 83.
15　같은 책, p. 90.
16　Charles Misner, 같은 책, p. xii.
17　같은 책, p. 103.
18　같은 책, p. 90.
19　Barrett & Byrne 2012, p. 308.
20　Byrne 2010, p. 171.
21　같은 책, p. 170.
22　Barrett & Byrne 2012, p. 308.
23　같은 책, p. 309.
24　Thorne 2008.
25　Byrne 2010, pp. 182, 132.
26　같은 책, pp. 100-101.

27 같은 책, p. 138.
28 Barrett & Byrne 2012, p. 67.
29 Byrne 2010, p. 138.
30 DeWitt 1970; Byrne 2010, p. 5.
31 Byrne 2010, p. 160.
32 같은 책, p. 332.
33 같은 책, p. 118.
34 같은 책, p. 161.
35 Wheeler & Ford 1998, p. 139.
36 Misner, in Byrne 2010, p. xii.
37 같은 책, p. 140.
38 같은 책.
39 같은 책, p. 163.
40 같은 책.
41 같은 책, p. 164.
42 같은 책.
43 같은 책, p. 166.
44 Misner, 같은 책, pp. xii-xiii.
45 같은 책, p. 182.
46 같은 책, p. 175.
47 같은 책, p. 176.
48 같은 책.
49 Freire Junior 2004.
50 Byrne 2010, p. 176.
51 DeWitt & Graham 2015.
52 Byrne 2010, p. 221.
53 Freire Junior 2015, p. 140.
54 같은 책, pp. 114-115.
55 Byrne 2010, p. 168.
56 같은 책, p. 6.
57 같은 책, p. 339.
58 같은 책, p. 326.
59 같은 책, p. 250.
60 같은 책, pp. 250-251.
61 Zurek 2009, p. 181.
62 Misner, in Byrne 2010, p. xii.
63 같은 책, p. 133.
64 같은 책, p. 174.
65 같은 책, p. 321.
66 Deutsch 2010, pp. 543, 542.
67 Deutsch 1998, p. 216.
68 Barrett & Byrne 2012, p. 312.
69 같은 책.
70 같은 책.
71 같은 책, p. 313.
72 Byrne 2010, p. 140.
73 Hugh Everett III, in DeWitt & Graham 2015, p. 43; Byrne 2010, p. 152.
74 Bohm 1951, p. 584.
75 Lockwood 1989, p. 225.
76 Byrne 2010, p. 131.
77 Barrett & Byrne 2012, pp. 111, 68.
78 Byrne 2010, p. 331.
79 Freire Junior 2009, p. 282.
80 Sigrid Zeh, 저자에게 보낸 이메일, February 2, 2010, 저자의 번역.
81 Camilleri 2009, p. 300.
82 Zeh 2012a, Location 25, 저자의 번역.
83 Bernd Falke와의 전화 통화, December 6, 2020, 저자의 기록과 번역.
84 같은 책.
85 같은 책.
86 Zeh 2012a, Location 2852, 저자의 번역.
87 Camilleri 2009, p. 292.
88 Zeh 1993.
89 Zeh 2018.

90 같은 책.
91 Joos 1986, p. 12.
92 Schrodinger 1952a, pp. 116, 115.
93 같은 책, p. 120.
94 Zeh 2006, p. 5.
95 Zeh 2012a, Location 2801-2811, 저자의 번역.
96 Zeh 2006, p. 4.
97 Zeh 1967.
98 Zeh 2006, p. 5.
99 Lockwood 1989, p. 224.
100 Ornes 2019.
101 같은 책.
102 Lee 2021.
103 Schlosshauer 2008a, p. 9.
104 같은 책.
105 같은 책, p. 10.
106 Zurek 2009, p. 181.
107 Camilleri 2009, p. 292.
108 Zeh 2006, p. 2.
109 Zeh 2012a, Location 2898, 저자의 번역.
110 Zeh 2004.
111 같은 책.
112 Bertlmann & Zeilinger 2002, p. 12.
113 같은 책, p. 21.
114 같은 책, p. 22.
115 같은 책, p. 28.
116 같은 책, p. 23.
117 Whitaker 2012, p. vii.
118 Bertlmann & Zeilinger 2002, p. 72.
119 Whitaker 2012, p. 2.
120 Bertlmann & Zeilinger 2002, p. 199.
121 같은 책, p. 22.
122 같은 책, p. 26.
123 같은 책, p. 61.
124 Freire Junior 2004.
125 Freire Junior 2015, p. 197.
126 같은 책, p. 306.
127 같은 책.
128 같은 책.
129 Zeh 2006, p. 10.
130 같은 책.
131 같은 책.
132 같은 책.
133 Zurek 1991.
134 Max Tegmark, 저자에게 보낸 이메일, July 18, 2017.
135 Tegmark 2009.
136 Zeh 1967, 저자의 번역.
137 같은 책.
138 같은 책.
139 Byrne 2010, pp. 205-206.
140 Zeh 1967.
141 Deutsch 2010, p. 542.
142 Wallace 2012, p. 11.
143 Deutsch 2010, p. 543.
144 Wallace 2012, pp. 38, 35.
145 Zeh 2012a, Location 76, 저자의 번역.
146 Tegmark 2009, p. 12.
147 Zeh 1994.

4. 하나를 위한 투쟁

1 Assmann 2010, p. 41.
2 같은 책, p. 43.

3 같은 책, pp. 40-41.
4 같은 책.
5 같은 책, pp. 9, 42.
6 같은 책, p. 112.
7 Assmann 1997, Locations 845-846, 75.
8 Assmann 2010, p. 4.
9 같은 책, p. 119.
10 Burnet 1963.
11 Schrodinger 2014, p. 20.
12 Barnes 1987, p. xi.
13 Taylor 2016, Location 915.
14 같은 책, Location 933.
15 Riedweg 2005, p. 85.
16 Kahn 2013, p. 97.
17 Parmenides Fragment 2, in Palmer 2019, p. 365.
18 Coxon 2009, p. 54.
19 Parmenides Fragment 6, 같은 책, p. 367.
20 Coxon 2009, p. 64.
21 같은 책, p. 17.
22 Whitehead 1979, p. 39.
23 Plotinus, The Enneads 5.2.1; MacKenna 1991, pp. 360-361를 보라.
24 Plato: Seventh Letter, 341C-E, in Jowett 2017, p. 837.
25 Albert 2008, preface, 저자의 번역.
26 Plato: Parmenides 139b in Jowett 2017, Kindle Location 12243.
27 Lau 1963, p. 5.
28 Weizsacker 1971, p. 490f.
29 King James Bible, Acts 17:24-28.
30 Halfwassen 2004, pp. 149, 152를 보라.
31 Kahn 2001, p. 100.
32 Carabine 1995, p. 294; Albert 2008, p. 67를 보라.
33 Kahn 2001, p. 99.
34 같은 책.
35 같은 책, p. 102-103.
36 Coleman 2008, p. 29.
37 Nixey 2017, Location 204.
38 같은 책, Location 237.
39 같은 책, Locations 364, 1292, 290.
40 Bernardi 2016, p. 28.
41 "Euclid of Alexandria," in Boyer & Merzbach 1991.
42 Bernardi 2016, p. 36.
43 Watts 2017, p. 3.
44 Halfwassen 2004, p. 164-165.
45 Freely 2010, Location 1244.
46 Adamson 2007, p. 49.
47 Freely 2010, Location 882.
48 McGinnis 2010, p. 8.
49 Nicholson 1973, pp. 79-80.
50 Carabine 1995, p. 279.
51 같은 책, pp. 279-280.
52 같은 책, pp. 299-300.
53 Luibheid 1987, pp. 127-128.
54 같은 책, p. 127.
55 같은 책, pp. 188, 108.
56 Bell 1988, p. 171.
57 Luibheid 1987, p. 141.
58 Carabine 1995, p. 299.
59 같은 책, p. 279.
60 Carabine 2000, p. 6.
61 Flasch 2013, Location 2299.
62 Brennan 2002, pp. 27, 130.

63 Carabine 2000, p. 21.
64 O'Meara 1987, 848C.
65 같은 책, 956B, 650D.
66 같은 책, 637D.
67 같은 책, 750A, 652A.
68 같은 책, 721C, 652A, 476C, 724B.
69 Carabine 2000, p. 25.
70 같은 책, p. 79.
71 Jaspers 1984, pp. 362-363, 저자의 번역.
72 Bamford 2000, Location 806.
73 Carabine 2000, p. 19.
74 O'Meara 1987, 520A.
75 플라톤의《향연》의 더 현대적인 해석을 에리히 프롬의 세계적인 베스트셀러《사랑의 기술》에서 찾아볼 수 있다. (Fromm 1956).
76 MacKenna 1991, p. 347.
77 Brennan 2002, p. x.
78 Carabine 2000, p. 23.
79 "*Caedite eos. Novit enim Dominus qui sunt eius.*"(죽여라. 주님은 자신의 것을 알고 계신다-1209년 알비겐시아 십자군 사령관이 베지에 대학살 때 외쳤던 말. 옮긴이), Wikipedia, https://en.wikipedia.org/wiki/Caedite_eos,_Novit_enim_Dominus_qui_sunt_eius (accessed September 19, 2021)를 보라.
80 Albert 2011, p. 200.
81 Punjer 1887, p. 43을 보라.
82 그의 저서 *Summa contra Gentiles*("불신자들의 오류에 맞선 가톨릭의 진리에 관한 책"으로도 알려짐)에서 인용.
83 "Catholic Encyclopedia (1913)/David of Dinant," Wikisource, https://en.wikisource.org/wiki/Catholic_Encyclopedia_(1913)/David_of_Dinant.
84 Davies 1994, pp. 143, 327.
85 같은 책.
86 같은 책, pp. 83, 249.
87 스티븐 그린블랫은 퓰리처상을 수상한 그의 저서 *The Swerve*(Greenblatt 2012)에서 이 사건이 르네상스를 촉발한 계기가 되었다고 주장한다.
88 Hopkins 1990, pp. 14, 39.
89 같은 책, p. 9.
90 같은 책, p. 72.
91 같은 책, p. 68.
92 같은 책, p. 74.
93 같은 책, p. 62.
94 같은 책, pp. 16-17.
95 같은 책, p. 84.
96 같은 책, p. 43.
97 같은 책.
98 Flasch 2013, Location 9332, 저자의 번역.
99 Kristeller 1980, p. 91.
100 Strathern 2007, Location 4473.
101 Blackwell & de Lucca 2004, p. 93.
102 같은 책, p. 101.
103 같은 책, pp. 69, 88.
104 Imerti 1964, p. 235.
105 같은 책, p. 50.
106 같은 책, p. 241.
107 같은 책, p. 238.
108 Blackwell & de Lucca 2004, p. 7.
109 같은 책, p. 91.
110 Rowland 2008, p. 79.

111 같은 책, p. 219.
112 Martinez 2018, Location 208.
113 "Et levis est cespes quid probet esse Deum"; Leibniz 1763, p. 778, 저자의 번역.
114 Whitman 2004, p. 93.
115 Zeh 2012a, Location 1312, 저자의 번역.
116 "Catholic Encyclopedia (1913)/Giordano Bruno," Wikisource, https://en.wikisource.org/wiki/Catholic_Encyclopedia_(1913)/Giordano_Bruno (accessed September 2021).
117 같은 책.
118 Forman 2011, p. 204.

5. 하나에서 과학과 아름다움으로

1 Giulia Giannini, "Scientific Academies," *Encyclopedia of Renaissance Philosophy*, April 6, 2020, https://doi.org/10.1007/978-3-319-02848-4_79-2.
2 Kristeller 1980, p. 101.
3 Jowett 2017, p. 1668.
4 같은 책.
5 Kristeller 1980, pp. 97, 99.
6 같은 책, p. 109.
7 같은 책.
8 Richter 1883, Location 3735.
9 같은 책, Location 304.
10 Baring 1906, Location 1700.
11 Isaacson 2017, p. 2.
12 Baring 1906, Locations 910, 984.
13 Richter 1883, Location 196.
14 Baring 1906, Location 1440.
15 같은 책, Location 962.
16 Suh 2013, Location 1436.
17 같은 책, Location 2811, 990, 1019.
18 Richter 1883, Location 101.
19 Goddu 2010, p. 221.
20 같은 책, pp. 224, 229.
21 같은 책, p. 327.
22 Freely 2014, p. 164.
23 Martinez 2018, Location 199.
24 Ferguson 2010, p. 252.
25 Martinez 2018, Location 70.
26 Kristeller 1980, p. 156.
27 같은 책, p. 157.
28 같은 책, pp. 157-158.
29 Ehrmann 1991, p. 244. 또 James 1995, pp. 91-92과 비교하라. "(플라톤이 믿었던 것처럼) 영혼이 조화로 이루어져 있고, 서로 속도에 비례하는 공전에서 알 수 있듯이 천구들이 조화로 지성을 돌리고 있기 때문에 모든 이성은 우리가 세계가 조화로 이루어져 있다고 믿도록 설득한다."
30 Cohen 1984, p. 82.
31 James 1995, p. 93.
32 Drake 1960, pp. 183-184.
33 Van Helden 1989, p. 9R.
34 Kepler in De Padova 2011, p. 80, 저자의 번역.
35 Gatti 1997, p. 299.
36 Martinez 2018, Location 93.
37 Livio 2002, p. 144.
38 같은 책.

39 Ferguson 2010, p. 259.
40 Livio 2002, p. 148.
41 Ferguson 2010, p. 278.
42 Richter & Scholz 1987, p. 178.
43 Hu & White 2004.
44 Steven Nadler, "Baruch Spinoza," *Stanford Encyclopedia of Philosophy*, April 16, 2020 개정판, https://plato.stanford.edu/entries/spinoza (accessed September 21, 2021)를 보라.
45 Spinoza 1910, p. 337.
46 같은 책, p. 189.
47 Spinoza 2017, p. 64.
48 Spinoza 1910, p. 267.
49 d'Espagnat 1995, p. 428.
50 Spinoza 1910, p. 295.
51 Israel 2001, p. 159.
52 같은 책, p. 242.
53 Jammer 1999, p. 147.
54 같은 책, p. 43.
55 같은 책, p. 129.
56 Rowen 2002, p. 218.
57 Gleick 2004, p. 3.
58 Hermann Bondi, 같은 책에서 인용, p. 7.
59 McGuire & Rattansi 1966, p. 108.
60 같은 책.
61 Sears 1952, pp. 229-230.
62 McGuire & Rattansi 1966, p. 109.
63 같은 책, p. 126.
64 같은 책, p. 135.
65 같은 책, pp. 120, 119.
66 같은 책, p. 108.
67 같은 책, p. 119.
68 같은 책, p. 120.
69 같은 책, p. 138.
70 같은 책.
71 Jacob 1981, p. 127.
72 Champion 2003, p. 169.
73 Jacob 2019, p. 131.
74 Assmann 2014, p. 101.
75 Champion 2003, pp. 170-171.
76 같은 책, p. 170.
77 같은 책, p. 241.
78 Jacob 1970.
79 Oxenford 2008, pp. 110-111.
80 Bowring 2004, p. 49.
81 Assmann 1999, p. 38.
82 Goldstein 2019, p. 9.
83 같은 책, pp. 95-96.
84 Assmann 2005, p. 13.
85 Assmann 1997, Locations 1615-1617.
86 Adler 1998, Locations 311-313.
87 Santner 1990, p. xxvii.
88 제목은 "Epicurean Confession."
89 Massimi 2017, p. 183.
90 Schelling 2013, p. 22.
91 Schelling 2004, pp. 20-21.
92 같은 책, p. 21.
93 같은 책, p. 22.
94 같은 책.
95 Massimi 2017, p. 185.
96 Schelling 2013, pp. 8-9, 저자의 번역.
97 Santner 1990, p. xxvii, "모두와 하나가 되는" 방법에 대한 횔덜린의 강조된 설명 바로 뒤에 있다.
98 Heine 1972, 2. Buch 234, 저자의 번역.

99 "Lines Composed a Few Miles Above Tintern Abbey, on Revisiting the Banks of the Wye During a Tour," July 13, 1798을 보라. 100. *Prelude*, Book 5, 222, in Wordsworth 2001, p. 73.
101 Wulf 2015, pp. 128, 245.
102 Whitman 2004, p. 413.
103 Kuhn 1977, pp. 97-98.
104 같은 책.
105 같은 책, p. 96. Kuhn explicitly mentions C. F. Mohr, William Grove, Michael Faraday, and Justus von Liebig; 같은 책, p. 68을 보라.
106 같은 책, p. 98.
107 Whiteley 2018, pp. 212-213.
108 Shelley 1831, p. vii.
109 같은 책.
110 Holmes 2008, p. xviii.
111 같은 책, p. 360.
112 Whiteley 2018, p. 212-213.
113 Wulf 2015, pp. 128-129.
114 *The Temple of Nature*, Canto 1, lines 15-26 (Darwin 2019, pp. 1-2).
115 Wulf 2015, p. 308.
116 같은 책, p. 304.
117 Haeckel 2016, p. 194, 저자의 번역.
118 같은 책, pp. 193, 9.
119 같은 책, pp. 23, 287.
120 Massimi 2017, p. 183.
121 Hermann 1970, p. 299.
122 Holmes 2008, p. 315.
123 Heine 1972, 2. Buch 234, 저자의 번역.
124 Wilczek 2015a, p. 323.

6. 구원의 하나

1 Giudice 2017.
2 같은 책.
3 "Das ewig Unbegreifliche an der Welt ist ihre Begreiflichkeit." Einstein 1936, p. 315, Sonja Bargmann의 번역으로 *Ideas and Opinions* (Bonanza 1954, p. 292)에 실림.
4 Ellis 2011.
5 Hossenfelder 2018.
6 Nima Arkani-Hamed, physics colloquium at Columbia University, April 29, 2013.
7 Wolchover 2013a.
8 Harari 2015, p. 24.
9 같은 책.
10 같은 책, pp. 117, 27.
11 같은 책, pp. 32-33.
12 같은 책, p. 31.
13 Schrodinger 2014, p. 69.
14 Goldstein 2019, p. 35.
15 Carroll 2016, p. 20.
16 Schaffer 2010, p. 31.
17 같은 책, p. 32.
18 같은 책, p. 33.
19 더 구체적으로, 주어진 거시상태에 대응하는 미시상태의 개수의 정규화된 로그값을 엔트로피로 정의한다.
20 Susskind 2006, p. 378.
21. 같은 책, p. 379.
22 Aguirre & Tegmark 2011.
23 Nomura 2011.
24 Bousso & Susskind 2012.
25 Erich Joos, 저자에게 보낸 이메일,

February 16, 2020. Frage: "Sollte nicht statt dessen die fundamentale Physik mit der Wellenfunktion des Universum beginnen und dann durch Dekoharenz Raum, Zeit und das Standardmodell der Teilchenphysik ableiten" Erich Joos: "Ja, das ist eigentlich das Programm. Die Frage ist nur, was man noch 'reinpacken' muss. Dass man allerdings das Standardmodell 'ableiten' kann, finde ich extrem optimistisch."
26 Witten 2018.
27 Rovelli 2014.
28 Gomes 2021.
29 Tegmark 2015a.
30 Vaidman 2016.
31 Carroll & Singh 2018.
32 H. D. Zeh, 저자에게 보낸 이메일, April 13, 2018. "Ihr Artikel geniesst meine volle Sympathie. Er enthalt sicher einige ganz neue Gesichtspunkte philosophischer Art-auch zu meiner Interpretation." 저자의 번역.
33 Terra Cunha, Dunningham & Vedral 2006.
34 Nima Arkani-Hamed, 저자에게 보낸 이메일, May 24, 2021, 저자의 번역.
35 Wolchover 2022.
36 Burgess 2021, p. xix.
37 예를 들어, Balasubramanian, McDermott & Van Raamsdonk 2012; Han & Akhoury 2020.를 보라.
38 Nima Arkani-Hamed, "The Inevitability of Physical Laws," talk at IAS Princeton, October 26, 2012.

7. 공간과 시간을 초월한 하나

1 Pais 1982, p. 152.
2 Saunders 2000.
3 Wilczek 2016.
4 Wilczek 2015b.
5 같은 책.
6 Wheeler & Ford 1998, p. 246.
7 Baggott 2011, pp. 368-369를 보라.
8 같은 책, p. 369.
9 같은 책.
10 Wheeler & Ford 1998, p. 149.
11 같은 책, p. 248.
12 예를 들어, Misner, Thorne & Wheeler 1973, p. 1181을 보라.
13 Wheeler & Ford 1998, p. 350.
14 Baggott 2011, p. 370.
15 같은 책, p. 371.
16 Barbour 2009, p. 2.
17 같은 책.
18 Barbour 1999, Location 179.
19 같은 책, Locations 179, 218.
20 같은 책.
21 Saunders 2000.
22 같은 책.
23 Barbour 1999, p. 70.
24 같은 책, p. 264.
25 Kiefer 1994.
26 Zeh 2012a, Location 3811, 저자의 번역.
27 Kiefer 2009b.
28 같은 책.
29 같은 책.
30 같은 책.

31 Barbour 2009.
32 Rovelli 2009.
33 같은 책.
34 Saunders 2000.
35 Zeh 2012a, Location 4150, 저자의 번역.
36 Zeh 2012b, p. 205.
37 Kiefer & Zeh 1994.
38 Byrne 2010, p. 158.
39 DeWitt & Graham 2015, p. 73; Byrne 2010, p. 158.
40 Misner, Thorne & Wheeler 1973, p. 876.
41 Bekenstein 1973, p. 2333.
42 Hawking 1993, p. 65.
43 같은 책, p. 54.
44 Baggott 2011, p. 375.
45 Polchinski 2016.
46 같은 책.
47 같은 책.
48 같은 책.
49 Maldacena & Susskind 2013.
50 같은 책.
51 같은 책.
52 같은 책.
53 같은 책.
54 Susskind 2016.
55 Susskind 2016.
56 Musser 2020.
57 Verlinde 2011.
58 같은 책.
59 같은 책.
60 같은 책.
61 같은 책.
62 같은 책.
63 Cowen 2015, p. 290.
64 Van Raamsdonk 2016.
65 같은 책.
66 Van Raamsdonk 2010.
67 같은 책.
68 Ouellette 2015.
69 Cowen 2015, p. 293.
70 같은 책, p. 291.
71 "It from Qubit: Simons Collaboration on Quantum Fields, Gravity and Information," Simons Foundation, https://www.simonsfoundation.org/mathematics-physical-sciences/it-from-qubit (accessed August 2, 2021).
72 Jaksland 2020, p. 9661.
73 Wolchover 2013b.
74 Arkani-Hamed & Trnka 2014.
75 Wolchover 2013b.
76 Marletto 2021.
77 "What Is Constructor Theory," Constructor Theory, https://www.constructortheory.org/what-is-constructor-theory (accessed September 25, 2021).
78 Gefter 2021.
79 같은 책.
80 Deutsch 2010, pp. 551-552.
81 Aspen Center of Physics Colloquium Announcement, 저자에게 보낸 이메일, July 14, 2021.
82 Freedman & Zini 2020.
83 Donald D. Hoffman, "The Abdication of Space-Time," Edge, https://www.edge.org/response-detail/26563 (accessed

September 25, 2021).
84 Jaksland 2020, p. 9689.
85 Susskind 2017.
86 Carroll 2019b.
87 Sean Carroll, "Space Emerging from Quantum Mechanics," Sean Carroll, July 18, 2016, https://www.preposterousuniverse.com/blog/2016/07/18/space-emerging-from-quantum-mechanics (accessed August 9, 2021).

8. 의식을 가진 하나

1 "Ich glaube, das lassen sich viele passende Bilder finden. Ich habe auch oft an Platon's Hohlengleichnis gedacht-ir sehen nur Projektionen der Realitat." E. Joos, 저자에게 보낸 이메일, February 21, 2020, 저자의 번역.
2 Zurek 2009, p. 181.
3 아니면 아래에서 설명하는 주렉의 양자 다윈주의에서처럼 양자계와 다양한 환경에 대해 알아볼까?
4 Tegmark 2015a.
5 Bousso & Susskind 2012.
6 같은 책.
7 Zurek 2014.
8 Zurek 2009.
9 Zurek 2014.
10 같은 책.
11 Zurek 2009.
12 같은 책.
13 Zurek 2014.
14 Sean Carroll, "Space Emerging from Quantum Mechanics," Sean Carroll, July 18, 2016, https://www.preposterousuniverse.com/blog/2016/07/18/space-emerging-from-quantum-mechanics (accessed August 12, 2021).
15 Cao, Carroll & Michalakis 2017.
16 Stoica 2021.
17 같은 책.
18 같은 책.
19 Tegmark 2015a.
20 Lockwood 1989, p. 236.
21 Tononi 2008.
22 Chalmers 1995.
23 Bohr 1953, p. 389.
24 Schlosshauer 2008a, pp. 362-363.
25 Wigner 1995, p. 271.
26 Schlosshauer 2008a, p. 367.
27 Tegmark 2000.
28 이러한 결론들이 현재 다시 논의 중이라는 점을 언급해야 한다. 예를 들면 Ouellette 2016을 보라.
29 Ball 2018b.
30 같은 책.
31 Harris 2019, p. 103.
32 Lockwood 1989, pp. 13-14.
33 체는 이 점에 대해 《존 벨의 양자역학의 다양한 해석》에서 데스파냐가 처음으로 구분한 "적절한"과 "부적절한 혼합"을 혼동하고 있다고 주장했다.
34 Barrett 2003, p. 185.
35 Albert & Loewer 1988.

36 Byrne 2010, p. 138.

37 "Man muss es aber als Erfahrung hinnehmen, dass das Bewusstsein nur in jeweils einer dieser Welten realisiert ist. Diese Erfahrung ist ahnlich derjenigen, die uns sagt, dass das Bewusstsein jeweils in einer Person realisiert ist." Zeh 1967, 저자의 번역.

38 Max Tegmark, "Consciousness Is a Mathematical Pattern," TEDx Cambridge, 2014, http://www.tedxcambridge.com/talk/consciousness-is-a-mathematical-pattern (accessed September 25, 2021).

39 Koch 2009.

40 Tononi 2008.

41 Tegmark, "Consciousness Is a Mathematical Pattern."

42 Lockwood 1989, p. ix.

43 Page 1995.

44 Lockwood 1989, p. 228.

45 같은 책.

46 Harris 2019, p. 48.

47 Metzinger 2009, p. 3.

48 같은 책, p. 1.

49 Hofstadter 2007, Location 415.

50 Csikszentmihalyi 1990, p. 3.

51 같은 책.

52 Huxley 2004, p. 8.

53 같은 책, p. 10.

54 Wittmann 2018, p. 24.

55 같은 책, pp. 26-27.

56 Metzinger 2009, p. 6.

57 Blackmore 2017, Location 4924.

58 Varela 1995.

59 Pas 2017; Pas & Wittmann 2017.

60 Lockwood 1989, p. 16.

61 Byrne 2010, p. 21.

62 H. D. Zeh, 저자에게 보낸 이메일, September 18, 2016, "In den siebziger Jahren habe ich auch versucht, mittels Quantenmechanik und Verschrankung mehr uber die physikalische Einengung oder Lokalisierung bewusster Systeme erfahren zu konnen. Dabei habe ich sogar auf split-brain-Experimente verwiesen. Ich habe die Versuche aber aufgegeben, da zwischen einem qm Messapparat und dem Bewusstsein doch eine weitgehend quasi-klassische Welt liegt, wozu auch Tegmarks quasi-klassische Neuronenzustande gehoren. In meinen neueren Arbeiten habe ich aber stets versucht, konsequent zwischen diesen beiden Teilen der 'Beobachtung' quantenmechanischer Systeme zu unterscheiden, wobei anscheinend bisher nur der erste Teil serios zuganglich ist." 저자의 번역.

결론: 미지의 하나

1 Deutsch 2010, p. 551.

2 Galen Strawson, "의식은 신비가 아니다. 의식은 물질이다," *New York Times*, May 16, 2016, https://www.

nytimes.com/2016/05/16/opinion/consciousness-isnt-a-mystery-its-matter.html; Harris 2019, p. 89.
3   Strawson, "의식은 신비가 아니다"; Harris 2019, p. 89.
4   Lloyd 2013.
5   Lloyd 2007, p. 3.
6   Seth Lloyd, 로버트 로런스 쿤과의 인터뷰. "세스 로이드-정보가 실재의 기반일까?" 다음 유튜브 영상 참조: Closer to Truth, September 21, 2018, https://www.youtube.com/watch?v=a35bKt1nuBo (accessed September 12, 2021), minute 8:01.
7   같은 곳, minutes 5:31 and 10:48.
8   Wheeler 1990, p. 5.
9   기술적 용어로 이것은 "아이소스핀 이중항(Isospin Doublet)"이라고 부른다.
10 Lloyd 2013.
11 Lloyd 2007, prologue, Location 53.
12 Lloyd 2007, p. 3.
13 Tegmark 1996.
14 같은 책.
15 Tegmark 2008.
16 같은 책.
17 같은 책.
18 H. D. Zeh, 저자에게 보낸 이메일, February 19, 2016.
19 H. D. Zeh, 저자에게 보낸 이메일, February 11, 2016.
20 Zeh 2004.
21 Tom Weiler, 개인적 교신.
22 Harrison 2013, p. 45.
23 같은 책, p. 58.

인용 문헌 목록

Adamson, Peter. 2007. *Al-Kindi*. Oxford University Press.
Adler, Jeremy. 1998. *Hölderlin: Selected Poems and Fragments*. Penguin (Kindle Edition).
Aguirre, Anthony & Tegmark, Max. 2011. *Born in an infinite universe*, Physical Review D 84, 105002. arXiv:1008.1066.
Albert, David & Loewer, Barry. 1988. *Interpreting the many worlds interpretation*. Synthese 77 (2), pp. 195-213.
Albert, David Z. 2019. *How to teach quantum mechanics*. PhiSci Preprint 15584.
Albert, Karl. 2008. *Platonismus*. WBG Academic.
Albert, Karl. 2011. *Amalrich von Bena und der mittelalterliche Pantheismus*. In: Zimmermann, Karl (ed.), *Die Auseinandersetzungen an der Pariser Universität im XIII. Jahrhundert*. Gryuter, pp. 193-212.
Arkani-Hamed, Nima & Trnka, Jaroslav. 2014. *The Amplituhedron*. Journal of High Energy Physics 30. arXiv:1312.2007.
Assmann, Jan. 1997. *Moses the Egyptian*. Harvard University Press (Kindle Edition).
Assmann, Jan. 1999. *Hen kai pan. Ralph Cudworth und die Rehabilitierung der hermetischen Tradition*. In: Neugebauer-Wölk, Monika (ed.), *Aufklärung und Esoterik*, Hamburg, pp. 38-52.
Assmann, Jan. 2005. *Schiller, Mozart und die Suche nach neuen Mysterien*. In: Bayerische Akademie der schönen Künste, Jahrbuch 19, München, pp. 13-25.
Assmann, Jan. 2010. *The Price of Monotheism*. Stanford University Press.
Assmann, Jan. 2014. *Religio Duplex*. Wiley/Polity Press (Kindle Edition).
Baggott, Jim. 2011. *The Quantum Story*. Oxford University Press.
Balasubramanian, Vijay, McDermott, Michael B. & Van Raamsdonk, Mark. 2012. *Momentum-

space entanglement and renormalization in quantum field theory. Physical Review D 86, 045014. arXiv:1108.3568.

Baldwin, Anna. 2008. *Platonism and the English Imagination*. Cambridge University Press.

Ball, Philip. 2018a. *Beyond Weird*. University of Chicago Press.

Ball, Philip. 2018b. *Why the many-worlds interpretation has many problems*, Quanta Magazine, October 18, 2018, https://www.quantamagazine.org/why-the-many-worlds-interpretation-of-quantum-mechanics-has-many-problems-20181018 (accessed August 16, 2021).

Bamford, Christopher. 2000. *John Scotus Eriugena: The Voice of the Eagle*. Lindisfarne Books (Kindle Edition).

Barbour, Julian. 1999. *The End of Time*. Oxford University Press (Kindle Edition).

Barbour, Julian. 2009. *The nature of time*. arXiv:0903.3489.

Baring, Maurice. 1906. *Leonardo da Vinci: Thoughts on Art and Life*. Merrymount Press/e-artnow (Kindle Edition).

Barnes, Jonathan. 1987. *Early Greek Philosophy*. Penguin.

Barrett, Jeffrey A. 2003. *The Quantum Mechanics of Minds and Worlds*. Oxford University Press.

Barrett, Jeffrey A. & Byrne, Peter. 2012. *The Everett Interpretation of Quantum Mechanics*. Princeton University Press.

Becker, Adam. 2018. *What Is Real?*. Basic.

Bekenstein, Jacob D. 1973. *Black holes and entropy*. Physical Review D 7, pp. 2333–2346.

Bell, John S. 1988. *Speakable und Unspeakable in Quantum Mechanics*. Cambridge University Press.

Berenstain, Nora. 2020. *Privileged-perspective realism in the quantum multiverse*. In: Glick, David, Darby, George & Marmodoro, Anna (eds.). *The Foundation of Reality*. Oxford University Press, pp. 102–122.

Bernardi, Gabriella. 2016. *The Unforgotten Sisters*. Springer.

Bertlmann, Reinhold & Zeilinger, Anton (eds.). 2002. *Quantum [Un]speakables*. Springer.

Blackmore, Susan. 2017. *Seeing Myself*. Robinson/Little, Brown Book Group (Kindle Edition).

Blackwell, Richard & de Lucca, Robert (eds.). 2004. *Giordano Bruno: Cause, Principle and Unity*. Cambridge University Press.

Bohm, David. 1951. *Quantum Theory*. Dover.

Bohr, Niels. 1928. *The quantum postulate and the recent development of atomic theory*. Nature, 121, pp. 580–590. In: Wheeler & Zurek 1983, pp. 87–126.

Bohr, Niels. 1949. *Discussions with Einstein on epistemological problems in atomic physics*. In: Schilpp 1949, pp. 199–242.

Bohr, Niels. 1953. *Physical science and the study of religion*. In: Pedersen, Johannes. *Studia Orientalia Ioanni Pedersen Septuagenario VII*. E. Munksgaard, pp. 385-390.

Bousso, Raphael & Susskind, Leonard. 2012. *The multiverse interpretation of quantum mechanics*. Physical Review D 85 045007. arXiv:1105.3796.

Bowring, Edgar A. 2004. *The Poems of Goethe*. Digireads/Neeland Media LLC (Kindle Edition).

Boyer, Carl B. & Merzbach, Uta C. 1991. *A History of Mathematics*. John Wiley & Sons.

Bragdon, Kathleen. 2002. *The Columbia Guide to American Indians of the Northeast*. Columbia University Press.

Brennan, Mary. 2002. *John Scottus Eriugena: Treatise on Divine Predestination*. University of Notre Dame Press (Kindle Edition).

Bryson, Bill. 2010. *Seeing Further*. HarperPress.

Burgess, Cliff. 2021. *Introduction to Effective Field Theory*. Cambridge University Press.

Burnet, John. 1963. *Early Greek Philosophy*. Meridian.

Byrne, Peter. 2010. *The Many Worlds of Hugh Everett III*. Oxford University Press.

Camilleri, Kristian. 2009. *A history of entanglement: Decoherence and the interpretation problem*. Studies in History and Philosophy of Modern Physics 40 (2009), pp. 290-302.

Cao, ChunJun, Carroll, Sean & Michalakis, Spyridon. 2017. *Space from Hilbert space: Recovering geometry from bulk entanglement*. Physical Review D 95, 024031. arXiv:1606.08444.

Capra, Fritjof. 1975. *The Tao of Physics*. Shambhala.

Carabine, Deirdre. 1995. *The Unknown God*. Peeters Press.

Carabine, Deirdre. 2000. *John Scottus Eriugena*. Oxford University Press.

Carroll, Sean. 2010. *From Eternity to Here*. Dutton.

Carroll, Sean. 2016. *The Big Picture*. Dutton.

Carroll, Sean. 2019a. *Something Deeply Hidden*. Dutton.

Carroll, Sean 2019b. *The hidden truth about spacetime*. New Scientist, September 14-20, 2019.

Carroll, Sean & Singh, Ashmeet. 2018. *Mad-dog Everettianism: Quantum mechanics at its most minimal*. arXiv:1801.08132.

Carter, Howard. 2014. *The Tomb of Tutankhamun, Volume 1: Search, Discovery and Clearing of the Antechamber*. Bloomsbury.

Cassidy, David C. 2010. *Beyond Uncertainty*. Bellevue Literary Press.

Chalmers, David. 1995. *Facing up to the problem of consciousness*. Journal of Consciousness Studies 2 (3), pp. 200-219.

Champion, Justin. 2003. *Republican Learning*. Manchester University Press.

Cohen, Hendrik Floris. 1984. *Quantifying Music*. Springer.

Coleman, Janet. 2008. *The Christian Platonism of Saint Augustine*. In: Baldwin 2008, pp. 27–37.

Cowen, Ron. 2015. *The quantum source of space-time*. Nature 527, pp. 290–293.

Coxon, Allan H. 2009. *The Fragments of Parmenides*. Parmenides Publishing.

Crull, Elise & Bacciagaluppi, Guido. 2016. *Grete Hermann-Between Physics and Philosophy*. Springer.

Csikszentmihalyi, Mihaly. 1990. *Flow*. HarperCollins.

D'Espagnat, Bernard. 1979. *The quantum theory and reality*. Scientific American 241, pp. 158–181.

D'Espagnat, Bernard. 1995. *Veiled Reality*. Basic.

D'Espagnat, Bernard. 1998. *Quantum theory: A pointer to an independent reality*. arXiv:quant-ph/9802046v2.

D'Espagnat, Bernard. 2009. *Quantum weirdness: "What we call 'reality' is just a state of mind."* The Guardian, March 20, 2009.

Darwin, Erasmus. 2019. *The Temple of Nature*. Sophene.

Davies, Oliver. 1994. *Meister Eckhart: Selected Writings*. Penguin.

De Padova, Thomas. 2011. *Das Weltgeheimnis*. Piper.

Deutsch, David. 1998. *The Fabric of Reality*. Penguin (Kindle Edition).

Deutsch, David. 2010. *Apart from Universes*. In: Saunders et al. 2010, pp. 542–552.

Deutsch, David & Marletto, Chiara. 2014. *Constructor theory of information*. arXiv:1405.5563.

DeWitt, Bryce. 1970. *Quantum mechanics and reality*. Physics Today 23 (9), September 1, 1970, p. 30.

DeWitt, Bryce & Graham, Neill. 2015. *The Many-Worlds Interpretation of Quantum Mechanics*. Princeton University Press.

Diamond, Jared. 2013. *The World until Yesterday*. Penguin (Kindle Edition).

Dickie, John. 2020. *The Craft*. Hodder & Stoughton.

Dillon, John. 1991. *Plotinus: The Enneads*. Penguin.

Drake, Stillman. 1960. *Galileo Galilei: The Assayer*. University of Pennsylvania Press.

Dürr, Hans-Peter. 1990. *"Physik und Transzendenz."* Knaur.

Ehrmann, Sabine. 1991. *Marsilio Ficino und sein Einfluß auf die Musiktheorie*. Archiv für Musikwissenschaft H. 3., pp. 234–249.

Einstein, Albert. 1936. *Physik und Realität*. Journal of the Franklin Institute 221 (3), pp. 313–347.

Einstein, Albert, Podolsky, Boris & Rosen, Nathan. 1935. *Can quantum-mechanical description of physical reality be considered complete?*. Physical Review 47: 777.

Ellis, George F. R. 2011. *Why the Multiverse May Be the Most Dangerous Idea in Physics*. Originally published as *Does the Multiverse Really Exist?* Scientific American 305 (2) (August).

Emerson, Ralph Waldo. 2003. *Nature and Selected Essays*. Penguin.

Everett, Hugh. *Relative state formulation of quantum mechanics*. Reviews of Modern Physics 29 (3), pp. 454-462.

Ferguson, Kitty. 2010. *Pythagoras*. Icon Books (Kindle Edition).

Feshbach, Herman, Matsui, Tetsuo & Oleson, Alexandra. 1988. *Niels Bohr: Physics and the World*. Routledge.

Flasch, Kurt. 2004. *Nikolaus von Kues in seiner Zeit*. Reclam.

Flasch, Kurt. 2007. *Nikolaus Cusanus*. C. H. Beck.

Flasch, Kurt. 2013. *Das philosophischen Denken im Mittelalter*. Reclam (Kindle Edition).

Flasch, Kurt. 2015. *Meister Eckhart: Philosopher of Christianity*. Yale University Press.

Forman, Paul. 2011. *Weimar Culture, Causality and Quantum Theory*. In: Carson, Cathryn, Kojevnikov, Alexei & Trischler, Helmuth (eds.). *Weimar Culture and Quantum Mechanics*. World Scientific, pp. 203-119.

Freedman, Michael & Zini, Modjtaba Shokrian. 2020. *The universe from a single particle*. arXiv:2011.05917.

Freely, John. 2010. *Aladdin's Lamp*. Vintage.

Freely, John. 2014. *Celestial Revolutionary*. I. B. Tauris.

Freire Junior, Olival. 2004. *The historical roots of "foundations of quantum physics" as a field of research (1950-1970)*. Foundations of Physics 34 (11).

Freire Junior, Olival. 2009. *Quantum dissidents: Research on the foundations of quantum theory circa 1970*. Studies in History and Philosophy of Modern Physics 40, pp. 280-289.

Freire Junior, Olival. 2015. *The Quantum Dissidents*. Springer (Kindle Edition).

Fromm, Erich. 1956. *The Art of Loving*. Harper & Row.

Gatti, Hilary. 1997. *Giordano Bruno's Ash Wednesday Supper and Galileo's Dialogue of the Two Major World Systems*. Bruniana & Campanelliana 3 (2), pp. 283-300.

Gatti, Hilary. 1999. *Giordano Bruno and Renaissance Science*. Cornell University Press.

Gefter, Amanda. 2021. *How to rewrite the laws of physics in the language of impossibility*. Quanta Magazine, April 29, 2021. https://www.quantamagazine.org/with-constructor-theory-chiara-marletto-invokes-the-impossible-20210429 (accessed September 25, 2021).

Gilder, Louisa. 2008. *The Age of Entanglement*. Alfred A. Knopf.

Giudice, Gian. 2017. *The dawn of the post-naturalness era.* arXiv:1710.07663 [physics.hist-ph].

Gleick, James. 2004. *Isaac Newton.* Harper Perennial.

Goddu, André. 2010. *Copernicus and the Aristotelian Tradition.* Brill.

Goldstein, Jürgen. 2019. *Georg Forster.* University of Chicago Press.

Gomes, Henrique. 2021. *Holism as the empirical significance of symmetries.* European Journal for Philosophy of Science 11 (3), p. 87. arXiv:1910.05330.

Greenblatt, Stephen. 2012. *The Swerve: How the Renaissance Began.* Vintage.

Gribbin, John. 2005. *The Fellowship.* Allen Lane.

Gribbin, John. 2012. *Erwin Schrödinger and the Quantum Revolution.* Bantam (Kindle Edition).

Gribbin, John. 2019. *Six Impossible Things.* Icon (Kindle Edition).

Griffith-Dickson, Gwen. 2005. *The Philosophy of Religion.* SCM Press (Kindle Edition).

Hadot, Pierre. 2006. *The Veil of Isis.* Harvard University Press.

Haeckel, Ernst. 2016. *Die Welträtsel.* Zenodot.

Halfwassen, Jens. 2004. *Plotin und der Neuplatonismus.* C. H. Beck.

Halliwell, Jonathan J. Pérez-Mercader, Juan & Zurek, Wojciech H. 1994. *Physical Origins of Time Asymmetry.* Cambridge University Press.

Halpern, Paul. 2017. *The Quantum Labyrinth.* Basic.

Han, Bingzheng & Akhoury, Ratindranath. 2020. *Entanglement, renormalization and effective field theories.* arXiv:2011.05380.

Harari, Yuval Noah. 2015. *Sapiens.* Vintage (Kindle Edition).

Harris, Annaka. 2019. *Conscious.* HarperCollins (Kindle Edition).

Harrison, Paul. 2013. *Elements of Pantheism.* Element Books (Kindle Edition).

Hawking, Stephen. 1993. *Hawking on the Big Bang and Black Holes.* World Scientific.

Heine, Heinrich. 1972. *Zur Geschichte der Religion und Philosophie in Deutschland.* In: Heine, Heinrich (ed.). *Werke und Briefe in zehn Bänden.* Band 5. AufbauVerlag, pp. 216–257.

Heisenberg, Elisabeth. 1982. *Das politische Leben eines Unpolitischen.* Piper.

Heisenberg, Werner. 1930. *The Physical Principles of the Quantum Theory.* University of Chicago Press 1930, Dover 1949.

Heisenberg, Werner. 1958. *Physics and Philosophy.* Harper & Brothers.

Heisenberg, Werner. 1972. *Physics and Beyond.* Harper & Row.

Hermann, Armin. 1970. *Der Kraftbegriff bei Michael Faraday und seine historische Wurzel.* Physikalische Blätter 26 (7).

Hermann, Grete. 1935. *Die naturphilosophischen Grundlagen der Quantenmechanik.* Die

Naturwissenschaften 23 (42), pp. 718-721.

Herrmann, Kay. 2019. *Grete Henry-Hermann: Philosophie-Mathematik-Quantenmechanik*. Springer.

Heuser-Keßler, Marie-Luise. 1992. *Schelling's Concept of Self-Organization*. In: Friedrich, Rudolf & Wunderlin, Arne (eds.). *Evolution of Dynamical Structures in Complex Systems*. Springer.

Hofstadter, Douglas R. 2007. *I Am a Strange Loop*. Basic (Kindle Edition).

Holmes, Richard. 2008. *The Age of Wonder*. Harper Press.

Hopkins, Jasper. 1990. *Nicholas of Cusa: On Learned Ignorance*. Arthur J. Banning Press.

Hornung, Erik. 2005. *Der Eine und die Vielen*. WBG.

Hossenfelder, Sabine. 2018. *Lost in Math*. Basic.

Hovis, R. Corby & Kragh, Helge. 1993. P.A.M. *Dirac and the beauty of physics*. Scientific American 268 (May).

Hu, Wayne & White, Martin. 2004. *The cosmic symphony*. Scientific American 290 (February), pp. 46-55.

Humboldt, Alexander von. 1860. *Letters of Alexander von Humboldt to Varrnhagen von Ense: From 1827 to 1858*. Rudd & Carleton.

Huxley, Aldous. 1945. *The Perennial Philosophy*. Harper.

Huxley, Aldous. 2004. *The Doors of Perception*. Vintage (Kindle Edition).

Iliffe, Rob. 2017. *Priest of Nature*. Oxford University Press.

Imerti, Arthur D. 1964. *Giordano Bruno: Expulsion of the Triumphant Beast*. Rutgers University Press.

Isaacson, Walter. 2008. *Einstein*. Pocket Books.

Isaacson, Walter. 2017. *Leonardo da Vinci*. Simon & Schuster (Kindle Edition).

Ismael, Jennan & Schaffer, Jonathan. 2020. *Quantum holism: Nonseparability as common ground*. Synthese 197, pp. 4131-4160. https://doi.org/10.1007/s11229-016-1201-2 (accessed September 2, 2021).

Israel, Jonathan I. 2001. *Radical Enlightenment*. Oxford University Press.

Jacob, Margaret C. 1970 *An unpublished record of a Masonic lodge in England: 1710*. Zeitschrift für Religions- und Geistesgeschichte 22 (2), pp. 168-171.

Jacob, Margaret C. 1981. *Radical Enlightenment*. George Allen & Unwin.

Jacob, Margarte C. 2019. *The Secular Enlightenment*. Princeton University Press.

Jaksland, Rasmus. 2020. *Entanglement as the world-making relation: Distance from entanglement*. Synthese 198, pp. 9661-9693.

James, Jamie. 1995. *The Music of the Spheres*. Abacus.

Jammer, Max. 1974. *The Philosophy of Quantum Mechanics*. John Wiley & Sons.

Jammer, Max. 1999. *Einstein and Religion*. Princeton University Press.

Jaspers, Karl. 1984. *Der philosophische Glaube*. Piper.

Joos, Erich. 1986. *Quantum theory and the appearance of the classical world*. In: Greenberger, Daniel M. (ed.), *New Techniques and Ideas in Quantum Measurement Theory*, pp. 6–13. New York Academy of Sciences.

Jordan, Pascual. 1971. *Die weltanschauliche Bedeutung der modernen Physik*, in Dürr 1990.

Jowett, Benjamin. 2017. *Plato: The Complete Works*. Olymp Classics.

Kahn, Charles H. 2001. *Pythagoras and the Pythagoreans*. Hackett Publishing.

Kahn, Charles H. 2013. *Plato and the Post-Socratic Dialogue*. Cambridge University Press.

Kaiser, David. 2012. *How the Hippies Saved Physics*. W. W. Norton.

Kiefer, Claus. 1994. *Semiclassical gravity and the problem of time*. arXiv:gr-qc/9405039.

Kiefer, Claus. 2009a. *Der Quantenkosmos*. Fischer.

Kiefer, Claus. 2009b. *Does time exist in quantum cosmology?*. arXiv:0909.3767.

Kiefer, Claus. 2015. *Albert Einstein, Boris Podolsky, Nathan Rosen*. Springer.

Kiefer, Claus & Zeh, H. Dieter. 1994. *Arrow of time in a recollapsing universe*. arXiv:gr-qc/9402036v2.

Koch, Christof. 2009. *A "complex" theory of consciousness*. Scientific American MIND, July 1. https://www.scientificamerican.com/article/a-theory-of-consciousness (accessed August 24, 2021).

Kristeller, Paul Oskar. 1964. *Eight Philosophers of the Italian Renaissance*. Stanford University Press.

Kristeller, Paul Oskar. 1980. *Renaissance Thought and the Arts*. Princeton University Press.

Kuhn, Thomas S. 1977. *The Essential Tension*. University of Chicago Press.

Kumar, Manjit. 2009. *Quantum: Einstein, Bohr and the Great Debate About the Nature of Reality*. Icon.

Lane, Beldon C. 1990. *The breath of God: A primer in Pacific/Asian theology*. Christian Century, September 19–26, pp. 833–838.

Lau, Darell. 1963. *Lao Tzu: Tao Te Ching*. Penguin.

Lee, Kai Sheng, et al. 2021. *Entanglement between superconducting qubits and a tardigrade*. arXiv:2112.07978.

Leibniz, Gottfried Wilhelm. 1763. *Theodicee, Band II*. Breitkopf & Sohn.

Livio, Mario. 2002. *The Golden Ratio*. Broadway Books.

Lloyd, Seth. 2007. *Programming the Universe*. Vintage (Kindle Edition).

Lloyd, Seth. 2013. *The universe as a quantum computer*. arXiv:1312.455.

Lockwood, Michael. 1989. *Mind, Brain and the Quantum.* Basil Blackwell.

Luibheid, Colm. 1987. *Pseudo-Dionysius-the Complete Works.* Paulist Press.

Lumma, Dirk. 1999. *The Foundations of Quantum Mechanics in the Philosophy of Nature by Grete Hermann.* Harvard Review of Philosophy 7, pp. 35-44.

MacKenna, Stephen. 1991. *Plotinus: The Enneads.* Penguin.

Mahadevan, Telliyavaram. 1957. *The Upanishads.* In: Radhakrishnan, Sarvepalli (ed.). *History of Philosophy Eastern and Western.* George Allen.

Maldacena, Juan & Susskind, Leonard. 2013. *Cool horizons for entangled black holes.* Fortschritte der Physik 61, pp. 781-811. arXiv:1306.0533.

Marletto, Chiara. 2021. *The Science of Can and Can't.* Viking.

Martínez, Alberto A. 2018. *Burned Alive: Giordano Bruno, Galileo and the Inquisition.* Reaktion.

Massimi, Michaela. 2017. *Philosophy and the Chemical Revolution After Kant.* In: Ameriks, Karl (ed.). *The Cambridge Companion to German Idealism.* 2nd edition. Cambridge University Press., pp. 182-204.

McGinnis, Jon. 2010. *Avicenna.* Oxford University Press.

McGuire, James E. & Rattansi, Piyo M. 1966. *Newton and the pipes of Pan.* Notes and Records of the Royal Society 21 (2), pp.108-143.

Mermin, N. David. 1989. *What's wrong with this pillow?* Physics Today 42 (4), pp. 9-11.

Mermin, N. David. 2004. *What's wrong with this quantum world?* Physics Today 57 (2), p. 10.

Metzinger, Thomas. 2009. *The Ego Tunnel.* Basic.

Misner, Carl, Thorne, Kip & Wheeler, John. 1973. *Gravitation.* W. H. Freeman & Company.

Misner, Carl, Thorne, Kip & Zurek, Wojciech H. 2009. *John Wheeler, relativity and quantum information.* Physics Today 62 (4), pp. 40-46.

Moitessier, Bernard. 1995. *The Long Way.* Sheridan House.

Moore, Walter J. 1989. *Schrödinger: Life and Thought.* Reissue 2015. Cambridge University Press.

Musser, George. 2015. *Spooky Action at a Distance.* Farrar, Straus and Giroux.

Musser, George. 2020. *The most famous paradox in physics nears its end.* Quanta Magazine, October 29. https://www.quantamagazine.org/the-black-hole-information-paradox-comes-to-an-end-20201029 (accessed August 8, 2021).

Nadler, Steven. 2011. *A Book Forged in Hell.* Princeton University Press.

Nicholson, Reynold A. 1973. *Rumi: Divani Shamsi Tabriz.* Rainbow Bridge.

Nixey, Catherine. 2017. *The Darkening Age.* Macmillan (Kindle Edition).

Nomura, Yasunori. 2011. *Physical theories, eternal inflation, and quantum universe.* Journal of High

Energy Physics 63. arXiv:1104.2324.

O'Meara. John. 1987. *Eriugena: Periphyseon.* Dumbarton Oaks.

Ornes. Stephen. 2019. *News feature: Quantum effects enter the macroworld.* Proceedings of the National Academy of Sciences 116 (45) (November 5), pp. 22413-22417.

Ouellette. Jennifer. 2015. *How quantum pairs stitch space-time.* Quanta Magazine, April 28, 2015. https://www.quantamagazine.org/tensor-networks-and-entanglement-20150428 (accessed April 3, 2022).

Ouellette. Jennifer. 2016. *A new spin on the quantum brain.* Quanta Magazine, November 2, 2016. https://www.quantamagazine.org/a-new-spin-on-the-quantum-brain-20161102 (accessed April 3, 2022).

Oxenford. John. 2008. *Johann Wolfgang von Goethe-Autobiography.* Floating Press.

Page. Don N. 1995. *Sensible quantum mechanics: Are only perceptions probabilistic?* arXiv:quant-ph/9506010.

Pais. Abraham. 1982. *"Subtle Is the Lord...": The Science and Life of Albert Einstein.* Oxford University Press.

Palmer. John. 2009. *Parmenides and Presocratic Philosophy.* Oxford University Press.

Palmer. John. 2019. *Parmenides.* In: Zalta. Edward N. (ed.). *The Stanford Encyclopedia of Philosophy.* https://plato.stanford.edu/archives/fall2019/entries/parmenides (accessed March 11, 2020).

Parrinder. Edward Geoffrey. 1970. *Monotheism and Pantheism in Africa.* Journal of Religion in Africa 3 (Fasc. 1), pp. 81-88.

Päs. Heinrich. 2017. *Can the many-worlds-interpretation be probed in psychology?* International Journal of Quantum Foundations 3 (1). arXiv:1609.04878.

Päs. Heinrich & Wittmann. Marc. 2017. *How to set goals in a timeless quantum universe.* FQXi. https://fqxi.org/community/forum/topic/2882 (accessed August 25, 2021).

Pauli. Wolfgang. 1961. *Die Wissenschaft und das abendländische Denken,* in Dürr 1990.

Petersen. Aage. 1963. *The philosophy of Niels Bohr.* Bulletin of the Atomic Scientists 19 (7), pp. 8-14.

Pinch. Geraldine. 2002. *Handbook of Egyptian Mythology.* ABC-Clio.

Planck. Max. 1950. *Scientific Autobiography and Other Papers.* Williams & Norgate.

Polchinski. Joseph. 2016. *The black hole information problem.* arXiv:1609.04036.

Pünjer. Bernhard. 1887. *History of the Christian Philosophy of Religion from the Reformation to Kant.* T. & T. Clark.

Rattansi. Piyo M. 1968. *The intellectual origins of the Royal Society.* Notes and Records of the

Royal Society 23 (2), pp.129-143.

Richter, Jean Paul. 1883. *The Notebooks of Leonardo da Vinci*. Public Domain (Kindle Edition).

Richter, Peter H. & Scholz, Hans-Joachim. 1987. *Der goldene Schnitt in der Natur-harmonische Proportionen und die Evolution*. In: Küppers, Bern-Olaf (ed.). 1987. *Ordnung aus dem Chaos*, Piper.

Riedweg, Christoph. 2005. *Pythagoras*. Cornell University Press.

Roebuck, Valerie. 2003. *The Upanishads*. Penguin.

Roeck, Bernd. 2019. *Der Morgen der Welt*. C. H. Beck.

Rovelli, Carlo. 2009. *Forget time*. arXiv:0903.3832.

Rovelli, Carlo. 2014. *Why gauge?* Foundations of Physics 44, pp. 91-104. arXiv:1308.5599.

Rowen, Herbert H. 2002. *John De Witt*. Cambridge University Press.

Rowland, Ingrid. 2008. *Giordano Bruno: Philosopher/Heretic*. Farrar, Straus and Giroux.

Safranksi, Rüdiger. 2009. *Romantik*. Fischer.

Safranksi, Rüdiger. 2017. *Goethe: Life as a Work of Art*. Liveright (Kindle Edition).

Santner, Eric L. 1990. *Friedrich Hölderlin: Hyperion and Selected Poems*. Continuum.

Saunders, Simon. 2000. *Clock watcher*. New York Times, March 26, 2000.

Saunders, Simon. et al. 2010. *Many Worlds: Everett, Quantum Theory and Reality*. Oxford University Press.

Schaffer, Jonathan. 2010. *Monism: The priority of the whole*. Philosophical Review 119 (1), pp. 31-76.

Schaffer, Jonathan. 2018. *Monism*. Stanford Encyclopedia of Philosophy (Winter). In: Zalta, Edward N. (ed.). *The Stanford Encyclopedia of Philosophy*.https://plato.stanford.edu/archives/win2018/entries/monism (accessed March 11, 2020).

Schefer, Christina. 2001. *Platons unsagbare Erfahrung*. Schwabe.

Schelling, Friedrich W. J. 2004. *First Outline of a System of the Philosophy of Nature*. SUNY Press.

Schelling, Friedrich W. J. 2013. *Ideen zu einer Philosophie der Natur*. Jazzybee Verlag (Kindle Edition).

Schilpp, Paul A. 1949. *Albert Einstein: Philosopher-Scientist*. Cambridge University Press.

Schlosshauer, Maximilian. 2008a. *Decoherence and the Quantum-to-Classical Transition*. Springer.

Schlosshauer, Maximilian. 2008b. *Lifting the fog from the north*. Nature 453 (39).

Schopenhauer, Arthur. 2010. *The World as Will and Representation* [Translated and edited by Judith Norman, Alistair Welchman & Christopher Janaway]. Cambridge University Press.

Schrödinger, Erwin. 1935a. *Discussion of probability relations between separated systems*. Mathematical Proceedings of the Cambridge Philosophical Society 31 (4), pp. 555-563.

Schrödinger, Erwin. 1935b. *Probability relations between separated systems*. Mathematical Proceedings of the Cambridge Philosophical Society 32 (3), pp.446-452.

Schrödinger, Erwin. 1935c. *Die gegenwärtige Situation in der Quantenmechanik.* Die Naturwissenschaften 23, pp. 807-812.

Schrödinger, Erwin. 1952a. *Are there quantum jumps? Part I.* British Journal for the Philosophy of Science 3 (10) (August), pp. 109-123.

Schrödinger, Erwin. 1952b. *Are there quantum jumps? Part II.* British Journal for the Philosophy of Science 3 (11) (November), pp. 233-242.

Schrödinger, Erwin. 1992. *What Is Life?* Cambridge University Press.

Schrödinger, Erwin. 2014. *Nature and the Greeks and Science and Humanism.* Cambridge University Press.

Sears, Jane. 1952. *Ficino and the Platonism of the English Renaissance.* Comparative Literature 4 (3) (Summer), pp. 214-238.

Segre, Emilio. 2007. *From Falling Bodies to Radio Waves.* Dover.

Shelley, Mary. 1831. *Frankenstein, or the Modern Prometheus.* Henry Colburn & Richard Bentley.

Spinoza, Benedictus de. 1910. *Short Treatise on God, Man and His Well-Being.* A. & C. Black.

Spinoza, Benedictus de. 2017. *The Ethics.* Prabhat Prakashan (Kindle Edition).

Stoica, Ovidiu Cristinel. 2021. *Refutation of Hilbert space fundamentalism.* arXiv:2103.15104.

Strathern, Paul. 2007. *The Medici: Godfathers of the Renaissance.* Vintage (Kindle Edition).

Suh, H. Anna. 2013. *Leonardo's Notebooks.* Black Dog & Leventhal/Running Press (Kindle Edition).

Susskind, Leonard. 2006. *The Cosmic Landscape.* Little, Brown & Company.

Susskind, Leonard. 2009. *The Black Hole War.* Back Bay.

Susskind, Leonard. 2016. *Copenhagen vs Everett, teleportation, and ER=EPR.* arXiv:1604.02589.

Susskind, Leonard. 2017. *Dear Qubitzers, GR=QM.* arXiv:1708.03040.

Susskind, Leonard & Friedman, Art. 2015. *Quantum Mechanics: The Theoretical Minimum.* Basic.

Taylor, Thomas. 2016. *The Hymns of Orpheus: To Nature.* Bonificio Masonic Library.

Tegmark, Max. 1996. *Does the universe in fact contain almost no information?* Foundations of Physics Letters 9 (1), pp. 25-42. arXiv:quant-ph/9603008.

Tegmark, Max. 1997. *The interpretation of quantum mechanics: Many worlds or many words.* Fortschritte der Physik 46, pp. 855-862.

Tegmark, Max. 2000. *The importance of quantum decoherence in brain processes.* Physical Review E 61, pp. 4194-4206. arXiv:quant-ph/9907009.

Tegmark, Max. 2003a. *Parallel Universes.* In: Barrow, John D., Davies, Paul C. W., & Harper, Jr., Charles L. *Science and Ultimate Reality: From Quantum to Cosmos.* Cambridge University Press.

Tegmark, Max. 2003b. *Parallel Universes.* Scientific American 288 (5) (May), pp. 30-41.

Tegmark, Max. 2007. *Many lives in many worlds*. Nature 448, p. 23.

Tegmark, Max. 2008. *The mathematical universe*. Foundations of Physics 38, pp. 101-150. arXiv: 0704.0646 [gr-qc].

Tegmark, Max. 2009. *Many worlds in context*. In: Saunders et al. 2010, pp. 553-581, arXiv:0905.2182 [quant-ph].

Tegmark, Max. 2015a. *Consciousness as a state of matter*. Chaos, Solitons & Fractals 76, pp. 238-270. arXiv:1401.1219.

Tegmark, Max. 2015b. *Our Mathematical Universe*. Vintage.

Tegmark, Max & Wheeler, John Archibald. 2001. *100 years of the quantum*. Scientific American 284: 68-75 (February).

Terra Cunha, Marcelo O., Dunningham, Jacob A. & Vedral, Vlatko. 2006. *Entanglement in single particle systems*. arXiv:quant-ph/0606149.

Thorne, Kip. 2008. *John Archibald Wheeler 1911-2008*. Science 320, June 20, 2008, p. 1603. arXiv:1901.06623.

Tononi, Guido. 2008. *Consciousness as integrated information: A provisional manifesto*. Biological Bulletin 215, pp. 216-242.

Toole, Betty A. 1998. *Ada, the Enchantress of Numbers*. Pickering & Chatto.

Vaidman, Lev. 2016. *All is psi*. arXiv:1602.05025.

Van Helden, Albert. 1989. *Galileo Galilei: Sidereus Nuncius*. University of Chicago Press.

Van Raamsdonk, Mark. 2010. *Building up spacetime with quantum entanglement*. General Relativity and Gravitation 42, pp. 2323-2329.

Van Raamsdonk, Mark. 2016. *Lectures on gravity and entanglement*. arXiv: 1609.00026.

Varela, Francisco. 1995. *The Emergent Self*. In: Brockman, John. *The Third Culture*. Simon & Schuster, p. 209.

Verlinde, Erik. 2011. *On the origin of gravity and the laws of Newton*. Journal of High Energy Physics 29. arXiv: 1001.0785.

Wallace, David. 2012. *The Emergent Multiverse*. Oxford University Press (Kindle Edition).

Watts, Edward J. 2017. *Hypatia*. Oxford University Press.

Weizsäcker, Carl Friedrich v. 1971. *Die Einheit der Natur*. Carl Hanser.

Wheeler, John Archibald. 1990. *Information, Physics, Quantum: The Search for Links*. In: Zurek 1990, pp. 3-28.

Wheeler, John Archibald. 1996. *Time Today*. In: Halliwell, Perez-Mercader & Zurek 1994, pp. 1-29.

Wheeler, John Archibald. 2000. *"A practical tool," but puzzling too.* New York Times, December 12, p. F1.

Wheeler, John Archibald & Ford, Kenneth. 1998. *Geons, Black Holes and Quantum Foam.* W. W. Norton.

Wheeler, John Archibald & Zurek, Wojciech. 1983. *Quantum Theory and Measurement.* Princeton University Press.

Whitaker, Andrew. 2012. *The New Quantum Age.* Oxford University Press (Kindle Edition).

Whitehead, Alfred North. 1979. *Process and Reality.* Free Press.

Whiteley, Giles. 2018. *Schelling's Reception in Nineteenth-Century British Literature.* Macmillan.

Whitman, Walt. 2004. *The Complete Poems.* Penguin.

Wigner, Eugene P. 1995. *New Dimensions of Consciousness.* In: Mehra, Jagdish & Wightman, Arthur (eds.). 1995. *The Collected Works of E. P. Wigner, Volume VI: Philosophical Reflections and Syntheses.* Springer, pp. 268-273.

Wilczek, Frank. 2015a. *A Beautiful Question.* Penguin (Kindle Edition).

Wilczek, Frank. 2015b. *Physics in 100 years,* Physics Today 69 (4), p. 32.

Wilczek, Frank. 2016. *Physics in 100 years.* arXiv:1503.07535.

Witten, Edward. 2018. *Symmetry and emergence.* Nature Physics 14 (2), pp. 116-119. arXiv: 1710.01791.

Wittmann, Marc. 2017. *Felt Time.* Massachusetts Institute of Technology Press.

Wittmann, Marc. 2018. *Altered States of Consciousness.* Massachusetts Institute of Technology Press.

Wolchover, Natalie. 2013a. *Is nature unnatural?* Quanta Magazine, May 24, 2013. https://www.quantamagazine.org/complications-in-physics-lend-support-to-multiverse-hypothesis-20130524 (accessed September 23, 2021).

Wolchover, Natalie. 2013b. *A jewel at the heart of quantum physics.* Quanta Magazine, September 17, 2013. https://www.quantamagazine.org/physicists-discover-geometry-underlying-particle-physics-20130917 (accessed September 25, 2021).

Wolchover, Natalie. 2022. *A deepening crisis forces physicists to rethink structure of nature's laws.* Quanta Magazine. https://www.quantamagazine.org/crisisin-particle-physics-forces-a-rethink-of-what-is-natural-20220301 (accessed April 3, 2022).

Wordsworth, William. 2001. *The Prelude of 1805.* Global Language Resources.

Wulf, Andrea. 2015. *The Invention of Nature.* John Murray.

York, Michael. 2003. *Pagan Theology.* New York University Press.

Zeh, H. Dieter. 1967. *Probleme der Quantentheorie*. Unpublished. http://www.rzuser.uni-heidelberg.de/~as3/ProblemeQT.pdf (accessed September 18, 2021).

Zeh, H. Dieter. 1970. *On the interpretation of measurement in quantum theory*. Foundations of Physics 1 (1), pp. 6976.

Zeh, H. Dieter. 1993. *There are no quantum jumps, nor are there particles!* Physics Letters A 172, pp. 189-195.

Zeh, H. Dieter. 1994. *Warum Quantenkosmologie?*. Unpublished talk. http://www.rzuser.uni-heidelberg.de/~as3/WarumQK.pdf (accessed September 18, 2021).

Zeh, H. Dieter. 2004. *The wave function: It or bit?* In: Barrow, J. D. Davies, P. C. W. & Harper, C. L. Jr. (eds.). *Science and Ultimate Reality*. Cambridge University Press, pp. 103-120. arXiv:quant-ph/0204088.

Zeh, H. Dieter. 2006. *Roots and fruits of decoherence*. In: Duplantier, B. Raimond, J.-M. & Rivasseau, V. (eds.). *Quantum Decoherence*. Birkhäuser, pp. 151-175. arXiv:quant-ph/0512078.

Zeh, H. Dieter. 2007. *The Physical Basis of the Direction of Time*. Springer.

Zeh, H. Dieter. 2012a. *Physik ohne Realität: Tiefsinn oder Wahnsinn?* Springer (Kindle Edition).

Zeh, H. Dieter. 2012b. *Open questions regarding the arrow of time*. In: Mersini-Houghton, Laura & Vaas, Rüdiger (eds.). *The Arrows of Time*. Springer, pp. 205-217.

Zeh, H. Dieter. 2018. *The strange (hi)story of particles and waves*. arxiv: 1304.1003v23.

Zurek, Wojciech. 1990. *Complexity, Entropy and the Physics of Information*. Westview.

Zurek, Wojciech. 1991. *Decoherence and the transition from quantum to classical*. Physics Today 44, pp. 36-44.

Zurek, Wojciech. 2009. *Quantum Darwinism*. Nature Physics 5, pp. 181-181.

Zurek, Wojciech. 2014. *Quantum Darwinism, classical reality and the randomness of quantum jumps*. Physics Today, October 2014, p. 44.

찾아보기

ㄱ

갈레노스 161
갈릴레이, 갈릴레오 190, 192~194, 199~
　203, 207~212, 215~217
갈릴레이, 빈첸초 210~211
개구리 관점 133~140, 240, 243, 280~281,
　294~295, 305, 336, 344, 356~358
개미 관점 291~296
거시 상태 272~274, 304
결깨짐
　~의 결과 134~136
　~의 과정 15, 117~143, 259~260,
　281~282, 293~294, 300~306, 319,
　342~346, 350, 356~358, 367
　~의 발견 118, 120~128, 133~134,
　300~301
　~의 선구자들 108, 118, 127, 332
　~의 역할 120~136
　~의 이론 93, 108~109, 169~176,
　239~240, 331~337
　개구리 관점과 ~ 133~140, 240, 243,
　280~281, 294~295, 305, 336, 344,
　356~358
　새 관점과 ~ 133~140, 174, 281, 294~
　295, 356~358

'선호 기저 문제' 333~338, 348~351
　얽힘과 ~ 93, 136~143, 184~186,
　247~248
　'인과적 다이아몬드'와 ~ 334~335
　중첩과 ~ 121~125, 342~346
《결깨짐과 양자에서 고전으로의 전이》(책)
　125
결정론 36~37, 54, 65, 84~88, 134, 180,
　221, 344, 349
경험주의 202, 238, 244
계층(구조) 203, 271, 275~277
계층구조문제 '미세조정' '자연스러움' 참조
고뒤, 앙드레 207~208
고메스, 엔리케 283
고전물리학 37, 46, 61, 96, 99, 280, 300,
　342, 381
고전역학 221, 226, 233, 241
고전적 실재 55, 62, 112~114, 135, 138,
　333~336, 341
고트샬크 170~172, 176
공간
　~의 정의 15, 55
　시간과 ~ 15~16, 24~26, 55, 113, 126~
　130, 140, 171~174, 225, 259~260,
　265~268, 278~283, 291~327, 335~

338, 346~349, 356, 362~368, 375,
　　382
　　양자 실재와 ~ 130, 140, 292
　　양자우주론과 ~ 291~306
　　얽힘과 ~ 291~327
관점
　　개구리 관점 133~140, 240, 243, 280~
　　281, 294~295, 305, 336, 344, 356~358
　　개미 관점 291~296
　　새 관점 133~140, 174, 281, 294~295,
　　356~358
　　신 관점 240~241, 291~296
　　양자 실재와 ~ 25~29
　　영사기 실재와 ~ 27~29
　　필름 롤과 ~ 27~29
관찰자, 의식을 가진 24~25, 117~118, 329,
　　331~358
광속 12, 67~69, 100, 130, 270, 334
《광학》(책) 224
《괴델, 에셔, 바흐》(책) 352
괴벨스, 요제프 248
괴테, 요한 볼프강 폰 10, 16, 199, 229~232,
　　236~237, 239~243, 247~250, 378~379
괴팅겐대학교 32, 34, 39, 83~85, 278
괴퍼트메이어, 마리아 116, 132
구글 24
구텐베르크, 요하네스 200
《국가》(책) 50
국소성 69, 129~133, 313~316, 322, 337
국제 물리학 학교 131
궤도
　　원자 궤도 31~33, 116, 271
　　타원 궤도 209, 214

행성 궤도 105, 149, 213~215, 221,
　　225, 233, 295~296
'그것은 비트로부터 나왔다' 56, 365, 371
그랜트, 케리 27
그레고리오 9세(교황) 178~179
그레고리오스, 니사의 158
그레이엄, 닐 106
그로브, 윌리엄 242
그뢰블라허, 사이몬 125
그리스 철학 147, 152~158, 167, 181~184,
　　200, 373
그리피스-딕슨, 그웬 73
근본성(기초성) 195, 258~276, 277~306,
　　317~321
근본적 질문 연구소(FQXi) 356
글릭, 제임스 221
끈 이론
　　~의 선구자들 48, 71, 275
　　~의 설명 15, 147, 259~261, 275~277,
　　281~282
　　~의 이해 275~283, 291~292, 302,
　　325
　　다중우주와 ~ 315
　　블랙홀과 ~ 310~318
길더, 루이자 62

ㄴ

《나는 이상한 루프이다》(책) 352
낭만주의 10, 95, 226, 235~250, 327
내시, 존 포브스 97
냉전 95, 97, 107
《네이처》(학술지) 108
네이트 75~76

넬슨, 레오나르드 83, 87, 90
노무라 야스노리 281, 314
노바라, 도메니코 마리아 다 207
노스캐롤라이나대학교 105, 297
노자 76, 79, 150, 155
뇌터, 에미 83, 85, 90, 278
《뉴사이언티스트》(잡지) 11, 261
《뉴욕타임스》(신문) 66, 363
뉴턴, 아이작
　　~의 연구 214, 221~229, 233, 241, 250, 277
　　과학 이론과 ~ 199
　　물리학과 ~ 16, 37, 46, 348
　　시계장치 우주와 ~ 221~226, 235, 241~242
　　휴 에버렛과 ~ 102
뉴턴 물리학 16, 37, 46, 348
뉴턴 역학 214, 221~228, 241
닉시, 캐서린 160~161

ㄷ

다비드, 디낭의 191
다빈치, 레오나르도 187, 199, 204~206, 208, 250
다세계
　　디윗과 ~ 100, 106, 113
　　봄과 ~ 113
　　에버렛과 ~ 9, 89~96, 101~123, 132~138, 259~260, 280~281, 297, 314~315, 341~346
　　피타고라스 사상과 ~ 192
　　휠러와 ~ 102~108, 112~113
다신론 74, 144~145, 148

다윈, 이래즈머스 246
다윈, 찰스 246, 248
다윈주의 248, 336~338, 377
다이아몬드, 재러드 73
다중우주
　　~의 발견 101~106
　　~의 삽화 109
　　~의 설명 9, 101~119
　　끈 이론과 ~ 314~315
　　'어글리 우주'와 ~ 258~262, 280
　　우주와 ~ 9, 101~119, 258~262, 280~282
다지르, 펠릭스 비크 232
'단일 입자에서 나온 우주' 324
닭-달걀 문제 351~352, 369~370
대머리왕 카를 170~172
대칭(성) 83, 203, 250~251, 257~288, 306, 324, 339
대형강입자충돌기(LHC) 253, 256~257
더빗, 요한 220
데사굴리에, 존 테오필루스 228
데스파냐, 베르나르 77, 127~129, 219
데이비, 험프리 242, 244~245
데카르트, 르네 201
델프트대학교 124
'도' 76~78, 150, 155~156
《도덕경》(책) 76, 150, 155
도이치, 데이비드 110, 137, 323~324, 363
동굴의 우화 158, 239, 292, 331, 367, 372
《두 가지 새로운 과학에 관한 담화와 수학적 증명》(책) 216
'뒤앙-콰인 논제' 41
드 브로이, 루이 31, 36, 47, 69, 96, 100, 132
등각장이론(CFT) 311, 319~320, 325

디랙, 폴 47, 300
디오니시우스 아레오파기타 158, 166~169, 172, 190, 195
디윗, 브라이스
　다세계와 ~ 100, 106, 113
　양자역학과 ~ 100~106, 113, 119, 131~132, 297~301
　양자중력과 ~ 119
　평행우주와 ~ 100~102
　휠러-디윗 방정식 24, 297~302
디윗-모레트, 세실 103, 105

ㄹ

라우, 대럴 76
라이슬러, 도널드 107
라이프니츠, 고트프리트 W. 219, 326
라탄시, 피요 222~225
라파엘로 180
러브레이스, 에이다 244
런던대학교 76
레기오몬타누스 207
레비-르블롱, 장-마르크 111~112
레싱, 고트홀트 에프라임 229~230
레오 10세(교황) 187~188
렙톤(또는 경입자) 258, 278~279
로벨리, 카를로 268, 282~283, 302~303
로워, 배리 345
로웬, 허버트 H. 220
로이드, 세스 364~368
로젠, 네이선
　얽힘과 ~ 64~71, 110, 127
　EPR 역설 64~70, 94, 100~101, 110, 126~131, 283, 312~318, 346

로젠펠드, 레옹 66, 106, 108, 131~132
록우드, 마이클 113, 123, 339, 345, 348~349, 357
루도비쿠스 1세 피우스 172
루돌프 2세 211, 213, 214
루마, 디르크 89
루미, 잘랄 알-딘 165
루제루 2세(왕) 177
루카스, 게리 95
루크레티우스 183, 186, 227
루터, 마르틴 188
루프 양자중력 282, 302
류 신세이 320
르누아르, 오귀스트 241
리비오, 마리오 212, 214
리비히, 유스투스 폰 248
리터, 요한 빌헬름 242~243
리히터, 페터 215

ㅁ

마그누스, 알베르투스 177, 180
마니교 159, 178
마르크스, 카를 108, 227, 249
마르텔, 카를 164
마르티네스, 알베르토 189, 192, 209
마시미, 미켈라 238~239, 248
〈마술피리〉(오페라) 10, 231
《마음, 뇌, 양자》(책) 339
마이크로소프트 24
마하데반, 텔리야바람 76
말다세나, 후안 310~311, 314~316, 319
말다세나의 추측 310, 314, 319
말레토, 키아라 323

망델브로 집합 367
매롤프, 도널드 311
매사추세츠 공과대학교(MIT) 134, 294, 321, 364
맥과이어, 제임스 222~225
맥기니스, 존 165
맥스웰, 제임스 클러크 103, 199, 245, 277
머민, 데이비드 82
메디치, 로렌초 데 186~188
메디치, 조반니 데 187~188
메디치, 코시모 데 186
메디치, 피에로 데 188
메릴랜드대학교 317
메칭거, 토마스 350~351, 355
모네, 클로드 241
'모든 것은 파동함수' 283
모르겐슈테른, 오스카르 97
모세 145, 158, 224, 227, 232
〈모세의 사명〉 232
모차르트, 볼프강 아마데우스 10, 16, 231
'몰입' 353~354
무아트시에, 베르나르 353
'무에서 출발하는 물리학' 283
〈물리학과 종교의 연구〉 79
물리학에서 중력의 역할에 관한 학회 105, 297
물질
　~의 설명 15~16, 119~123
　~의 정의 15~16
　~의 탄생 119~123
　암흑물질 8~9, 215, 257
　의식과 ~ 351~352
　정보와 ~ 56, 265, 365~373, 376, 381

〈물질의 상태로서의 의식〉(논문) 339
뮤어, 존 241
미국 독립선언문 10, 231
미국가톨릭대학교 96
미국국가안보국 97
미란돌라, 피코 델라 187~188, 223, 229
미세조정 283, 288, 372 '자연스러움' 참조
미스너, 찰스 97~99, 103~109, 308
미시 상태 272~274, 304
'미지의 하나' 361~382
"미친개 에버렛주의" 283
미켈란젤로 186
민코프스키, 헤르만 292, 295

ㅂ

바니니, 루칠리오 193, 227
바렐라, 프란시스코 355
바렛, 제프리 A. 345
바르바로사, 프리드리히 177
바버, 줄리안 299~303
바오로 3세(교황) 208
바이드만, 레브 283
바이런 경 243~244
바일, 헤르만 35~36, 53, 90, 294
반 고흐, 빈센트 241
반 람스동크, 마크 319~321
반 엔크, 스티븐 J. 284
반더시터르(AdS) 311, 319~320, 325
반스, 조너선 147
방화벽 역설 312~317
배비지, 찰스 244
〈백 투 더 퓨처〉(영화) 45
밴더빌트대학교 375

버넷, 존 147
버지스, 클리프 286
'버키 볼' 124
번, 피터 106~107, 306
범신론 74, 144~146, 157~158, 181, 190~203, 227~230, 240~248, 376~377
《범신론》(책) 227
《범신론의 요소들》(책) 377
베니비에니, 지롤라모 186, 223
베드랄, 블라트코 284~285
베렌스타인, 노라 79
베르틀만, 라인홀트 129
《베를리너 타게블라트》(신문) 84
베를린대학교 30, 240
베를린데, 에릭 317~319
베사리온 184, 186, 207~208
〈베이비 길들이기〉(영화) 27, 45
베이컨, 프랜시스 201
《베일에 가려진 실재》(책) 77, 219
베켄슈타인, 야코브 308, 317
베토벤, 루트비히 판 232, 368
베트남전쟁 116
벨, 존 스튜어트 70, 90, 127~133, 143, 168
벨라르미노 추기경 194
별 7~14, 23~24, 148~149, 193~194, 201~204, 230, 295~296, 299, 309, 350, 367
보르자, 체자레 188
보른, 막스 35, 37, 39, 47, 51
보어, 닐스
　~의 삽화 19
　다중우주와 ~ 103~108
　물리학과 ~ 22, 238

상보성과 ~ 43~45, 61, 78~81, 108, 156, 180, 185, 238, 310, 332
양자물리학과 ~ 37~56, 341
양자역학과 ~ 69~70, 78~84, 88, 97~98, 127~128, 140, 326
얽힘과 ~ 64
영사기 실재와 ~ 27, 180
파동함수와 ~ 67, 99~100, 299, 371
보어, 하랄 31
보이티우스, 아니키우스 만리우스 163~164, 210
보일, 로버트 219
보존 83, 217, 242, 278, 306
보트비닉, 매튜 350
보티첼리, 산드로 10, 16, 186~187, 206
〈보편 파동함수 이론〉(논문) 105, 113
본디, 헤르만 222
볼, 필립 344~346
봄, 데이비드
　다세계와 ~ 113
　숨은 변수와 ~ 96~100
　양자역학과 ~ 67, 70~72, 96~100, 127, 131~132
　얽힘과 ~ 67~72, 283~285
부소, 라파엘 281, 314, 334
《부분과 전체》(책) 80
《분석자》(책) 211
불확정성 원리 41~44, 65~68, 74
〈뷰티풀 마인드〉(영화) 97
브라운대학교 294
브라치올리니, 포조 183
브라헤, 튀코 213~214
'브라흐마' 75~78

브래그, 윌리엄 47
브루넬레스키, 필리포 183
브루노, 조르다노 141, 143, 166, 189~195, 203~205, 209~215, 223~227, 247
브리티시컬럼비아대학교 319
브릴루앵, 레옹 47
블랙모어, 수전 355
블랙홀
  ~의 미스터리 306~312
  ~의 성질 306~324, 317~320, 342~343
  끈 이론과 ~ 310~318
  언루 효과와 ~ 123, 308~309
  얽힘과 ~ 286~288, 316~321
  열역학과 ~ 308, 316~318, 348~349, 363
  웜홀과 ~ 24, 312~317, 318~319
  이름 24
  일반상대성이론과 ~ 306~324
〈비너스의 탄생〉(그림) 10, 187
'비트' 56, 365~366, 370~371
〈비트루비우스적 인간〉(그림) 205
비트만, 마크 354, 356
《빅 픽처》(책) 266
빅뱅 8, 25, 367
빈, 빌헬름 38, 40

ㅅ

사고 실험 47, 52, 356~358
사도 바울 157~158, 167
《사물의 본성에 관하여》(책) 183
사보나롤라, 지롤라모 188, 379
《사이언티픽 아메리칸》(잡지) 11, 215
《사피엔스: 인류의 간략한 역사》(책) 263

《산 채로 화형당하다》(책) 192
살아 있는 유기체 125, 156, 247, 264~266
삼위일체 158, 192
상대성이론 '일반상대성이론' '특수상대성이론' 참조
상보성
  ~의 설명 43~45
  보어와 ~ 43~45, 61, 78~81, 108, 156, 180, 185, 238, 310, 332
  양자 기이함과 ~ 61~62
  양자 실재와 ~ 78~79
  양자우주론과 ~ 61, 332
  영사기 실재와 ~ 78~81
새 관점 133~140, 174, 281, 294~295, 356~358
'생성자 이론' 323~324
샤머니즘 74
서던캘리포니아대학교 111
서스킨드, 레너드 49, 71, 275, 281, 310, 314~316, 326, 334
'선과 악' 159~160, 172~175 '이원론' 참조
《선데이 타임스》 골든 글로브 경주 353
'선호 기저 문제' 333~338, 348~351
설리, 제임스 311
성경 157~158, 167, 175~176
세계범신론자운동 376
《세계의 조화》(책) 214
《세레나에게 보내는 편지》(책) 227
셰러, 파울 35
셰익스피어, 윌리엄 223, 236
셰퍼, 조너선 266~268
셸리, 메리 243
셸리, 퍼시 243

셸링, 프리드리히 173, 233, 236~249, 374, 382
소로, 헨리 데이비드 241
소크라테스 153, 155, 175, 194, 201
소포클레스 153
손, 킵 22, 23, 99, 308
손더스, 사이먼 292, 300, 303
쇼펜하우어, 아르투어 76
숄츠, 한스-요아힘 215
수소폭탄 22, 56
《수학에서 길을 잃다》(책) 261
《순수이성비판》(책) 234
숨은 변수 이론 69, 85~89, 96~100, 129
숨은 실재 21, 26, 38, 61, 185, 369~372
슈뢰딩거, 아니 32, 35, 264
슈뢰딩거, 에르빈
　　~ 방정식 45, 53~55, 88, 98, 139, 297, 349
　　~의 삽화 19
　　생물학과 ~ 264~265
　　슈뢰딩거 고양이와 ~ 52, 61~63, 91, 118, 123, 136, 315, 353~355
　　양자역학과 ~ 31~32, 35~40, 44~55, 62, 66, 69~70, 78~83, 88, 120, 127, 219
　　얽힘과 ~ 70, 126
　　영사기 실재와 ~ 29
　　철학과 ~ 147
　　파동함수와 ~ 35~45, 53~55, 297~299
　　평행우주와 ~ 101
슈뢰딩거 고양이 52, 61~63, 91, 118, 123, 136, 315, 353~355
슈뢰딩거 방정식 45, 53~55, 88, 98, 139, 297, 349

슈뢰딩거의 파동함수 35~45, 53~55, 297~299
슈바르츠실트, 카를 307~308, 313, 319
슈바르츠실트 반지름 307, 313
슐라이어마허, 프리드리히 220
슐레겔, 아우구스트 236~237
슐레겔, 카롤리네 236~237
슐로스하우어, 막시밀리안 125, 342~343
스윙글, 브라이언 321
스토이카, 오비디우 '크리스티' 338~339
스트래딘, 폴 187
스트로슨, 갈렌 363
스펜서, 에드먼드 223
스피노자, 바뤼흐 201, 217~221, 223~230, 237~238, 247
스핀 67, 129~130, 257, 283~285, 357, 365
《승리에 도취한 짐승의 추방》(책) 190
시간
　　~의 정의 15, 55
　　공간과 ~ 15~16, 24~26, 55, 113, 126~130, 140, 171~174, 225, 259~260, 265~268, 278~283, 291~327, 335~338, 346~349, 356, 362~368, 375, 382
　　양자 실재와 ~ 130, 140, 292
　　양자우주론과 ~ 291~306
　　얽힘과 ~ 291~327
　　엔트로피와 ~ 303~308
　　영원한 우주 300~303
　　잃어버린 시간 150, 289
시간여행 26, 314
《시간의 종말》(책) 300
〈시간의 화살에 관한 열린 질문들〉304

시계장치 우주 221~226, 235, 241~242
시공간 기하학 296, 305, 314, 318~320, 375
시드니, 필립 223
시모니, 애브너 129, 132
시몬스 재단 321
시아마, 데니스 110
시카고대학교 55, 353
〈식물의 지리에 관한 에세이〉 232
신
　~ 관점 240~241, 291~296
　~의 개념 10, 15
　'미지의 신' 166~169
　범신론과 ~ 74, 144~146, 157~158, 181, 190~203, 227~230, 240~248, 376~377
　(유)일신론과 ~ 144~146, 227~230
　자연과 ~ 215~233, 247
　'하나'와 ~ 10, 15, 65~66, 69~70, 74~75, 79~80, 95~98, 144~146, 155~196, 207~210, 226~231
신 관점 240~241, 291~296
《신, 인간 그리고 인간의 행복에 관한 짧은 논문》(책) 218
《신성한 이름들》(책) 167
'신의 눈' 293~295
신플라톤주의 154~155, 159, 165, 172, 194, 204, 208 '플라톤주의' 참조
실러, 프리드리히 231~232, 236
싱, 애쉬밋 283

ㅇ

아귀레, 앤서니 281, 314

'아기 우주' 9, 259, 281, 315~316
아르기로풀로스, 요안니스 184
아르카니하메드, 니마 262, 285~288, 322~323
아르키메데스 161
아르키타스 153
아른트, 마르쿠스 124
《아름다운 질문》(책) 250
아름다움 172, 199~251, 258~262, 277~280, 287
아리스타르코스, 사모스의 161
아리스토텔레스 153, 155, 164, 177~180, 199, 212
아리스토파네스 153, 175, 201
아말리크, 베나의 180, 191
아스만, 얀 75, 144~146, 231
〈아스트로펠과 스텔라〉(시) 223
아스페, 알랭 132
아우구스티누스, 히포의 159, 171, 179
아이스킬로스 153
아이작슨, 월터 204
아인슈타인, 알베르트
　~의 과학 16
　~의 삽화 59
　~의 세미나 94, 97
　다중우주와 ~ 103
　시공간과 ~ 296, 305~307, 375
　양자물리학과 ~ 30~31, 38~41, 64~65
　양자역학과 ~ 23~24, 64~71, 80~98, 129~130, 218~221, 291~299, 325~327
　얽힘과 ~ 14, 56~72, 311~318
　우주와 ~ 258~259
　일반상대성이론과 ~ 23, 31, 46~49,

67~69, 93~104, 244~245, 270,
　　　295~299, 305~307, 325, 375
　　중력과 ~ 291~292, 295~296
　　특수상대성이론과 ~ 46, 67~68, 85,
　　　292, 295~296
　　EPR 역설 64~70, 94, 100~101, 110,
　　　126~131, 283, 312~318, 346
　　아인슈타인-포돌스키-로젠(EPR) 역설
　　　64~70, 94, 100~101, 110, 126~131,
　　　283, 312~318, 346
　　"아인슈타인이 양자 이론을 공격하다"(기
　　　사) 66
아퀴나스, 토마스 180, 181, 201
〈아테네 학당〉(그림) 180
알렉산드로스 대왕 161
알르메이리, 아메드 311
《알마게스트》(책) 207
알베르트, 카를 77
알키비아데스 175
알-킨디, 아부 유수프 165
암스테르담대학교 317
암흑물질 8~9, 215, 257
암흑에너지 8~9, 257~260, 284~288, 372
앙리 3세(왕) 192
애덤스, 앤설 241
앨버트, 데이비드 49, 345
앨퀸, 요크의 170
야머, 막스 94, 106, 220
야스퍼스, 카를 174
야코비, 프리드리히 하인리히 229~230,
　　249
야콥센, 아냐 스카르 108
양자 29~35, 46~47, 119~120, 123~124,

　　268~269, 276~277, 311~312
양자 거품 24, 298
양자 기이함 15, 50~52, 61~62, 118
양자 다윈주의 336~338
양자 도약 31, 36~40, 119
〈양자 도약도, 입자도 존재하지 않는다!〉
　　(논문) 119
양자 실재
　　~의 이해 25~29, 33, 49~50, 61
　　고전적 실재와 ~ 55, 62, 112~114,
　　　135, 138, 333~336, 341
　　관점과 ~ 25~29
　　다세계와 ~ 93~96 346~347
　　다중우주와 ~ 280
　　상보성과 ~ 78~79
　　숨은 실재와 ~ 21, 26, 38, 61, 185,
　　　369~372
　　시공간과 ~ 130, 139~140, 292~293
　　양자물리학과 ~ 118, 131, 337~341
　　영사기 실재와 ~ 27~31, 49, 61, 77~78,
　　　168, 219, 332, 358
　　화면 위 실재와 ~ 332, 372~375
양자 얽힘 '얽힘' 참조
《양자 이론》(책) 72
〈양자 이론의 문제들〉(논문) 346
양자 인수분해 110, 135~136, 170, 240,
　　334~351
양자 전일론 283, 356, 374
양자 파동 36~39, 43, 49~54, 70, 88, 101,
　　124
양자계
　　~의 물체 13~15
　　~의 성질 13~15

얽힘과 ~ 14, 57~78, 93, 101~133, 136~143, 174~176, 184~185, 225, 238~240, 247~248, 267~292, 311~346, 357

양자물리학

    ~의 법칙 37

    ~의 본질 337~341

    ~의 설명 30~31

    ~의 이해 276~283

    ~의 토대 131

    고전물리학과 ~ 96~99

    보어와 ~ 37~56, 70, 78~80, 341

    아인슈타인과 ~ 30~31, 38~41, 64~65

    양자 실재와 ~ 118, 131, 337~341

    열역학과 ~ 250

    일반상대성이론과 ~ 46~49, 250

양자역학

    ~의 묘사 8~24

    ~의 이해 8~24, 29~31

    디윗과 ~ 100~106, 113, 119, 131~132, 297~301

    보어와 ~ 69~70, 78~84, 88, 97~98, 127~128, 140, 326

    봄과 ~ 67, 70~72, 96~100, 127, 131~132

    숨은 변수와 ~ 69, 85~89, 96~100, 129

    아인슈타인과 ~ 23~24, 64~71, 80~98, 129~130, 218~221, 291~299, 325~327

    얽힘과 ~ 14, 57~78, 93, 101~133, 136~143, 174~176, 184~185, 225, 238~240, 247~248, 267~292, 311~346, 357

    에버렛과 ~ 90, 94~101, 127~132,

135~139, 143, 193~194, 297, 299, 323~327, 357

    우주와 ~ 8~24

    체와 ~ 46, 114~139, 143, 185, 194, 281~282, 326, 346, 357

    폰 노이만과 ~ 53, 85~90, 93~101, 132, 341~342

    하이젠베르크와 ~ 32~50, 65~68, 78~89, 120, 140, 264, 365

    행렬역학 35, 36, 42

    휠러와 ~ 21~26, 56, 77, 90, 94, 108, 116, 122, 132, 235, 296~302, 332, 341, 350

    '양자물리학' 참조

《양자역학의 다세계 해석》(책) 106

〈양자역학의 상대적 상태 이론〉 105, 113

《양자역학의 수학적 기초》(책) 85, 98

양자역학적 파동 120, 134, 184, 297, 341, 370

양자우주론

    ~의 설명 7~24

    '모든 것은 하나'와 ~ 99~140

    상보성과 ~ 61, 332

    시공간과 ~ 291~305

    얽힘과 ~ 174, 282

    천체의 음악과 ~ 209~215, 250

    피타고라스 사상과 ~ 192

    화면 위 실재와 ~ 372

양자장 이론 245, 279~287, 309~311, 319~322

양자정보 23, 62, 129, 284, 321~326, 338, 364, 373~376

양자중력 97~99, 119, 277~327, 338~345,

363~367, 381
양자컴퓨팅 110, 362~366
'어글리 우주' 258~262, 280
《어제까지의 세계》(책) 73
얽힘
　　~의 결과 65~71, 126, 281~287, 291~327, 357
　　~의 설명 14, 57~78, 101~133, 173~176, 225, 238~240, 267~291, 311~346
　　~의 역할 126~133
　　~의 현상 61~72, 276~277, 320~322
　　결깨짐과 ~ 93, 136~143, 184~186, 247~248
　　블랙홀과 ~ 286~288, 316~321
　　세계의 접착제로서의 61~72
　　시공간과 ~ 291~327
　　양자 기이함과 ~ 15, 61~62
　　양자우주론과 ~ 174, 282
　　중첩과 ~ 101~102, 284, 319~320, 357
《얽힘의 시대》(책) 62
언루, 윌리엄 123, 309
언루 효과 123, 308~309
엇호프트, 헤라르뒤스 309~310
에든버러대학교 226, 238
에렌페스트, 파울 48
에르만, 파울 248
에리우게나, 요하네스 스코투스 166, 169~176, 180, 185, 190, 195, 219, 232, 374
에머슨, 랠프 월도 241
에버렛, 마크 306
에버렛, 휴
　　~의 삽화 91
　　다세계와 ~ 9, 89~96, 101~123, 132~138, 259~260, 280~281, 297, 314~315, 341~346
　　물리학과 ~ 23~24
　　시간과 ~ 305~306
　　양자역학과 ~ 90, 94~101, 127~132, 135~139, 143, 193~194, 297, 299, 323~327, 357
　　'어글리 우주'와 ~ 280
　　영사기 실재와 ~ 29
　　파동함수와 ~ 297, 299, 323~325
　　평행우주와 ~ 9, 100, 137, 313~314
　　EPR 역설 100~101
에버렛 해석 101~110, 111~112, 132~137
에우리피데스 153
에이큰헤드, 토머스 226
에크하르트, 마이스터 166, 176~182, 190, 195
《엔네아데스》(책) 154, 165, 175
엔트로피 272~274, 302~308, 317~319
엘리스, 조지 261
엘리자베스 2세(여왕) 364
엥겔스, 프리드리히 108
열역학
　　블랙홀과 ~ 308, 316~318, 348~349, 363
　　양자 효과와 ~ 124
　　양자물리학과 ~ 250
　　엔트로피와 ~ 272~275, 304~308, 317~318
《영국과학철학지》(학술지) 120
영사기 실재
　　관점과 ~ 27~29
　　상보성과 ~ 78~81

양자 실재와 ~ 27~31, 49, 61, 77~78,
168, 219, 332, 358
얽힘과 ~ 325~326
필름 롤과 ~ 27~29, 33, 45~61, 88~90,
122, 363
화면 위 실재와 ~ 33, 45~46, 55, 180,
219, 332, 358, 363~371
예수 158, 177, 192, 227, 270
옌젠, 한스 116, 131~132
오도아케르 163
오레스테스 162
오르네스, 스티븐 124
오르페우스 149, 210, 224
오르페우스교 148, 151
오펜하이머, 로버트 96
올덴부르크, 헨리 219, 221
왓슨, 제임스 265
왕립연구소 244~245
왕립학회 201, 219, 221, 228, 245, 379
《왕립학회 철학회보》(학술지) 221
외르스테드, 한스 크리스티안 242, 244~245
요르단, 파스쿠알 35, 81
요스, 에리히 120, 282, 331
〈요정 여왕〉(시) 223
요크, 마이클 74
우주(cosmos)
　'구원의 하나'와 ~ 266~280
　'모든 것은 하나'와 ~ 145, 155~156,
　164~165
　아름다움과 ~ 202~251
　영사기 실재와 ~ 26~29
　입자물리학과 ~ 373~380
우주(universe)

~와 하나 7~16
~의 가지들 9, 101~104, 109~112,
118~119, 135~137, 259~260, 315,
344~345
~의 광대함 7~11
~의 급팽창(인플레이션) 8~9, 259,
281~284, 314~315
~의 단일성 184~186
~의 묘사 7~14
~의 역사 24
~의 이해 7~25
~의 진화 24
~의 풍경 259~260, 276, 281, 314
다세계와 ~ 9, 89, 94~95, 101~119,
123~124, 133~139, 192, 259~260,
280~282, 297, 314~315, 341~347
다중우주와 ~ 9, 101~119, 258~262,
280~282
빅뱅과 ~ 8, 25, 367
시계장치 우주와 ~ 221~226, 235,
241~242
아기 우주 9, 259, 281, 315~316
'어글리 우주'와 ~ 258~262, 280
영원한 우주 300~303
입자와 ~ 11~13, 29, 35~39, 45~46,
50~51, 53~55, 372~380
평행우주 9, 100, 137, 313~314
'하나'로서의 ~ 9~16, 77, 133~135,
138~144, 154~156, 166~168,
362~364, 376~377
우주 급팽창(인플레이션) 8~9, 259, 281~
284, 314~315
《우주 프로그래밍하기》(책) 364

우주신론 144
《우주의 수수께끼》(책) 247
《우주의 진정한 지적 체계》(책) 223
운동량 42~46, 65~68, 217, 278, 282, 298
울람, 스탄 22
울레트, 제니퍼 321
워즈워스, 윌리엄 10, 222, 241, 244
《원론》(책) 161
《원인, 원리, 통일성》(책) 190
원자 궤도 31~33, 116, 271
월리스, 데이비드 111, 137~138
월코버, 나탈리 262, 286, 323
웜홀 24, 289, 313~316, 319
웨일러, 톰 375
위그너, 유진 90, 132, 341~342
위스콘신대학교 340, 347
위튼, 에드워드 282
윌리엄 3세 220
윌첵, 프랭크 250, 293~294
유럽 우주국 12, 28
(유)일신론 144~146, 159, 191, 227, 230, 379
유클리드 161
《윤리학》(책) 218
은하 7~9, 102, 307, 367
은하수 7~8, 307
《음악에 관하여》(책) 210
《의식》(책) 345
'의식을 가진 하나' 331~358,
의식의 변화된 상태(변화된 의식 상태)
354~358, 374
《의식의 변화된 상태》(책) 354
이븐 시나, 아부 165

이시스 76, 140, 152, 158, 183, 187, 191, 227, 231~232, 359, 361, 371 '네이트' 참조
이신론 203, 226
이온, 키오스의 151
이원론 159~160, 171~179, 188, 378~379
이즈리얼, 조너선 219
인간 중심적 주장 260, 348
《인간의 존엄성에 관한 연설》(책) 187
인간의 타락 170~175, 374
인과율 37~38, 42~43, 47, 65~69, 84~88, 195
'인과적 다이아몬드' 334~335
인노첸시오 3세(교황) 178
《인식론적 편지》(학술지) 133
인텔 24
《일과 날》(책) 148
일반상대성이론
~의 발견 375
아인슈타인과 ~ 23, 31, 46~49, 67~69, 93~104, 244~245, 270, 295~299, 305~307, 325, 375
양자물리학과 ~ 46~49, 250
양자역학과 ~ 23, 64~71, 80~90, 129~130, 295~299, 325~327
특수상대성이론과 ~ 46, 67~68, 85, 292, 295~296
《일반상대성이론과 중력》(학술지) 319
일원론
~의 설명 10
~의 역사 143~196
~의 외교관 182~191
'공간과 시간을 초월한 하나'와 ~ 291,

305~306, 322~327
'구원의 하나'와 ~ 255, 267~268, 274~283
'모든 것은 하나'와 ~ 10, 16, 61, 72~83, 140, 144~149
'미지의 하나'와 ~ 372~380
아름다움과 ~ 199~233, 236~244, 247~251
'의식을 가진 하나'와 ~ 340, 348~350
'하나가 모두'와 ~ 95~97, 111~113, 152~159
'하나를 위한 투쟁'과 ~ 143~196
입자
  ~의 성질 29, 35~39, 50~51, 53~55
  ~의 스핀 129~130, 257, 283~285, 357, 365
  우주와 ~ 11~13, 29, 35~39, 45~46, 50~51, 53~55, 372~380
  파동 대 ~ 29~30, 35~39, 45~46, 49, 80~81
입자물리학
  ~의 설명 11~23
  ~의 위기 255~258
  ~의 이해 11~24, 147, 268~293, 322~327, 373~380
〈입자와 파동의 이상한 역사〉(논문) 119
입자가속기 12~13, 256, 269, 372

ㅈ

자기 13, 124, 238, 241~245, 277
자아(ego) 235~238, 350~352, 374
《자아 터널》(책) 350
자아(self)의 이해 324, 331~358, 361~382

《자연구분론》(책) 172
자연스러움 269~272, 277~281, 285~287
〈자연에 대하여〉151, 156
'자연의 신' 10, 231
〈자연의 신전〉(시) 246
'자연의 책' 202, 209~215
《자연의 통일성》(책) 71
《자연철학 체계의 첫 번째 개요》(책) 239
〈자연철학에서 양자역학의 기초〉(논문) 88
《자연철학의 수학적 원리》(책) 221
자이베르그, 나탄 325
작슬란드, 라스무스 321, 325
〈재결합〉(시) 232
전기 13, 238, 241~245, 277
전기역학 23, 245, 250, 278, 297
전기화학 242~244
전자기(학) 29, 47, 119, 242~245, 278
전체론[전일론] 283, 356, 374
정령 신앙 74
정보
  ~ 이론 271, 364
  결깨짐과 ~ 118, 121~122, 138~140, 274~275, 305~306, 332, 336, 356
  뇌와 ~ 355~356
  물질과 ~ 56, 265, 365~373, 376, 381
  블랙홀과 ~ 306~312, 316~318
  상보성과 ~ 43
  생물학과 ~ 265
  숨은 변수와 ~ 85
  시공간과 ~ 318, 320
  양자 실재와 ~ 27
  양자 측정과 ~ 333~338
  양자~ 23, 62, 129, 284, 321~326,

338, 364, 373~376
언어와 ~ 263
얽힘과 ~ 13, 68, 127, 129, 314
엔트로피와 ~ 272, 275, 303, 318
통합 ~ 347~349
정치학연구소 117
제1차 세계대전 31, 307
제2차 세계대전 22, 95, 115, 364
《제1철학에 관하여》 165
제이콥, 마거릿 227
제이콥슨, 테드 317
조머펠트, 아르놀트 38
조슈아호(배) 353
조지 1세(왕) 226
조피 샤를로테, 하노버의(왕비) 226
종교
 과학과 ~ 80~81, 147~152, 168~169, 180~181, 194~195, 217~240
 대항 ~ 144~146
 '모든 것은 하나'와 ~ 73~82
 '미지의 하나'와 ~ 374~379
 '하나를 위한 투쟁'과 ~ 143~196
주디체, 잔 255~256, 258
주렉, 보이치에흐 108, 113, 125, 133, 333, 335~337
중력연구재단 319
중첩
 ~의 설명 9
 결깨짐과 ~ 121~125, 342~346
 고전적 실재와 ~ 332~336
 다세계와 ~ 341~346
 시공간과 ~ 319~320
 '아기 우주'와 ~ 315~316

양자 기이함과 ~ 50~52, 61~62, 118
얽힘과 ~ 101~102, 284, 319~320, 357
지니, 모디 쇼크리안 324
진폭다면체 322

ㅊ

차머스, 데이비드 340
차일링거, 안톤 124, 129
찰리노, 조제포 210
창발 24, 139, 171~173, 235, 259~270, 301~320, 348~352
챔피언, 저스틴 226~228
《천구의 회전에 대하여》(책) 206, 208
천체 8~10, 225
천체의 음악 209~215, 224, 250
《철학의 위안》(책) 164
체, H. 디터
 ~의 삽화 91
 결깨짐과 ~ 117, 121~134, 135~139, 174, 185, 301~305, 331, 342~345
 시간과 ~ 304~305
 양자역학과 ~ 46, 114~139, 143, 185, 194, 281~282, 326, 346, 357
 얽힘과 ~ 77, 126~127, 185, 281~282
 영사기 실재와 ~ 29
 파동함수와 ~ 370~371
《초기 그리스 철학》(책) 147
초대칭성(SUSY) 257~258, 279
추제, 콘라트 364
칙센트미하이, 미하이 353~354

ㅋ

카롤루스 대제 170

카이저 빌헬름 물리학 연구소 30
카이저 빌헬름 학회 65
카터, 하워드 74
카프라, 프리초프 80
칸, 찰스 H. 158~159
칸트, 임마누엘 83, 234~235, 238~239
칼 오이겐, 뷔르템베르크 공작 234
캐러빈, 디어드리 167~169, 170, 173~174
캐럴, 숀 62, 266, 272, 283, 326, 337~338
캘리포니아 공과대학교 21~22, 62, 64, 116, 266
캘리포니아대학교 버클리 116
캘리포니아대학교 샌디에이고 116
캘리포니아대학교 샌타바버라 320
캘리포니아대학교 어바인 345
커더스, 레이프 222~224, 229
'컴퓨팅 공간' 364
케네디, 캐서린 357
케루악, 잭 241
케인스, 존 메이너드 222
케임브리지대학교 222, 283
케플러, 요하네스 153, 190~193, 209, 211~215, 221, 233, 250
⟨코스모스⟩(시) 241
코페르니쿠스, 니콜라우스 105, 189~190, 192~194, 199, 206~209, 214
코펜하겐 해석 28, 39~53, 64~94, 104~143, 168, 276, 314
코헨, 레너드 367
코헨, 조너선 350
코흐, 크리스토프 347~349
콘라트, 마르부르크의 179
콘스탄티누스 대제 163

콜럼버스, 크리스토퍼 186
콜리지, 새뮤얼 테일러 10, 241, 244~245, 250
콤프턴, 아서 47
콩트, 오귀스트 270
쿠스토스, 존 228
쿠자누스, 니콜라우스 166, 182~191, 203, 207, 212
쿡, 제임스 10, 230
쿤, 토머스 242
쿼크 12, 137, 258, 268, 275, 278~279, 283
퀴리, 마리 47
'큐비트' 365
'큐비트에서 나온 그것' 321
크리스텔러, 폴 오스카 187, 201~203, 210
크릭, 프랜시스 265
크세노파네스 151
《크세니아》(책), 232
클라우저, 존 128, 129, 130
클라우저-혼-시모니-홀트(CHSH) 부등식 129~130, 132
클레어몬트, 클레어 243
키르케고르, 쇠렌 173
키릴로스, 알렉산드리아의 162
키퍼, 클라우스 62, 301~305

ㅌ

타원 궤도 209, 214
타카야나기 타다시 320
타타, 크세르크세스 375
탈레스, 밀레토스의 147, 150, 156
터너, 윌리엄 241
터커, 앨프리드 97

테그마크, 맥스
　결깨짐과 ~ 134, 139, 174, 343
　다세계와 ~ 314
　새 관점과 ~ 134, 139, 281~283, 294
　시공간과 ~ 347~349
　양자 인수분해와 ~ 334, 339, 347~349
　의식과 ~ 334, 339, 347~349, 357
　정보 처리와 ~ 367~369
테오도리쿠스 대왕 163
테오도리크, 프라이베르크의 177
테온, 알렉산드리아의 161
텔러, 에드워드 22
토노니, 줄리오 340, 347, 349
토스카넬리, 파올로 달 포초 183, 186
톨런드, 존 226~228
통합 정보 347~349
투탕카멘 74~75
튜링, 앨런 364, 368
튜링 머신 364
트른카, 야로슬라프 322
특수상대성이론 46, 67~68, 85, 292
《티마이오스》(책) 153, 156, 207, 265, 366

ㅍ

파도바대학교 183
파동
　~의 성질 29~32, 35~39, 50~51
　슈뢰딩거의 파동 35~45, 53~55, 297~299
　양자 파동 36~46, 49~54, 70, 88, 101, 119~124, 134, 184~185, 297~298, 341~342, 370~371
　입자 대 ~ 29~30, 35~39, 45~46, 49, 80~81
파동함수
　~의 방정식 24, 297~302
　~의 붕괴 51, 55, 67~70, 93~101, 134~135, 341~343
　~의 진화 97~101, 134~135
　~의 해석 51, 67~70, 77, 93~113, 134~135, 297~299, 305~306, 323~343, 370~372
　보편 파동함수 97~113, 120, 297~299, 323~335
　양자역학적 파동 120, 134, 184, 297, 341, 370
〈파동함수: 그것 또는 비트〉(논문) 370
파르메니데스 151~152, 155~156, 190~191, 293
《파르메니데스》(책) 153~156, 185, 207, 265
파리대학교 179~181
《파운데이션즈 오브 피직스》(학술지) 131
파울리, 볼프강 34, 36, 42, 44, 81, 128
파인만, 리처드 22~23, 26, 82, 105, 297, 300, 322
파치올리, 루카 205, 207
《판》(책) 248
팔케, 베른트 117
패러데이, 마이클 16, 199, 242, 245
퍼거슨, 키티 214
페르미, 엔리코 131
페리미터 연구소 286
《페리피세온》(책) 176
페이디아스 153
페이지, 돈 348

페테르센, 오게 82, 97~98, 104
펜로즈, 로저 342
펠리페 2세(왕) 216
평행우주 9, 100, 137, 313~314
포돌스키, 보리스
    얽힘과 ~ 64~71, 100, 110
    EPR 역설 64~70, 94, 100~101, 110, 126~131, 283, 312~318, 346
포드, 켄 56
포르스터, 게오르크 230~231, 237~238, 265
폰 노이만, 존
    '사슬'과 ~ 341
    양자역학과 ~ 53, 85~90, 93~101, 132, 341~342
    얽힘과 ~ 274
    파동함수와 ~ 98~100
    EPR 역설과 ~ 127
'폰 노이만 사슬' 341
폰 바이츠제커, 카를 프리드리히 71, 84, 90, 156, 267, 365
폴로, 마르코 177
폴리치아노, 안젤로 188
폴친스키, 조지프 311~312
표준모형 256~257, 282, 366
풍경(끈 이론) 259~260, 276, 281, 314
프랑수아 1세(왕) 206
프랑스 혁명 229~235
프랑켄슈타인 197, 240~244
프레데리크 9세(왕) 79
프레이레 주니오르, 올리발 131
〈프로메테우스〉(시) 230
프로이센 과학협회 30

프리드리히 2세(황제) 177~178
프리드먼, 마이클 324
프린스턴 고등연구소 65, 90, 96~97, 219, 262, 297, 325
프린스턴대학교 90, 96
《프린키피아》(책) 221, 222, 225
프톨레마이오스 206~207
플라쉬, 쿠르트 170
플라스마 8, 13, 215
'플라토니아' 300
플라톤 10, 50, 52~53, 54~57, 59, 108, 139, 152~166, 170~180, 184~193, 199~213, 222~224, 246, 265, 280, 292~294, 300, 331, 366~367, 372
플라톤 패러다임 139
플라톤주의 152~165, 171, 176, 193, 201~208, 222~224 '신플라톤주의' 참조
플랑크, 막스 47, 65, 94, 362
플랑크 수준 24, 302
플레톤, 게미스토스 184, 186, 207
플로티노스 154, 162, 165, 186~187, 232
플루타르코스 75, 207
피라미드 텍스트 75
《피직스 투데이》(학술지) 131, 133
피츠버그대학교 350
피치노, 마르실리오 186~187, 199~210, 223~224, 229, 232, 250
피타고라스 150~153, 173, 208~209, 224
피타고라스 사상 150~153, 192~193, 199~214, 228
피타고라스주의 192~193
피히테, 요한 고틀리프 235~238
필론, 알렉산드리아의 158~159, 168

필롤라오스 151
《필롤라오스》(책) 153
필름 롤
    관점과 ~ 26~29
    상보성과 ~ 78~81
    영사기 실재와 ~ 27~29, 33, 45~61, 88~90, 122, 363
    화면 위 실재와 ~ 33, 45, 88, 134, 154, 332, 358, 363~373

ㅎ

'하나'
    ~를 위한 투쟁 143~196
    ~의 이해 9~16, 362~382
    과학과 ~ 172~196, 199~251, 287~291, 363~365
    '구원의 하나' 255~288
    '모든 것이 하나' 10, 13~16, 61~90, 93, 120~140, 144~149, 154~156, 170~181, 195~196, 292~293, 356, 372~375
    '미지의 하나' 361~382
    '숨은 하나' 21~57, 74~75, 93
    아름다움과 ~ 172~173, 199~251, 259~262, 277~281, 287~288
    '의식을 가진 하나' 331~358
    '하나가 모두' 93~140, 151~159
'하나가 모두' 93~140, 151~159
'하나이자 전부' 224, 233
하라리, 유발 노아 263, 266
하와이대학교 375
하위헌스, 크리스티안 217, 219, 221
하이네, 하인리히 240, 249
하이델베르크대학교 116~117, 183, 219

하이젠베르크, 베르너
    ~의 삽화 19
    ~의 세미나 84
    대칭과 ~ 278
    불확정성 원리와 ~ 41~44, 65~68, 74
    양자역학과 ~ 32~50, 65~68, 78~89, 120, 140, 264, 365
    영사기 실재와 ~ 28
    종교와 과학 81, 180
    파동함수와 ~ 55, 65~67
    피타고라스 사상과 ~ 153
    '하이젠베르크 컷'과 ~ 341~342
    헬골란트와 ~ 33, 298
'하이젠베르크 컷' 341~342
《학식 있는 무지에 관하여》(책) 184
한국전쟁 105
함순, 크누트 248
《항성의 메신저》(책) 211
해리스, 아나카 345, 350
해리슨, 폴 376~377
'해석' 346
핵 모형 116
핵무기 85, 90, 97
핵전쟁 97, 114
핵폭탄 22~23
행렬역학 35, 36, 42
행성 궤도 105, 149, 213~215, 221, 225, 233, 295~296
행성계 8~10, 31, 189, 208, 214~215, 307, 367
《향연》(책) 175, 201~202
향정신성 약물 354
헉슬리, 올더스 76, 354

헤겔, 게오르크 빌헬름 프리드리히 173, 233, 236~240, 247~249
헤라클레이토스 10, 14~15, 108, 152, 190, 238, 293~294
헤로도토스 153
헤르더, 요한 고트프리트 229
헤르만, 그레테 59, 83~90, 278
헤시오도스 148
헤켈, 에른스트 246~248
'헨 카이 판' 224~225, 233
헵번, 캐서린 27
《현대물리학과 동양 사상》(책) 80
호젠펠더, 자비네 261
호킹, 스티븐 11, 24, 110, 261, 308~319, 342, 348, 364
호프스태터, 더글러스 R. 352
홀로그래피 원리 310~311, 318~319, 325
홈즈, 리처드 243~244, 248
〈화강암에 관하여〉 232
화면 위 실재
　　영사기 실재와 ~ 33, 45~46, 55, 180, 219, 332, 358, 363~371
　　코펜하겐 해석과 ~ 143
　　필름 롤과 ~ 33, 45, 88, 134, 154, 332, 358, 363~373
화이트, 마틴 215
화이트헤드, 알프레드 노스 153
화이틀리, 자일스 242
환각제 356~357
환원주의 12, 271, 274, 373
〈환희의 송가〉 231~232
황금비 205~207, 215
《황제의 새 마음》(책) 342

휠덜린, 프리드리히 233~236, 240, 247
후, 웨인 215
훅, 로버트 221
훈트, 프리드리히 84
훔볼트, 알렉산더 폰 10, 206, 231, 241, 245~246
휘태커, 앤드루 128
휘트먼, 월트 193, 241
휠러, 조 23
휠러, 존
　　~의 삽화 25
　　'그것은 비트로부터 나왔다'와 ~ 56, 365, 371
　　'휠러의 U' 21~26, 56, 235, 332, 350
　　다세계와 ~ 102~108, 112~113
　　양자역학과 ~ 21~26, 56, 77, 90, 94, 108, 116, 122, 132, 235, 296~302, 332, 341, 350
　　양자중력과 ~ 98~105, 296~297, 308
　　영사기 실재와 ~ 25~31
　　휠러-디윗 방정식 24, 297~302
휠러-디윗 방정식 24, 297~302
'휠러의 U' 21~26, 56, 235, 332, 350
히틀러, 아돌프 22, 65, 86, 115, 264
히파티아, 알렉산드리아의 161~162
히포크라테스 153
힉스 질량 251, 256~260, 268, 284~288, 372
힐레라스, 에길 A. 69
힐베르트 공간 53~55, 239, 278, 338~339
힐베르트, 다비트 53, 85

기타

30년 전쟁 191, 214

〈4개의 찬가〉(시) 223

《7가지 간단한 물리학 수업》(책) 302

《7번째 편지》(책) 154

80년 전쟁 216

AdS/CFT 311, 319~320, 325

CERN(유럽입자물리연구소) 127, 256~261, 379

DNA 147, 265

ER=EPR 원리 312~317, 346

'GR=QM' 326

IBM 24

LSD 353~357

NASA(미국항공우주국) 12, 24, 28

모든 것은 하나다
플라톤에서 양자역학까지 일원론의 철학과 과학

초판 1쇄 발행 2025년 8월 29일

지은이 하인리히 페스
옮긴이 김영태
기획 김은수
책임편집 이기홍
디자인 이상재

펴낸곳 (주)바다출판사
주소 서울시 마포구 성지1길 30 3층
전화 02-322-3885(편집) 02-322-3575(마케팅)
팩스 02-322-3858
이메일 badabooks@daum.net
홈페이지 www.badabooks.co.kr

ISBN 979-11-6689-370-4 03400